TEGAOBA GONGCHENG BAJI SHENLIU YINGLI
LIUBIAN LIXUE YU GONGCHENG ANQUAN

特高坝工程坝基渗流应力流变力学与工程安全

吴关叶　徐卫亚　闫 龙　石安池◎著

·南京·

内容简介

本书介绍了特高坝坝基岩体渗流应力耦合流变力学特性与工程应用研究的理论和成果。第一部分为综述;第二部分介绍了在渗流应力耦合作用下的高坝坝基岩石三轴力学试验、流变力学试验、柱状节理模型试验以及含弱面岩体剪切流变力学试验成果;第三部分详细论述了高坝坝基岩石的弹塑性损伤耦合力学模型、渗流应力耦合流变本构模型以及渗流应力耦合各向异性流变损伤力学模型;第四部分聚焦于重大工程应用研究,开展了特高坝坝基工程的三维弹塑性数值计算和渗流应力耦合作用下的流变损伤数值模拟,并针对金沙江白鹤滩高拱坝坝基岩体工程蓄水运行安全进行综合评判研究。

本书可供高等院校、科研机构、勘测设计和施工管理等领域的水电水利、土木工程、能源工程和地质工程等方面的科研人员、工程技术和管理人员以及相关学科领域的研究生参考使用。

图书在版编目(CIP)数据

特高坝工程坝基渗流应力流变力学与工程安全 / 吴关叶等著. -- 南京 : 河海大学出版社, 2023.12
ISBN 978-7-5630-8444-9

Ⅰ. ①特… Ⅱ. ①吴… Ⅲ. ①高坝—坝基—渗流—岩体流变学—力学②高坝—坝基—水利工程—安全技术
Ⅳ. ①TV649

中国国家版本馆 CIP 数据核字(2023)第 196953 号

书　　名　特高坝工程坝基渗流应力流变力学与工程安全
TEGAOBA GONGCHENG BAJI SHENLIU YINGLI LIUBIAN LIXUE YU GONGCHENG ANQUAN
书　　号　ISBN 978-7-5630-8444-9
责任编辑　彭志诚
特约编辑　倪美杰　杨　雯
特约校对　薛艳萍
装帧设计　徐娟娟
出版发行　河海大学出版社
网　　址　http://www.hhup.com
地　　址　南京市西康路1号(邮编:210098)
电　　话　(025)83737852(总编室)　(025)83722833(营销部)
经　　销　江苏省新华发行集团有限公司
排　　版　南京布克文化发展有限公司
印　　刷　广东虎彩云印刷有限公司
开　　本　710毫米×1000毫米　1/16
印　　张　23
字　　数　450千字
版　　次　2023年12月第1版
印　　次　2023年12月第1次印刷
定　　价　98.00元

前言
PREFACE

当今世界坝工建设的代表性工程集中在中国，中国是目前世界上拥有高坝数量最多的国家，已成为特高坝建设的中心。以锦屏一级、溪洛渡、向家坝、小湾、糯扎渡、两河口等一系列高坝的成功建设为标志，我国已经成为世界特高坝技术创新和建设的引领者。其中，金沙江白鹤滩水电站是仅次于长江三峡水电站的世界第二大水电工程，也是当今世界在建规模最大、技术难度最高的水电工程，创造了多个水电建设领域的世界第一纪录。

白鹤滩水电站最大坝高 289 m，坝址区域地质条件复杂，大坝建成蓄水后，高水头作用下拱坝上下游存在着巨大的水头差，最大总水头差约 220 m，应力场和渗流场的变化对坝基岩石的物理力学特性也产生显著影响。在高水头渗流应力耦合作用下，坝基岩体的力学特性及时效力学特性更是高坝蓄水运行期面临的重要关键技术问题。因此，开展高水头渗流应力耦合作用下特高坝坝基岩石变形破坏机理、渗透演化规律及理论模型研究，建立科学合理的工程安全评价判据和安全准则，构建特高坝工程安全评价体系，对于以白鹤滩水电工程为代表的特高坝工程建设及长期安全运行面临的重大挑战具有重大科学意义和工程应用价值。

本书共 10 章，其中第 1 章为绪论；第 2 章至第 5 章为岩石力学试验研究，主要为渗流应力耦合作用下坝基岩石的三轴力学试验、流变力学试验、柱状节理模型试验、含弱面岩体剪切流变力学试验等方面的系统研究成果；第 6 章至第 8 章为岩石力学模型研究，包括岩石弹塑性损伤耦合模型、岩石渗流应力耦合流变本构模型和渗流应力耦合各向异性流变损伤力学模型；第 9 章介绍了金沙江白鹤滩水电站高拱坝坝基岩石工程三维数值计算和分析；第 10 章为白鹤滩水电站特高拱坝坝基岩石工程长期稳定性和安全性分析评价研究。

研究成果是研究团队近二十年在水电工程高坝坝基岩体工程领域所取得的，依托金沙江白鹤滩水电工程建设，课题组培养了一批优秀的博士、硕士研究生，特别感谢王环玲博士、王如宾博士、吉华博士、林志南博士、向志鹏博士、张涛博士、马戎荣硕士等参与课题研究的老师和研究生所进行的合作创新研究。本著作是作者在理论研究和工程实践中共同完成，研究团队培养的贾朝军博士参与了第6、7章编写，孟庆祥博士参与了第8章编写。特别感谢中国电建集团华东勘测设计研究院有限公司徐建荣总工、何明杰总工、唐鸣发副总工、李良权教高、顾锦健高工等，感谢他们在白鹤滩水电工程现场调研、地质分析、资料搜集、研究技术路线制定、成果评价及工程应用等方面给予的帮助。

本书得到国家重点研发计划项目(2018YFC0407000)，国家自然科学基金(50911130366、51479049、11172090、52109122、50979030、11572110、11772116、51709089)，以及金沙江白鹤滩水电站工程建设重大工程应用研究项目的资助，在此表示衷心感谢。

目录

CONTENTS

第1章

绪论

1.1 概　述

随着我国水利水电工程的大规模建设，岩石力学在水工建设中的重要性是不言而喻的。水电工程建设中遇到的高坝坝基岩体、岩石高陡边坡、大型地下厂房洞室群等的安危成败都与岩体的稳定和变形息息相关。岩石力学作为固体力学的一个重要分支，是一门研究岩石对外界扰动响应的学科，具体是指岩石在荷载作用下应力、变形破坏规律以及工程稳定性等问题[1,2]。岩体的力学特性不仅具有弹塑性，同时具有一定的流变特性，即岩体的应力应变状态与时间因素有关。工程岩体通常赋存于多场（应力场、渗流场、温度场等）复杂的地质环境中，渗流作用是影响岩体工程长期稳定性和安全性的重要因素。小湾、溪洛渡、锦屏一级等特高拱坝的相继竣工并安全运行，表明我国已初步掌握300 m级特高拱坝的设计经验，并正在逐步积累和总结300 m级特高坝的建设经验。300 m级特高坝工程坝体上游水头高，坝基岩体所承受的水压力巨大，往往遭遇复杂地质环境、复杂物理环境以及多场耦合作用，因此，特高坝工程建设及长期安全运行尚面临着诸多挑战，开展特高坝高水头作用下坝基渗流应力流变耦合机理及工程安全研究具有重大科学意义与工程价值。

特高坝坝基及其周围地质岩体在工程长期运行过程中的变形破坏机制是极其重要的工程安全控制因素。由于特高坝水头高、水压力大、坝基岩体边界条件复杂，其运行性态变化规律往往超出传统常规方法研究得到的结论，因此，通过开展高水头作用下特高坝坝基变形与破坏机制研究，建立基于损伤力学的工程安全评价判据和安全准则，构建特高坝工程安全性评价体系，是当前工程和学术界面临的重大挑战。

近年来，我国300 m级特高坝工程建设进入快速发展阶段，表1.1所示为已建和在建的典型300 m级特高坝，无论是工程规模还是数量，我国均已成为特高坝工程建设的世界大国，特高坝工程建设及其运行安全已成为工程科学界普遍关注的热点和前沿问题。当前，中国重大水利工程建设进入了大规模投入、加速推进的新阶段，中国作为全球水利水电建设行业的排头兵，参与“一带一路”沿线国家重大水利工程建设，为“一带一路”沿线国家乃至全球的经济社会发展提供了稳定优质的清洁能源。

表 1.1　中国已建和在建的典型 300 m 级特高坝

工程	河流	坝型	坝高/m	库容/亿 m^3	装机容量/万 kW	建设情况
锦屏一级	雅砻江	双曲拱坝	305	77.6	360	完建
小湾	澜沧江	双曲拱坝	294.5	151.32	420	完建
溪洛渡	金沙江	双曲拱坝	285.5	126.7	1 386	完建
糯扎渡	澜沧江	土心墙堆石坝	261.5	237.03	585	完建
双江口	大渡河	土心墙堆石坝	312	29.42	200	在建
两河口	雅砻江	土心墙堆石坝	295	108	300	在建
白鹤滩	金沙江	双曲拱坝	289	206.42	1 600	在建
乌东德	金沙江	双曲拱坝	270	76.0	1 020	在建

300 m 级特高坝工程坝体上游水头高，高坝坝基岩体所承受的水压力巨大，在高渗压多场耦合作用下的渗透特性和安全稳定是工程设计、施工以及长期安全运行面临的重要问题之一。高坝发展趋势是坝的高度不断地增加，对枢纽区域的工程地质环境条件、地形地貌的要求也放宽了，甚至在地形条件复杂、存在缺陷的地质体上建设了不少高拱坝。然而由于仍存在技术上不确定因素和工程认识上的片面性，高坝的失事和破坏事件仍不能完全杜绝。通过对国内外大坝失事案例分析可知，部分大坝失事是由于渗流引起的坝基岩体变形破坏导致的。1959 年 12 月法国马尔帕塞拱坝溃坝失事，1963 年 10 月意大利瓦依昂拱坝库区发生大规模山坡滑动导致瓦依昂大坝和电站报废，均造成了巨大生命财产损失。瑞士泽乌齐尔拱坝 1957 年蓄水，正常运行 21 年后出现坝体变形异常、上游面横缝张开等异常现象，经分析查明引起坝体异常变形的原因和机制，制定了有效的修复方案并取得了预期效果，这是一起典型的高坝事故分析和处理的事例。大坝库区蓄水上游水位高，坝基岩体在复杂地质物理环境中，渗流场与应力场的耦合作用成为影响岩体稳定的主要因素之一。渗流应力耦合作用主要体现在两个方面：一是岩体中裂隙、孔隙水压力和流动水压力等力学作用，减少了岩体的有效应力，降低了岩体的抗剪强度；另一方面岩体内部的渗流场由于岩体应力环境的改变而发生改变，渗流场的改变又会对应力场产生影响[3-5]。

岩石材料流变力学特性作为岩石的重要力学特性之一，与岩体工程的长期稳定性和安全性有着紧密的联系。大量的工程实践和科学研究表明，岩体工程的变形破坏都与时间因素有关，尤其是在渗流应力耦合作用下[6-8]。水电工程中坝基岩体长期处于渗流应力耦合的复杂地质环境中，随着水库水位的升降，坝基岩体所承受的水压力在发生变化，同时坝基岩体遇水之后，岩体参数随时间发生弱化现象，由此会产生一系列的随时间的流变、损伤、失稳破坏等现象。渗流应力耦合作用下岩石的流变在岩体工程的长期安全性和稳定性中扮演着举足轻重的角色，忽略渗流应力耦合流变作用可能会进一步影响到工程的安全稳定性。基于现有的研究，岩石流变力学试验、渗流应力耦合试验及相关本构模型方面均有不少成果，由于受试验条件的限制，在渗流应力耦合作用下岩石流变力学特性方面的试验和理论研究成果相对较少，同时对考虑复杂应力条件（渗流应力耦合、加卸载轴压、卸围压等）的流变力学特性和流变过程中渗透率随时间的演化规律的研究还不够系统完善。因此，开展渗流应力耦合作用下岩石流变力学试验，基于试验成果开展岩石流变变形规律、渗透演化规律、流变损伤特性、破坏机理等方面的研究，将有助于完善现有理论成果使得其能够真正满足工程实践需要。

白鹤滩水电站上接乌东德梯级，下邻溪洛渡梯级，距离溪洛渡水电站195 km，是我国继三峡水电站、溪洛渡水电站之后开工建设的又一座千万千瓦级以上的水电站。白鹤滩水电站工程规模巨大，装机容量 16 000 MW，工程枢纽的拦河坝为混凝土双曲拱坝，坝顶高程 834 m，坝顶弧长 709 m，最大坝高289 m。坝址区玄武岩多个岩流层的中下部发育着柱状节理，同时还存在层间错动带等结构面。大坝建成蓄水后，上游岩体和结构面将受到很高的水头压力，高水压条件下坝基将形成高压渗流，受渗流场的影响，坝基岩体和结构面赋存的应力场也将发生变化，在长期荷载及渗流应力耦合环境中的时效力学特性对大坝坝基长期稳定性的影响，直接关系着工程的长期稳定性与安全性。因此，开展白鹤滩坝基典型岩石渗流应力耦合流变力学特性试验，分析岩石在渗流应力耦合作用下的流变特性、变形破坏机理、长期破坏强度、流变过程中的渗透演化机制等，可以为大坝的长期安全性和防渗设计提供技术参考，同时丰富和促进了岩石渗流应力耦合流变力学的发展。

1.2　岩石渗流力学和渗流应力流变耦合特性研究

高坝蓄水运行期，高坝工程（特别是 200～300 m 级）势必产生高水头以及上下游之间的巨大水头差（或水力梯度），引起坝基岩体渗流特性改变，进而影响坝基岩石的应力场分布,这是一个典型的复杂渗流场与应力场耦合问题。因此,岩体渗流与应力耦合机理研究是高坝坝基岩体渗流场与应力场耦合分析的基础,也是复杂多场耦合力学问题研究的关键。

国内外许多研究者对岩体裂隙渗流做了实验和理论探索。Snow[9]、Wilson 等[10]、Hsieh 等[11,12]、Gudmundsson 等[13]等研究者对裂隙渗流进行了理论和实验研究,提出了相关裂隙渗流的立方定律、渗透系数张量的概念,发展了裂隙岩体渗流的裂隙网络模型,研究了确定渗透系数张量的抽水实验方法。速宝玉等[14]、周创兵等[15]、王媛等[16]以工程为背景对裂隙岩体的渗流实验、数值计算方法、渗流模型与理论分析等内容进行了较为深入的研究和探索,并取得了一系列的研究成果。Zou 等[17]开展了含随机分布非贯通裂隙的岩石渗流应力耦合试验和正交节理岩体物理模型渗流应力耦合试验,揭示了含裂隙试样在渗流应力耦合作用下的渗流变化规律。这些研究成果推动了传统渗流力学基本理论的发展,解决了高坝工程建设中坝基岩体的渗流力学问题,同时又利用高坝工程建设中的实践经验来不断完善和发展其理论。

在高坝坝基裂隙岩体渗流应力耦合特性研究方面,基于岩体渗流应力耦合理论,通过岩石渗流及渗流-应力-流变耦合试验测试技术,开展岩石变形演化过程中的渗流应力耦合力学试验研究是岩石渗流应力耦合特性研究的最新进展,徐卫亚等[18]、王如宾等[19]、Wang 等[20,21]开展了高坝坝基岩石应力应变过程和长期流变过程渗流应力耦合演化规律试验研究,建立了应力-应变与渗流系数演化关系式,研究成果对评价高坝蓄水运行后的渗流稳定性和长期安全性极其重要。

上述研究成果,虽然在裂隙岩体渗流力学与渗流应力耦合特性研究方面已经非常成熟,但基本上还都是基于传统渗流力学理论进行的,对于高水头和高水力梯度作用下坝基岩石的渗流力学与渗流应力耦合问题尚没有展开深入研究。因此,非常有必要通过研发高水头作用下岩石渗流及渗流应力耦合试验测试技术,研究高水头(高水头差)作用下坝基岩石长期变形过程中的非线性渗流力学问题与渗流应力耦合作用机理,为进一步推动高坝工程非线性渗流力学理论深入发展奠定基础。

高坝工程岩体长期变形与流变力学特性是水工结构和岩石力学领域研究的热点、难点和前沿问题[22,23]。高坝坝基岩体总是处于复杂地质环境中,渗流应力耦合作用下的高坝坝基岩体流变力学特性呈现出不同的变化规律[24],涉及了岩石流变力学、损伤力学、渗流力学、固体力学、断裂力学、宏细观力学等多个学科，具有明显的多学科交叉融合的特性。

目前，主要针对高坝工程在复杂应力状态下流变力学试验、现场长期监测数据智能分析、流变本构模型与长期力学参数理论研究、长期稳定性数值计算方法等方面开展研究。徐卫亚等[18]采用全自动三轴流变伺服仪，对锦屏一级水电站高拱坝坝基绿片岩进行了三轴压缩流变力学试验，研究了绿片岩在不同围压作用下轴向应变以及侧向应变随时间的变化规律。王如宾等[19]研究了黄登水电站高混凝土坝坝基岩石渗透压力和高围压作用下的流变变形规律，分析了岩石长期变形过程中的渗透性演化规律。丁秀丽等[25]开展了三峡船闸区硬性结构面蠕变特性试验研究，分析了结构面在恒定荷载作用下的蠕变性态，研究了结构面的剪切蠕变位移与加载持续时间、所施加法向压应力和剪切应力之间的相关关系。

对于岩石流变损伤力学行为、岩石裂隙扩展演化规律、岩石流变损伤特性与裂隙渗流相互作用机制等方面的研究，基本上都是在低地应力和低渗透压力作用下开展的[26-29]。因此，非常有必要通过开展高水头作用下考虑渗流应力耦合作用的岩石流变损伤力学特性与流变损伤破坏判据研究，建立岩石渗流应力耦合作用下损伤与流变变形本构关系，揭示特高坝高水头作用下复杂坝基渗流应力流变耦合机制，进而开展高水头作用下特高坝工程安全性评价分析。

在重大水利水电工程建设过程中，高坝坝基、高边坡及大型地下洞室群等工程岩体开挖过程中，开挖卸荷和爆破损伤作用使得岩石原生裂隙张开、闭合、扩展、开裂或贯通，为高坝工程蓄水运行后的坝基渗流-变形耦合作用创造了条件。目前采用损伤力学、细观力学和微观力学，从微观和细观角度，研究岩石损伤演化过程中的渗流特性与变形耦合作用机制，是岩石力学与工程、水工结构工程领域的研究热点和关键科学问题。

关于岩石损伤破坏阶段渗透性演化规律的研究取得了丰富的研究成果。岩石损伤变量可以用来描述岩样裂纹扩展状态，使得通过损伤演化来定义渗透性演化具有物理意义。Schulze 等[30]研究了盐岩变形过程中的损伤和渗透特性变化规律。Archambault 等[31]研究了不同恒定应力作用下岩石节理剪切变形过程中的空隙渗透率演化规律，定性评价了岩石损伤力学特性与渗透率之间的复杂耦合特性。江涛[32]基于岩石微裂纹细观运动机制和岩石导水网络变化机理，建立了应力空间描述的细观本构模型和损伤引起的岩石渗透率演化模型,提出了基于细观力学的脆性岩石损伤-渗流耦合本构模型。蒋明镜等[33]探究了岩石应力-应变过程中的各个阶段裂纹扩展规律,建立了裂纹扩展过程中的起裂应力、裂纹损伤应力和峰值应力之间的相关关系。杨强等[34]基于损伤力学和微细观力学理论,研究了复杂外部环境作用下损伤和塑性耦合导致的局部化剪切带形成过程。唐春安等[35]通过数值试验,分析了脆性岩石渗透性演化与应力之间的变化关系,建立了应力诱发岩石损伤破裂函数和描述非均匀岩石渗流-应力-损伤耦合的数学模型。

复杂地质环境作用下岩石裂隙扩展贯通过程具有明显的时间效应和损伤流变特性,裂隙岩石渗透性演化规律与损伤流变破坏过程密切相关。但是,目前国内外开展的复杂多场耦合作用下的岩石流变损伤力学特性研究不够系统,尤其是针对特高坝高水头作用下坝基岩石渗流应力流变损伤耦合机制与本构模型研究还鲜见,尚不能满足特高坝工程在高水头作用下的长期稳定性与工程安全性评价的需要。特别有必要开展高水头渗流应力耦合作用下的坝基岩石流变损伤力学特性与流变损伤破坏机制研究。研究成果将有助于拓展和完善特高坝工程岩石渗流应力耦合理论与流变损伤力学理论体系,具有重要科学研究价值。

1.3 岩石流变本构模型研究

在岩石流变力学研究的早期,研究者基于岩石力学流变试验成果,提出了经验模型和元件组合模型。随着对岩石流变机理认识的加深以及工程的需要,传统的经验模型和元件组合模型已经远远不能反映岩石的流变特性。研究者开始尝试基于弹塑性理论来建立岩石流变本构模型。经过多年的发展,已经积累了丰富的岩石流变模型成果。下面对这三类模型的发展历程和研究进展展开详细的叙述。

经验流变模型:岩石经验流变模型从岩石的流变力学试验出发,根据试验所得到的流变曲线,采用经验方程对岩石流变试验数据进行拟合,最终建立岩石的应力、应变与时间的函数关系式。吴立新等[36]通过对煤岩进行分级加载条件下的单轴和三轴流变力学试验,建立了一种对数型经验模型。陈卫忠等[37]对泥岩进行了现场大型真三轴流变试验,在对试验结果分析的基础上,提出了非线性幂函数型流变模型;该模型能够真实反映深部软岩在不同应力水平下的流变特征并且模型直观明显，可直接使用。经验流变模型根据特定的岩石在一定的加载路径下的流变力学试验结果而来，因此，只能反映该种岩石在设定条件下的流变特征，并不能从内在机理上反映岩石流变的特性。此外，该模型的适用性较低，改变试验对象或者试验条件，模型就说不定不再适用。例如，大多数的经验模型在荷载条件或应力路径变化时，就不再适用，而且岩石的经验流变模型不便于数值计算，限制了模型的推广应用。

元件组合流变模型：元件模型是对物理力学问题的一种抽象，因而具有概念直观、物理意义明确的特点。此外，元件模型可以模拟岩石的多种力学效应，且易编程实现、应用方便，因而成为研究较多的一类流变模型。元件模型通常通过串联和并联基本元件单元（弹性、黏性和塑性元件）从而实现对流变过程三阶段特征的描述。常见的元件组合流变模型有 Maxwell 模型、Kelvin 模型、Bingham 模型、Burgers 模型、理想黏塑性模型、西原模型等。国内外研究者已经对元件组合模型进行了大量的研究，研究成果广泛应用在岩石工程的长期稳定性评价。然而元件组合模型是通过不同元件的串并联而成，纵使其组合形式再复杂，也不能完全反映岩石流变过程中的非线性变形特征。为解决这一问题，研究者也对元件模型进行了非线性的改进，如徐卫亚等[38]采用岩石全自动流变伺服仪进行了绿片岩的三轴流变力学试验。为了描述岩石的加速流变变形，提出了新的非线性黏性元件，将该元件与黏弹性串联起来，最终建立了河海模型。韦立德等[39]从岩石蠕变机理出发，建立了由非线性元件组成的一维黏弹塑性模型，该模型能够反映岩石流变的全过程。周家文等[40]构造了非线性函数并引入到广义 Bingham 模型中，得到了一个非线性蠕变模型。张贵科等[41]提出了一个与应力状态和时间相关的非线性黏性体。该非线性黏性体与传统 Maxwell 模型相结合，得到了一个新型的五元件黏弹塑性模型。

综上，关于元件组合模型的研究主要集中在以下三个方面：试图引入新的非线性元件与传统的线性元件组合来模拟非线性流变变形；传统组合模型中参数取非定常值来达到模拟非线性的效果；引入新的方法和新的理论来构建模型。尽管组合模型对特定的室内试验曲线吻合得很好，然而实际工程中元件组合模型并不能全面描述复杂应力条件下的岩石流变过程。

基于弹塑性理论的流变模型：随着人们对岩石流变机理认识的加深，在瞬时本构模型的基础上，尝试采用弹塑性理论解决岩石的流变力学问题。起初的研究通常将流变变形分解成瞬时应变和时效变形两个部分。对于分解出的两种变形，采用不同的模型分别加以描述。然而，考虑到岩石的流变力学特性是其本质属性，必然与其瞬时的力学特性相关联。在该认识的基础上，一类统一的弹塑性、流变本构模型发展起来。该类模型不仅可以对岩石的瞬时力学特性进行很好的描述，同时可以采用统一的屈服准则对其流变力学行为进行很好的描述。模型的主要研究思路是通过分析瞬时弹塑性试验结果，在热力学框架下，采用唯象学理论建立材料的瞬时本构模型。在分析流变结果的基础上，建立时效变形与内变量(塑性应变、损伤)的变化关系，从而实现瞬时模型到流变模型的延伸。这一类模型的特点是，统一形式的流变模型不仅可以对瞬时力学特征进行描述，还可以表征同一材料的长期力学行为，实现了瞬时和时效模型在形式和机理上的统一。

例如，Xie 等[42]对白垩岩进行了瞬时力学试验和三轴流变力学试验，基于试验结果，采用 Gurson 屈服方程对白垩岩的瞬时力学特性进行描述。随后基于不可逆热力学原理，建立了线性的流变变形与流变极限阈值的关系表达式，从而实现了岩石瞬时本构模型到流变本构模型的推广。Pietruszczak 等[43]基于微结构张量理论对沉积岩的各向异性特征进行了描述，在热力学理论的基础上构建了流变阈值随时间的演化函数，在此基础上对各向异性岩石的流变特征进行模拟。Grgic 等[44]基于统一非弹性流动理论，推导了弹-塑性和弹黏塑性本构模型。模型中瞬时和时效特征都是通过统一的基于能量的屈服准则描述。此外，Blum[45]、Heeres 等[46]、Shao 等[47]基于不同的屈服准则得到了相应的黏弹塑性本构模型，对岩石流变力学特性进行了系统的研究。

岩石流变变形不仅伴随着变形的增加，还有弹性刚度的降低。岩石的变形破坏是塑性和损伤耦合作用的结果。弹塑性本构模型不能完全反映岩石破坏实质，因而诸多研究者考虑通过损伤理论来解释岩石的流变破坏。通过数学和力学推导，得到流变过程中损伤随时间变化的关系曲线，然后叠加到总体的弹塑性损伤耦合本构模型中，可以有效地模拟岩石的瞬时和时效变形特征。例如，Zhou 等[48]介绍了统一形式的弹塑性和弹黏塑性损伤耦合本构模型。模型中，瞬时塑性屈服面和黏塑性加载面都是等效塑性应变的函数，但是二者的演化规律不同。由于黏塑性流动延迟于塑性变形，因而黏塑性加载面慢于塑性流动。杨春和等[26]在对盐岩流变试验成果分析的基础上，采用岩石损伤力学理论，探讨了盐岩流变损伤特征，并在谢和平提出的岩石流变力学模型基础上得到了一个非线性流变本构模型。该模型可以很好地反映盐岩流变变形的全过程。贾善坡等[49]根据泥岩的非线性蠕变变形特点，构造了基于摩尔-库伦准则的蠕变势，建立了泥岩非线性蠕变损伤本构模型及其损伤演化方程。模型能够较真实地反映泥岩蠕变变形过程、损伤演化、渗透性演化和裂隙自愈合，且材料参数较少，便于从试验数据中获得。Zhu 等[50]基于细观力学推导了 Eshelby 等效加载问题的均匀化理论，在热力学框架下得到了准脆性岩石各向异性的弹塑性损伤本构模型。在此基础上，Zhu 等[51]研究了损伤演化的时间效应，得到了损伤阈值随时间演化方程，并将此与建立的基于细观力学的弹塑性损伤耦合模型结合，建立了统一的弹塑性损伤模型。

1.4 特高坝坝基工程安全应用研究

随着锦屏一级、小湾、溪洛渡等一批 300 m 级特高坝工程在我国水电资源丰富的西部修建完成并投入运营，特高拱坝已经成为西南高山峡谷区的主要坝型，其设计、施工技术面临的问题已超出现行规范的适用范围。特高坝承受的水头高，水压力巨大，地应力水平高、坝基渗流场环境复杂，拱坝坝基非协调变形突出。在特高坝工程运营期间的高水头渗流应力耦合作用下的复杂坝基变形稳定是确保特高坝长期安全运行的关键。

国内外研究者在岩石时效力学特性方面已开展了大量的试验和理论研究，这些成果对岩体工程长期稳定性研究有着重要意义。陈宗基[52]指出，岩石的流变特性在实际工程建设中是不能忽略的，好多岩石工程经过几年、十几年甚至几十年之后发生变形破坏，导致工程不能正常使用，这些现象均与岩石的长期流变作用有关。Shiotani[53]对岩石边坡的渐进破坏进行了分析，利用声发射技术对边坡长期稳定进行评估分析。Ghorbani 等[54]针对抽水蓄能水电站厂房，基于监测位移进行了饱和状态下长期稳定性分析，并提出了与引水布置相对应的防渗处理措施。Sharifzadeh 等[55]对完整岩石试样开展三轴流变试验，采用蠕变黏塑性模型对隧道围岩的时效特性进行了数值模拟研究。Nadimi 等[56]认为岩石的时效效应或流变行为对岩石力学领域知识的进一步发展具有重要意义，通过开展岩石三轴流变试验拟合流变模型参数，采用三维离散元模拟洞室围岩的时间依赖性，仿真结果与监测数据吻合良好。Khaledi 等[57]为了研究地下储气洞室围岩的初次加载、循环加载等阶段的力学响应，采用了黏弹塑性流变本构模型模拟洞室在施工和循环运行期的力学特性，并提出了改进的

Norton 流变本构模型，对典型洞室的开挖和循环加载过程进行数值模拟，对洞室周围的应力路径以及体积收敛、损伤传播和渗透性变化进行了评价，最后确定了模拟洞室的允许运行条件。Liu 等[58]指出在复杂的地质环境中，坝基岩体的流变损伤效应对岩石的长期安全性有不利影响，提出了与时间相关的变形强度理论，采用基于 GPU 加速的并行有限元程序对中国锦屏水电站长期安全性进行评价。Xu 等[59]针对三峡永久船闸闪石斜长石花岗岩进行了单轴压缩、三轴压缩和剪切流变试验，综合室内和现场试验成果、位移反分析和工程类比，确定了船闸高边坡岩体的广义 Kelvin 模型及其参数，对船闸边坡在施工和运营过程中的稳定性进行了数值模拟研究，计算结果与实测数据吻合较好。另外夏熙伦等[60]、孙钧等[61]、朱维申等[62]也对长江三峡船闸高边坡的长期稳定性进行了研究。Yang 等[63]对某露天矿北坡的流变力学行为进行了研究，认为边坡的长期稳定性主要受边坡软弱层夹层的流变特性控制，提出了预测岩体流变特性的长期稳定性判据和临界变形速率，该方法在露天矿北坡倾倒滑移稳定性分析中得到了验证。蒋昱州等[64]基于小湾水电站蚀变岩三轴流变试验成果，采用 Cvisc 流变本构模型对蚀变岩流变试验曲线进行辨识，得到相应的流变力学参数，并采用三维非线性数值分析方法模拟小湾水电站长期运营条件下的流变力学响应。林鹏等[65]在采用常规力学定性定量分析基础上，通过与非线性三维有限元相结合的方法可有效分析论证大坝与地下厂房整体稳定相互作用机制。王如宾等[66]、程立等[67]分别从不同角度出发，采用数值模拟方法对锦屏一级左岸边坡在运行期的长期稳定性和岩质高边坡长期变形对拱坝安全的影响进行分析，并提出了合理的建议和评价。

参考文献

[1] 徐志英. 岩石力学[M]. 3 版. 北京：中国水利水电出版社，2007.

[2] 周维垣. 高等岩石力学[M]. 北京：水利电力出版社，1990.

[3] 仵彦卿，张倬元. 岩体水力学导论[M]. 成都：西南交通大学出版社，1995.

[4] RUTQVIST J，STEPHANSSON O. The role of hydromechanical coupling in fractured rock engineering[J]. Hydrogeology Journal，2003，11(1)：7-40.

[5] 刘仲秋,章青.岩体中饱和渗流应力耦合模型研究进展[J].力学进展,2008,38(5):585-600.
[6] XU W Y,NIE W P,ZHOU X Q,et al. Long-term stability analysis of large-scale underground plant of Xiangjiaba hydro-power station[J]. Journal of Central South University of Technology,2011,18(2):511-520.
[7] WANG H L,XU W Y,YAN L,et al. Investigation on time-dependent behaviour and long-term stability of underground water-sealed cavern[J]. European Journal of Environmental and Civil Engineering,2015,19(S1):119-139.
[8] ZHANG Y,SHAO J F,XU W Y,et al. Experimental and numerical investigations on strength and deformation behavior of cataclastic sandstone[J]. Rock Mechanics and Rock Engineering,2015,48(3):1083-1096.
[9] SNOW D T. Three-hole pressure test for anisotropic foundation permeability[J]. Felsmechaik and Ingenieurgeolgie,1966,4(4):198-314.
[10] WILSON C R,WITHERSPOON P A. Steady state flow in rigid networks of fracture[J]. Water Resources Research,1974,10(2):328-335.
[11] HSIEH P A,NEUMAN S P. Field determination of the three-dimensional hydraulic conductivity tensor of anisotropic media:1. Theory[J]. Water Resources Research,1985,21(11):1655-1665.
[12] HSIEH P A,NEUMAN S P,STILES G K,et al. Field determination of the three-dimensional hydraulic conductivity tensor of anisotropic media:2. Methodology and application to fractured rocks[J]. Water Resources Research. 1985,21(11):1667-1676.
[13] GUDMUNDSSON A,BERG S S,LYSLO K B. Fracture networks and fluid transport in active fault zones[J]. Journal of Structural Geology,2001,23(2-3):343-353.
[14] 速宝玉,詹美礼,郭笑娥.交叉裂隙水流的模型实验研究[J].水利学报,1997,(5):1-6.
[15] 周创兵,叶自桐,熊文林.岩石节理非饱和渗流特性研究[J].水利学报,1998,(3):22-25.

[16] 王媛,徐志英,速宝玉. 裂隙岩体渗流与应力耦合分析的四自由度全耦合法[J]. 水利学报,1998,(7):55-59.

[17] ZOU L F, BORIS G T, ARCADY V D, et al. Physical modelling of stress-dependent permeability in fractured rocks[J]. Rock Mechanics and Rock Engineering, 2013, 46(1):67-81.

[18] 徐卫亚,杨圣奇,杨松林,等. 绿片岩三轴流变力学特性的研究(I):试验结果[J]. 岩土力学,2005,26(4):531-537.

[19] 王如宾,徐卫亚,王伟,等. 坝基硬岩蠕变特性试验及其蠕变全过程中的渗流规律[J]. 岩石力学与工程学报,2010,29(5):960-969.

[20] WANG H L, XU W Y. Permeability evolution laws and equations during the course of deformation and failure of brittle rock[J]. Journal of Engineering Mechanics, 2013, 139(11):1621-1628.

[21] WANG H L, XU W Y, LUI Z, et al. Dependency of hydromechanical properties of monzonitic granite on confining pressure and fluid pressure under compression[J]. International Journal of Modern Physics B, 2016, 30(16):1-15.

[22] SUN J, HU Y Y. Time-dependent effects on the tensile strength of saturated granite at the Three Gorges Projects in China[J]. International Journal of Rock Mechanics and Mining Sciences, 1997, 34(2):323-337.

[23] 孙钧. 岩石流变力学及其工程应用研究的若干进展[J]. 岩石力学与工程学报,2007,26(6):1081-1106.

[24] XU W Y, WANG R B, WANG W, et al. Creep properties and permeability evolution in triaxial rheological tests of hard rock in dam foundation[J]. Journal of Central South University, 2012, 19(1):252-261.

[25] 丁秀丽,刘建,刘雄贞. 三峡船闸区硬性结构面蠕变特性试验研究[J]. 长江科学院院报,2000,17(4):30-33.

[26] 杨春和,陈锋,曾义金. 盐岩蠕变损伤关系研究[J]. 岩石力学与工程学报,2002,21(11):1602-1604.

[27] 杨圣奇,徐卫亚,谢守益,等. 饱和状态下硬岩三轴流变变形与破裂机制研究[J]. 岩土工程学报,2006,28(8):962-969.

[28] 陈卫忠,王者超,伍国军,等. 盐岩非线性蠕变损伤本构模型及其工程应

用[J]. 岩石力学与工程学报,2007,26(3):467-472.
[29] 唐春安,唐世斌. 岩体中的湿度扩散与流变效应分析[J]. 采矿与安全工程学报,2010,(3):292-298.
[30] SCHULZE O,POPP T,KERN H. Development of damage and permeability in deforming rock salt[J]. Engineering Geology,2001,61(2-3):163-180.
[31] ARCHAMBAULT G,GENTIER S,RISS J,et al. The evolution of void spaces (permeability) in relation with rock joint shear behavior[J]. International Journal of Rock Mechanics and Mining Sciences,1997,34(3-4):745-747.
[32] 江涛. 基于细观力学的脆性岩石损伤-渗流耦合本构模型研究[D]. 南京:河海大学,2006.
[33] 蒋明镜,陈贺,刘芳. 岩石微观胶结模型及离散元数值仿真方法初探[J]. 岩石力学与工程学报,2013,(1):15-23.
[34] 杨强,陈新,周维垣. 岩土材料弹塑性损伤模型及变形局部化分析[J]. 岩石力学与工程学报,2004,(21):3577-3583.
[35] 唐春安,杨天鸿,李连崇,等. 孔隙水压力对岩石裂纹扩展影响的数值模拟[J]. 岩土力学,2003,24(S2):17-20.
[36] 吴立新,王金庄,孟顺利. 煤岩流变模型与地表二次沉陷研究[J]. 地质力学学报,1997,3(3):29-35.
[37] 陈卫忠,谭贤君,吕森鹏,等. 深部软岩大型三轴压缩流变试验及本构模型研究[J]. 岩石力学与工程学报,2009,28(9):1735-1744.
[38] 徐卫亚,杨圣奇,谢守益,等. 绿片岩三轴流变力学特性的研究(Ⅱ):模型分析[J]. 岩土力学,2005,26(5):693-698.
[39] 韦立德,杨春和,徐卫亚. 基于细观力学的盐岩蠕变损伤本构模型研究[J]. 岩石力学与工程学报,2005,24(23):4253-4258.
[40] 周家文,徐卫亚,杨圣奇. 改进的广义 Bingham 岩石蠕变模型[J]. 水利学报,2006,37(7):827-837.
[41] 张贵科,徐卫亚. 适用于节理岩体的新型黏弹塑性模型研究[J]. 岩石力学与工程学报,2006,25(S1):2894-2901.
[42] XIE S Y,SHAO J F. Elastoplastic deformation of a porous rock and

water interaction[J]. International Journal of Plasticity, 2006, 22(12): 2195-2225.

[43] PIETRUSZCZAK S, LYDZBA D, SHAO J F. Description of creep in inherently anisotropic frictional materials[J]. Journal of Engineering Mechanics, 2004, 130(6): 681-690.

[44] GRGIC D. Constitutive modelling of the elastic-plastic, viscoplastic and damage behaviour of hard porous rocks within the unified theory of inelastic flow[J]. Acta Geotechnica, 2016, 11(1): 95-126.

[45] BLUM W. Creep of crystalline materials: experimental basis, mechanisms and models[J]. Materials Science and Engineering: A, 2001, 319: 8-15.

[46] HEERES O M, Suiker A S, DE Borst R. A comparison between the Perzyna viscoplastic model and the Consistency viscoplastic model[J]. European Journal of Mechanics A/Solids, 2002, 21(1): 1-12.

[47] SHAO J F, ZHU Q Z, SU K. Modeling of creep in rock materials in terms of material degradation[J]. Computers and Geotechnics, 2003, 30(7): 549-555.

[48] ZHOU H, JIA Y, SHAO J F. A unified elastic-plastic and viscoplastic damage model for quasi-brittle rocks[J]. International Journal of Rock Mechanics and Mining Sciences, 2008, 45(8): 1237-1251.

[49] 贾善坡，陈卫忠，于洪丹，等. 泥岩渗流-应力耦合蠕变损伤模型研究(Ⅰ)：理论模型[J]. 岩土力学，2011，32(9)：2596-2602.

[50] ZHU Q Z, KONDO D, SHAO J F. Micromechanical analysis of coupling between anisotropic damage and friction in quasi brittle materials: Role of the homogenization scheme[J]. International Journal of Solids and Structures, 2008, 45(5): 1385-1405.

[51] ZHU Q Z, ZHAO L Y, SHAO J F. Analytical and numerical analysis of frictional damage in quasi brittle materials[J]. Journal of the Mechanics and Physics of Solids, 2016, 92: 137-163.

[52] 陈宗基. 地下巷道长期稳定性的力学问题[J]. 岩石力学与工程学报，1982，1(1)：1-20.

[53] SHIOTANI T. Evaluation of long-term stability for rock slope by means of acoustic emission technique[J]. Ndt & E International, 2006, 39(3): 217-228.

[54] GHORBANI M, SHARIFZADEH M. Long term stability assessment of Siah Bisheh powerhouse cavern based on displacement back analysis method[J]. Tunnelling and Underground Space Technology, 2009, 24(5): 574-583.

[55] SHARIFZADEH M, TARIFARD A, MORIDI M A. Time-dependent behavior of tunnel lining in weak rock mass based on displacement back analysis method[J]. Tunnelling and Underground Space Technology, 2013, 38: 348-356.

[56] NADIMI S, SHAHRIAR K, SHARIFZADEH M, Moarefvand P. Triaxial creep tests and back analysis of time-dependent behavior of Siah Bisheh cavern by 3-Dimensional Distinct Element Method[J]. Tunnelling and Underground Space Technology, 2011, 26(1): 155-162.

[57] KHALEDI K, MAHMOUDI E, DATCHEVA M, et al. Stability and serviceability of underground energy storage caverns in rock salt subjected to mechanical cyclic loading[J]. International Journal of Rock Mechanics and Mining Sciences, 2016, 86: 115-131.

[58] LIU Y, HE Z, YANG Q, et al. Long-term stability analysis for high arch dam based on time-dependent deformation reinforcement theory[J]. International Journal of Geomechanics, 2016, 17(4): 1-12.

[59] XU P, YANG T Q, ZHOU H M. Study of the creep characterictics and long-term stability of rock masses in the high slopes of the TGP ship lock, china[J]. International Journal of Rock Mechanics and Mining Sciences, 2004, 41: 261-266.

[60] 夏熙伦，徐平，丁秀丽. 岩石流变特性及高边坡稳定性流变分析[J]. 岩石力学与工程学报，1996，15(4)：312-322.

[61] 孙钧，凌建明. 三峡船闸高边坡岩体的细观损伤及长期稳定性研究[J]. 岩石力学与工程学报，1997，16(1)：1-7.

[62] 朱维申，邱祥波，李术才，等. 损伤流变模型在三峡船闸高边坡稳定分析

的初步应用[J]. 岩石力学与工程学报,1997,16(5):431-436.
[63] YANG T,XU T,LIU H,et al. Rheological characteristics of weak rock mass and effects on the long-term stability of slopes[J]. Rock Mechanics and Rock Engineering,2014,47(6):2253-2263.
[64] 蒋昱州,徐卫亚,王瑞红,等. 拱坝坝肩岩石流变力学特性试验研究及其长期稳定性分析[J]. 岩石力学与工程学报,2010,29(S2):3699-3709.
[65] 林鹏,王铖,翁永红,等. 乌东德特高拱坝-地下厂房整体稳定相互作用机制分析[J]. 岩石力学与工程学报,2014,33(11):2236-2246.
[66] 王如宾,徐卫亚,孟永东,等. 锦屏一级水电站左岸坝肩高边坡长期稳定性数值分析[J]. 岩石力学与工程学报,2014,33(S1):3105-3103.
[67] 程立,刘耀儒,潘元炜,等. 锦屏一级拱坝左岸边坡长期变形对坝体影响研究[J]. 岩石力学与工程学报,2016,35(S2):4040-4052.

第2章

坝基岩石渗流应力耦合三轴力学试验

岩石三轴力学试验对研究岩石力学特性、岩石工程安全性、破裂机理及地震成因等具有重要的工程实践意义，对于合理确定岩石流变力学试验的分级加载应力水平等级和长期荷载下的工程岩石流变力学特性分析具有重要意义。鉴于此，在开展坝基岩石渗流应力耦合三轴流变力学试验之前，首先针对白鹤滩水电站坝基三种典型岩石开展不同应力状态下的三轴力学性质试验，根据试验成果分析岩石力学性质，获取岩石强度、弹性模量、黏聚力和内摩擦角等力学参数以及全程应力-应变曲线，以三轴力学试验得到的强度为参考确定三轴流变试验的流变应力水平等级。

2.1 坝基岩石三轴力学试验

2.1.1 试验设备与方案

三轴力学试验及渗流应力耦合流变力学试验采用的岩石全自动三轴流变伺服系统是由法国国家科研中心(CNRS)、法国里尔大学(USTL)和河海大学共同开发研制。设备由加压系统、恒定稳压装置、液压传递系统、压力室装置、水压系统以及自动数字采集系统组成。其中控制围压、偏压和孔压的三个高精度高压泵可实现各项压力的伺服控制。该流变伺服仪不但可完成岩石单轴、三轴力学试验和流变试验，还可以完成三轴排水压缩、三轴不排水压缩、渗透试验、化学腐蚀试验以及气体渗透等试验。其中自平衡三轴压力室为专利设备，围压的施加范围为 0～60 MPa，最大偏压可达 500 MPa。应变测量系统由 LVDT 和应变测量环组成。对于三轴力学试验，岩石的轴向应变采用三个高精度 LVDT 来记录岩石变形，两个主 LVDT 位移围压室内部直接记录岩石变形，最大量程为 10 mm，精度为 0.001 mm；辅助 LVDT 位移围压室外部记录偏压施加端子位移，最大量程为 50 mm，精度为 0.001 mm 岩石的环向应变则由套在试样上的应变测量环测量。岩石在试验过程中应力-应变全过程曲线可通过由应力、应变传感器组成的采集系统进行记录。

2.1.2 柱状节理玄武岩三轴力学试验

柱状节理玄武岩三轴试验方案如表 2.1.1，试样破坏前后照片如图 2.1.1 和图 2.1.2 所示。围压 0 MPa、6 MPa、8 MPa 和 10 MPa 作用下的柱状节理玄武岩三轴力学试验成果如图 2.1.3 所示。

表 2.1.1 柱状节理玄武岩三轴力学试验方案

试样编号	围压/MPa	试样直径/mm	试样高度/mm	加载速率/(MPa/min)
Z-01	0.0	49.76	100.36	2.0
Z-02	6.0	50.16	100.25	2.0
Z-03	8.0	50.03	99.94	2.0
Z-04	10.0	50.00	100.04	2.0

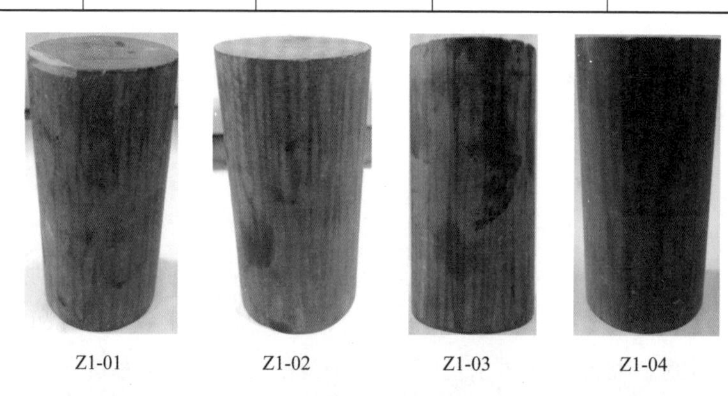

Z1-01 Z1-02 Z1-03 Z1-04

图 2.1.1 柱状节理玄武岩试样

Z1-01 Z1-02 Z1-03 Z1-04

图 2.1.2 柱状节理玄武岩试样破坏后照片

由全程应力-应变曲线可以看出，柱状节理玄武岩的强度特性随围压的增大而增大，其中，柱状节理玄武岩承载力的提高使得岩样强度值增大，围压从 0 MPa 增加到 10 MPa，峰值强度增加了 246.42 MPa；围压的增大过程中，刚度的提高使得岩样弹性模量从 24.07 GPa 增加到 53.26 GPa，围压随变形模量的演化规律与弹性模量一致，始终随着围压的增加而增加，但是，相同围压下，变形模量始终小于弹性模量；进一步观察轴向应力-应变曲线可知，轴向应变随着应力的增长而不断增加，在屈服应力之后，曲线变化并不平滑，表明柱状节理玄武岩试样在压应力下裂隙逐渐开裂，试样渐进破坏。基于试验中观测到的环向应变表明：岩石已经发生较大的侧向膨胀，侧向应变达到 10%左右，岩石扩容现象显著，据此判断岩石发生延性破坏，终止试验。通过 0 MPa、6 MPa、8 MPa 和 10 MPa 不同围压下柱状节理玄武岩全程应力-应变曲线，得出柱状节理玄武岩的三轴力学参数如表 2.1.2。

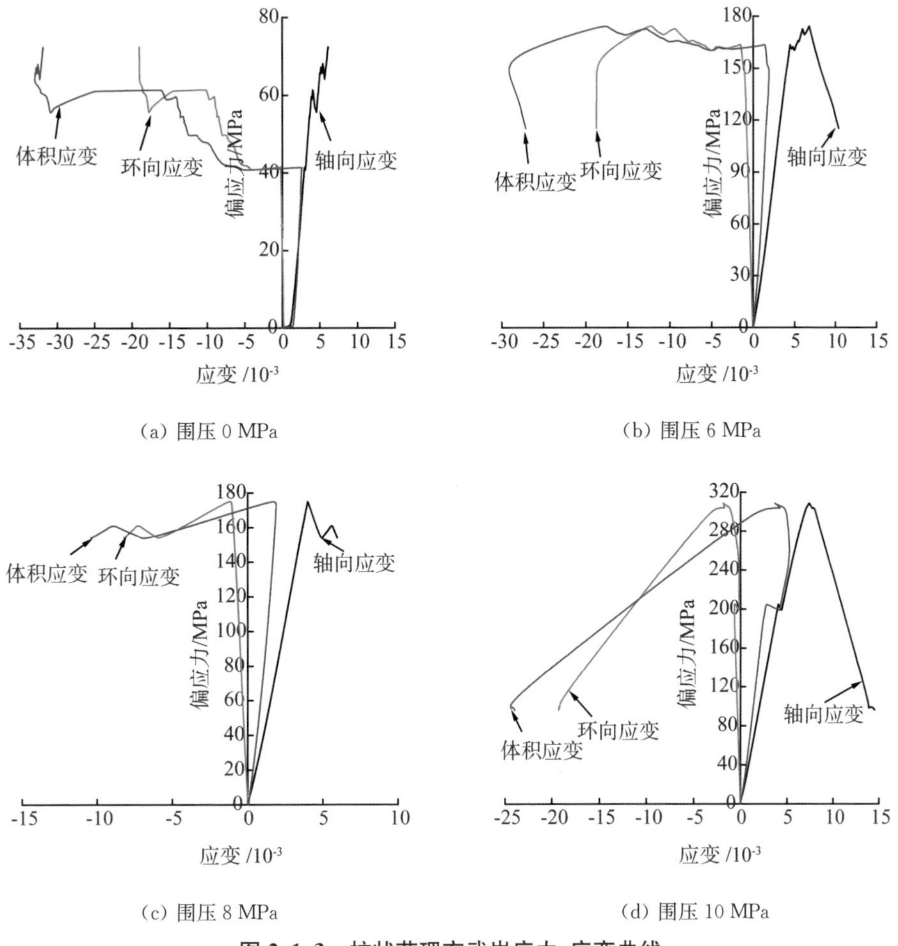

图 2.1.3　柱状节理玄武岩应力-应变曲线

表 2.1.2 柱状节理玄武岩三轴力学试验力学参数

试样编号	围压/MPa	弹性模量/GPa	变形模量/GPa	峰值强度/MPa	屈服强度/MPa	黏聚力/MPa	摩擦角/°
Z1-01	0	24.07	12.46	62.02	60.28	5.25	66.25
Z1-02	6	41.04	35.22	173.83	163.31		
Z1-03	8	47.11	41.40	174.68	174.68		
Z1-04	10	53.26	49.81	308.44	204.65		

2.1.3 角砾熔岩三轴力学试验

角砾熔岩三轴试验方案如表 2.1.3，试样破坏前后照片如图 2.1.4 和图 2.1.5。角砾熔岩在不同围压下的三轴力学试验成果，如图 2.1.6 所示。

表 2.1.3 角砾熔岩三轴试验方案

试样编号	围压/MPa	试样直径/mm	试样高度/mm	加载速率/(MPa/min)
J1-01	0	48.66	100.36	2.0
J1-02	6	48.60	99.78	2.0
J1-03	8	48.62	100.06	2.0
J1-04	10	48.63	99.95	2.0

J1-01

J1-02

J1-03

J1-04

图 2.1.4 角砾熔岩破坏前照片

由角砾熔岩全程应力-应变曲线可以看出，角砾熔岩的屈服强度和峰值强度均随围压的增大而增大，围压 0 MPa 作用下，角砾熔岩的屈服强度和峰值强度分别达到了 82.59 MPa 和 95.4 MPa；围压 10 MPa 作用下，角砾熔岩的屈服强度和峰值强度分别达到了 143.59 MPa 和 176.5 MPa。在围压从 0 MPa 增加到 10 MPa 过程中，弹性模量和变形模量分别增加了 5.98 GPa 和 17.64 GPa，表明围压对角砾熔岩的变形模量的变化更加敏感。由围压 0 MPa、6 MPa、

8 MPa 和 10 MPa 下的角砾熔岩全程应力-应变曲线，得出角砾熔岩三轴力学参数如表 2.1.4 所示。

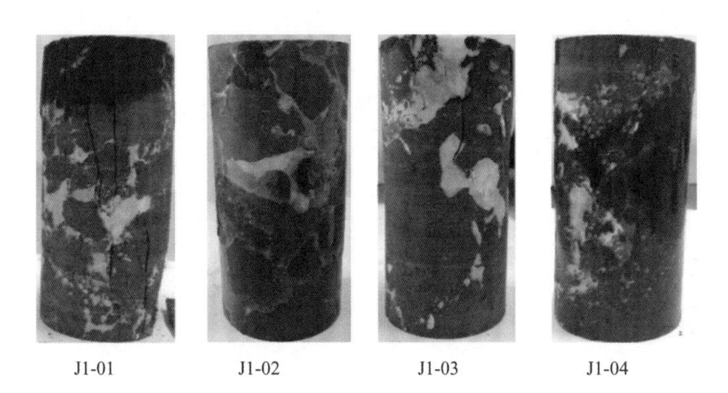

图 2.1.5　角砾熔岩破坏后照片

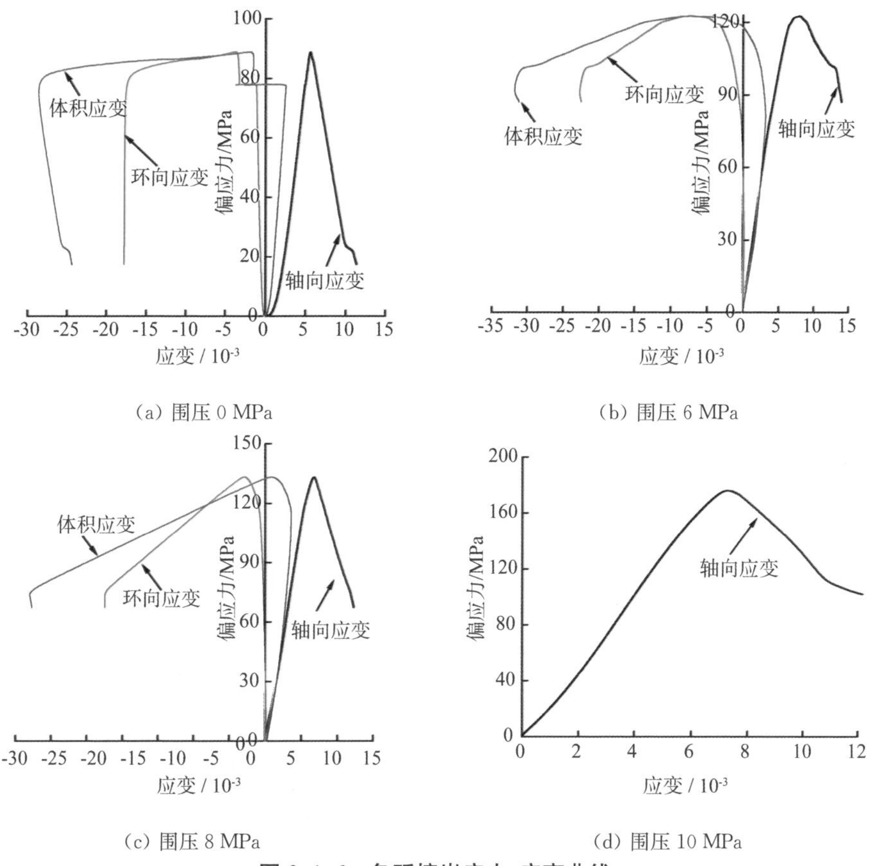

(a) 围压 0 MPa　(b) 围压 6 MPa

(c) 围压 8 MPa　(d) 围压 10 MPa

图 2.1.6　角砾熔岩应力-应变曲线

表 2.1.4 角砾熔岩三轴力学试验力学参数

试样编号	围压/MPa	弹性模量/GPa	变形模量/GPa	峰值强度/MPa	屈服强度/MPa	黏聚力/MPa	摩擦角/(°)
J1-01	0	24.70	8.16	95.4	82.59	14.76	54.80
J1-02	6	23.76	23.39	129.6	124.24		
J1-03	8	25.14	22.49	141.0	125.75		
J1-04	10	30.68	25.8	176.5	143.59		

2.2 坝基柱状节理玄武岩各向异性三轴力学试验

柱状节理在其内部发育有大量不规则的横向与纵向微裂隙,使得柱状节理玄武岩表现为镶嵌结构。柱状节理玄武岩的镶嵌结构,使得岩体内部的强度变形特征与一般的节理岩石相比差异较大。因此,基于岩石三轴力学试验,了解柱状节理玄武岩的力学特性以及各向异性特征,可为白鹤滩水电工程的建设提供试验基础资料。

2.2.1 试样制备与试验方案

选取有代表性的柱状节理玄武岩岩块,按不同角度切割岩石,制成直径 50 mm,高度 100 mm 标准圆柱试样,现场取回的柱状节理玄武岩试样如图 2.2.1 所示。为研究其是否具有各向异性,首先将岩石样本按照与水平面的夹角进行切割,分别取 0°、30°、45°、60°、75°、90°切割角度作为对照试验,其中柱状节理岩石与水平向夹角定义为 θ ,柱状节理玄武岩试样与水平向夹角定义为 β ,试样切割示意如图 2.2.2。典型试样如图 2.2.3 所示。

图 2.2.1 未加工的柱状节理玄武岩岩芯

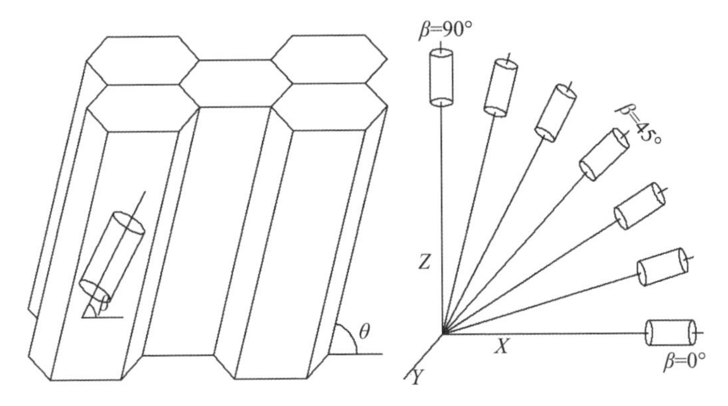

图 2.2.2　柱状节理玄武岩切割示意图

图 2.2.3　加工后柱状节理玄武岩典型试样

柱状节理玄武岩岩块的三轴试验方案如表 2.2.1 所示。

在开展室内三轴力学实验之前，首先分析柱状节理玄武岩的微细观结构，对其进行 SEM 试验，试图从微细观的角度分析其形貌特征，试验结果如图 2.2.4。从不同放大倍数的扫描电镜照片中可以看出，柱状节理玄武岩内部含有大量的微裂隙，同时发育有隐节理；虽然微裂隙较细小，但其内部依然很致密。

从 SEM 放大图中可以看出，柱状节理玄武岩为斑晶及微晶、基质组成。斑晶主要有斜长石、辉石、磁铁矿等物质，基质为玄武玻璃，斑晶和基质相互镶嵌紧密。从放大 500 倍的图像看出，试样细观结构上包含有一些隐节理，这些隐节理延伸达 100 μm，同时穿过基质与斑晶。放大 4 000 倍观察，玄武基质疏松多孔，而斑晶却要致密得多。同时发现两种物质胶结致密，但并未在晶体边

表 2.2.1 柱状节理玄武岩体室内三轴力学试验方案

切割角度	围压/MPa	加载速率/(mm/min)	切割角度	围压/MPa	加载速率/(mm/min)
0°	0	0.02	30°	0	0.02
	5			5	
	10			10	
	15			15	
	20		60°	0	
45°	0			5	
	5			10	
	10			15	
	15		90°	0	
	20			5	
75°	0			10	
	5			15	
	10			20	
	15				

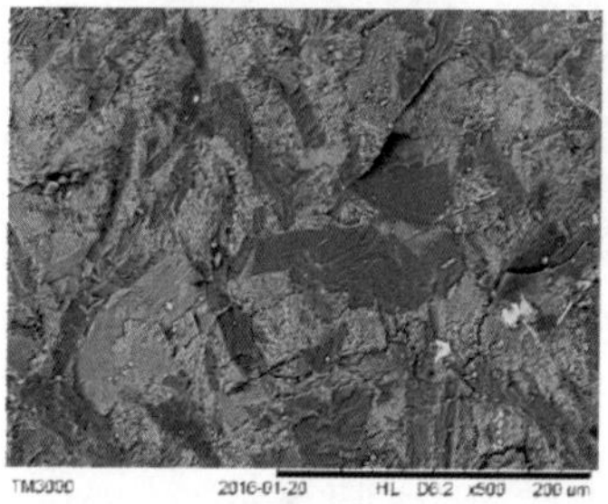

(a) 放大 500 倍

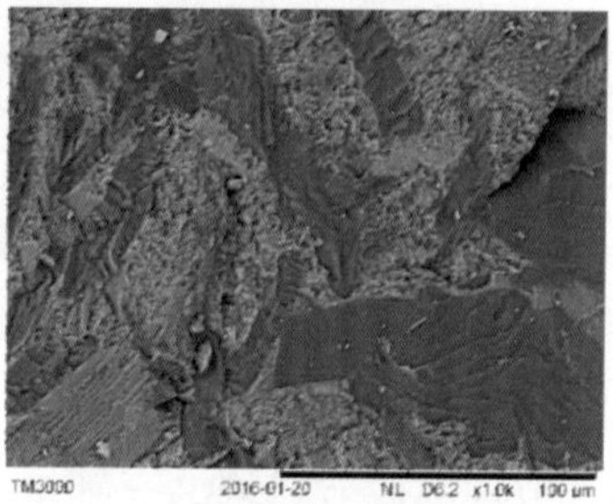

(b) 放大 1 000 倍

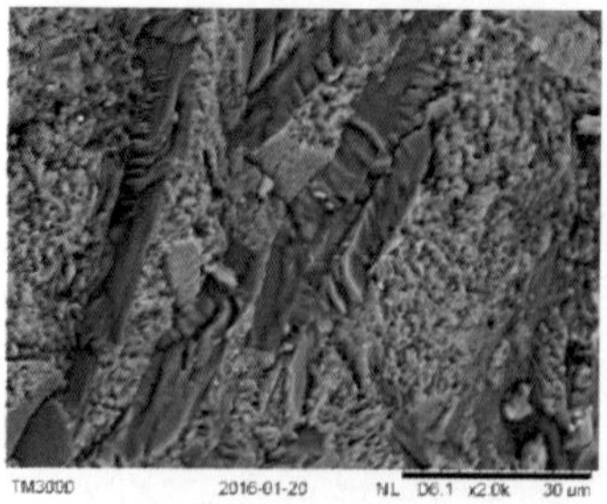

(c) 放大 2 000 倍

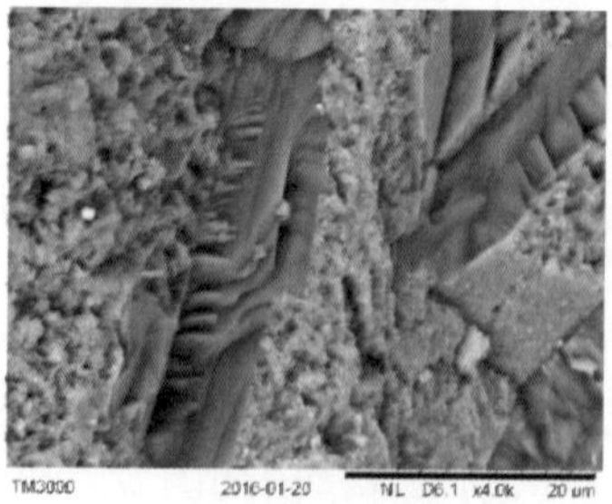

(d) 放大 4 000 倍

图 2.2.4 白鹤滩柱状节理玄武岩 SEM 试验照片

缘发现有微裂纹。因此从细观结构判定，两种材料的强度差异很大。同时，仔细观察可以发现，由于微裂隙的发育，该镶嵌结构显得较无序，因此岩石的物理性质受其原生裂隙影响较大。

由于岩石内部原生包含有宏观裂隙，并且裂隙中还填充有夹杂物，因此原生裂隙在三轴加载过程中可能会变成控制试样破坏的破坏面。除了这些原生的宏观裂隙，柱状节理玄武岩块不同于其他岩石的另一特点是其内部包含有大量的隐节理，隐节理的存在进一步弱化了柱状节理玄武岩的强度。

2.2.2 应力-应变关系曲线

1. 0°柱状节理玄武岩

对切割角度为0°的柱状节理玄武岩试样进行围压0 MPa、5 MPa、10 MPa、15 MPa、20 MPa的三轴力学试验，应力-应变关系曲线如图2.2.5所示。

从图中可以看出，随着围压的增大，柱状节理玄武岩的峰值强度增大。单轴压缩情况下，0°柱状节理玄武岩在80 MPa的轴压下便出现了破坏；而在20 MPa围压下，试样的峰值强度达到了350 MPa左右，且曲线的线性部分持续时间较长，表明试验有较长的线弹性阶段。试样破坏之后，曲线急速下降，且下降阶段曲线的斜率很大。

不同围压下0°柱状节理玄武岩三轴力学试验应力-应变曲线如图2.2.6所示，由图可见，随着围压的增大，柱状节理玄武岩的屈服应力、峰值强度及其对应的轴向应变在逐渐增大。

对于岩石材料而言，随着围压的增加，岩石的变形会逐渐出现屈服现象，即岩石性质变成理想塑性，此时的围压称为转化围压，即岩石转化为理性塑性的围压阈值。当岩样的围压低于转化围压时，岩石的应力-应变曲线中会出现峰值破坏点，而当围压大于转化围压时，岩石的应力-应变曲线便没有明显的峰值点，呈现应变硬化特征。

试验时最大围压为20 MPa，0°柱状节理玄武岩试样没有达到其转化围压，柱状节理玄武岩的应力-应变曲线在峰后急速下坠，表现出脆性特征。此外随着围压的增大，应力-应变曲线的斜率也呈现随之增大的趋势，这表明，围压有着改善岩石应力环境的特点，在承受相同偏压的情况下，围压越大，其轴向应变越小，曲线的斜率越大。

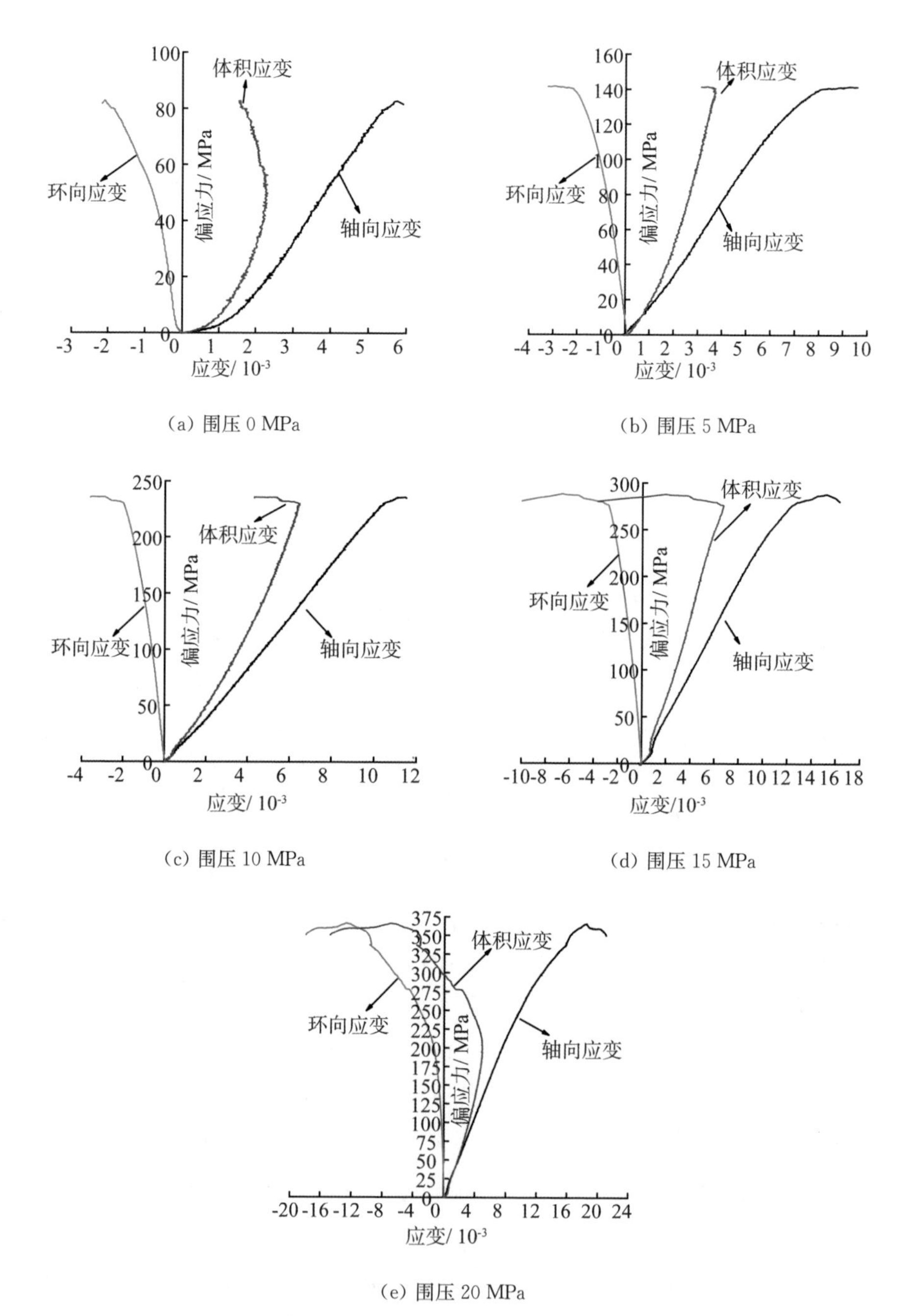

图 2.2.5　0°柱状节理玄武岩三轴力学试验应力-应变曲线

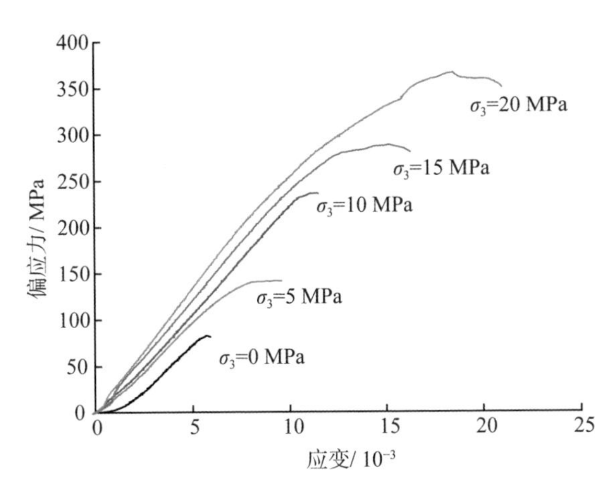

图 2.2.6 不同围压下 0°柱状节理玄武岩三轴力学试验应力-应变曲线

2. 30°柱状节理玄武岩

图 2.2.7 所示为切割角度 30°的柱状节理玄武岩三轴力学试验应力-应变曲线,可以看出 30°柱状节理玄武岩的峰值强度变化规律与 0°试样类似,即随着围压的增大而增大。不同之处在于,单轴压缩条件下,30°试样在 120 MPa 的轴压下才出现破坏情况,峰值强度显著大于 0°试样。单轴压缩情况下试样的应力-应变曲线出现了一个现象:体积应变和环向应变出现了一个平台,这表明随着偏压的增大,试样突然发生了破坏,而环向应变出现了一个陡降,环向变形突然变大。可能是试样内部原本咬合在一起的原生裂隙突然破裂,导致了环向变形剧烈增大。在其他围压情况下,较少出现类似现象,这也表明围压的存在会改善岩石的受力环境,减少岩石的脆性破坏程度。随着围压的增大,试样的峰值强度也逐渐增大,但试样均表现出较明显的脆性特征,破坏较突然。

不同围压下 30°柱状节理玄武岩三轴力学试验应力-应变曲线如图 2.2.8 所示,单轴压缩条件下其峰值强度为 120 MPa 左右,而 15 MPa 围压下的试样峰值强度达到了近 300 MPa。与 0°柱状节理玄武岩试样类似,30°试样的转化围压同样较高,所以柱状节理玄武岩的应力-应变曲线在峰后急速下坠,表现出明显的脆性特征,应力跌落速度很快,可见柱状节理玄武岩属于典型的脆性材料。围压10 MPa 下的试样应力-应变曲线出现了明显的小回环,说明在加载过程中,随着轴压的施加,试样内部原生裂隙忽然断裂,导致承载力忽然降低,而后重合咬合在一起,承载力继续增大。

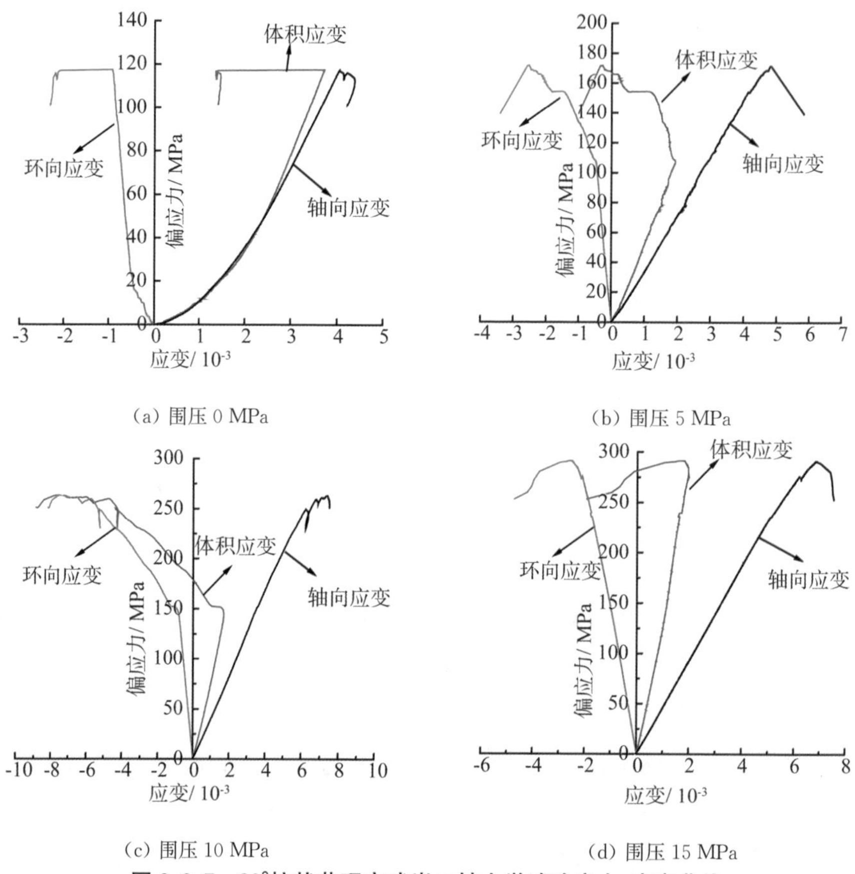

(a) 围压 0 MPa　　(b) 围压 5 MPa

(c) 围压 10 MPa　　(d) 围压 15 MPa

图 2.2.7　30°柱状节理玄武岩三轴力学试验应力-应变曲线

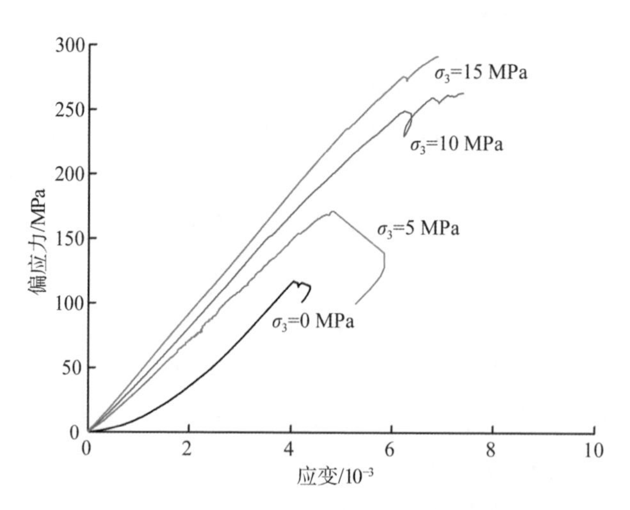

图 2.2.8　不同围压下 30°柱状节理玄武岩三轴力学试验应力-应变曲线

3. 45°柱状节理玄武岩

图 2.2.9 所示为切割角度 45°的柱状节理玄武岩三轴力学试验应力-应变曲线。

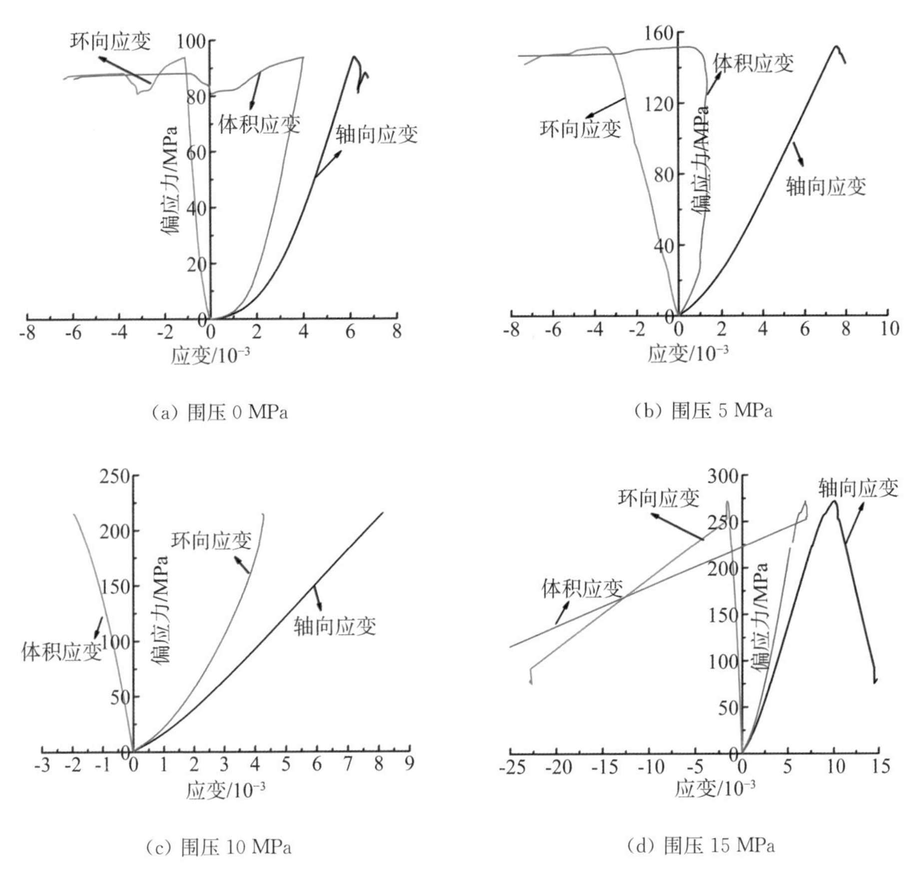

(a) 围压 0 MPa

(b) 围压 5 MPa

(c) 围压 10 MPa

(d) 围压 15 MPa

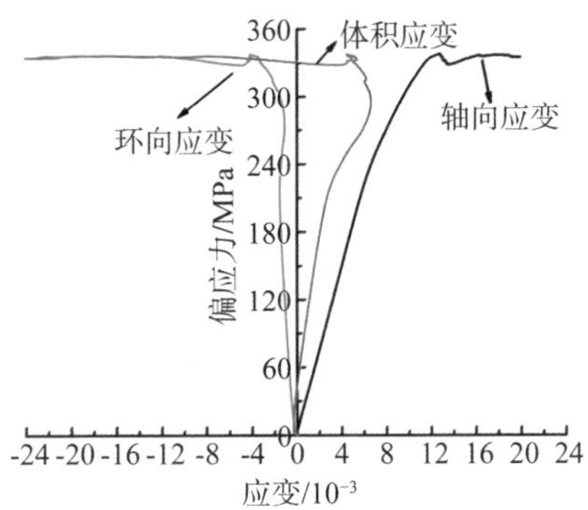

(e) 围压 20 MPa

图 2.2.9　45°柱状节理玄武岩三轴力学试验应力-应变曲线

45°柱状节理玄武岩在单轴压缩和 5 MPa 围压下均出现了应力-应变曲线陡然下降的情况，与 30°柱状节理玄武岩的抗压强度相比，45°试样的抗压强难度并没有显著的增加。在 20 MPa 围压情况下，试样经过应力峰值点后并没有立即下降，而是发生先下降后平缓变化现象，此时的曲线物理意义为应力保持不变而应变持续增加，表现出延性特征。

不同围压下 45°柱状节理玄武岩三轴力学试验应力-应变曲线如图 2.2.10 所示，由图可知，0 MPa 围压下的峰值强度仅为 94 MPa，且加载初期有一段较长时间的压密阶段，5 MPa 围压下试样的线弹性段较长，且岩石的脆性特征较明显，破坏后的应力跌落迅速；10 MPa、15 MPa 围压下试样的线弹性段较长，且与 5 MPa 围压试样类似，其脆性特征明显；而 20 MPa 围压下的试样其峰值强度达到了近 350 MPa，与其他角度柱状节理玄武岩不同的是，45°试样的转化围压较低，理论上低于 20 MPa，所以其应力-应变曲线在达到峰值点后并没有下跌而是出现了先跌落后单调增加的趋势，表现出延性特征。0～15 MPa 围压情况下，应力-应变曲线的初始阶段均经过一段压密阶段后才进入线弹性阶段，压密阶段的长短和岩体所受围压有关，围压越高，压密阶段持续时间越短。

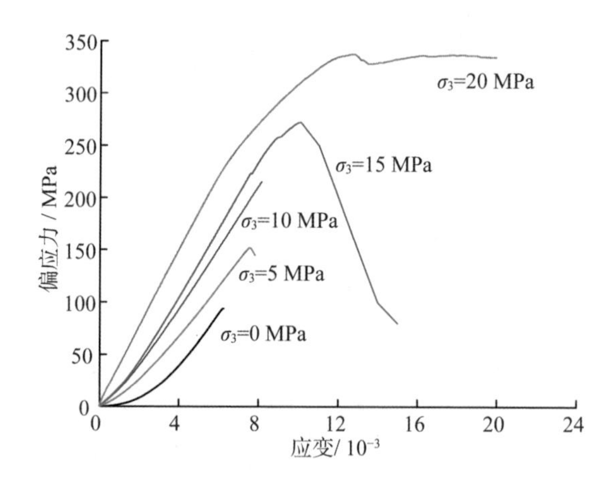

图 2.2.10　不同围压下 45°柱状节理玄武岩三轴力学试验应力-应变曲线

4. 60°柱状节理玄武岩

图 2.2.11 所示为切割角度 60°的柱状节理玄武岩三轴力学试验应力-应变曲线。

60°柱状节理玄武岩的峰值强度随围压的增大而增大。单轴压缩情况下的试样在破坏后发生剧烈的环向变形，曲线表现出一段较长的直线，环向变形较大，破坏较剧烈。单轴压缩情况下在 95 MPa 的轴压下出现了破坏情况，与 0°、30°、45°相比，并无显著的规律性。5 MPa 围压下试样表现出较典型的延性特征，柱状节理玄武岩在经过了线弹性阶段、屈服阶段、强化阶段后进入破坏阶段。当曲线经过峰值点后，为了使应变增大而继续增加应力，使得试样发生了塑性变形，延性特征明显。10 MPa 围压下试样的峰值强度在 250 MPa 左右，破坏后应力跌落现象明显。15 MPa 围压下试样的应力-应变曲线与之前的曲线相比，最显著的特征是试样在经过线弹性阶段后，曲线出现了急速下坠的现象，说明柱状节理玄武岩具有典型的脆性特征，在试验过程中常常会听到试样破坏时发出清脆的砰砰声。

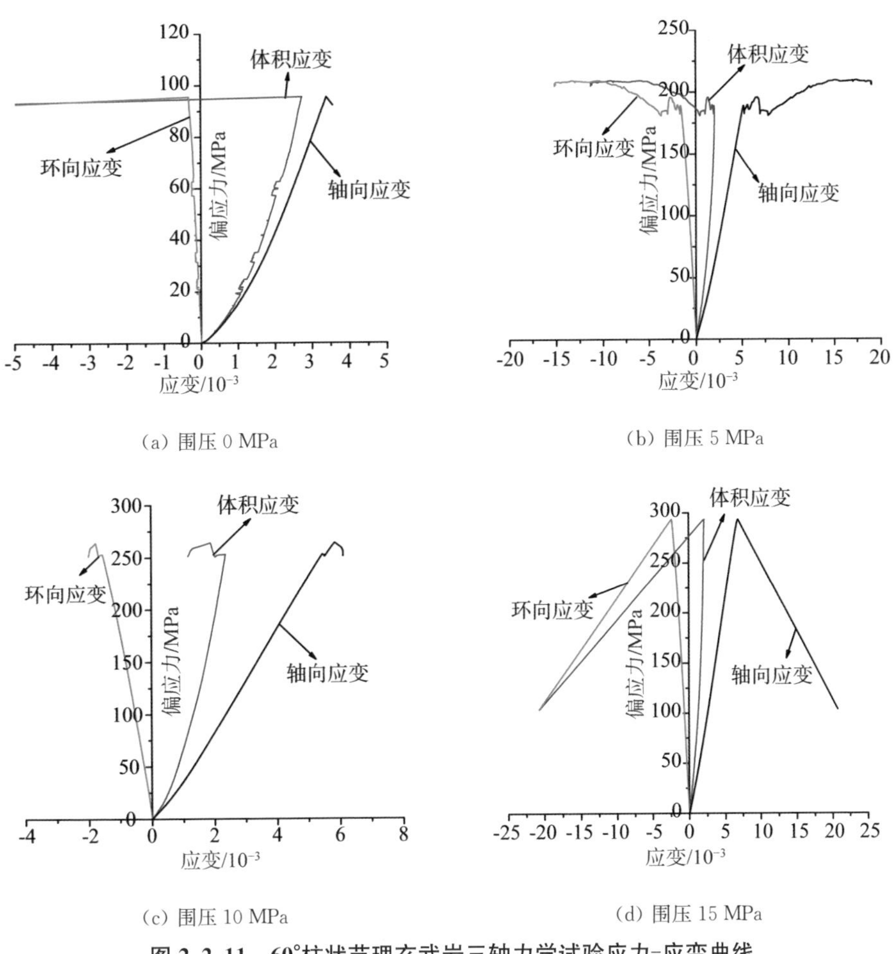

图 2.2.11　60°柱状节理玄武岩三轴力学试验应力-应变曲线

不同围压下 60°柱状节理玄武岩三轴力学试验应力-应变曲线如图 2.2.12 所示，0 MPa 围压下的峰值强度约为 100 MPa，随着围压的增大峰值强度也随之增大，围压 15 MPa 时的峰值强度近 300 MPa。与 0°柱状节理玄武岩试样类似，60°试样的转化围压同样较高，所做试验中并未能测出相应的转化围压。5 MPa 围压下试样所表现出来的平台并不能说明其转化围压为 5 MPa，因为大于转化围压后的试样其应力-应变曲线在峰值后表现为单调增加趋势，而 10 MPa、15 MPa 围压下的试样均表现出明显的脆性特征。

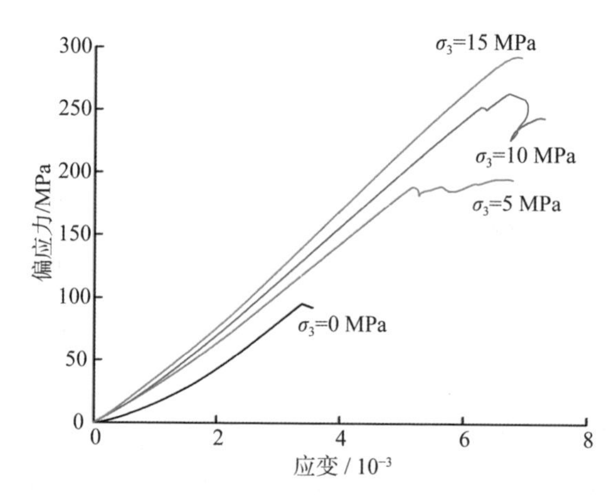

图 2.2.12 不同围压下 60°柱状节理玄武岩三轴力学试验应力-应变曲线

5. 75°柱状节理玄武岩

图 2.2.13 所示为切割角度 75°的柱状节理玄武岩三轴力学试验应力-应变曲线。

75°柱状节理玄武岩的峰值强度随围压的增大而增大，0 MPa 围压下试样的峰值强度仅为 110 MPa 左右，而在 15 MPa 围压下试样的峰值强度达到了 325 MPa。在围压较小的情况下(如 0 MPa、5 MPa)，均出现了试样破坏后发生较大环向变形的情况，环向应变急剧减小的现象，进一步验证了围压不仅可以增加试样的抗压强度，而且约束了试样的环向变形，防止脆性岩石过于剧烈的环向变形。

10 MPa 和 15 MPa 围压下试样的曲线相似，均表现出显著的脆性特征，当曲线经过峰值点后，曲线开始急剧下坠。所不同的是 15 MPa 围压下的试样应力-应变曲线在峰值点后并没有立即下坠，而是出现了局部波动，初步猜测可能是试样破坏后发生剪切滑移，导致了环向应变片处的径向长度暂时变短，随着偏压的增大，滑移继续朝着环向增大的方向进行。

不同围压下 75°柱状节理玄武岩三轴力学试验应力-应变曲线如图 2.2.14 所示，单轴压缩条件下的峰值强度约 110 MPa，围压 15 MPa 时，受围压效应，此时的峰值强度约 350 MPa，75°柱状节理玄武岩试样的转化围压较高，试验中未能测出相应的转化围压。

在低围压条件下（如 0 MPa、5 MPa），试样均出现了较大的环向变形，围压的增大限制了岩石的环向变形，改善了岩石的应力环境。随着围压的增大，应力-应变曲线的斜率也呈现随之增大的趋势。围压为 0～15 MPa 时，应力-应变曲线的初始阶段均经过一段压密阶段后才进入线弹性阶段，压密阶段持续时间的长短和岩体所受围压的大小呈负相关关系，即围压越高，压密阶段持续时间越短。

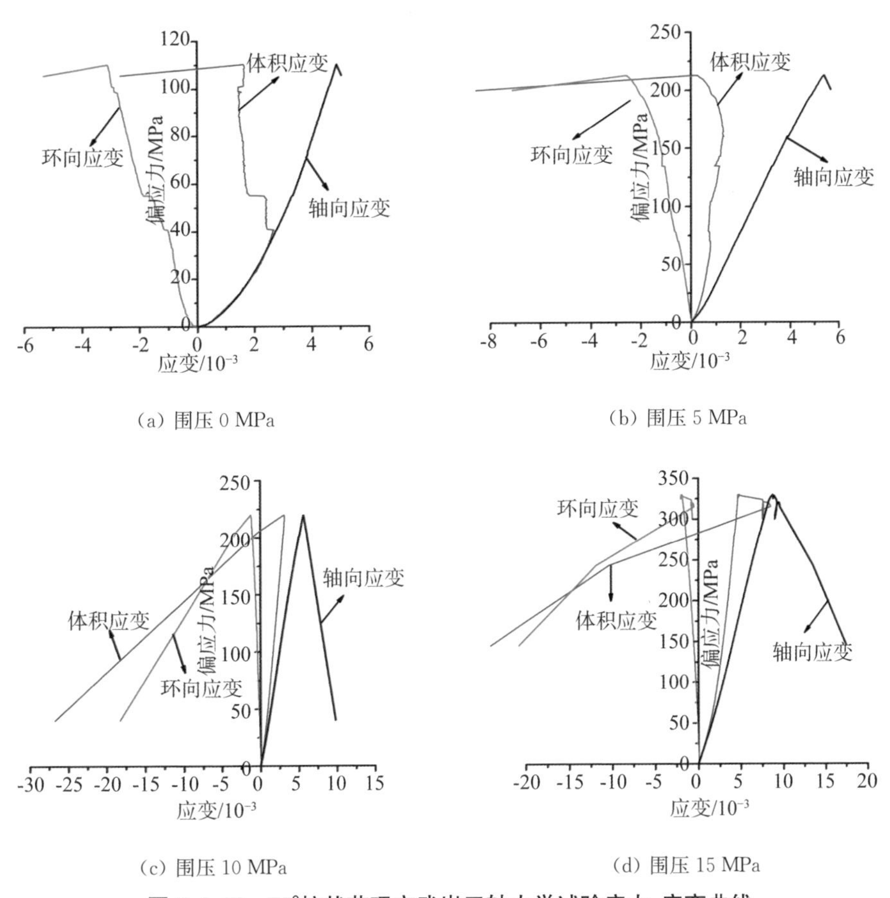

图 2.2.13　75°柱状节理玄武岩三轴力学试验应力-应变曲线

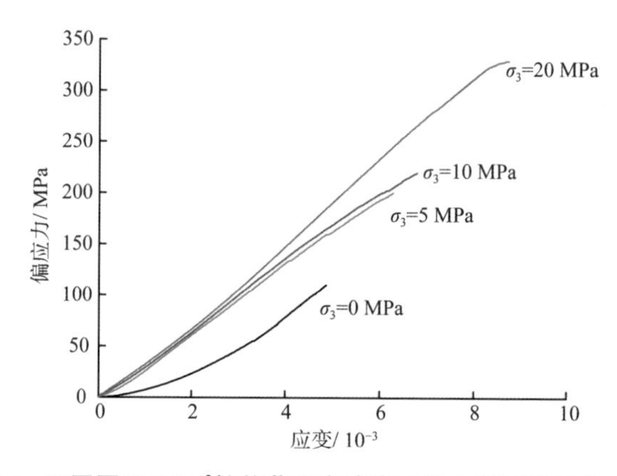

图 2.2.14 不同围压下 75°柱状节理玄武岩三轴力学试验应力-应变曲线

6. 90°柱状节理玄武岩

90°柱状节理玄武岩三轴力学试验应力-应变曲线如图 2.2.15 和图 2.2.16 所示，不同围压作用下应力-应变曲线规律大致相同，随着围压的增大，试样的屈服强度和峰值强度也随之增大。

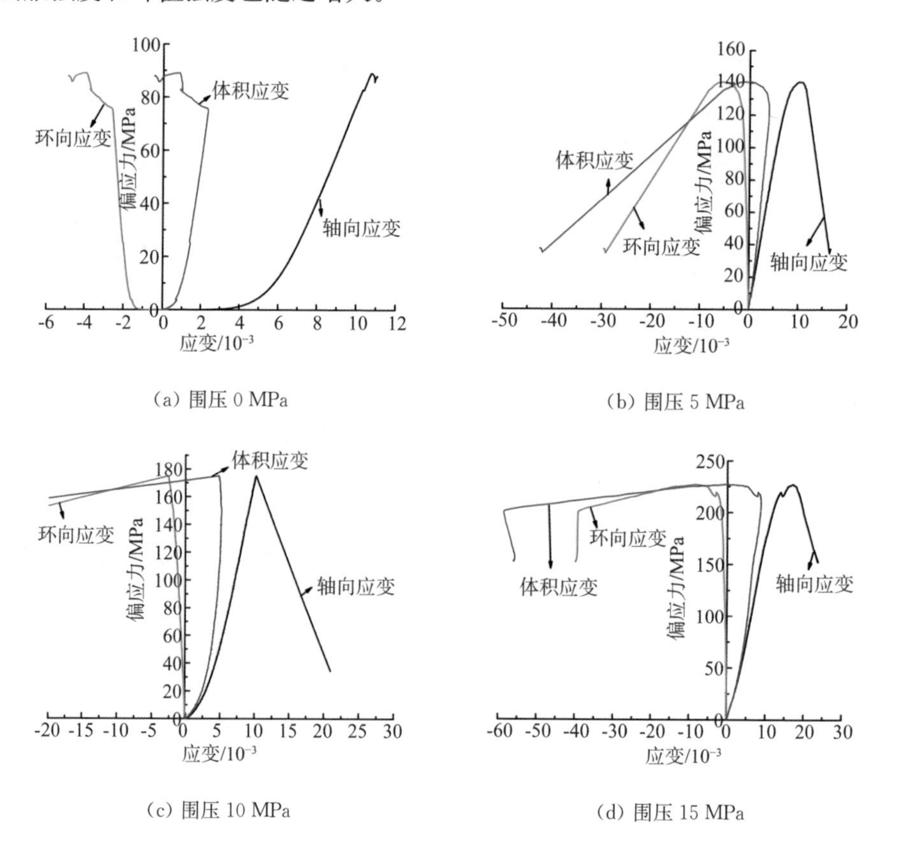

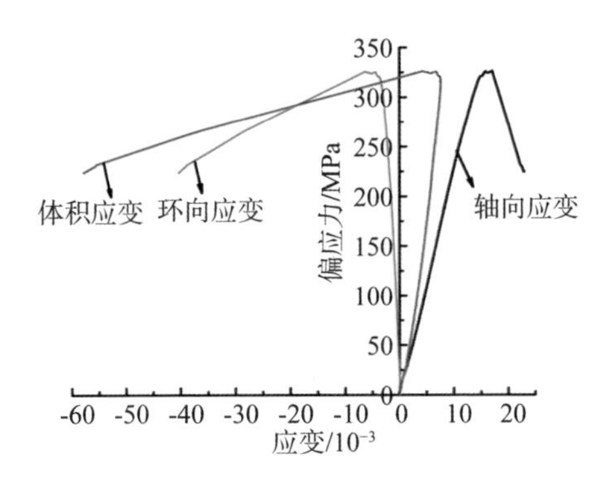

(e) 围压 20 MPa

图 2.2.15　90°柱状节理玄武岩三轴力学试验应力-应变曲线

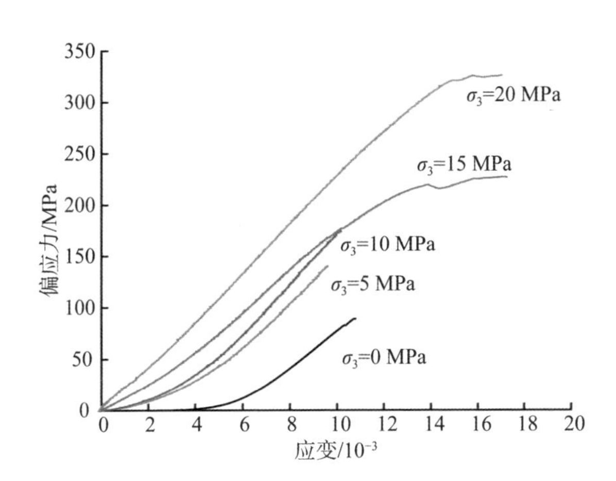

图 2.2.16　不同围压下 90°柱状节理玄武岩三轴力学试验应力-应变曲线

2.2.3　各向异性变形与强度参数分析

岩石材料的宏观力学特征根据其变形特征和破坏机理的不同，其应力-应变曲线可划分为五个阶段：原生微裂纹压密闭合阶段、线弹性变形阶段、微裂纹扩展阶段、裂纹非稳定扩展阶段、峰后变形阶段。其中弹性模量的测定即为线弹性阶段轴向应力、应变的比值。

而泊松比的测量，依据应力-应变曲线，计算方法可采用割线法、平均法、切线法等。割线法取单轴抗压强度的 50％及其对应的应变点作为起始点，其与原点的连线的斜率则为泊松比 μ_{50}；平均法则是在应力-应变曲线上确定曲线的直线段，再按照其斜率计算平均泊松比 μ_{av} ；切线法则是采用工程岩体中实际作用时的应力作为选定的点，依据该点的切线斜率计算其泊松比 μ_{l} 。此处选取平均泊松比 μ_{av} ，为此得到不同角度下柱状节理玄武岩的弹性模量及泊松比，如表 2.2.2。

表 2.2.2 不同角度柱状节理玄武岩变形参数与围压的关系

围压/角度	弹性模量/GPa	泊松比	围压/角度	弹性模量/GPa	泊松比
0 MPa/0°	19.54	0.263	5 MPa/0°	20.62	0.246
0 MPa/30°	27.41	0.323	5 MPa/30°	38.19	0.202
0 MPa/45°	17.92	0.177	5 MPa/45°	21.00	0.305
0 MPa/60°	26.81	0.221	5 MPa/60°	34.11	0.279
0 MPa/75°	20.85	0.318	5 MPa/75°	37.52	0.345
0 MPa/90°	18.75	0.272	5 MPa/90°	18.85	0.223
10 MPa/0°	23.56	0.196	15 MPa/0°	24.56	0.253
10 MPa/30°	40.08	0.296	15 MPa/30°	40.95	0.371
10 MPa/45°	26.88	0.275	15 MPa/45°	29.42	0.199
10 MPa/60°	38.95	0.291	15 MPa/60°	43.98	0.331
10 MPa/75°	39.60	0.255	15 MPa/75°	39.57	0.228
10 MPa/90°	21.22	0.235	15 MPa/90°	20.69	0.186
20 MPa/0°	24.54	0.209			
20 MPa/45°	34.96	0.336			
20 MPa/90°	23.35	0.245			

表 2.2.2 为弹性模量、泊松比与围压的关系表，图 2.2.17～图 2.2.19 为弹性模量、泊松比与围压、角度间的关系曲线及关系空间图。

由图 2.2.17 可知，随着围压的增大，柱状节理玄武岩的弹性模量也随之增大。整体上，0°、90°试样的弹性模量较低，且随围压变化的幅度较小；45°试样弹模随围压变化的幅度较大，20 MPa 围压下 45°柱状节理玄武岩试样的弹性模量比单轴情况下高了近 18 GPa；30°、60°、75°试样的变化同样较大，三者在单轴情况下的弹性模量仅为 25 GPa 左右，而在 15 MPa 围压下的弹性模量达到了 40 GPa 左右，变化显著。

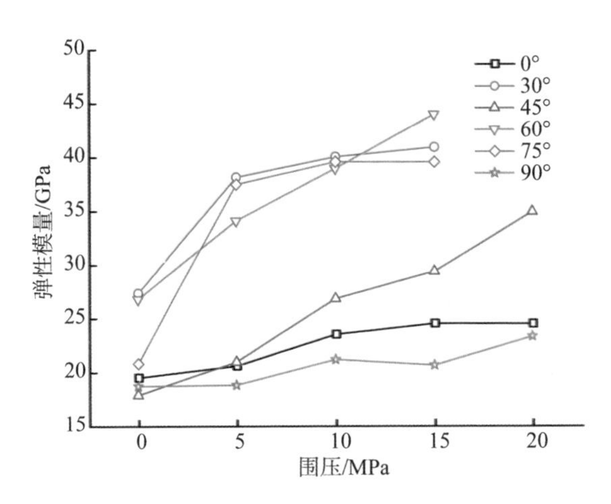

图 2.2.17　不同角度柱状节理玄武岩弹性模量与围压关系曲线

柱状节理玄武岩弹性模量随围压变化显著，而与角度的变化关系则很难看出，因此需要作出弹性模量随角度变化的曲线图，并依据对称关系，绘制了柱状节理玄武岩弹性模量随角度的空间变化曲线，如图 2.2.18 所示。

由表 2.2.2 中弹性模量的数值以及图 2.2.17～2.2.19 中弹性模量与围压、角度的关系曲线，可以得出以下规律：

(1) 柱状节理玄武岩的弹性模量在 17.1～44.0 GPa 范围内，随着围压的增大，弹性模量呈现增大的趋势，从应力-应变曲线中也可以看出，围压越大，线弹性段的应力-应变曲线斜率越大。

(2) 0°柱状节理玄武岩的弹性模量取值范围在 18～25 GPa，与 90°柱状节理玄武岩较类似。而 30°、60°、75°试样的弹性模量取值范围较大，在 20～45 GPa。同样的，0°及 90°柱状节理玄武岩的泊松比结果较小，取值范围大概在 0.18～0.27，中间范围的泊松比则较大。

(3) 不同围压柱状节理玄武岩的弹性模量随角度变化曲线呈现中间双峰两边低的 M 形曲线，各向异性明显，且随着围压的增大，弹性模量随角度变化的关系空间图越接近于圆，即越接近于各向同性。

柱状节理玄武岩泊松比与角度的关系空间图如图 2.2.19 所示，可以看出：

(1) 柱状节理玄武岩的泊松比大致位于 0.8～0.37。随着围压的增大，泊松比的变化较无规律性，说明围压对泊松比的影响较低。

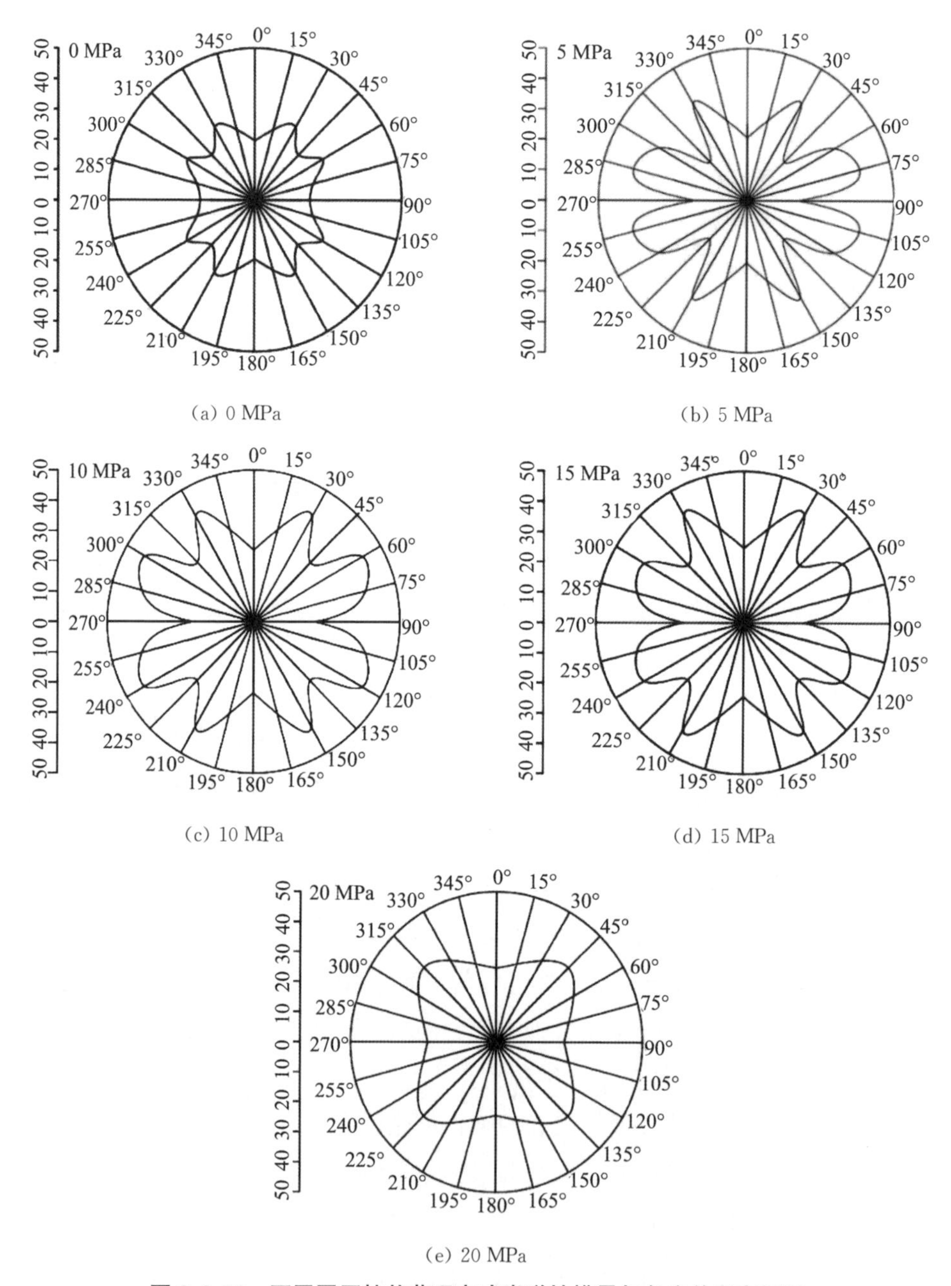

(a) 0 MPa

(b) 5 MPa

(c) 10 MPa

(d) 15 MPa

(e) 20 MPa

图 2.2.18 不同围压柱状节理玄武岩弹性模量与角度关系空间图

(2) 0°、45°、90°柱状节理玄武岩的泊松比较小，泊松比的取值范围为 0.19～0.27，其余角度泊松比较大，取值范围为 0.20～0.40，最大值与最小值的差异性较大。

(3) 柱状节理玄武岩泊松比随围压变化空间图与图 2.2.18 类似,呈现中间双峰两边低的 M 形关系,柱状节理玄武岩的泊松比各向异性明显。随着围压的增大,图像越接近于圆,即更趋近于各向同性。

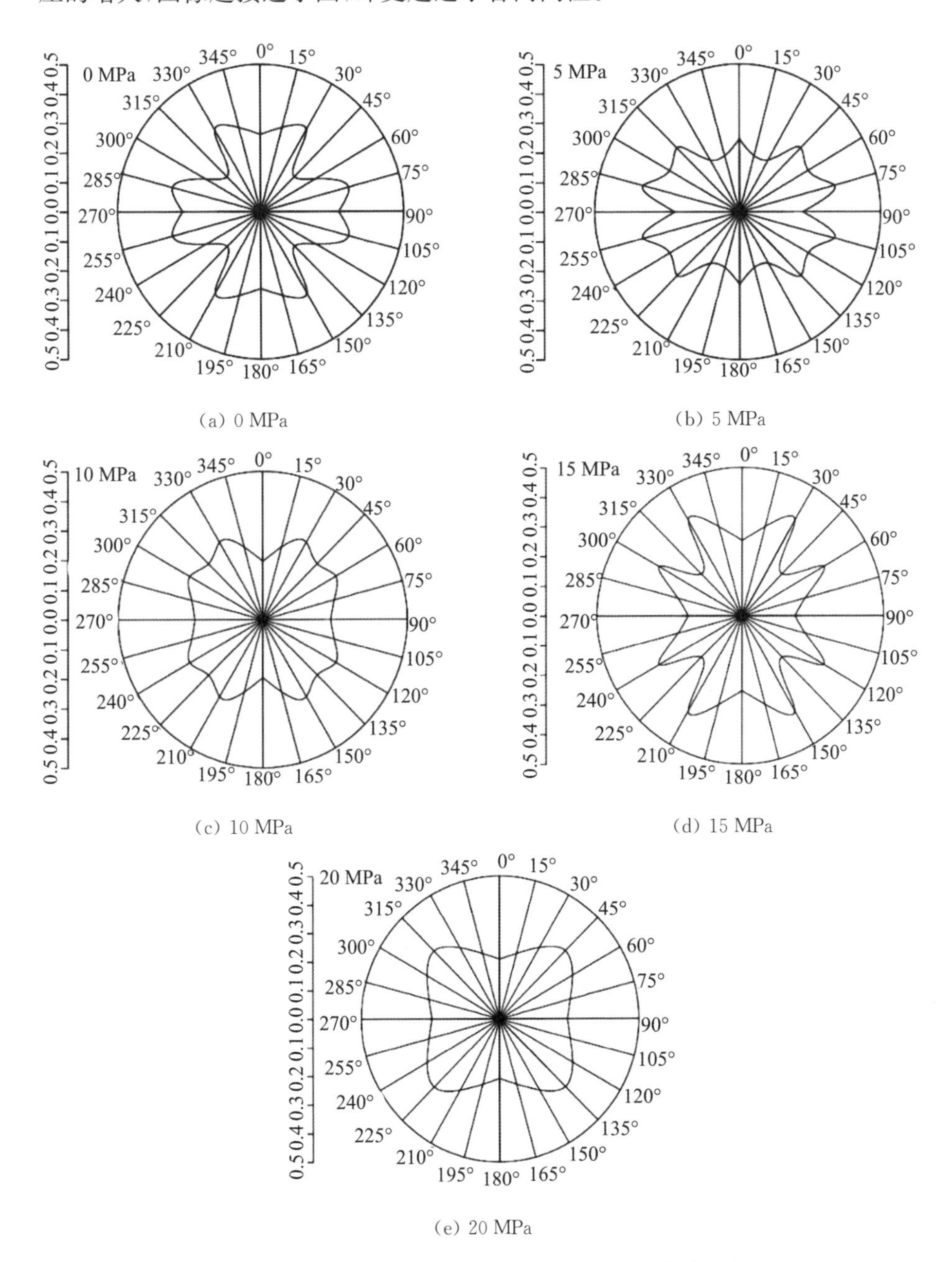

(a) 0 MPa

(b) 5 MPa

(c) 10 MPa

(d) 15 MPa

(e) 20 MPa

图 2.2.19 不同围压柱状节理玄武岩泊松比与角度关系空间图

随着围压的增大，岩石应力峰值附近的塑性变形也增大，其最大主应力 σ_s 与围压 σ_3 的关系可以用 Coulomb 准则，即黏聚力和内摩擦系数来解释其强度特性。其表达式为

$$Q(M,N):\sigma_s = M + N\sigma_3 \tag{2.2.1}$$

物理意义表示为对于一个给定岩样，其能够承担的最大轴向应力 σ_s 与围压 σ_3 呈线性关系。式中的 M 与 N 为强度准则的参数，与内摩擦角 φ 和黏聚力 c 的计算关系式为

$$M = \frac{2c * \cos\varphi}{1 - \sin\varphi} \tag{2.2.2}$$

$$N = \frac{1 + \sin\varphi}{1 - \sin\varphi} = \tan^2\left(45° + \frac{\varphi}{2}\right) \tag{2.2.3}$$

对各角度下的峰值强度与围压关系曲线进行线性拟合，得到式(2.2.1)的线性关系，再利用式(2.2.2)与式(2.2.3)计算各角度岩体的内摩擦角 φ 和黏聚力 c 。

以 0°角为例，根据图 2.2.20 可以线性拟合出 0°柱状节理玄武岩的强度参数 $M=79.67$，$N=15.28$，利用式(2.2.2)及式(2.2.3)算出岩样的内摩擦角 $\varphi=59.08°$，黏聚力 $c=12.26$ MPa。

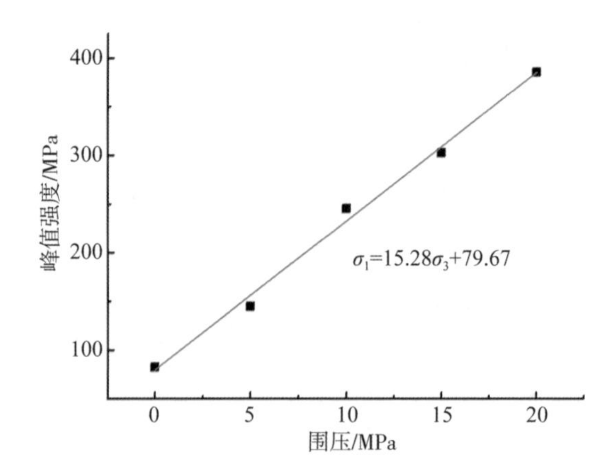

图 2.2.20　0°柱状节理玄武岩峰值强度与围压拟合结果

据此可以得到 0°柱状节理玄武岩峰值应力与围压的数值关系为

$$\sigma_s = 79.67 + 15.28\sigma_3, R^2 = 0.975 \tag{2.2.4}$$

岩样强度参数 M 的数值稍高于实际单轴压缩强度值 σ_0。以 0°柱状节理玄武岩为例，试样的强度参数 M 为 79.67 MPa，低于其单轴压缩强度约 4%。这说明，强度参数 M 的物理意义为岩样单轴压缩破坏时所对应的强度稍低于岩样实际单轴压缩破坏时的强度，而参数 N 则表示围压对轴向峰值应力的影响程度。

获得不同角度柱状节理岩体的内摩擦角 φ 和黏聚力 c，结果如表 2.2.3 所示。

表 2.2.3　不同角度柱状节理玄武岩加载条件下的强度参数

角度	N	M	c /MPa	φ (°)
0°	15.28	79.67	12.26	59.08
30°	12.23	119.19	17.04	58.58
45°	13.15	92.22	15.71	58.57
60°	12.96	118.37	16.44	58.95
75°	13.31	118.16	16.19	59.34
90°	12.21	91.23	13.26	58.06

由表 2.2.3 柱状节理玄武岩的强度参数与角度的关系可以得到的柱状节理玄武岩黏聚力和摩擦角随角度的变化曲线如图 2.2.21 所示。

从图中可以看出，黏聚力在 0°时较小，仅为 12.26 MPa，而 30°柱状节理玄武岩的黏聚力较大，为 17.04 MPa，45°～75°柱状节理玄武岩的黏聚力相差较小，而 90°柱状节理玄武岩的黏聚力较小，仅为 13.26 MPa，不同角度试样黏聚力的最大值与最小值的比值大约为 1.39。从图中可以看出黏聚力与角度关系曲线呈中间双峰两边低的 M 形曲线，各向异性明显。

0°柱状节理玄武岩的摩擦角为 59.08°，30°柱状节理玄武岩的摩擦角较小，为 58.58°，75°柱状节理玄武岩的摩擦角最大，为 59.34°，90°柱状节理玄武岩的摩擦角最小，仅为 58.06°。柱状节理玄武岩摩擦角的最大值与最小值仅相差 1.28°，不同角度试样的差异性较小。与黏聚力相比，摩擦角随着角度的变化趋势不明显。摩擦角最小的 90°试样与摩擦角最大的 75°试样相比仅相差 1.28°，两者减小幅度较低，不同角度柱状节理玄武岩摩擦角差异性较小。

由柱状节理玄武岩加载试验获得不同角度试样峰值强度与屈服强度数值如表 2.2.4 所示。根据屈服强度、峰值强度与围压的数值关系表，可以获得柱状节理玄武岩在不同围压下峰值强度随角度变化以及不同角度试样峰值强度随围压变化关系曲线，如图 2.2.22 所示。

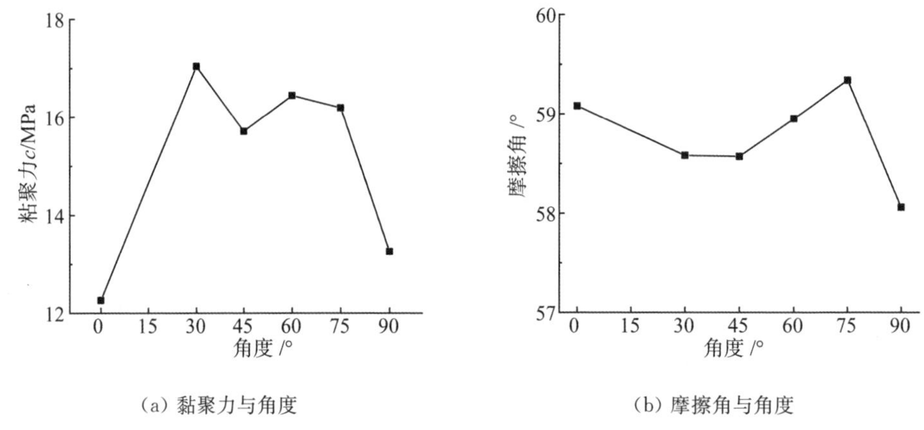

(a) 黏聚力与角度　　(b) 摩擦角与角度

图 2.2.21　柱状节理玄武岩黏聚力、摩擦角与角度关系曲线

从图 2.2.22 可以看出，不同角度柱状节理玄武岩的峰值强度与角度变化规律与图 2.2.21 类似，即图像整体呈中间双峰两边低的 M 形曲线。单轴压缩条件下柱状节理玄武岩的峰值强度均在 100 MPa 左右，随围压的增大，屈服强度和峰值强度也随之增大。5 MPa 围压下试样的峰值强度达到了 150 MPa 左右，15 MPa 围压下试样的峰值强度达到了 300 MPa 左右，随着围压的增大，20 MPa 围压下试样的峰值强度达到了约 350 MPa。

表 2.2.4　不同角度柱状节理玄武岩加载条件下峰值强度与围压的关系

围压/角度	峰值强度/MPa	屈服强度/MPa	围压/角度	峰值强度/MPa	屈服强度/MPa
0 MPa/0°	82.78	76.65	5 MPa/0°	140.04	111.29
0 MPa/30°	117.90	114.81	5 MPa/30°	171.43	152.86
0 MPa/45°	93.73	75.10	5 MPa/45°	151.08	141.92
0 MPa/60°	95.51	89.77	5 MPa/60°	209.54	181.6
0 MPa/75°	110.15	99.96	5 MPa/75°	212.55	160.49
0 MPa/90°	88.47	70.50	5 MPa/90°	140.04	120.55
10 MPa/0°	235.66	215.29	15 MPa/0°	287.91	249.97
10 MPa/30°	263.13	251.88	15 MPa/30°	291.11	235.30
10 MPa/45°	215.44	199.77	15 MPa/45°	270.91	235.67

续表

围压/角度	峰值强度/MPa	屈服强度/MPa	围压/角度	峰值强度/MPa	屈服强度/MPa
10 MPa/60°	263.87	250.37	15 MPa/60°	293.42	272.15
10 MPa/75°	219.63	202.53	15 MPa/75°	329.63	318.45
10 MPa/90°	173.45	153.23	15 MPa/90°	226.69	187.94
20 MPa/0°	365.73	282.57			
20 MPa/45°	337.70	264.49			
20 MPa/90°	325.50	296.57			

相同角度的柱状节理玄武岩，其峰值强度随围压增加而增大。单轴压缩条件下，试样的峰值强度均较低，大致范围为 80～120 MPa；当围压加载到 5 MPa，柱状节理玄武岩的峰值强度显著增大；在 20 MPa 围压条件下，试样的峰值强度显著增大，其中强度最小的 90°柱状节理玄武岩的峰值强度达到了 325.50 MPa，与单轴条件下相比增长显著。

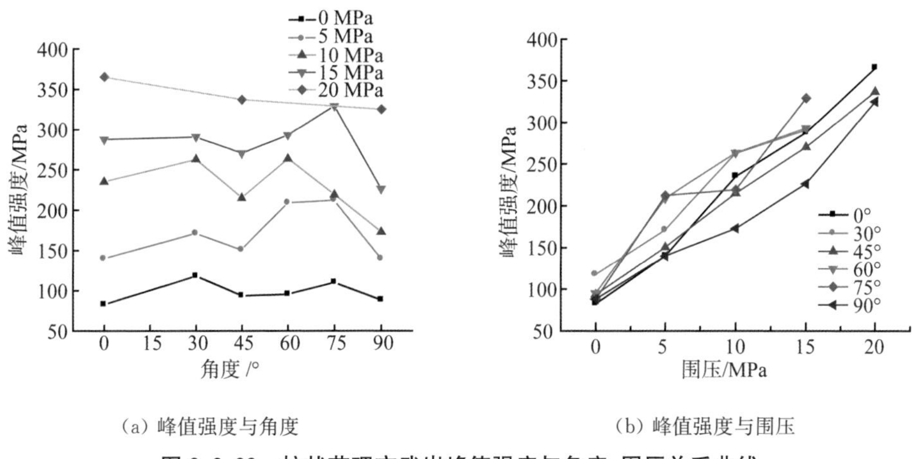

(a) 峰值强度与角度　　(b) 峰值强度与围压

图 2.2.22　柱状节理玄武岩峰值强度与角度、围压关系曲线

同理作出柱状节理玄武岩屈服强度与角度、围压的关系曲线如图 2.2.23 所示。由图 2.2.23，可以获得柱状节理玄武岩在不同围压下的屈服强度随角度变化关系曲线以及不同角度试样屈服强度随围压的变化关系曲线，与图 2.2.22 类似，图 2.2.23 整体呈中间双峰两边低的 M 形曲线，而同一角度的试样，其屈服强度随围压增加而增大。单轴压缩条件下，试样的屈服强度均较低，范围为 70～115 MPa，而在 20 MPa 围压条件下，试样的屈服强度显著增大，最小值为 264.5 MPa，增长显著。同时可以看出屈服强度略低于峰值强度，但不同角度柱状节理玄武岩的屈服/峰值强度不尽相同。

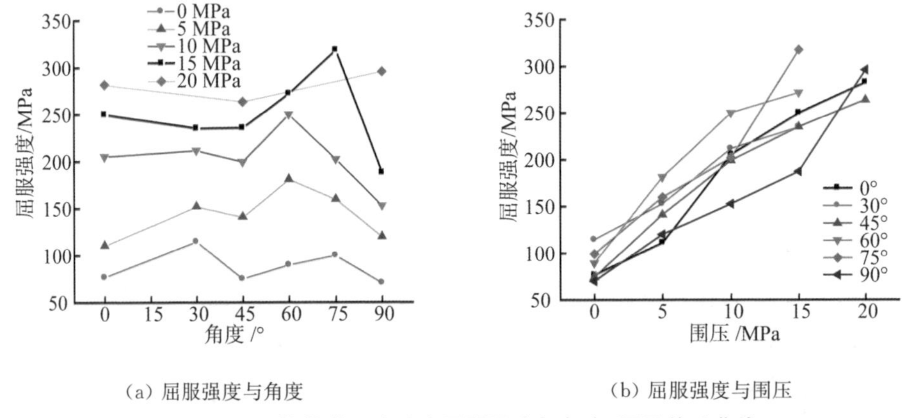

(a) 屈服强度与角度　　(b) 屈服强度与围压

图 2.2.23　柱状节理玄武岩屈服强度与角度、围压关系曲线

总体而言，柱状节理玄武岩的强度参数具有一定的各向异性，其中内摩擦角在 58°～60°范围内，彼此相差不大，而黏聚力取值范围为 12.0～17.5 MPa，黏聚力随角度变化曲线呈现中间双峰两边低的 M 形曲线，各向异性明显；柱状节理玄武岩峰值强度、屈服强度随围压的增大而增大，不同角度试样的峰值强度、屈服强度随角度的变化曲线呈现中间双峰两边低的 M 形，各向异性明显。

2.2.4　各向异性比分析

具有各向异性的岩体通常用各向异性比来定量描述其各向异性程度，定义不同角度下玄武岩的抗压强度最大值 $\sigma_{\max}$ 及抗压强度最小值 $\sigma_{\min}$ 的比值作为强度各向异性比 G_σ，同时弹性模量的最大值 $E_{\max}$ 及弹性模量最小值 $E_{\min}$ 的比值作为弹性模量各向异性比 G_E，其公式为

$$G_\sigma = \frac{\sigma_{\max}}{\sigma_{\min}}, G_E = \frac{E_{\max}}{E_{\min}} \tag{2.2.5}$$

由此可以得出不同围压等级下柱状节理玄武岩三轴力学试验的强度、弹性模量各向异性比如表 2.2.5 所示。各向异性比随围压变化曲线如图 2.2.24，从中可以看出单轴情况下，由于岩石没有围压的约束，试样破坏较突然，弹性模量、强度各向异性比均较低，数值在 1.4 左右，属于低各向异性程度，而随着围压的增大，强度各向异性比先增加后减小最后趋于稳定。在 20 MPa 围压下，

强度各向异性比已经接近 1.1，即各向同性，而弹性模量各向异性比随着围压的增大先增大而后下降，在 5～10 MPa 围压下属于中等各向异性程度，当围压增大到 15 MPa 后，弹性模量各向异性比减小到 2.0 以下，属于低各向异性程度。总体来看，随着围压的增大，弹性模量各向异性比先增大后减小。

表 2.2.5　柱状节理玄武岩三轴力学试验强度、弹模各向异性比

围压/MPa	0	5	10	15	20
G_σ	1.42	1.52	1.52	1.45	1.12
G_E	1.46	2.21	2.07	1.97	1.50

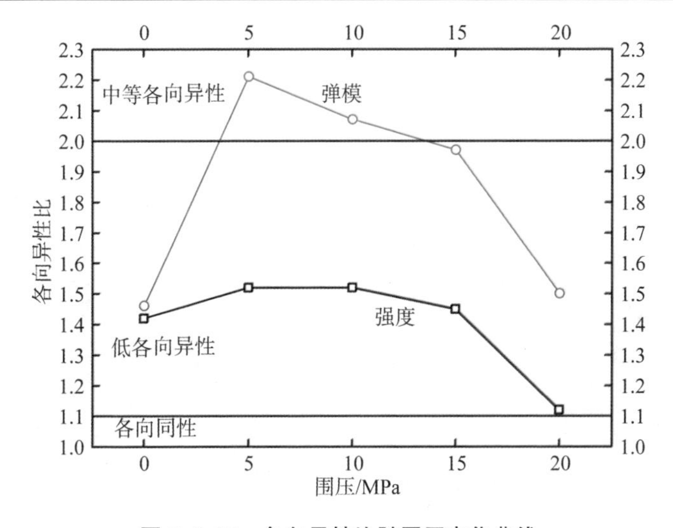

图 2.2.24　各向异性比随围压变化曲线

2.3　坝基岩石渗流应力耦合三轴力学试验

2.3.1　试验方案

根据不考虑渗压条件下三轴力学试验成果以及地应力资料确定室内渗流条件下三轴力学试验的围压最大值为 10 MPa，为得到试样在不同围压下的力学性质，确定围压按梯级变化，大小分别为 6 MPa、8 MPa 和 10 MPa。白鹤滩坝基岩体涉及高水头高渗压渗流问题，为得到试样在不同渗压下的力学性质，根据白鹤滩水电站蓄水方案确定渗压大小为 3 MPa，试验过程中可适当调整。

2.3.2 柱状节理玄武岩渗流应力耦合试验力学试验

表 2.3.1 所示为在渗流应力耦合作用下柱状节理玄武岩三轴力学试验方案,图 2.3.1 为试验前的试样照片,图 2.3.2 为试验完成后试样破坏照片。柱状节理玄武岩在不同围压(6 MPa、8 MPa 和 10 MPa)及不同渗压(3 MPa、5 MPa)下的三轴力学试验成果,如图 2.3.3~图 2.3.6 所示。

表 2.3.1 柱状节理玄武岩渗流应力耦合三轴试验方案

试样编号	围压/MPa	渗压/MPa	试样直径/mm	试样高度/mm	加载速率/(MPa/min)
Z2-01	6.0	3.0	49.97	99.75	2.0
Z2-02	8.0	3.0	49.96	99.84	
Z2-03	8.0	5.0	49.40	99.56	
Z2-04	10.0	3.0	50.31	99.12	

图 2.3.1 柱状节理玄武岩渗流应力耦合试验破坏前照片

图 2.3.2 柱状节理玄武岩渗流应力耦合试验破坏后照片

由渗流应力耦合应力-应变曲线可以看出，岩石的强度特性随围压的增大而增大；随围压的增大，岩样的承载力和刚度随之提高，承载力的提高使得岩样强度值增大，刚度的提高使得岩样弹性模量随之增大；轴向应变随着应力的增长而不断增加。随着渗压的增加，柱状节理玄武岩的强度降低，表明围压有制止试样破坏的作用，而渗压对试样破坏起着促进作用。相同围压作用下，渗压增加，试样的应力-应变曲线更加曲折，表明试样在压应力和渗压作用下，试样中裂隙的不稳定张开和闭合，加剧了试样的破坏，从而降低了试样的强度。

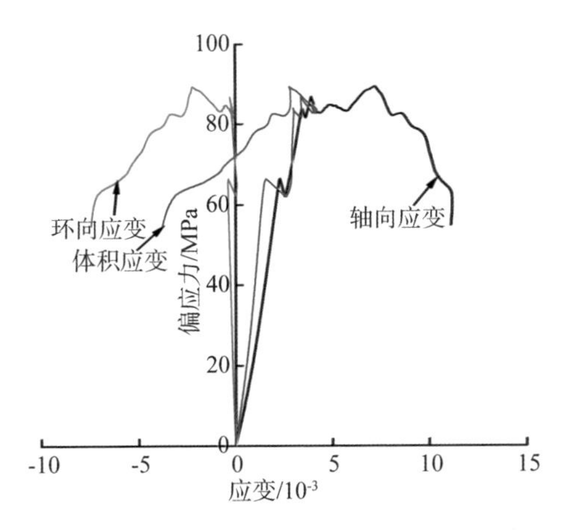

图 2.3.3　柱状节理玄武岩围压 6 MPa、渗压 3 MPa 三轴压缩应力-应变曲线

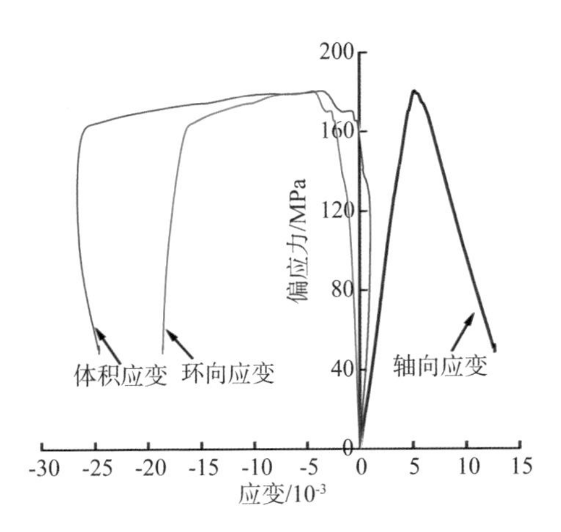

图 2.3.4　柱状节理玄武岩围压 8 MPa、渗压 3 MPa 三轴压缩应力-应变曲线

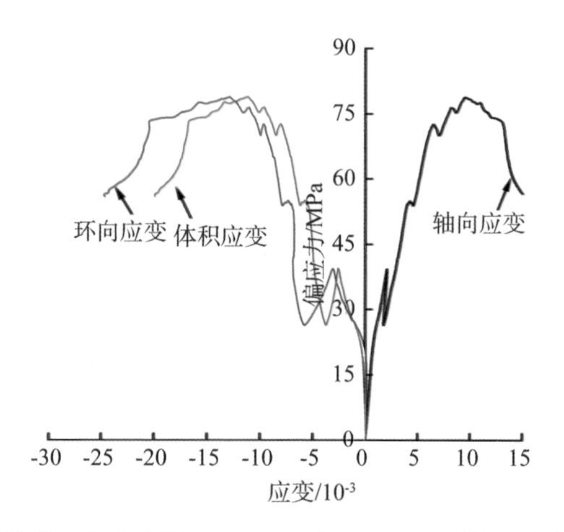

图 2.3.5 柱状节理玄武岩围压 8 MPa、渗压 5 MPa 三轴压缩应力-应变曲线

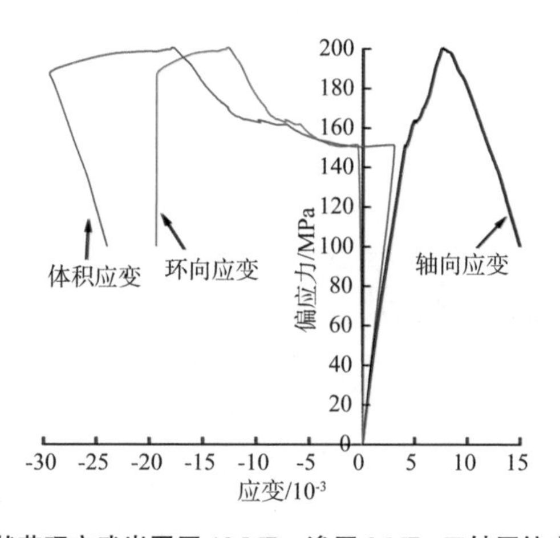

图 2.3.6 柱状节理玄武岩围压 10 MPa、渗压 3 MPa 三轴压缩应力-应变曲线

2.3.3 角砾熔岩渗流应力耦合试验力学试验

角砾熔岩渗流应力耦合三轴试验方案如表 2.3.2 所示，试样破坏前后照片如图 2.3.7 和图 2.3.8 所示。角砾熔岩在不同围压(6 MPa、8 MPa 和 10 MPa)及不同渗压(3 MPa、5 MPa)下的三轴力学试验成果，如图 2.3.9～图 2.3.12 所示。由应力-应变曲线可以看出，围压和渗压对角砾熔岩的变形特性、强度特征和破坏模式影响显著。角砾熔岩渗流应力耦合三轴试验应力-应变曲线表现出明显的压密、线弹性、屈服和破坏特征。角砾熔岩试样在压应力下发生压缩和膨胀。随着围压和渗压的增加，角砾熔岩的变形随之增加；围压和渗压对角砾熔岩的作用相反，角砾熔岩的强度随围压的增大而增大，但随着渗压的增加而减小。从破坏模式和断裂面分布发现，试样在围压的增加过程中，裂隙增加平整单一，而渗压作用使得试样呈现出锯齿状裂隙，说明压应力和渗压的耦合作用促使试样破坏。

表 2.3.2 角砾熔岩渗流应力耦合三轴试验方案

试样编号	围压/MPa	渗压/MPa	试样直径/mm	试样高度/mm	加载速率/(MPa/min)
J2-01	6.0	3.0	48.58	99.79	2.0
J2-02	8.0	3.0	48.58	99.79	
J2-03	8.0	5.0	48.54	99.69	
J2-04	10.0	3.0	48.50	99.96	

图 2.3.7 角砾熔岩渗流应力耦合试验破坏前照片

图 2.3.8 角砾熔岩渗流应力耦合试验破坏后照片

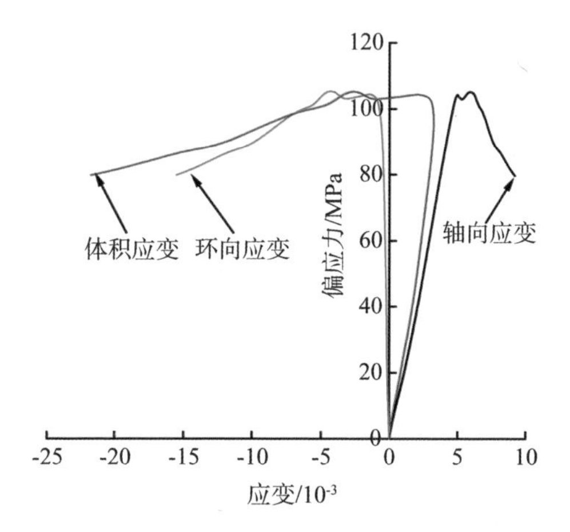

图 2.3.9　角砾熔岩围压 6 MPa、渗压 3 MPa 三轴压缩应力-应变曲线

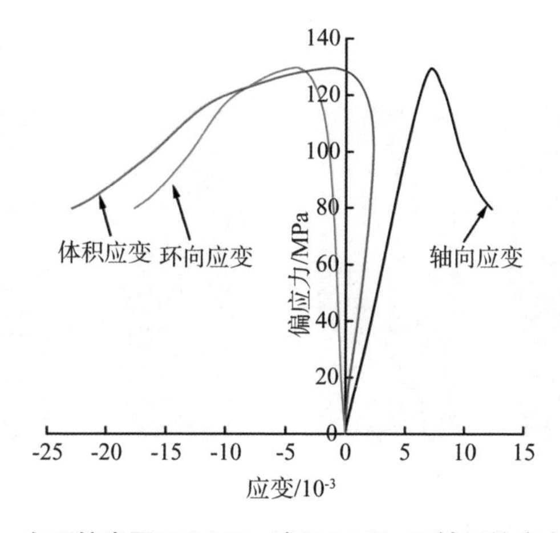

图 2.3.10　角砾熔岩围压 8 MPa、渗压 3 MPa 三轴压缩应力-应变曲线

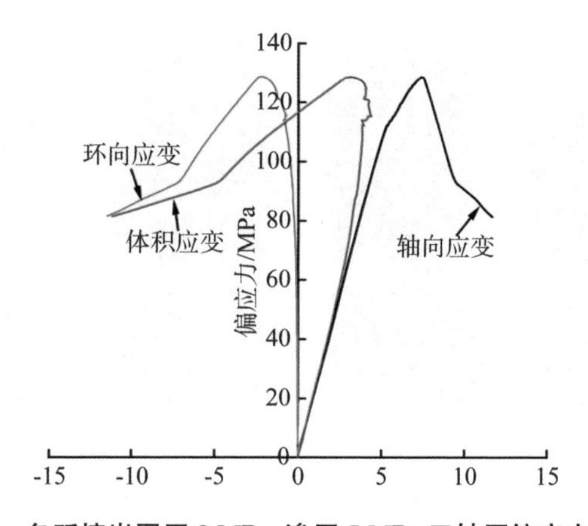

图 2.3.11　角砾熔岩围压 8 MPa、渗压 5 MPa 三轴压缩应力-应变曲线

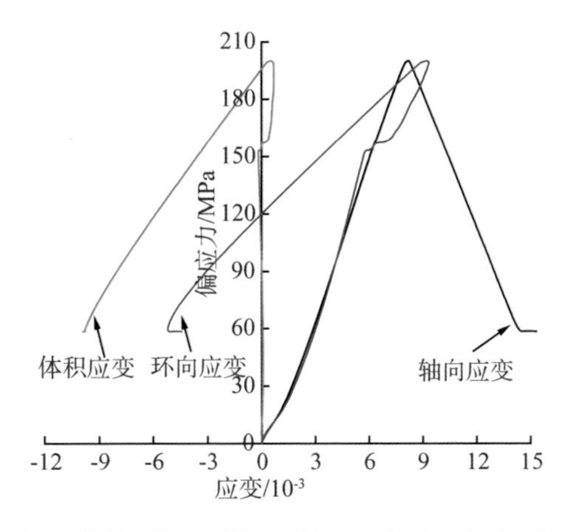

图 2.3.12　角砾熔岩围压 10 MPa、渗压 3 MPa 三轴压缩应力-应变曲线

2.4　坝基岩石渗透率变化特性

开展玄武岩渗流应力耦合作用下的渗透演化规律研究，有助于进一步研究玄武岩在不同围压作用下的渗透特性。为了方便分析和测试玄武岩的渗透率，试验做如下假设：(1) 玄武岩内部的微裂纹和微孔隙等是随机均匀分布，将其视为孔隙介质；(2) 试验中所采用的蒸馏水为不可压缩流体；(3) 恒压稳定流视为连续渗流；(4) 玄武岩三轴试验过程中恒定渗压下的流体渗透速度相对较小。假设在整个试验过程中符合达西定律，岩石试样在围压与渗压作用下，根据达西定律可以得到岩石渗流率的计算公式为

$$k=\frac{\mu LV}{A\Delta P\Delta t} \tag{2.4.1}$$

式中：k 为岩石试样的渗透率(m^2)；μ 为水的动力黏滞系数(Pa·s)，$\mu=10^{-3}$ Pa·s；L 为岩石试样高度(m)；A 为岩石试样的横截面面积(m^2)；ΔP 为岩石试样两端的渗压差(Pa)；Δt 为时间间隔(s)；V 为渗流流体流入岩石试样的体积(m^3)。

岩石试样在三轴力学试验过程中主要经历了压密、线弹性变形、微裂纹萌生、稳态发展、裂纹非稳定扩展和变形破坏阶段，与岩石试样在不同变形阶段的特点相对应，岩石的渗透特征也存在明显的不同。岩石力学研究者通过大量室内试验得到如图 2.4.1 的基本规律，可以看出岩石的渗透率在全应力-应变过程中不是一个常数，渗透率随着应力-应变过程中岩石内部结构演化而改变。

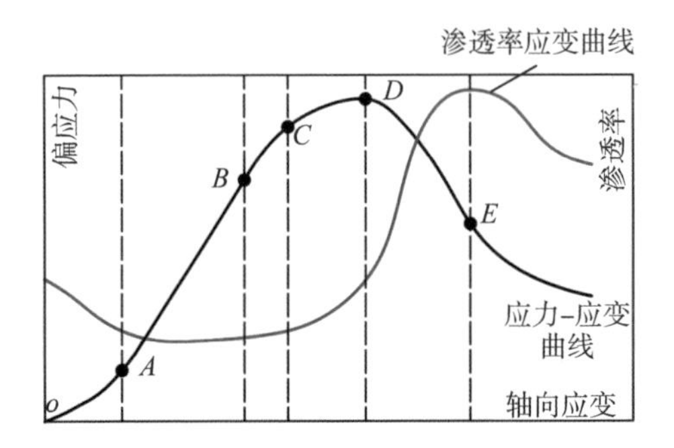

图 2.4.1　三轴力学试验过程中的渗透率关系曲线

在加载初期 *OA* 阶段，原始微孔隙微裂纹受偏应力加载闭合或压密，岩石的渗透率较初始渗透率有所减小。在线弹性 *AB* 阶段，随着偏应力的不断增加，岩石的渗透率变化相对较小。在微裂纹稳定发展 *BC* 阶段，岩石内部的微裂纹和原始微孔隙开始萌生、稳定扩展，在偏应力和渗透压力的联合作用下，岩石的渗透率出现缓慢的增加。在微裂纹非稳定扩展 *CD* 阶段，岩石内部的微裂纹和微孔隙等开始逐渐融会、贯通，并逐步扩展形成更宽的裂隙，最后产生宏观破裂面，在这一阶段，岩石渗透率由匀速增加向急剧增加转变。*DE* 阶段即岩石试样破坏及应变软化阶段，岩石试样发生宏观破裂并沿破裂面滑移，这一阶段岩石渗透率也达到峰值。在残余变形阶段，随着岩块变形的进一步发展，剪切面被剪断、磨损，破裂面之间的间距减小并被岩硝粉末充填，破裂后的岩石渗透率呈减小趋势。根据玄武岩三轴渗流应力耦合试验，绘制了玄武岩在渗压 2.0 MPa、不同围压(4 MPa、6 MPa 和 8 MPa)条件下渗透率与应力-应变关系曲线，如图 2.4.2 所示。根据试验成果分析玄武岩在全应力-应变过程中的渗透率关系曲线可以看出，在三轴试验过程中玄武岩的渗透规律与前人研究成果保持一致。由图 2.4.2 可知，渗透率-环向应变的变化趋势和渗透率-轴向应变的变化趋势基本一致，在初始压密阶段，渗透率较初始渗透率减小，当进入弹性变形阶段，玄武岩渗透率随着偏应力的增大变化不大，围绕某一数值上下波动；当玄武岩进入屈服阶段后，岩石试样内部的微裂纹由稳定扩展随偏应力的增大向非稳定阶段扩展，渗透率开始匀速增大，当岩石试样内部形成贯通裂纹后，渗透率急剧增大。在偏应力达到峰值时，岩石试样发生破坏，此时渗透率达到最大值，一般渗透率的最大值滞后于岩石试样的峰值强度。残余变形阶段，玄武岩的渗透率呈减小趋势，但总体大于初始阶段、裂纹非稳定扩展阶段的渗透率。

对玄武岩渗透率进行统计如表 2.4.1 所示，结合图 2.4.2 可以看出，玄武岩在 2.0 MPa 渗压条件下，不同围压下线弹性阶段的渗透率相差不大，渗透率在 $6\times10^{-17}\sim8\times10^{-17}\ m^2$ 之间；而在试样发生破坏时，应力峰值处渗透率分别为 $12.03\times10^{-17}\ m^2$、$135.56\times10^{-17}\ m^2$ 和 $53.40\times10^{-17}\ m^2$。围压 4 MPa 时的峰值渗透率相对较小主要是由于试样破裂后裂缝间距小、岩硝充填密实，岩石试样破坏后渗透率增大幅度较小，并且达到峰值后不再出现明显的减小。在 6 MPa 和8 MPa 围压下，峰值渗透率较大，同样达到峰值后下降幅度较大，渗压降低主要是因为玄武岩达到峰值强度，宏观裂纹贯通，在这一时段，渗透压力不能保持在 2.0 MPa 而出现降低情况，在残余变形阶段渗透率降低。

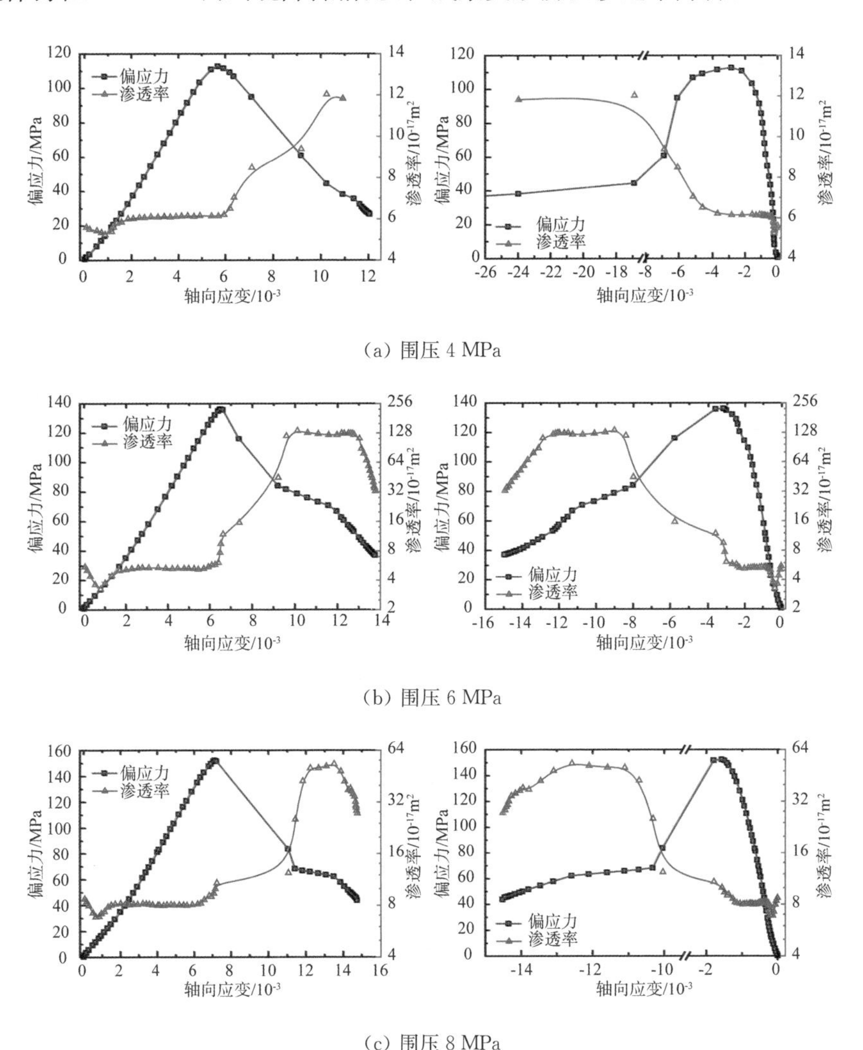

(a) 围压 4 MPa

(b) 围压 6 MPa

(c) 围压 8 MPa

图 2.4.2　不同围压下玄武岩轴向应变-渗透率关系曲线

表 2.4.1 不同围压下玄武岩渗透率

围压/MPa	峰值强度/MPa	峰值轴向应变/‰	峰值环向应变/‰	渗透率变化范围/10^{-17} m^2
4	112.7	5.68	2.87	5.25～12.03
6	136.3	6.51	3.22	3.26～135.56
8	152.5	7.13	1.58	6.87～53.40

岩石原生孔隙和裂纹是新裂纹的萌生、扩展和贯通的基础，最终随着应力增加产生的裂纹导致了渗透率的变化。不同渗压下渗透率与轴向应变的关系曲线如图 2.4.3 所示，图中同时列出了偏应力-轴向应变曲线。

渗压对岩石的力学特性影响很大。在渗流应力耦合过程中，很明显可以看到渗透率演化随着渗压的增加而变化。角砾熔岩的初始渗透率分别为 0.59×10^{-17} m^2、2.54×10^{-17} m^2 和 7.65×10^{-17} m^2，可以看出随着渗压的增加初始渗透率增加。主要是由于高渗压作用可以使岩石试样内部的初始缺陷打开连通。不同渗压作用下三个试样的最大渗透率分别为 6.54×10^{-17} m^2、3.65×10^{-17} m^2 和 5.84×10^{-17} m^2。他们表现出与初始渗透率同样的规律。因此认为高渗压可以打开更多的裂纹从而导致渗透率的增加。不同渗压下渗透率的演化过程类似，根据裂纹扩展导致的轴向应变和环向应变变化规律，角砾熔岩渗透率演化可以分为五个阶段。

第一阶段对应图 2.4.3 中的第Ⅰ部分，在此阶段渗透率由于原生的孔隙和裂纹的闭合而逐渐降低。角砾熔岩在渗压 1.5 MPa 下的渗透率从 0.59×10^{-17} m^2 降低到应变为 0.69×10^{-3} 对应的 0.034×10^{-17} m^2，在渗压 3 MPa 下的渗透率从 2.54×10^{-17} m^2 降低到应变为 0.67×10^{-3} 对应的 0.22×10^{-17} m^2，而在渗压 4.5 MPa 下，其渗透率迅速地从 7.65×10^{-17} m^2 降低到应变为 0.052×10^{-3} 对应的 4.64×10^{-17} m^2。

第二阶段对应图 2.4.3 中的第Ⅱ部分，此阶段大部分的裂纹已经闭合，此后的裂纹扩展主要沿着平行于应力加载的方向。但是局部稳态扩展的裂纹并不能连接转变成渗流通道，故渗透率在此阶段的变化不大。例如，角砾熔岩在渗压 1.5 MPa 下的渗透率从 0.034×10^{-17} m^2 变化到 0.38×10^{-17} m^2。

第三阶段对应图 2.4.3 中的第Ⅲ部分，此阶段随着应力的增加，裂纹发生非稳态的扩展。裂纹扩展成核以及大量产生的新的裂纹导致渗透率迅速增加。

第四阶段对应图 2.4.3 中的第Ⅳ部分，此阶段成核的微裂纹形成宏观裂纹导致试样失去承载力而破坏。由于形成的宏观裂隙，渗透率继续增加并直至峰值。例如，角砾熔岩在 1.5 MPa 下的渗透率从 $3.14\times10^{-17}\ \mathrm{m}^2$ 增加到 $6.54\times10^{-17}\ \mathrm{m}^2$。从试验结果可以很明显地看出峰值渗透率要滞后于峰值应力。类似的结果还可参考石灰岩的渗透率演化规律。

第五阶段对应图 2.4.3 中的第Ⅴ部分，此阶段主要发生宏观裂隙面上的摩擦滑移。原先形成的渗流通道被堵塞从而导致渗透率的降低。最终，当应力降低到残余值后，渗透率几乎恒定。

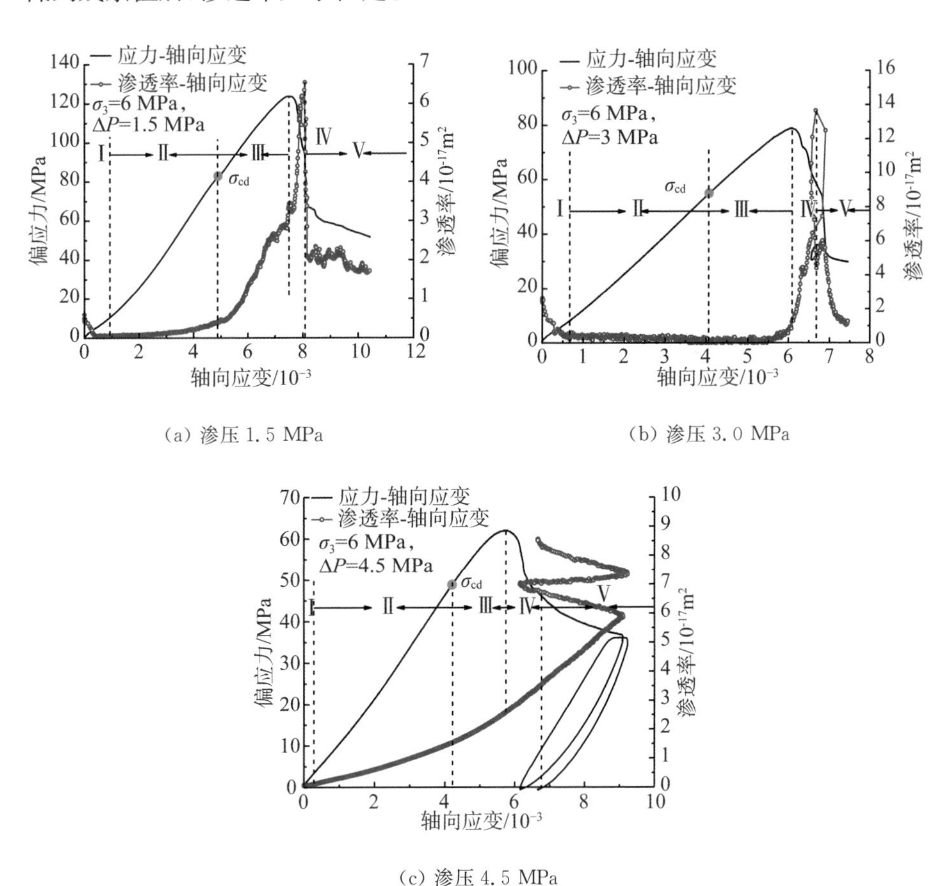

(a) 渗压 1.5 MPa

(b) 渗压 3.0 MPa

(c) 渗压 4.5 MPa

图 2.4.3　角砾熔岩全应力-应变过程中渗透率演化规律曲线

2.5 小　结

开展了坝基典型柱状节理玄武岩和角砾熔岩岩石三轴力学性质试验，得到了岩样瞬时强度、弹性模量、黏聚力和内摩擦角等力学参数以及瞬时全程应力-应变曲线，并对其力学性质进行分析，为三轴流变试验应力水平等级的划分提供了依据。其次在考虑渗压作用的渗流应力耦合情况下，探讨渗压和围压对白鹤滩坝基三种岩石强度的影响。同时开展了柱状节理玄武岩各向异性三轴力学试验，对柱状节理玄武岩岩芯进行不同角度的切割获得了六种角度的柱状节理玄武岩试样，进行三轴力学试验，从变形参数、强度参数等方面分析柱状节理玄武岩的各向异性特性。得到的结论主要如下：

1. 依据岩石全程应力-应变曲线可知，岩石的强度特性随围压的增大而增大。随围压的增大，岩样的承载力和刚度随之提高，承载力的提高使得岩样强度值增大，刚度的提高使得岩样弹性模量随之增大。围压作用下，曲线呈上凸的形态，曲线斜率随应力的增大逐渐减小，变形随应力持续增大，轴向应变随着应力的增长而不断增加。由于岩样之间的非均质性，导致应变量在 2%～7%，之后应力不变，变形持续增加，岩石进入塑性变形阶段，且从试验中观测到的环向应变发现：岩石发生较大的侧向膨胀，侧向应变达到 10%左右，岩石扩容现象显著，据此判断岩石发生延性破坏（又称塑性破坏）可能性较大。

2. 从柱状节理玄武岩试样 SEM 试验结果来看，柱状节理玄武岩为斑晶及微晶和基质组成。从细观结构判定，柱状节理玄武岩内部微裂隙的发育使得柱状节理玄武岩表现为镶嵌结构，其试验结果受试样中的原生裂隙影响较大。

3. 柱状节理玄武岩的弹性模量变化范围为 17.9～44.0 GPa，泊松比变化范围为 0.18～0.37。弹性模量、泊松比等变形参数与角度间存在着中间双峰两边低的 M 形各向异性关系，且随着围压的增大，各向异性特征减小。摩擦角随角度变化不明显，而黏聚力在 12.0～17.5 MPa 范围内，黏聚力与角度间存在着中间双峰两边低的 M 形各向异性关系，各向异性明显。不同角度柱状节理玄武岩峰值强度、屈服强度随围压的增大而增大，两者与角度间存在着中间双峰两边低的 M 形各向异性关系。柱状节理玄武岩的强度参数具有显著各向异性。随着围压的增大，柱状节理玄武岩的弹性模量、强度各向异性比先增加后减小。

4. 渗流应力耦合条件下，坝基岩石的强度和变形参数都受渗压的影响。渗压对试样的强度的影响主要是降低岩石的黏聚力。不同渗压下，渗透率随轴向应变演化可以分成五个阶段。渗透率演化与裂纹的萌生扩展成核有关。同时由于角砾熔岩特殊的结构，不同渗压下渗透率与体积应变的演化关系都不同。

第 3 章

坝基岩石渗流应力耦合流变力学试验

流变特征作为岩石的重要力学特性之一，与岩石工程的长期稳定性和安全性紧密相连。流变力学试验是了解岩石在长期荷载作用下力学特性的最主要手段。室内试验由于能够长期观察、严格控制试验条件、排除次要因素、多次重复等特点而成为研究岩石流变力学特征的最主要方法。岩石流变试验不仅能够揭示岩石在不同应力条件下的流变特性和变形破坏机理，还可以为岩石流变本构模型的建立以及岩石工程的长期稳定性和安全性分析提供依据。

白鹤滩水电站位于金沙江下游河段，坝址区地形、岩性、地质构造条件复杂，岩体结构类别较多，岩体质量差别较大，非均质特性明显。主要存在坝基岩体的变形、坝肩抗滑稳定、高边坡稳定等工程地质问题。坝基岩石的流变力学特征直接影响着拱坝的长期安全性，因此，对坝基岩石渗流应力耦合流变特性进行试验研究非常有必要。本章采用岩石全自动三轴流变伺服仪对白鹤滩坝基岩石进行渗流应力耦合作用下的三轴流变试验，基于试验结果，探讨在不同围压和渗压下岩石流变特性和流变破裂机理，为白鹤滩高拱坝渗流应力耦合条件下的长期稳定性与安全性评价提供重要参考依据。

3.1　三轴流变力学试验方法与试验方案

岩石室内流变试验有两种不同的加载方式，即分别加载和分级加载。所谓分别加载，是对于完全相同的若干试样，在完全相同的仪器、试验条件、不同的应力水平下同时进行试验，得到的是一簇不同应力水平下的蠕变全程曲线，如图 3.1.1 所示。分级加载则是在同一试样上逐级加上不同的应力水平，即在一定的应力水平下蠕变一段给定的时间或达到变形稳定，再将应力水平提高到下一级应力水平，如此循环直至所需的应力水平，得到的是蠕变曲线呈上升的阶梯形曲线，如图 3.1.2 所示。在流变试验过程中，真正做到分别加载是不容易的，不仅很难保证试验条件的相同，而且多个试样之间的离散性也不能避免。因此，流变试验通常采用单个试样分级加载的方式。

流变试验采用的是 50 mm(直径)×100 mm(高)的圆柱形试样，将其用橡皮套包好装入三轴压力室中。首先施加一定的静水压力($\sigma_1=\sigma_2=\sigma_3=\sigma_c$)和预定的渗压，然后保持围压、渗压恒定，以一定的加载速率施加轴向偏压($\sigma_1-\sigma_3$)至第 1 级流变荷载，维持一段时间后，再以相同的速率增加轴向偏压($\sigma_1-\sigma_3$)至第 2 级流变荷载，再维持一段时间后，施加第 3 级流变荷载，依此循环直至试样流变破坏。破坏后取出试样，观察破坏形式，并对不同围压下各级偏应力水平的轴向应变-时间曲线进行分析，归纳总结岩石三轴压缩流变的力学特性。轴向偏压加载通常分为应力加载和应变加载两种方式。

完整岩块的理论蠕变曲线如图 3.1.3 所示，由 3 个区段组成。

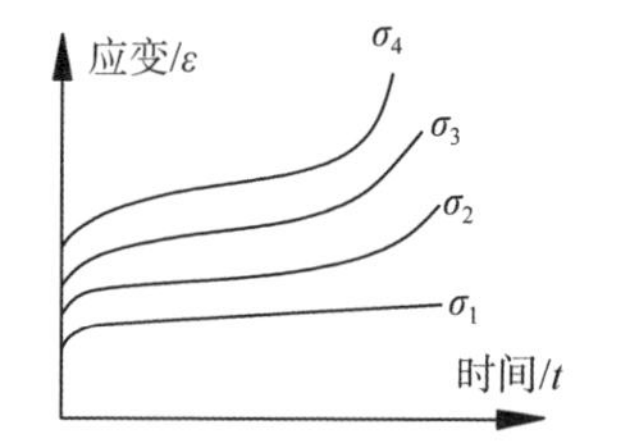

图 3.1.1 岩石流变试验分别加载曲线

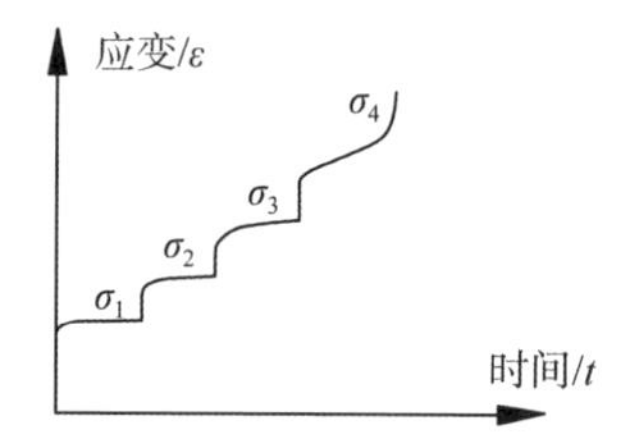

图 3.1.2 岩石流变试验分级加载蠕变曲线

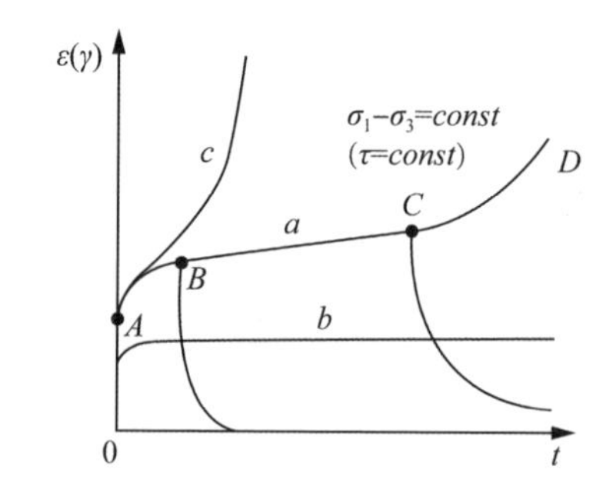

图 3.1.3 恒定应力作用下的理论蠕变曲线

在恒定的应力作用下，曲线 a 的 OA 段为加载后瞬时产生的弹性应变。蠕变曲线的 3 个区段是：

(1) AB 段是应变速率随时间增长而逐渐递减的初期蠕变，称为衰减蠕变；

(2) BC 段是应变速率随时间增长呈定值稳定状态的第二期稳态蠕变，此阶段也称为等速蠕变。此阶段历时的长短主要取决于应力水平和加载速率；

(3) CD 段是试件达到破坏前应变速率呈加速增长的第三期蠕变，此阶段也称为加速蠕变。

随着岩体属性、应力状态以及环境条件的不同，蠕变曲线的性状也是不同的。当应力水平低于某一限值时，则不产生蠕变，如图 3.1.3 中曲线 b 所示。当应力水平较高且接近岩石的强度时，可能三个区段的蠕变反应不明显，变形将急剧发展直至试样破坏，如图 3.1.3 中曲线 c 所示。当应力水平较低时，可能只产生衰减蠕变和稳态蠕变即曲线 a 上的 AB 和 BC 两个区段的蠕变。

由于应变加载比较难控制，在本次试验中，岩石三轴渗流应力耦合流变试验为等围压三轴力学试验，采用单个试样分级加载的试验方法，分级应力保持时间依据变形来定，等变形稳定后再进行下一级加载，通常保持 48～72 h。试验采用应力加载的方式，加载速率为 0.75 MPa/min。试验方案如表 3.1.1。

表 3.1.1　三轴渗流应力耦合流变试验方案(开展的围压与渗压组合)

渗压 \ 围压	4.0 MPa	6.0 MPa	8.0 MPa
1.0 MPa		※	
1.5 MPa	※	※	※
2.0 MPa		※	

岩样的几何和物理力学参数如表 3.1.2 所示。表 3.1.3、表 3.1.4 分别是角砾熔岩和柱状节理玄武岩流变试验的加载方案。在试验的过程中，保持围压、渗压恒定，然后分级逐渐施加偏压应力。每一级荷载稳定的时间为 2～4 d。图 3.1.4 是两种试验岩石的岩样照片。

表 3.1.2　岩石试样的几何和物理参数

岩性	编号	质量/g	平均直径/mm	平均高度 H/mm	密度/(g/cm^3)
角砾熔岩	J-4-1.5	523.27	50.03	100.13	2.66
	J-6-1.5	547.38	50.06	100.61	2.76
	J-8-1.5	536.93	49.75	99.43	2.78
柱状节理玄武岩	Z-4-1.5	549.70	48.99	100.68	2.90
	Z-6-1.5	560.00	49.96	100.05	2.86
	Z-8-1.5	560.52	50.05	100.13	2.85

表 3.1.3　角砾熔岩三轴流变试验围压、渗压、偏应力水平及加载时间

试样编号	围压/MPa	渗压/MPa	应力水平级数	偏应力值/MPa	保持时间/h
J-4-1.5	4	1.5	1	60	71
			2	65	30

续表

试样编号	围压/MPa	渗压/MPa	应力水平级数	偏应力值/MPa	保持时间/h
J-6-1.5	6	1.5	1	70	70
			2	80	72
			3	87.5	96
			4	90	26
J-8-1.5	8	1.5	1	80	48
			2	90	72
			3	95	40

J-4-1.5

J-6-1.5

J-8-1.5

Z-4-1.5

Z-6-1.5

Z-8-1.5

图 3.1.4 三轴流变试验岩石试样

表 3.1.4 柱状节理玄武岩三轴流变试验围压、渗压、偏应力水平及加载时间

试样编号	围压/MPa	渗压/MPa	应力水平级数	偏应力值/MPa	保持时间/h
Z-4-1.5	4	1.5	1	73	72
			2	83	72
			3	93	5.7
Z-6-1.5	6	1.5	1	70	71
			2	80	72
			3	85	72
			4	90	72
			5	95	72
			6	100	74
			7	105	72
			8	110	94

续表

试样编号	围压 /MPa	渗压 /MPa	应力水平级数	偏应力值 /MPa	保持时间 /h
Z-8-1.5	8	1.5	1	80	72
			2	90	72
			3	95	72
			4	100	72
			5	105	72
			6	110	72
			7	115	72
			8	120	72
			9	125	72
			10	130	72
			11	135	96
			12	140	40

3.2 渗流应力耦合流变力学试验

3.2.1 角砾熔岩流变力学试验

角砾熔岩在 1.5 MPa 渗压不同围压(4 MPa、6 MPa 和 8 MPa)下的三轴流变试验成果，如图 3.2.1～图 3.2.6 所示。

图 3.2.1 为试样 J-4-1.5 流变试验曲线，可看出岩石应变随着时间变化有不同程度的增长，图中阶梯状平台即为该应力水平下的流变变形，可见随着偏应力的水平的增加，流变变形同时在增长。当岩石偏应力加载到 65 MPa 时，之后的流变变形表现出衰减流变、稳态流变和加速流变三个典型的流变变形阶段，在偏应力水平 65 MPa 下持续 30 h 后发生加速流变破坏。

图 3.2.2 为试样 J-6-1.5 流变试验曲线，该试样在整个过程中应变在不断增大，其中环向应变更加敏感。随着应力水平的提高岩石试样的轴向应变不断增大，当应力达到 90 MPa 且持续约 26 h，试样发生加速流变破坏。

图 3.2.3 为试样 J-8-1.5 流变试验曲线，在渗压保持不变的情况下，围压在 8 MPa 时试样 J-8-1.5 的破坏强度为 95 MPa，应力水平在 95 MPa 且持续

40 h 试样发生加速流变破坏。

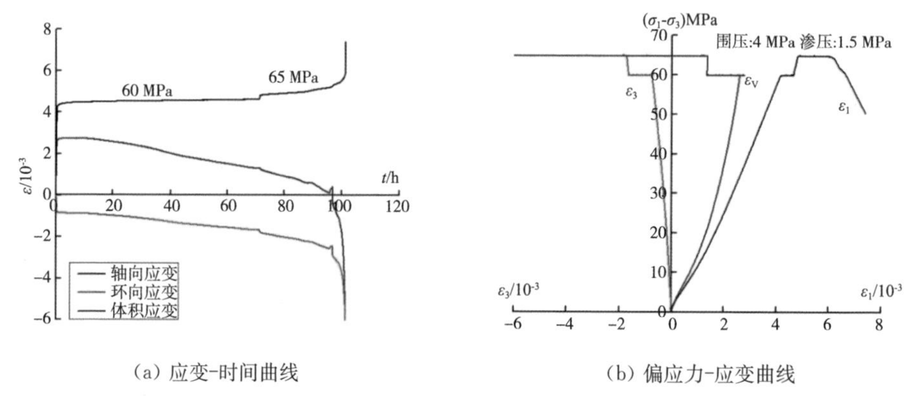

(a) 应变-时间曲线　　(b) 偏应力-应变曲线

图 3.2.1　试样 J-4-1.5(围压 4 MPa、渗压 1.5 MPa)流变试验成果

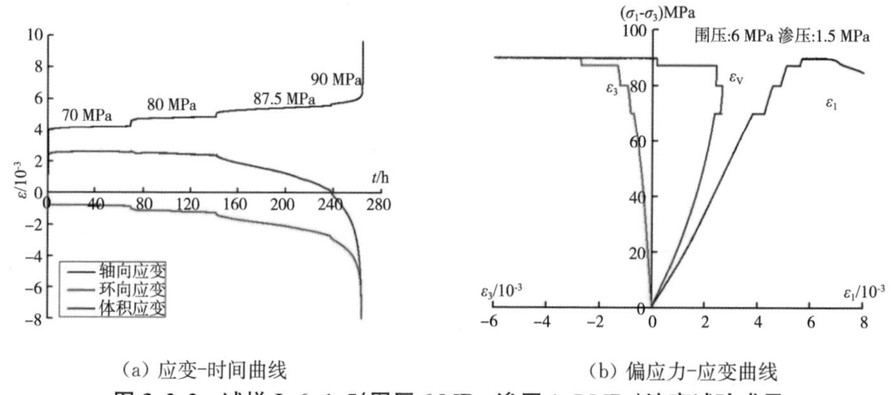

(a) 应变-时间曲线　　(b) 偏应力-应变曲线

图 3.2.2　试样 J-6-1.5(围压 6 MPa、渗压 1.5 MPa)流变试验成果

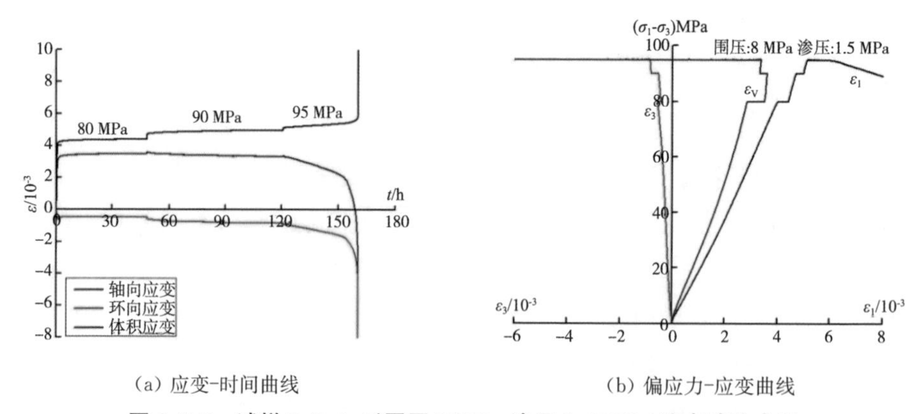

(a) 应变-时间曲线　　(b) 偏应力-应变曲线

图 3.2.3　试样 J-8-1.5(围压 8 MPa、渗压 1.5 MPa)流变试验成果

通常每级荷载加载时的瞬时弹塑性应变较时效应变大。但随着加载应力水平的增加，作用于岩样轴向的偏压荷载增大到一定的程度，岩石流变变形加剧，并逐渐呈现出加速流变的特征。

岩石的流变特性，受到应力水平、围压、湿度、温度和岩石矿物组成等诸多因素的影响。在角砾熔岩流变试验过程中，室内温度、湿度受到严格控制，针对应力水平和围压对流变的影响进行说明。

各个围压下分级加载的蠕变曲线均表现出以下特征：当应力水平较低时，玄武岩的蠕变变形很小，衰减蠕变历时较短，并很快进入稳态流变，蠕变速率很低；当应力水平接近或稍大于岩石的长期强度时，蠕变过程出现明显的衰减蠕变和稳态蠕变两阶段，且稳态蠕变的速率基本恒定；当应力超过岩石的长期强度时，岩石蠕变具有明显的三阶段特征，稳定蠕变阶段较短并很快进入加速蠕变破坏阶段。

比较角砾熔岩在三个不同围压下的蠕变曲线，当偏应力水平相同时，围压越大，稳态蠕变速率越低，相同时间内的蠕变量也越小。以试样 J-6-1.5 和试样 J-8-1.5 为例（偏应力水平为 80 MPa），在 8 MPa 围压下，蠕变量很小，且很快进入稳态蠕变，速率较低，而 6 MPa 围压下蠕变曲线的稳态速率较大。

在角砾熔岩三轴流变试验过程中测量了岩石流变全过程的渗透水量，渗透水量随应力-应变的变化规律如图 3.2.4 所示。角砾熔岩全应力-应变过程的渗透水量如表 3.2.1 所示。

表 3.2.1　角砾熔岩流量统计

试样编号	围压/MPa	渗压/MPa	渗透水量/mL
J-4-1.5	4	1.5	5.17
J-6-1.5	6		2.07
J-8-1.5	8		3.45

由应变-渗透水量曲线图可知，试样 J-4-1.5 在流变全过程 101h 内的渗透水量为 5.17 mL，试样 J-6-1.5 在流变全过程 264 h 内的渗透水量为 2.07 mL，试样 J-8-1.5 在流变全过程 160 h 内的渗透水量为 3.45 mL。当岩石进入加速流变破坏阶段后，单位时间内渗透水量增加。

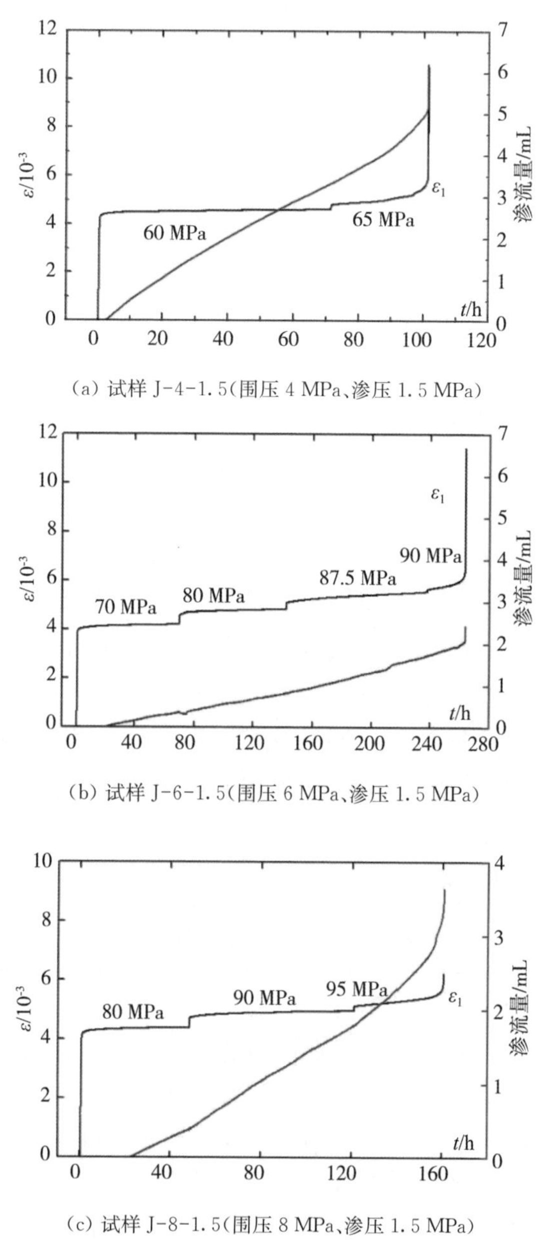

(a) 试样 J-4-1.5(围压 4 MPa、渗压 1.5 MPa)

(b) 试样 J-6-1.5(围压 6 MPa、渗压 1.5 MPa)

(c) 试样 J-8-1.5(围压 8 MPa、渗压 1.5 MPa)

图 3.2.4 角砾熔岩流变应变-渗透水量曲线

3.2.2 柱状节理玄武岩流变力学试验

柱状节理玄武岩在 1.5 MPa 渗压不同围压(4 MPa、6 MPa 和 8 MPa)下的三轴流变试验成果，如图 3.2.5～图 3.2.7 所示。

图 3.2.5 为试样 Z-4-1.5 流变试验曲线，同一偏应力水平下岩石应变随着流变时间呈增加趋势，随着偏应力水平的增加，流变变形同时在增长。当岩石偏应力加载到 93 MPa 时，流变变形随时间变化较为明显，经过 5.7 h 后发生加速流变破坏。

图 3.2.6 为试样 Z-6-1.5 流变试验曲线，该试样在整个过程中应变在不断增大，由于在初始阶段岩石处于非线性变形状态，环向变形表现得更为敏感。随着应力水平的不断提高岩石试样的轴向应变在不断增大。当应力达到 110 MPa 并且持续 94 h 左右发生加速流变破坏。

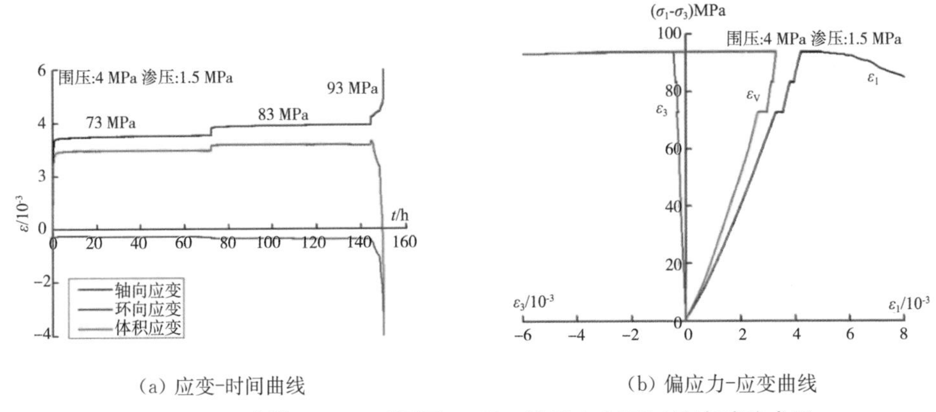

(a) 应变-时间曲线　　(b) 偏应力-应变曲线

图 3.2.5　试样 Z-4-1.5(围压 4 MPa、渗压 1.5 MPa)流变试验成果

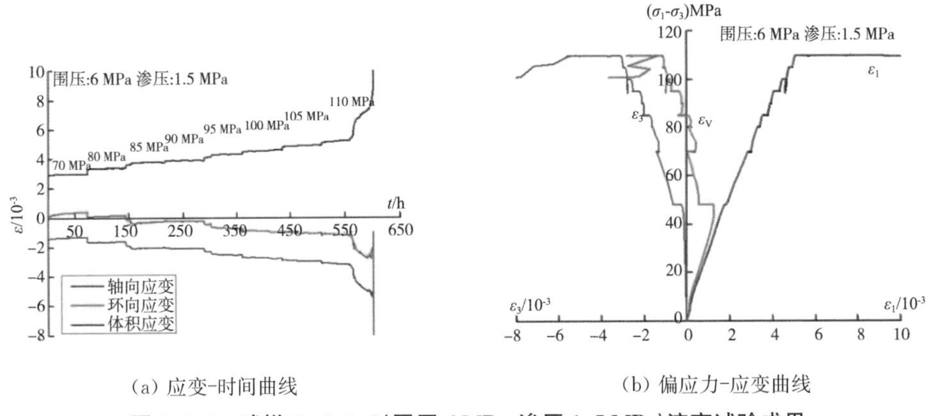

(a) 应变-时间曲线　　(b) 偏应力-应变曲线

图 3.2.6　试样 Z-6-1.5(围压 6 MPa、渗压 1.5 MPa)流变试验成果

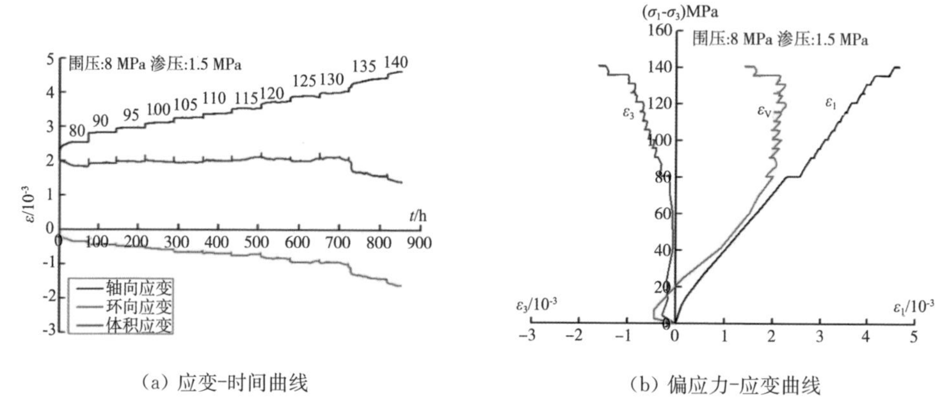

(a) 应变-时间曲线　　(b) 偏应力-应变曲线

图 3.2.7　试样 Z-8-1.5(围压 8 MPa、渗压 1.5 MPa)流变试验成果

图 3.2.7 为试样 Z-8-1.5 流变试验曲线，该试样在整个过程中应变不断增大，由于在初始阶段岩石处于非线性变形状态，环向应变更加敏感。随着应力水平的不断提高岩石试样的轴向应变在不断增大。当应力达到 140 MPa 并且持续约 40 h 突然发生加速流变破坏，由于记录时间间隔较大，计算机没有记录破坏时的流变试验曲线。

图 3.2.8 所示为 1.5 MPa 渗压不同围压作用下，柱状节理玄武岩三轴流变试验过程中渗透水量随应力-应变的变化曲线，柱状节理玄武岩全应力-应变过程的渗透水量如表 3.2.2 所示。

由应变-渗透水量关系曲线图可知，当岩石处于压密状态时，随着分级应力的增大，岩石试样内部孔隙和微裂纹逐渐缩小、闭合，其渗透水量斜率呈逐渐降低趋势，但当岩石处于弹性变形阶段时，柱状节理玄武岩渗透水量斜率随轴向应力的增加变化不大。当岩石进入屈服破坏阶段，其内部裂纹由稳定扩展逐步演化为非稳定扩展，并逐渐形成贯通裂隙，此阶段岩石渗透水量斜率先是缓慢增加后急剧增加。

表 3.2.2　柱状节理玄武岩流量统计

试样编号	围压/MPa	渗压/MPa	渗透水量/mL
Z-4-1.5	4	1.5	1.8
Z-6-1.5	6		—
Z-8-1.5	8		0.6

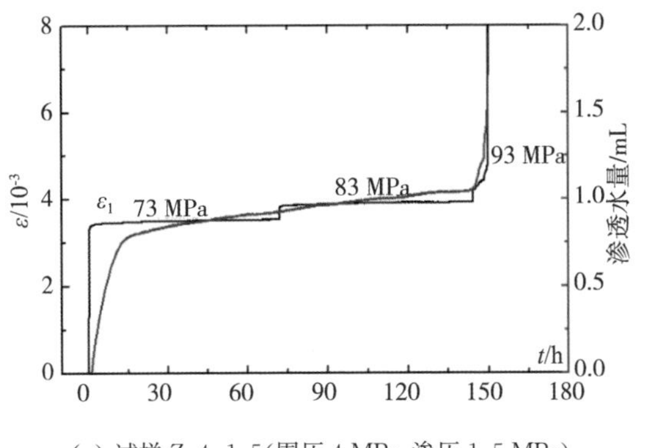

(a) 试样 Z-4-1.5(围压 4 MPa、渗压 1.5 MPa)

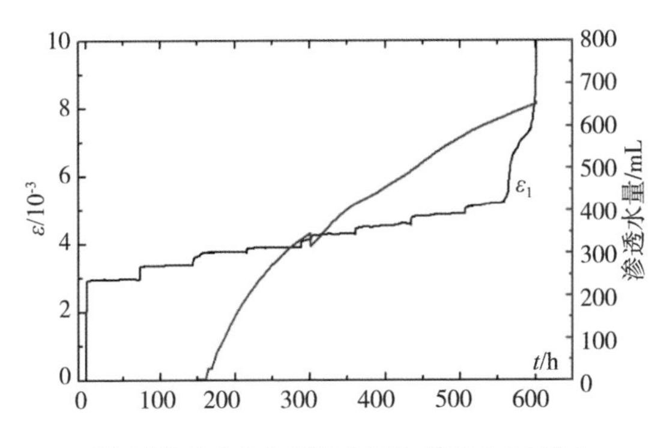

(b) 试样 Z-6-1.5(围压 6 MPa、渗压 1.5 MPa)

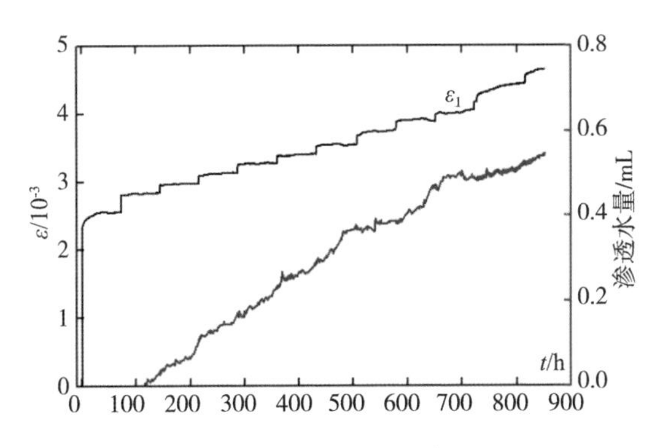

(c) 试样 Z-8-1.5(围压 8 MPa、渗压 1.5 MPa)

图 3.2.8 柱状节理玄武岩流变应变-渗透水量曲线

3.3 岩石流变力学参数辨识

岩石线性黏弹性流变模型是通过一些基本元件，如弹簧、黏壶、塑性体等基本元素来反映线性黏弹塑性材料的性质，通过这些基本元件的相互并联或是串联组合成线性流变本构模型。Burgers 流变模型是由一个弹性虎克元件与一个黏性牛顿元件串联，再和黏性牛顿元件与黏性牛顿并联体进行串联组合而成。Burgers 流变模型可以认为是 Maxwell 模型与 Kelvin 模型的组合体，其一维应力状态下的流变模型如图 3.3.1 所示。

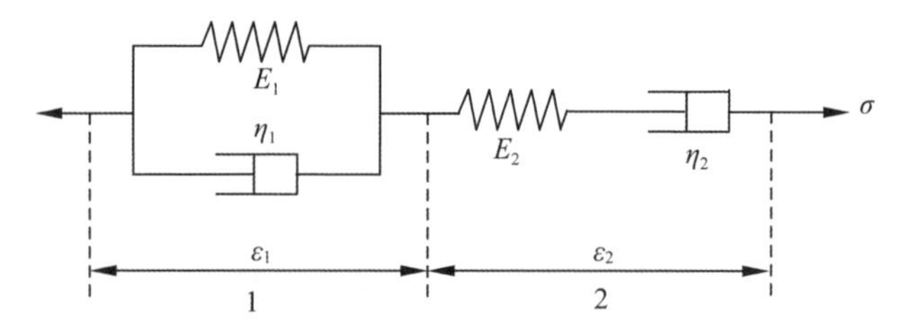

图 3.3.1 Burgers 流变模型示意图

下列式中：G_K 为 Kelvin 体的剪切模量；H_K 为 Kelvin 体的黏滞系数；G_M 为 Maxwell 体的剪切模量；H_M 为 Maxwell 体的黏滞系数；K 为体积模量；S_{ij} 为偏应力张量，相应的单位偏应变张量为 e_{ij}，则有

$$\begin{cases} s_{ij} = \sigma_{ij} - \dfrac{1}{3}\sigma_{kk}\delta_{ij} \\ e_{ij} = \varepsilon_{ij} - \dfrac{1}{3}\varepsilon_{kk}\delta_{ij} \end{cases} \tag{3.3.1}$$

应变率分割

$$\dot{e}_{ij} = \dot{e}_{ij}^{\mathrm{K}} + \dot{e}_{ij}^{\mathrm{M}} \tag{3.3.2}$$

Kelvin 体

$$s_{ij} = 2H_K\dot{e}_{ij}^{\mathrm{K}} + 2G_K e_{ij}^{\mathrm{K}} \tag{3.3.3}$$

Maxwell 体

$$\dot{e}_{\mathrm{ij}}^{\mathrm{M}} = \frac{\dot{s}_{ij}}{2G_M} + \frac{s_{ij}}{2H_M} \tag{3.3.4}$$

联立式(3.3.1)～(3.3.4)可得

$$2(H_K\ddot{e}_{ij}+G_K\dot{e}_{ij})=\frac{H_K}{G_M}\ddot{s}_{ij}+\frac{G_K}{H_M}s_{ij}+\left(\frac{G_K}{H_M}\ddot{s}_{ij}+\frac{H_K}{G_M}s_{ij}\right)\dot{s}_{ij} \quad (3.3.5)$$

由(3.3.5)可得 Burgers 模型的流变方程为

$$e_{ij}=\frac{s_{ij}}{2G_M}+\frac{s_{ij}}{2H_M}t+\frac{\dot{s}_{ij}}{2G_K}(1-e^{-\frac{G_K}{H_K}t}) \quad (3.3.6)$$

在三轴压缩条件下,岩石的轴向应变可以表示为

$$\varepsilon_{ij}=e_{ij}+\frac{1}{3}\varepsilon_v\delta_{ij}=e_{ij}+\frac{1}{3}(\varepsilon_{ve}+\varepsilon_{vp}+\varepsilon_{vc})\delta_{ij} \quad (3.3.7)$$

不考虑塑性体积应变和体积流变应变,即

$$\varepsilon_{vp}=\varepsilon_{vc}=0 \quad (3.3.8)$$

因此,式(3.3.7)变为

$$\varepsilon_{ij}=e_{ij}+\frac{1}{3}\varepsilon_v\delta_{ij}=e_{ij}+\frac{1}{3K}P\delta_{ij}=e_{ij}+\frac{1}{9K}I_1\delta_{ij} \quad (3.3.9)$$

室内三轴力学试验中,首先施加围压,然后施加偏应力并开始测量应变,因此试验过程中测量的应变应为理论应变减去由围压引起的应变,试验测量应变为

$$\varepsilon'_{ij}=\dot{\varepsilon}_{ij}-\frac{\sigma_3}{3K}\delta_{ij} \quad (3.3.10)$$

将式(3.3.6)、(3.3.9)代入(3.3.10)中可得

$$\varepsilon'_{ij}=\frac{s_{ij}}{2G_M}+\frac{s_{ij}}{2H_M}t+\frac{\dot{s}_{ij}}{2G_K}(1-e^{-\frac{G_K}{H_K}t})+\frac{1}{9K}(\sigma_1+\sigma_2+\sigma_3)-\frac{\sigma_3}{3K}\delta_{ij} \quad (3.3.11)$$

三轴压缩状态下,$\sigma_2=\sigma_3$,由式(3.3.11)可得出岩石试样的轴向应变(不考虑围压产生的应变)为

$$\varepsilon=\frac{\sigma_1-\sigma_3}{3}\left[\frac{1}{G_K}(1-e^{-\frac{G_K}{H_K}t})+\frac{1}{H_M}t+\frac{1}{3K}+\frac{1}{G_M}\right] \quad (3.3.12)$$

根据白鹤滩坝基岩体的三轴试验曲线可以看出,岩样在受到外荷载的瞬间会产生一个瞬时变形。随着时间的推移流变变形量增加速率会由快变慢,最后达到一个稳定的流变速率,在应力水平较高时,试样还会出现加速流变现象。根据

这些所表现出来的流变特征，选择 Burgers 流变模型来对试验曲线进行拟合。

角砾熔岩三轴压缩各级应力水平流变参数如表 3.3.1 所示。Burgers 模型的数值拟合和试验结果对比曲线如图 3.3.2～图 3.3.4 所示。

柱状节理玄武岩三轴压缩各级应力水平流变参数如表 3.3.2，Burgers 模型的数值拟合和试验结果对比曲线，如图 3.3.5～图 3.3.7。

表 3.3.1　角砾熔岩流变参数(渗压 1.5 MPa)

试样编号	围压 /MPa	应力水平 /MPa	G_K /GPa	H_K /(GPa·h)	G_M /GPa	H_M /(GPa·h)	K /GPa
J-4-1.5	4	60	120.07	307.14	4.63	9.29×10^{3}	1.35×10^{21}
		65	984.82	139.52	4.50	1.57×10^{3}	6.35×10^{21}
J-6-1.5	6	70	121.29	434.83	5.94	1.38×10^{4}	1.03×10^{16}
		80	176.48	479.13	5.82	1.41×10^{4}	1.06×10^{15}
		87.5	220.82	2 035.38	5.72	8.23×10^{3}	2.72×10^{15}
		90	2 076.03	842.41	5.30	2.57×10^{3}	2.92×10^{14}
J-8-1.5	8	80	198.48	915.94	6.34	1.65×10^{4}	1.32×10^{16}
		90	214.55	1 967.92	6.34	1.88×10^{4}	9.62×10^{15}
		95	1 944.08	135.51	6.19	3.41×10^{3}	1.01×10^{16}

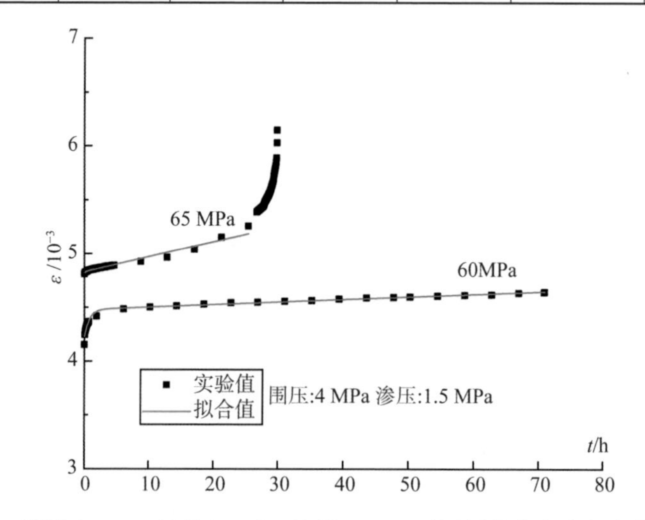

图 3.3.2　试样 J-4-1.5(围压 4 MPa、渗压 1.5 MPa)不同偏应力流变试验拟合曲线

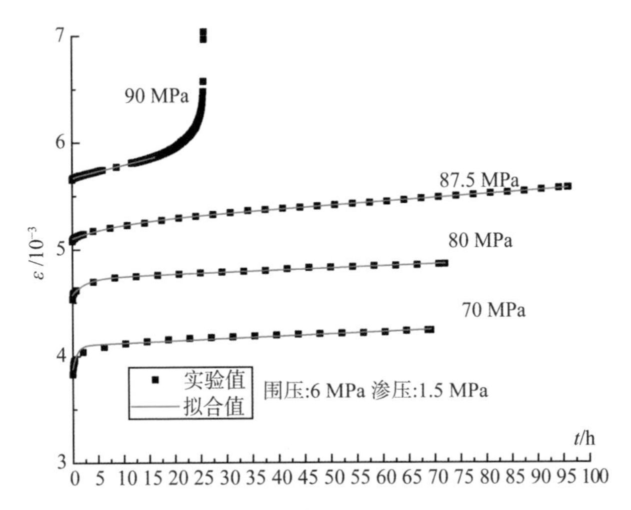

图 3.3.3　试样 J-6-1.5(围压 6 MPa、渗压 1.5 MPa)不同偏应力流变试验拟合曲线

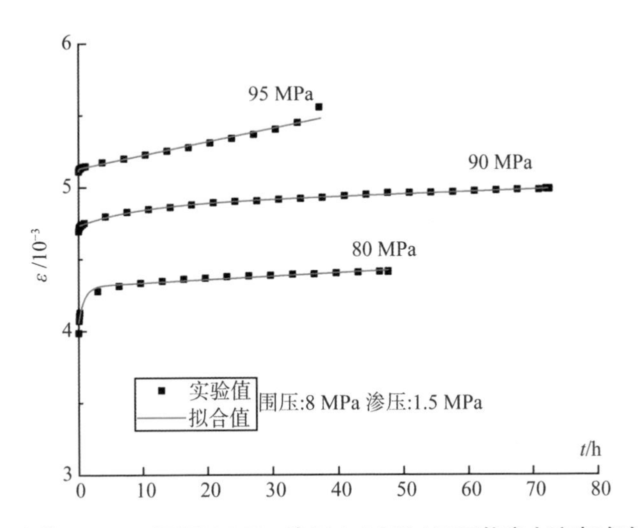

图 3.3.4　试样 J-8-1.5(围压 8 MPa、渗压 1.5 MPa)不同偏应力流变试验拟合曲线

表 3.3.2　柱状节理玄武岩流变参数(渗压 1.5 MPa)

试样编号	围压/MPa	应力水平/MPa	G_K/GPa	H_K/(GPa·h)	G_M/GPa	H_M/(GPa·h)	K/GPa
Z-4-1.5	4	73	454.79	1 282.91	7.16	1.24×10^{4}	2.62×10^{18}
		83	462.62	4 098.74	7.23	4.32×10^{4}	1.11×10^{18}
		93	46.93	358.79	7.41	1.86×10^{12}	2.13×10^{17}

续表

试样编号	围压/MPa	应力水平/MPa	G_K/GPa	H_K/(GPa·h)	G_M/GPa	H_M/(GPa·h)	K/GPa
Z-6-1.5	6	70	199.01	96.02	8.19	8.42×10^{4}	4.19×10^{18}
		80	540.77	1 615.95	8.02	6.24×10^{4}	1.48×10^{17}
		85	125.11	1 008.60	7.95	1.78×10^{14}	1.59×10^{18}
		90	694.95	7 999.96	7.74	9.46×10^{15}	1.87×10^{18}
		95	119.70	1 946.57	7.78	2.37×10^{9}	9.72×10^{17}
		100	922.25	920.39	7.49	1.76×10^{4}	1.38×10^{18}
		105	664.58	1 663.90	7.33	2.35×10^{4}	5.47×10^{17}
		110	691.42	2 642.88	7.24	1.40×10^{4}	1.23×10^{18}
Z-8-1.5	8	80	145.26	794.46	11.45	3.60×10^{4}	1.42×10^{20}
		90	2 102.64	5 679.83	10.68	8.33×10^{4}	2.55×10^{18}
		95	3 150.15	5 654.78	10.71	1.35×10^{5}	3.51×10^{19}
		100	757.92	7 581.72	10.78	2.82×10^{5}	5.55×10^{19}
		105	2 174.22	7 581.72	10.76	2.09×10^{5}	6.54×10^{18}
		110	2 687.25	6 954.87	10.85	8.78×10^{4}	8.10×10^{18}
		115	1 117.99	7 019.72	10.91	1.62×10^{14}	1.40×10^{19}
		120	662.93	4 723.00	10.91	1.05×10^{5}	1.18×10^{19}
		125	1 293.96	4 477.73	10.77	6.99×10^{19}	1.19×10^{20}
		130	3 124.68	1 683.85	10.90	5.13×10^{4}	4.32×10^{19}
		135	176.38	8 007.57	10.65	3.06×10^{9}	3.08×10^{20}
		140	1 871.84	3 913.47	10.26	1.90×10^{4}	6.70×10^{18}

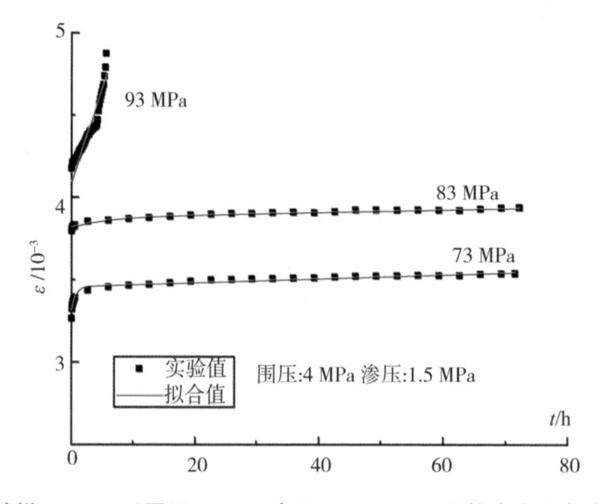

图 3.3.5 试样 Z-4-1.5(围压 4 MPa、渗压 1.5 MPa)不同偏应力流变试验拟合曲线

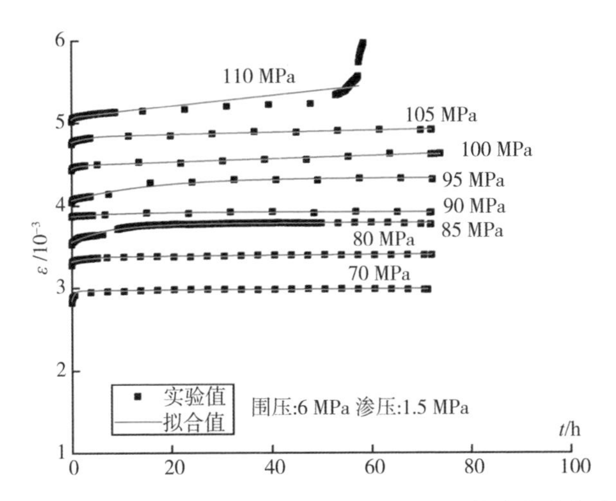

图 3.3.6 试样 Z-6-1.5(围压 6 MPa、渗压 1.5 MPa)不同偏应力流变试验拟合曲线

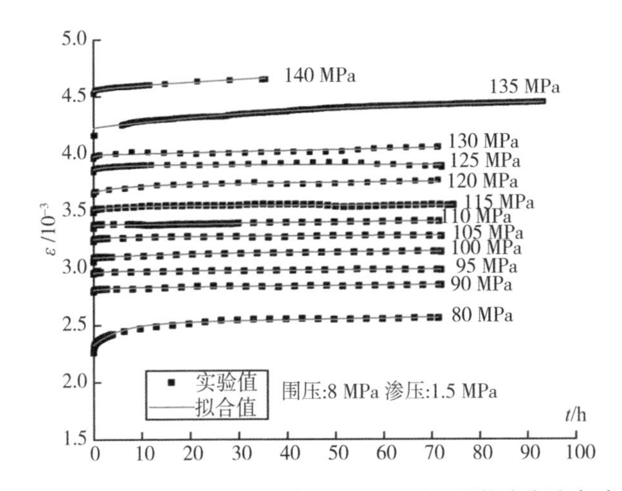

图 3.3.7 试样 Z-8-1.5(围压 8 MPa、渗压 1.5 MPa)不同偏应力流变试验拟合曲线

3.4 流变过程中坝基岩石渗透演化规律

围压 4 MPa、渗压 1.5 MPa 下角砾熔岩渗透率随时间的演化规律如图 3.4.1 所示。静水压力作用下,角砾熔岩的初始渗透率为 1.194×10^{-17} m^2。在整个流变过程中,试样的渗透率变化范围为 $3.48\times10^{-19}\sim1.78\times10^{-18}$ m^2。当试样破坏后,渗透率达到 2.02×10^{-16} m^2,约为初始渗透率的 17 倍。

围压 6 MPa、渗压 1.5 MPa 下角砾熔岩渗透率随时间的演化规律如图 3.4.2 所示。初始时刻，角砾熔岩的渗透率为 1.027×10^{-17} m²。在整个流变过程中，试样的渗透率变化范围为 $1.53\times10^{-20}\sim2.19\times10^{-19}$ m²。当试样破坏后，渗透率达到 1.36×10^{-16} m²，约为初始渗透率的 13 倍。

围压 8 MPa、渗压 1.5 MPa 下角砾熔岩透率随时间的演化规律如图 3.4.3 所示。初始时刻，角砾熔岩的渗透率为 6.592×10^{-18} m²。在流变过程中渗透率变化范围为 $5.17\times10^{-20}\sim1.81\times10^{-18}$ m²。当试样破坏后，渗透率达到 6.08×10^{-18} m²，约等于初始渗透率。

因此，可以看出，围压对角砾熔岩的渗透率演化影响很大。围压越大，初始渗透率越低，并且渗透率的变化范围越小。经历整个流变过程后，围压为 4 MPa、6 MPa 和 8 MPa 下的试样的最终渗透率分别约为初始渗透率的 17 倍、9.5 倍和 1 倍。

如图 3.4.1 所示，在分级流变加载过程中，渗透率的演化可以分为四个阶段。在第Ⅰ阶段，随着偏应力的增加，渗透率迅速降低。这主要是由于偏应力增加导致的裂纹闭合占主导作用引起。随着流变的持续进行，渗透率进一步降低，与第Ⅰ阶段相比，此刻渗透率变得更为平缓。主要是由于亚临界裂纹在此阶段缓慢萌生，并没有扩展成核，不能形成新的渗流通道。因此，此阶段定义为渗流的第Ⅱ阶段。当偏应力增加到 65 MPa 后，渗透率最先由缓慢降低变成缓慢增加。随后渗透率随着时间增加呈现指数增加并直至试样破坏后，渗透率达到最大值。因此，将渗透率缓慢增加段定义为渗透率演化的第Ⅲ阶段，把渗透

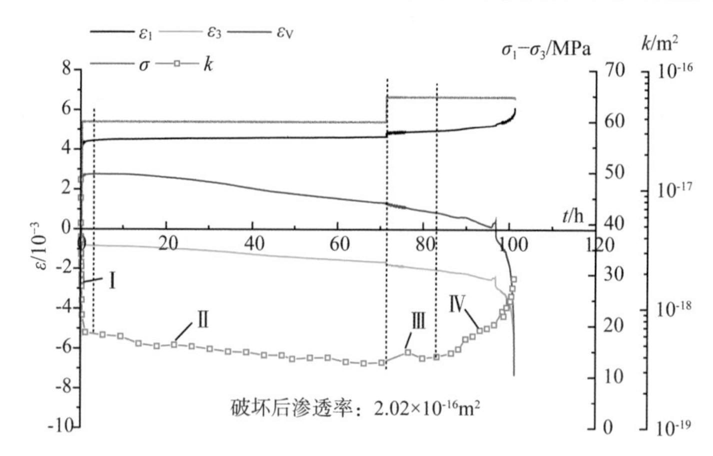

图 3.4.1 围压 4 MPa、渗压 1.5 MPa 下角砾熔岩流变破坏过程中渗透率随时间演化规律

率迅速增加段定义为渗透率演化的第Ⅳ阶段。

围压 6 MPa 和 8 MPa 下的渗透率演化同样也可以分解为四个阶段。三个试样不同的是划分渗透率演化阶段的偏应力不同。围压 6 MPa 下，当偏应力增加到 87.5 MPa 时，渗透率开始缓慢增加，当偏应力增加到 90 MPa 后，渗透率开始迅速增加。对于围压 8 MPa 情况，偏应力增加到 90 MPa 时渗透率开始缓慢增加，当偏应力增加到 95 MPa 后渗透率开始迅速增加。

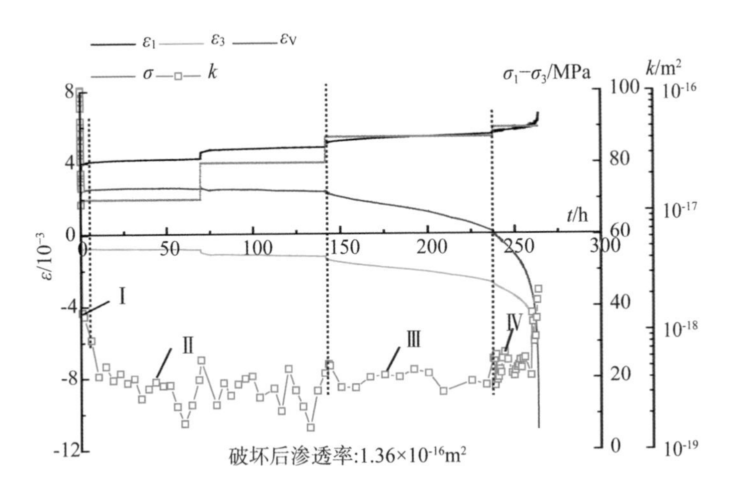

图 3.4.2　围压 6 MPa、渗压 1.5 MPa 下角砾熔岩流变破坏过程中渗透率随时间演化规律

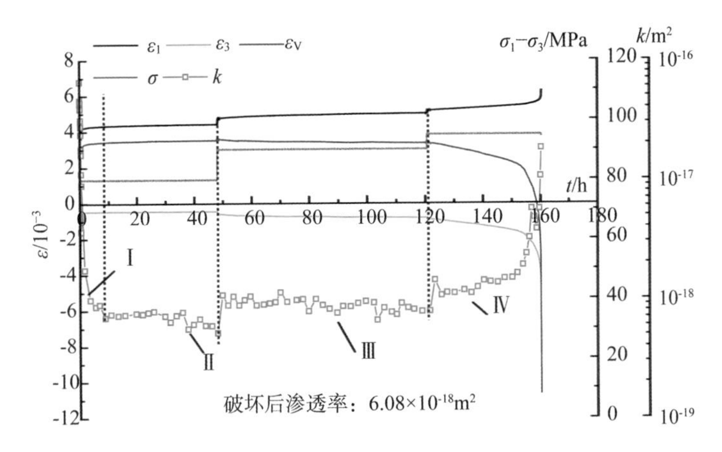

图 3.4.3　围压 8 MPa、渗压 1.5 MPa 下角砾熔岩流变破坏过程中渗透率随时间演化规律

因此，流变过程中的渗透率演化也呈现Ⅴ字形且变化的阈值点也与偏应力有关。这与三轴压缩下的渗透率演化规律不谋而合。事实上，渗透率是材料的本质属性,受材料本身的孔隙结构影响。三轴压缩变形和流变变形实质都是微裂纹的萌生扩展和摩擦滑移。当裂纹闭合时,渗透率降低,当裂纹萌生扩展成核时,渗透率增大。

坝基岩体长期赋存于渗流场、应力场等多场耦合复杂地质环境中,因此研究岩石在长期流变过程中的渗透演化规律非常有必要。岩石渗透率的变化从侧面可以反映岩石内部微裂纹和微孔隙闭合、扩展、连通等的发育情况,同时渗透率的大小与岩石所受的应力状态、渗透压力相关。图 3.4.4 所示为玄武岩在围压 6 MPa、渗压 1.5 MPa 条件下,轴向应变、累计渗流量以及渗透率随时间的变化曲线。在初始瞬时加载过程中,玄武岩的渗透率随着偏应力的增加而减小,主要原因是轴向偏应力的增加使得玄武岩内部初始微裂纹、微孔隙闭合,渗透率减小。在第一级偏应力时间完成后,随着流变时间的增加,渗透率进一步降低,最后在某一值处呈上下波动。在随后的流变过程中,衰减流变阶段的渗透率仍有一定的突变,在每一级偏应力的加载过程中,玄武岩试样内部材料强度较低或存在缺陷的局部发生错动,使得渗透率发生一定变化。在稳态流变阶段,岩石内部结构随时间调整逐渐闭合,玄武岩内部的渗流基本处于稳定状态,岩石渗透率的变化较小。随着偏应力水平的增加,岩石稳态流变阶段的渗透率会有略微增加。最后一级偏应力水平下,轴向变形随时间呈现衰减流变、稳态流变以及加速流变特征。岩石试样内部的微裂纹不断扩展、连通,最后出现宏观破裂面,岩样发生流变破坏。此过程中岩石渗透率从缓慢增加到最后的迅速增大,试样的渗流也由最初的孔隙渗流逐渐演变为裂隙渗流。在整个流变过程中,累计渗流量出现了两次明显跳跃现象,对应的渗透率也出现突增,而在这一过程中,玄武岩试样的轴向应变、环向应变和体积应变均没有表现出明显的变化,说明渗透率的突增主要是试样内部局部微裂纹或微缺陷调整所致,试样内部结构调整之后,渗透率又恢复至跳跃之前的大小。

3.5 岩石试样宏细观变形破坏对比分析

3.5.1 三轴力学试验破坏试样

为了研究白鹤滩角砾熔岩破裂的微细观机理,还对破坏后的岩块进行了扫描电子显微镜和薄片鉴定试验。角砾熔岩试样破坏后的 SEM 试验结果如图

3.5.1 所示。在放大 250 倍的 SEM 图像中[图 3.5.1(a)],角砾熔岩破坏样中构成岩样的矿物聚合体和矿物颗粒紧密结合,颗粒之间搭接完好。可是在局部形成了明显的微裂纹,微裂纹交错咬合,局部区域微裂纹相互贯通,导致部分矿物颗粒的剥落形成孔洞。将图 3.5.1(a)局部放大到 1 000 倍,可以很明显观察到破坏样中微裂纹的形态如图 3.5.1(b)所示,这些断口光滑平整,是由局部剪切应力造成的。

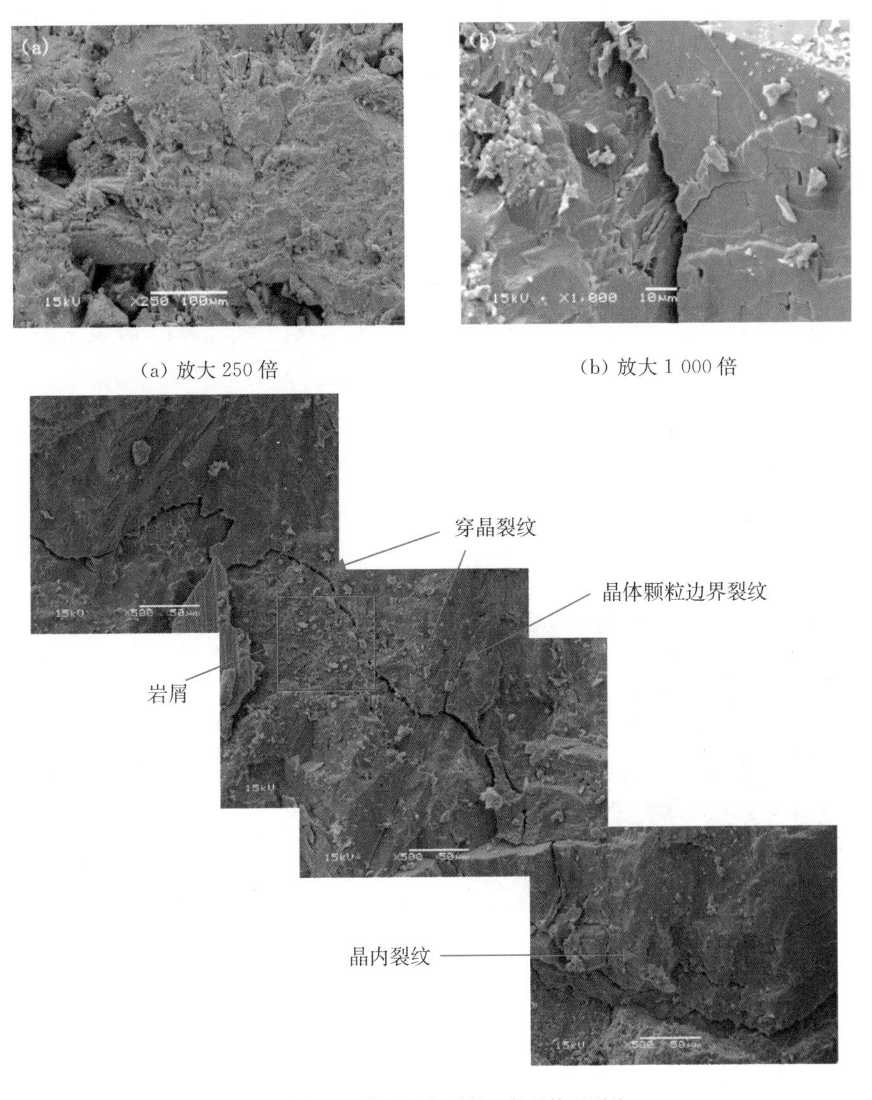

(a) 放大 250 倍

(b) 放大 1 000 倍

(c) 放大 500 倍下观察到的一条延伸微裂纹

图 3.5.1 破坏后角砾熔岩试样的扫描电镜照片

详细分析裂纹的局部形态之后，为进一步研究裂纹扩展方向，在500倍电子显微镜下对一条贯穿裂纹进行追踪并拼接成如图3.5.1(c)所示的一条完整裂纹。裂纹扩展起始于矿物颗粒一侧的边界，切穿矿物颗粒并延展至颗粒另一侧的边界，形成晶内破坏；局部多条晶内裂纹相连，形成穿晶裂纹，对岩石形成更大的损伤破坏。在图中亦可以发现大量的岩屑，推测可能是由于岩体沿着新形成的穿晶裂纹面滑动摩擦引起。在裂纹与矿物颗粒的交界处有时还会形成应力集中，当这种晶界裂纹扩展延伸时可导致矿物的剥落。总而言之，角砾熔岩试样的破坏是微裂纹的不断萌生扩展导致，在此过程中，局部裂纹还会发生滑动摩擦，进一步加速了试样的破坏。

借助于扫描电镜试验，可以观察到微裂纹的形态以及扩展方向。对岩石的薄片鉴定则可以从更大尺度考察裂纹在岩石内部的形成与扩展。白鹤滩角砾熔岩的岩石薄片鉴定结果如图3.5.2所示，图中照片都是放大2倍的结果。从图中可以看出，试样破坏后，裂纹会横穿岩样的不同矿物。在图像中除了一条横穿的裂纹外，并没有发现其他的细小裂纹，表明在三轴压缩下，破裂主要是沿着最大剪应力方向进行。岩石的破坏是在局部进行的，其他地方则相对完整，受压应力影响较小。如图3.5.2(b)所示，在方解石上形成了一个明显的剪切带。剪切带中的矿物破碎严重，而剪切带岩石则相对完整。岩石薄片鉴定的结果与岩石宏观破裂形态也相对应，剪切带在宏观发展并完全破碎后便形成了剪切缝。

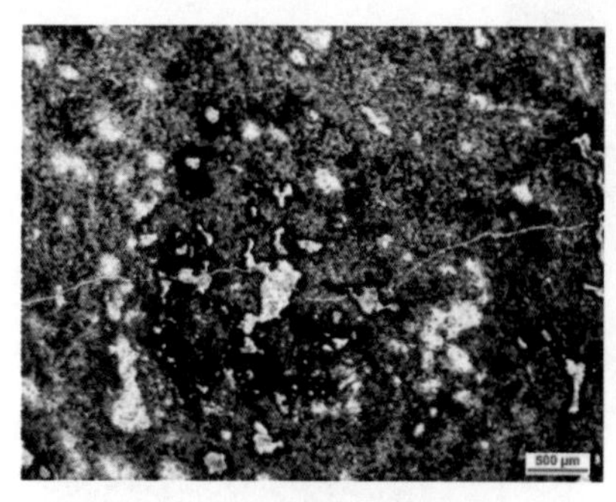

(a) 贯穿裂纹

(b) 方解石上的剪切带

图3.5.2 破坏后角砾熔岩试样的岩石薄片鉴定照片

3.5.2 三轴流变力学试验破坏试样

脆性断裂、脆性剪切和延性破坏是压缩荷载作用下岩石破坏的几种主要形式。角砾熔岩在不同围压和不同渗压作用下的流变破坏模式如图 3.5.3 所示。在不同围压的渗流应力耦合条件下，试样流变破坏是以劈裂破坏为主，形成从试样上端延伸至下端的共轭破裂裂纹。裂纹的倾角几乎为竖直方向。在岩石的中部，由于没有端部的约束，发生了明显的鼓胀变形。

比较后三个试样可以看出在相同围压下，随着渗压的降低，岩样的剪切破坏特征更加明显。当渗压为 4.5 MPa 时，试样产生了两条共轭的细裂纹，并且裂纹并没有贯穿到试样底部，试样的主破坏面不明显，但侧向的膨胀变形是三个试样中最大的。当渗压降低到 1.5 MPa 时，流变破坏试样除了形成一条纵向的劈裂裂纹，还在左侧发生了剪切破坏，裂纹一直延伸到试样的中下部，局部应力集中还导致岩块的剥落。试样在干燥条件下发生流变破坏时，只形成了一条剪切裂纹，从上端延伸到底端，裂纹的倾角与水平面呈 60°左右。事实上，围压越大，试样受到的束缚作用越明显，在流变过程中的剪切破坏形式就越明显。根据有效应力原理，渗压的增加降低了有效应力，导致劈裂破坏更不明显。同时由于角砾熔岩中含有方解石，具有强烈的遇水软化特征，破坏形态更加的复杂多样。

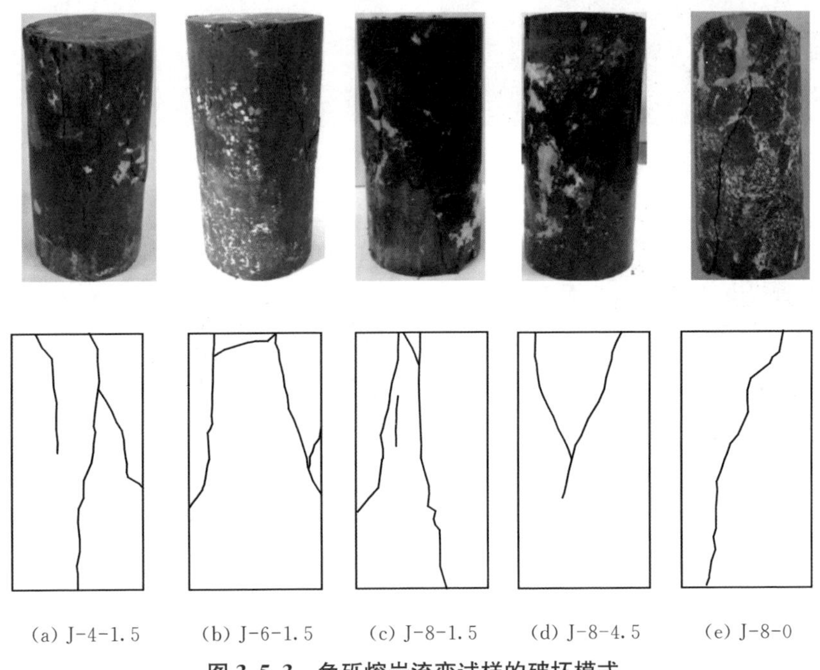

图 3.5.3　角砾熔岩流变试样的破坏模式

借助岩石薄片鉴定,可以对流变破坏试样的细观结构有一个更直观的认识。角砾熔岩流变破坏试样的岩石薄片鉴定结果如图 3.5.4 所示。从图 3.5.4(a)可以看出,角砾熔岩的玄武岩基质在流变破坏后形成了一条贯穿裂纹,这是由局部的应力集中引起的。图 3.5.4(b)中发现,裂纹在方解石中呈锯齿状扩展,且裂纹相互平行。由此可知,岩样在荷载作用下,主裂纹的形成具有方向性,主裂纹沿着同一方向扩展,同时次要裂纹使得同一方向的裂纹扩展裂解。随着加载的进行,这些平行裂纹汇合形成剪切带,在试样破坏后形成宏观破裂面。图 3.5.4(c)和图 3.5.4(d)表明,试样局部区域会发生主裂纹和次裂纹的交叉切割,致使部分岩石颗粒剥落,导致局部区域的应力进一步集中,导致试样失去承载力。因此试样的整体破坏并不是突然的,是从局部破裂扩展到整体失稳的。

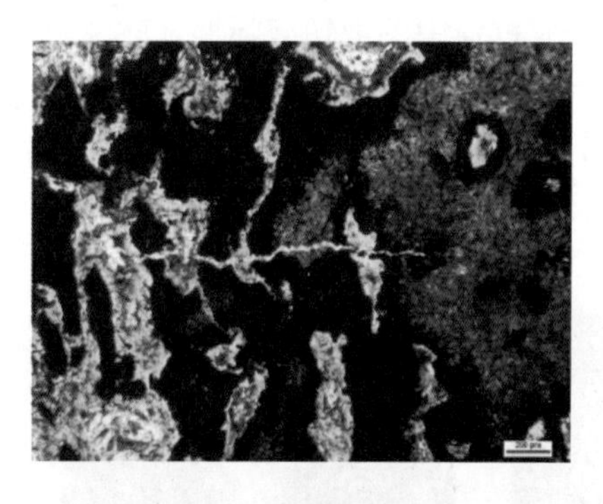

(a) 玄武岩上的贯穿裂纹

(b) 方解石上的平行裂纹

(c) 贯穿平行裂纹

(d) 方解石碎裂完全

图 3.5.4　角砾熔岩流变样的薄片鉴定试验图片

SEM 试验能够观察到比岩石薄片鉴定结果更小尺度的结构。角砾熔岩流变破坏试样 SEM 试验结果如图 3.5.5 所示。图 3.5.5(a)为放大 250 倍后的

SEM图像,从图中可以看出经过流变加载后,角砾熔岩试样颗粒被压缩得更紧密。图像右下角的缺口是钝的,表明此处为试样的原生缺陷。在原生缺陷处最先发生了应力集中,进而裂纹开始扩展。裂纹扩展倾向于沿着原生裂隙进行,使得初始不相连的原生裂纹相连[见图3.5.5(b)]。裂纹在扩展过程中不仅会发生沿着如图3.5.5(c)的平面进行,还会在垂直方向萌生促使裂纹的加深,进而导致局部颗粒的塌陷。将裂纹放大2 000倍[见图3.5.5(d)]后发现,图片的右上角发生了细小颗粒剥落,这主要是由于在孔隙水压力作用下,颗粒更容易软化,裂纹尖端形成应力集中。

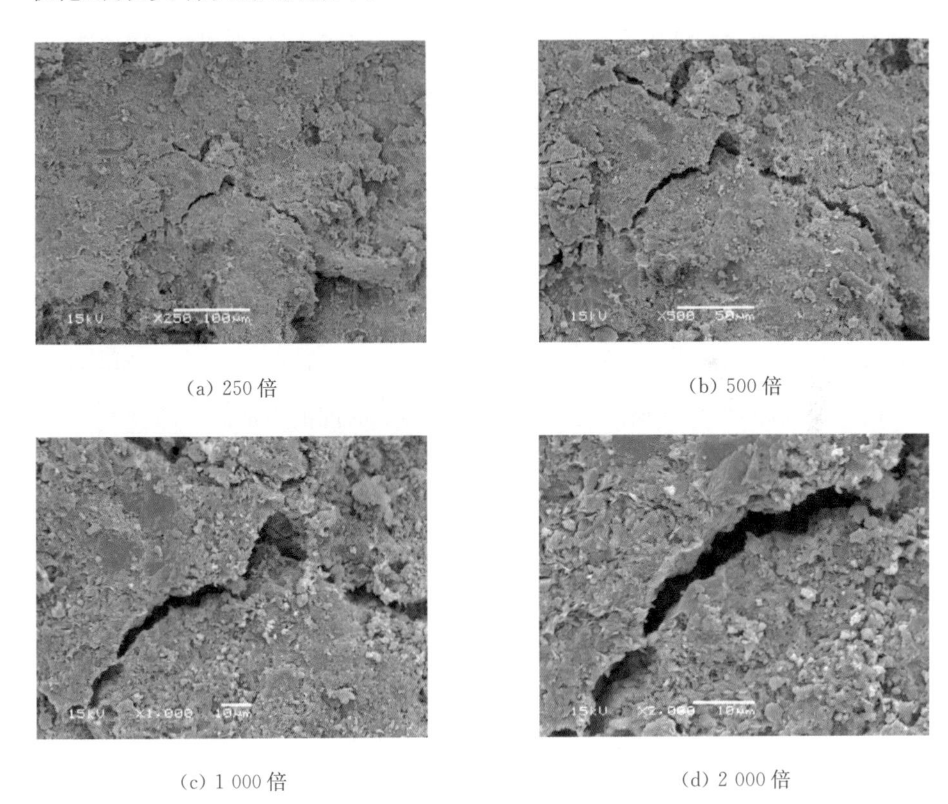

(a) 250倍　(b) 500倍

(c) 1 000倍　(d) 2 000倍

图3.5.5　角砾熔岩流变试样SEM试验图片

3.6　小　结

采用岩石全自动流变伺服仪对坝基岩石进行了渗流应力耦合条件下的流变力学试验。基于得到的三轴流变试验成果,研究了脆性岩石在不同围压和不同渗压下的应变(轴向和环向)随时间的变化规律,探讨了环向应变与轴向应变的关系以及流变速率的变化规律,得到了流变过程中的渗透率演化规律,从宏观和细观角度对比分析了坝基岩石试样流应力耦合三轴和三轴流变破坏机理。试验成果可为高拱坝坝基工程长期数值分析时参数的辨识提供可靠的依据。

(1) 利用岩石全自动三轴流变仪,采用分级加载的试验方式对现场采样得到的柱状节理玄武岩和角砾熔岩进行了渗流应力耦合作用下的三轴流变试验,首次获得了白鹤滩坝基岩石渗流应力耦合长期流变试验资料。

(2) 玄武岩在渗流应力耦合作用下表现出明显的流变特性,在偏应力水平较低时,轴向、环向和体积流变变形随时间的关系曲线均呈现出衰减流变阶段和稳态流变阶段,随着偏应力水平的增加,稳态流变速率呈增加趋势,即流变变形越来越明显;在随后一级偏应力水平下,玄武岩的变形呈现出衰减、稳态及加速流变三个典型流变阶段,其稳态流变阶段的流变速率明显大于其他偏应力水平。

(3) 试验结果表明,流变变形随着围压增加而减小,随渗压增加而增大。与轴向流变变形相比,侧向流变变形对外界条件(围压、渗压和应力加载等级等)更敏感。岩石流变变形过程中存在一个阈值,小于该阈值时,体积变形随着时间的增加而减小;大于该阈值时,体积变形随着时间的增加而增加。

(4) 多级加载流变力学试验过程中,初始加载阶段的坝基岩石的渗透率随着偏应力增加呈现出先降低后趋于稳定的现象;在中间各级偏应力水平下,稳态流变阶段的渗透率的变化相对较小,当玄武岩试样内部出现新的微裂纹或损伤时,渗透率随着偏应力的增加有所增大,但每一级偏应力水平下的渗透率基本保持不变;加速流变破坏阶段,渗透率变化由缓慢增加到快速增加再到急剧增加,试样发生破坏。

(5) 对坝基岩石长期强度的研究表明,围压与渗压对玄武岩的长期强度均存在一定的影响。在渗压相同情况下,围压水平越高,玄武岩的长期强度越高;在渗流应力耦合流变过程中,渗压对玄武岩长期强度起到进一步弱化的作用。

第4章

坝基含弱面岩体剪切流变力学试验

岩体中含有各种规模不等的结构面，对岩体变形和破坏具有控制作用。本章采用岩石剪切流变试验系统对白鹤滩坝基含结构面岩体及节理岩体开展剪切流变试验，探讨坝基含弱面岩体流变变形和破坏机理。

4.1 剪切流变试验方法与试样制备

白鹤滩结构面剪切流变试验在 CSS-3940YJ 型岩石剪切流变试验机上进行，如图 4.1.1 所示。该试验机由主机、测控系统、计算机系统三大部分构成，主机包括机架、垂直轴加载机构、水平轴加载机构和剪切试验夹具等；测控系统包括垂直轴和水平轴控制器以及相关配套设备；计算机控制系统由工控计算机、显示器等构成，其功能是按剪切试验的要求，对试验过程进行控制，并对试验数据进行采集。力和变形测量是通过力传感器和差动变压器，将力和变形值转化为电信号送到 EDC-60 控制器中进行测量显示。轴向和切向加压范围均为 0～400 kN，试验力分辨率为 1 N，试验力测量误差为±0.50%示值。剪切试样的位移由一对 LVDT 测量，测量范围为 0～20 mm，测量误差为±0.50% F.S。试样尺寸为 200 mm×200 mm×200 mm（长×宽×高）、150 mm×150 mm×150 mm（长×宽×高）与 100 mm×100 mm×100 mm（长×宽×高）。

图 4.1.1　岩石剪切流变试验机

错动带空间上位于高程 640～720 m 之间，延伸长度约为 500 m，其产状为 N30°～55°E/SE∠15°～25°，沿柱状节理玄武岩（$P_2\beta_3^{3-1}$）与角砾熔岩（$P_2\beta_3^{2-3}$）岩性接触带发育，产状与岩流层平行；LS_{331} 工程性状上主要表现为岩块夹泥型。破碎带宽度约 10～25 cm，可见大量次生泥，潮湿滴水。

试样按 150 mm×150 mm×150 mm（长×宽×高）进行制备呈立方体，试样制作分为现场无扰动试样采集以及室内标准样制作。无扰动样采集过程如下：

(1) 在洞壁上人工凿一块约两倍试样尺寸的平面，平面起伏不超过 1 cm；(2) 标出试样尺寸，结构面上下围岩厚度相等，并在四周留有 2 cm 空隙灌注混凝土；(3) 结构面上下用钢丝网缠绕，然后在岩石上涂砂浆 2 cm；(4) 在砂浆层表面按固定孔位钻孔切割试样；(5) 切割试样，先从两侧开始，其次上下面，最后是内侧。首先任选一侧，从上到下两排钻孔，深度应大于试件尺寸，清除两排孔之间的岩石，按表面要求将试件侧面凿平，铺涂砂浆，然后将空隙部分用拌有石渣的低强度等级砂浆填实，使开挖面重新受到约束。

由于岩性较差，难以直接将无扰动样制备成标准的立方体，因此采用模具制样。制作过程如下：(1) 制作一个边长 150 mm 的模具，采用模具制样，在模具中浇筑一薄层混凝土；(2) 将取得的岩样放入浇筑的混凝土上，并继续浇筑混凝土；(3) 为了预留剪切缝，在浇筑到试样中部时，用沙层取代混凝土；(4) 对浇筑完成的模型进行养护；(5) 达到期龄之后，从模具中取出模型，将中部沙层凿开，对试样进行饱和；(6) 将饱和后的原试样中部沙层处用石蜡密封，以保持试验过程中的含水率。为了与试验机夹具精确配套，试验前用砂轮对试样外部的混凝土保护层进行打磨，直至试样能够放入盒中进行试验。制备的试样如图 4.1.2 所示。

剪切流变试验示意图如图 4.1.3 所示。将试样放入剪切盒，安装在试验机上。将差动变压器装到剪切盒两侧夹持孔，并调节调零螺丝钉位置。施加垂直于水平预负荷，调节变形测量零点。操作计算机分别进入垂直轴和水平轴控制界面，输入试验参数，然后启动试验机。首先启动垂直轴试验，施加正应力；待达到正应力预定值后，启动水平轴试验，按照分级加载方式，逐级施加剪切荷载。待试样破坏后，取出试样，分析试验成果。

图 4.1.2　典型含弱软结构面立方体试样

岩石剪切流变力学试验采用分级加载方式。试验采用应变加载的方式，每次分级加载速率为 0.2 mm/min。在恒定正应力下，施加剪切荷载，荷载的保持时间依据变形确定，待变形稳定施加下一级剪切力，一般保持剪应力 48～72 h。

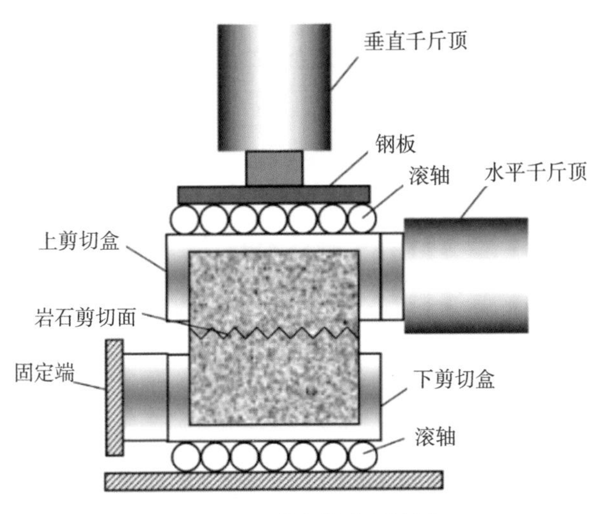

图 4.1.3　剪切流变示意图

结构面剪切流变试验采用的正应力拟确定为 0.2 MPa、0.6 MPa、1.0 MPa，但是由于岩石试样被混凝土保护层包裹，试验前无法测定试样的尺寸，因此试验时统一按照长×宽为 150 mm×150 mm 施加正应力，而岩样的实际尺寸小于该值。待试验完成后，测量试样剪切面的尺寸，用于计算出实际正应力和剪切应力，以便进行数据处理。为了保证与现场应力条件一致，在制备的试样上标注了箭头，用于指示流变试验的剪切方向。

根据上述预设的正应力，求取水平荷载最大值 τ_{max}，采用库伦公式

$$\tau = \sigma \tan\varphi + c \tag{4.1.1}$$

其中 c、φ 采用设计院提供的参数，加载等级初步拟定为 7 级，每次剪应力加载增量 $\Delta\tau = \frac{(0.75\sigma\tan\varphi)}{n}$，其中 n 为加载级数。

4.2 含弱面岩体剪切流变力学试验

4.2.1 错动带岩体剪切流变力学试验

表 4.2.1 反映了错动带 LS_{331} 剪切流变力学试验中正应力、剪应力水平及应力保持时间情况。在恒定正应力下，施加剪切荷载，荷载的保持时间依据变形确定，待变形稳定施加下一级剪切力，一般一级剪应力维持在 48～72 h。

表 4.2.1 错动带 LS_{331} 剪切流变试验正应力、剪应力水平及应力保持时间

试样编号	尺寸/mm（长度×宽度）	正应力/MPa	应力水平级数	剪应力值/MPa	保持时间/h
LS_{331}-1	139×148	0.2	11	0.07,0.17,0.27,0.32,0.37,0.42,0.47,0.52,0.57,0.62	72,72,72,72,72,72,72,72,72,10.2
LS_{331}-2	147×146	0.6	12	0.12,0.20,0.28,0.36,0.44,0.52,0.60,0.68,0.76,0.84,0.92,1.0	48,48,48,72,72,72,72,72,72,72,72,2.4
LS_{331}-3	145×149	1.0	10	0.4,0.5,0.6,0.7,0.8,0.9,1.0,1.1,1.2,1.3	72,72,72,72,72,72,72,72,72,72

错动带 LS_{331} 在不同正应力下的剪切流变试验曲线，如图 4.2.1～图 4.2.3 所示。由图可见，错动带的变形存在很强的时间效应。当试样破裂后，剪切变形超过 5 mm，这要比普通的岩石明显偏大。因此，错动带的流变变形对白鹤滩工程的长期稳定性的影响非常大。在不同正应力下，错动带 LS_{331} 主要经历初始蠕变、稳态蠕变和加速蠕变。在不同正应力下分级加载的流变曲线表现出

以下特征:流变曲线光滑,波动较小,剪切流变量较大,岩石在破坏时应变量很大,具有显著的延性破坏特征。在正应力 1 MPa 下,剪切流变破坏时应变量更大。剪切应力相对较小时,岩石衰减流变历经时间较短,很快进入稳态流变。当剪切应力越高,衰减流变时间越长。

流变试验中,在同一正应力作用下,岩石的流变性随着剪应力的变化而变化。加载初期,岩石产生显著的瞬时变形,随后剪应力保持恒定,但流变量仍缓慢增加。岩石流变量与剪应力的关系比较复杂,主要是剪切变形的局部性造成的。由于试样岩性不均匀,各处的刚度差异显著,变形并不是同步发展的,因此在不同剪应力作用下,局部变形控制了岩石的剪切应变量。在破坏阶段,加载后,岩石变形量大幅增长,在短时间内,试样即发生破坏。随剪应力的增大,衰减流变历时增加,稳态流变速率也随之增加。剪应力越高,岩石变形稳定所需要的时间越长。

在剪切流变过程中,构成弱面的上下岩块之间产生相对位移。由于上下岩面相互嵌入和摩擦产生黏滞阻力,克服这种阻力需要一定的剪应力。当剪应力大于这一值时,试样出现较大的剪切位移,并很快破坏。

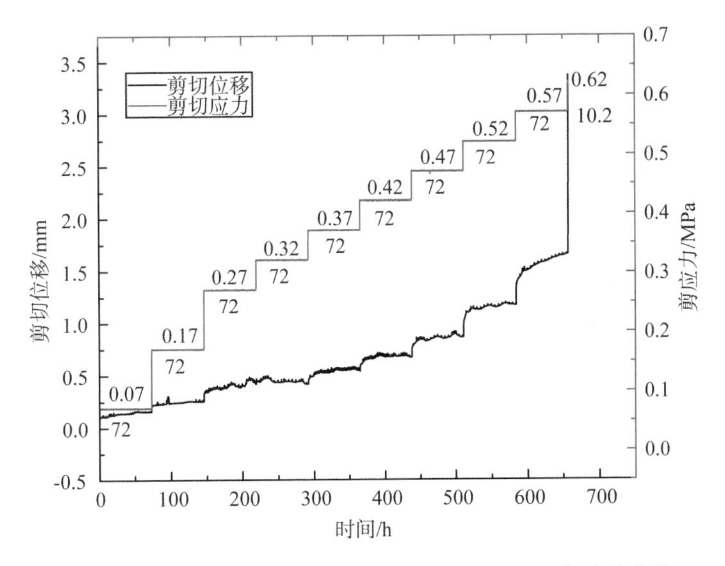

图 4. 2. 1　错动带 LS_{331} 在应力 0. 2 MPa 下剪切流变试验曲线

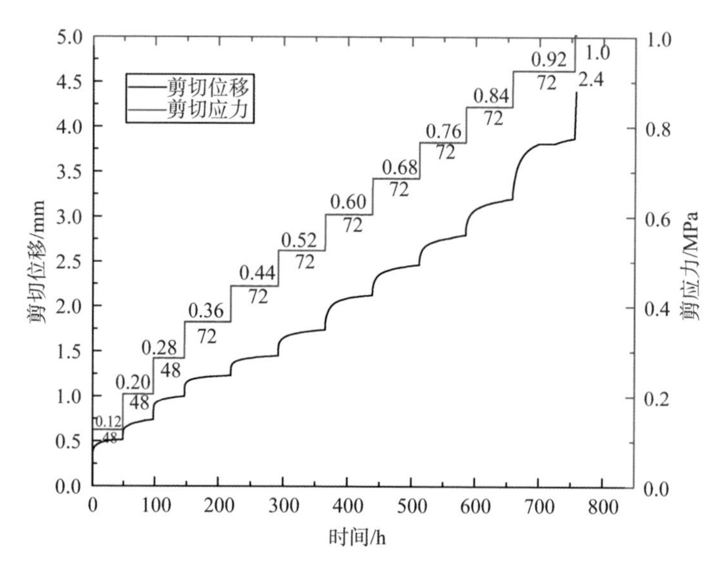

图 4.2.2　错动带 LS_{331} 在应力 0.6 MPa 下剪切流变试验曲线

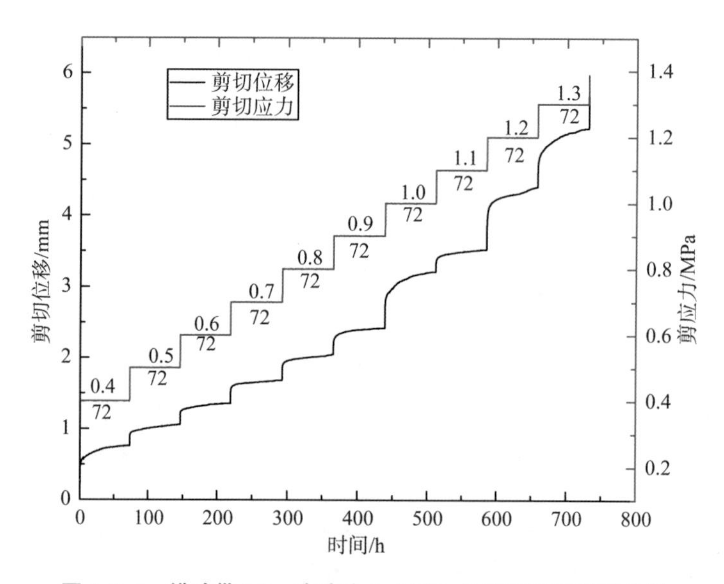

图 4.2.3　错动带 LS_{331} 在应力 1.0 MPa 下剪切流变试验曲线

应力-应变关系是岩石流变试验的重点，特别是对于软弱岩石，其强烈的流变性对应力-应变关系具有显著影响。图 4.2.4～4.2.6 给出了正应力 0.2 MPa、0.6 MPa 和 1.0 MPa 下错动带 LS_{331} 流变过程中的剪切应力-应变关系。

由图可见，错动带 LS_{331} 剪切应力-应变曲线呈阶梯状。每一级阶梯曲线的上升段代表加载时的岩石变形，而水平阶段代表岩石流变量。不同正应力下，曲线形态差异显著，试样在最初的几级剪应力下，曲线出现了异常的波动，可能是试验误差造成的。每一级加载曲线的上升段上凸，即曲线的斜率随剪应力的增大逐渐减小，直至到零，此时岩石进入了恒定剪应力时的流变阶段。第一级剪应力下，曲线上凸最明显，这表明初期加载时岩石的瞬时变形量最大。正应力的变化使得加载段曲线形态亦随之变化，正应力越低，曲线上凸越明显，其加载瞬时的应变量较大，反之，正应力越高，上升曲线趋近于直线，加载时的变形量也越小。

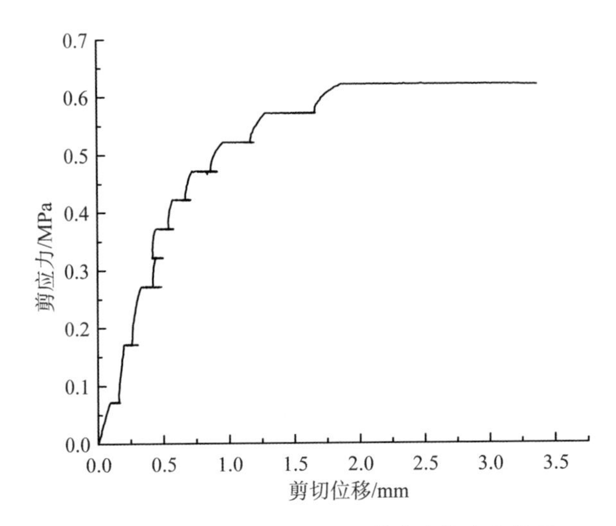

图 4.2.4　正应力 0.2 MPa 下剪应力剪应变关系

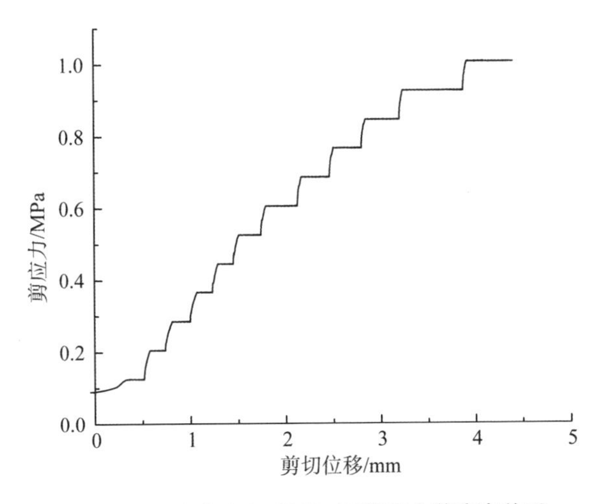

图 4.2.5　正应力 0.6 MPa 下剪应力剪应变关系

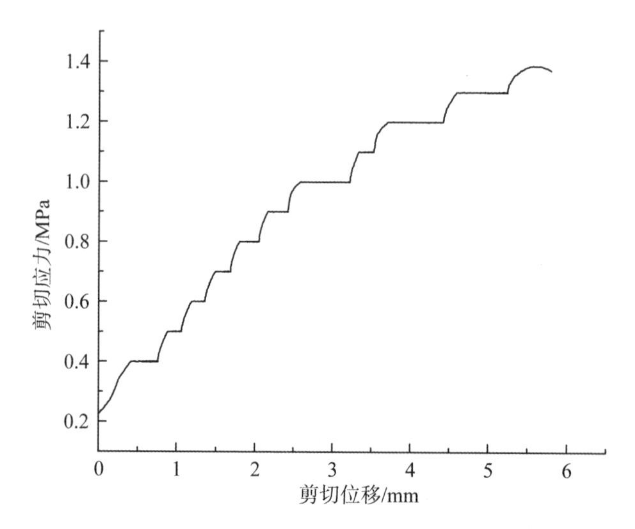

图 4.2.6 正应力 1.0 MPa 下剪应力剪应变关系

各级曲线的水平段是在恒定剪应力下岩石的流变过程，其长度代表岩石的流变量的大小。岩石剪切流变量随剪应力的增加而增大，在该级变形总量中逐渐占据主导；加载时的变形量逐渐变小，这说明随着荷载的增大，岩石剪切流变性越来越明显。在最后一级加载时，变形量持续增大，而剪应力却出现跌落，表明岩石发生了剪切破坏。

流变速率对长期稳定性有重要影响。与硬岩相比，软岩流变的流变特性更加显著，流变速率和流变变形量更大。在不同应力状态下，岩石的流变特征更加显著。借助剪切流变试验机实时观测和自动化存储数据的功能，获取了大量试验数据，按照以下方法计算不同应力状态下各试样的剪切流变速率。

将流变全过程曲线分解为各个加载段的试验曲线，求出各段的剪应变与时间的关系。按照速率的定义，任意时刻的剪切流变速率公式为

$$\dot{\gamma}_i = \frac{\mathrm{d}\gamma}{\mathrm{d}t} \tag{4.2.1}$$

把每一剪应力曲线划分为若干小段时间，将剪切应变量对时间的求导转化为求差分，得出各个时间微段的剪切流变速率为

$$\dot{\gamma}_i = \frac{\Delta\gamma_i}{\Delta t_i} = \frac{\gamma_{i+1} - \gamma_i}{t_{i+1} - t_i} \tag{4.2.2}$$

式中：$\dot{\gamma}_i$ 为 $\frac{t_{i+1}+t_i}{2}$ 时刻的剪切流变速率。

图 4.2.7～图 4.2.9 给出了错动带 LS_{331} 在正应力为 0.2 MPa、0.6 MPa、1.0 MPa 时前 5 h 内的流变速率变化。可见，在同一正应力下，流变速率与剪切应力密切相关。流变速率随剪应力的增大而增大。采用幂函数对分级加载的各级剪应力下流变速率-时间曲线进行拟合

$$\dot{\gamma}=at^{-b} \tag{4.2.3}$$

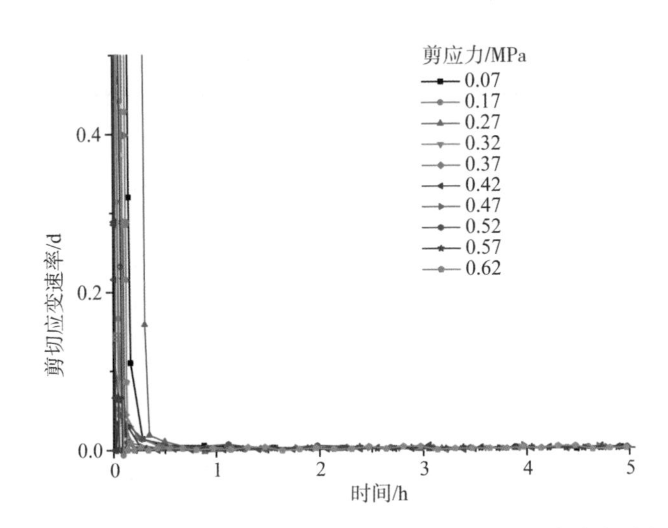

图 4.2.7　试样在正应力 0.2 MPa 不同剪应力下的流变速率对比

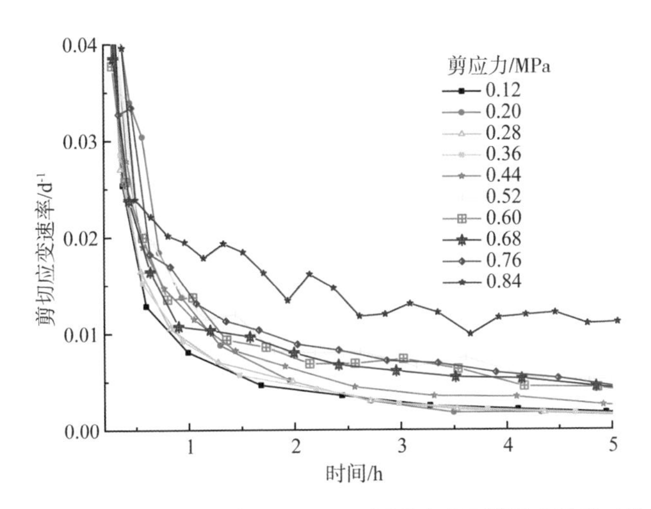

图 4.2.8　试样在正应力 0.6 MPa 不同剪应力下的流变速率对比

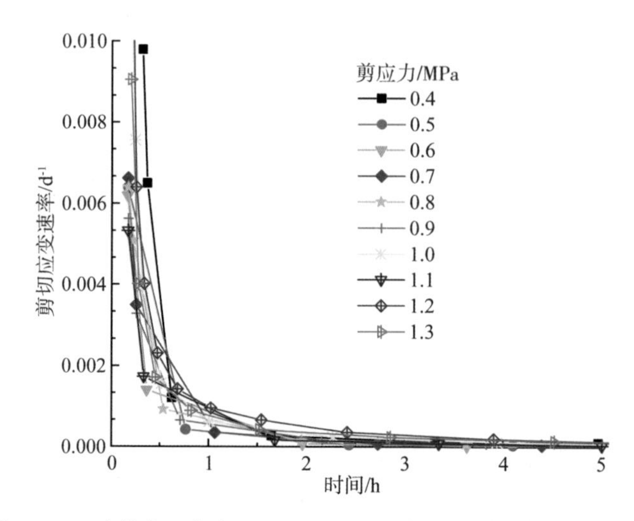

图 4.2.9 试样在正应力 1.0 MPa 下不同剪应力下的流变速率对比

图 4.2.10 给出了一组典型的剪切流变速率与时间的关系曲线。分级加载剪应力下剪切流变速率的拟合结果如表 4.2.2～表 4.2.4 所示。

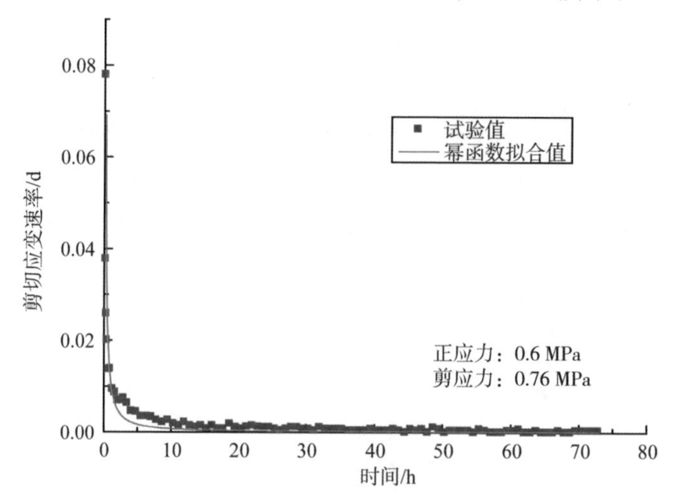

图 4.2.10 典型的错动带 LS_{331} 剪切流变速率随时间变化曲线

4.2.2 断层岩体剪切流变力学试验

断层 F_{17} 斜穿中坝址，延伸长度达 1 400 m 以上，整体产状为 N30°～60°E/NW∠70°～85°，断层破碎带宽度变化较大，平均宽度为 0.5～0.8 m，最大宽度为 1.5 m、最小宽度为 0.08 m。由于空间活动的不均匀性，F_{17} 在性状上具有一定的分区性。断层 F_{17} 工程性状整体以岩块岩屑型为主,带内主要以节理化构造岩、劈理化构造岩、角砾岩为主,部分夹杂少量断层泥,结合紧密、胶结较好,可见网络状分布方解石脉,局部岩体锈染、破碎,影响带宽约 1～5 m,破碎带两侧岩体较为完整,大多呈滴水状态。

按照与错动带 LS_{331} 相同的取样方法获得断层 F_{17} 试样,在 CSS-3940YJ 型岩石剪切流变试验机上进行剪切流变力学试验,试验方法相同。各试样流变试验正应力、剪应力及应力保持时间如表 4.2.5 所示。

表 4.2.2 正应力 0.2 MPa 剪切流变速率随时间变化曲线拟合结果

正应力/MPa	剪应力/MPa	a	b	R^2
0.2	0.2	1.16×10^{-13}	14.97	0.99
	0.3	1.40×10^{-4}	1.64	0.96
	0.4	5.59×10^{-9}	14.86	0.97
	0.48	6.29×10^{-10}	6.26	0.99
	0.57	3.12×10^{-06}	3.69	0.98
	0.61	5.13×10^{-05}	1.86	0.72
	0.65	5.18×10^{-12}	11.70	0.99
	0.7	4.06×10^{-3}	0.88	0.97
	0.75	7.13×10^{-11}	9.25	0.98
	0.75	5.87×10^{-16}	15.97	0.98
	0.84	4.17×10^{-2}	0.52	0.92

表 4.2.3 正应力 0.6 MPa 剪切流变速率随时间变化曲线拟合结果

正应力/MPa	剪应力/MPa	a	b	R^2
0.6	0.3	3.20×10^{-3}	2.21	0.981 9
	0.4	2.80×10^{-3}	2.47	0.977 4
	0.5	4.00×10^{-4}	3.56	0.990 5
	0.6	3.30×10^{-3}	2.16	0.983 5
	0.7	6.50×10^{-3}	1.76	0.989 8
	0.8	5.60×10^{-3}	1.85	0.964 9
	0.9	1.70×10^{-3}	2.42	0.975 4
	1.0	5.00×10^{-4}	3.18	0.969 5
	1.1	2.90×10^{-3}	2.27	0.964 2
	1.2	1.98×10^{-2}	0.99	0.887 9

表 4.2.4 正应力 1.0 MPa 剪切流变速率随时间变化曲线拟合结果

正应力/MPa	剪应力/MPa	a	b	R^2
1.0	0.4	3.40×10^{-4}	2.93	0.999 1
	0.5	2.70×10^{-4}	1.76	0.999 9
	0.6	2.10×10^{-4}	1.89	0.999 8
	0.7	4.00×10^{-4}	1.57	0.999 9
	0.8	5.90×10^{-4}	1.35	0.989 9
	0.9	4.60×10^{-4}	1.40	0.999 5
	1.0	3.30×10^{-4}	2.22	0.998 7
	1.1	2.90×10^{-4}	1.63	0.999 7
	1.2	4.10×10^{-4}	2.11	0.990 7
	1.3	3.40×10^{-4}	2.93	0.999 1

表 4.2.5 断层 F_{17} 剪切流变试验正应力、剪应力水平及应力保持时间

试样编号	尺寸/mm（长度×宽度）	正应力	应力水平级数	剪应力值	保持时间
F_{17}-1	141×140	0.2	13	0.15,0.25,0.35,0.40,0.45,0.50,0.55,0.60,0.65,0.70,0.75,0.80,0.85	72,72,72,72,72,72,72, 72, 72, 72, 72,150,72
F_{17}-2	1401×139	0.6	8	0.16,0.36,0.56,0.76,0.96,1.16,1.36,1.56	72,72,72,72,72,72,72,2
F_{17}-3	145×149	1.0	5	0.36,0.76,1.15,1.55,1.95	72,72,72,72,72

图 4.2.11～图 4.2.13 为断层 F_{17} 在不同正应力水平下的剪切流变试验曲线，可以看出断层 F_{17} 的变形存在很强的时间效应。当试样破裂后，剪切变形超过 5 mm，比普通的岩石大得多。因此，断层的流变变形对白鹤滩工程的长期稳定性的影响非常大。

在不同正应力下，断层 F_{17} 主要经历初始蠕变、稳态蠕变和加速蠕变，与错动带岩体剪切特性相似，岩石在破坏时应变量很大，具有显著的延性破坏特征。在 1 MPa 正应力作用下，试样剪切流变破坏时的应变量更大。在低剪切应力作用下岩石衰减流变历时短，剪切应力越高，衰减流变阶段历时越长。

图 4.2.14～图 4.2.16 列出了不同正应力水平下断层 F_{17} 流变过程中的剪切应力-应变关系曲线。从图中可以看出，剪应力较低时，试样产生的剪应变相对较小，随着剪应力的不断增加剪应变呈增加趋势，最后一级产生的剪应变明

显大于其他剪应力水平。

图 4.2.17～图 4.2.19 给出了断层 F_{17} 在 0.2 MPa、0.6 MPa、1.0 MPa 正应力下的流变速率变化。由图可见，在同一正应力下，流变速率与剪切应力密切相关。流变速率随剪应力的增大而增大。图 4.2.20 给出了一组典型的剪切流变速率与时间的拟合关系曲线。分级加载剪应力下剪切流变速率的拟合结果如表 4.2.6～表 4.2.8 所示。

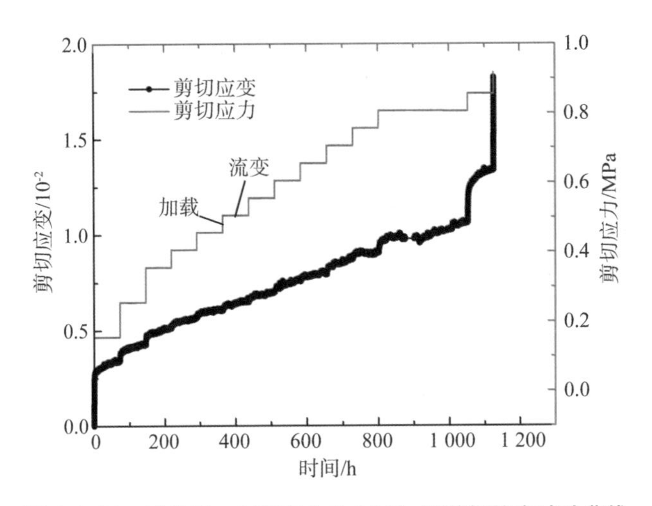

图 4.2.11 试样 F_{17}-1 在应力 0.2 MPa 下剪切流变试验曲线

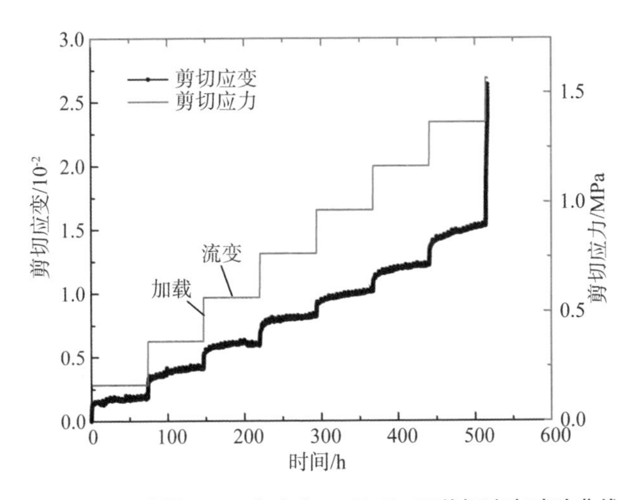

图 4.2.12 试样 F_{17}-2 在应力 0.6 MPa 下剪切流变试验曲线

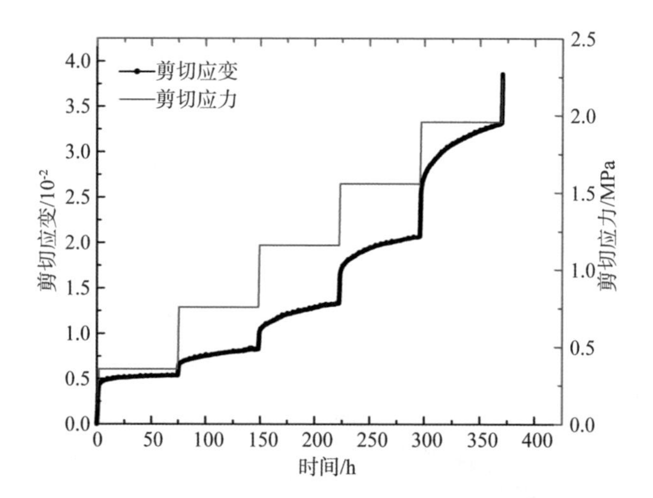

图 4.2.13　试样 F_{17}-3 在应力 1.0 MPa 下剪切流变试验曲线

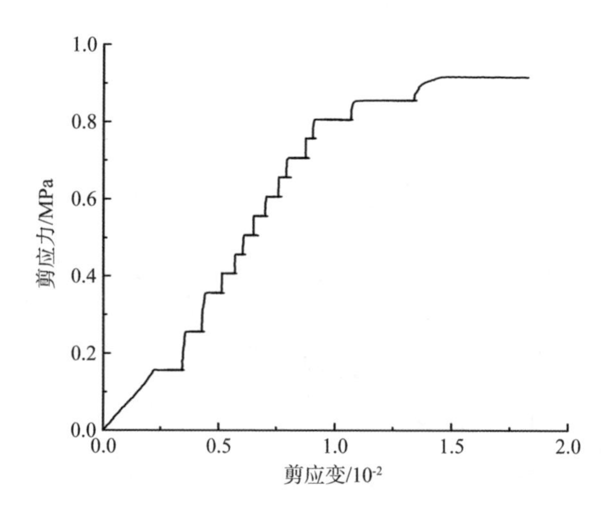

图 4.2.14　试样 F_{17}-1 在正应力 0.2 MPa 下剪应力剪应变关系

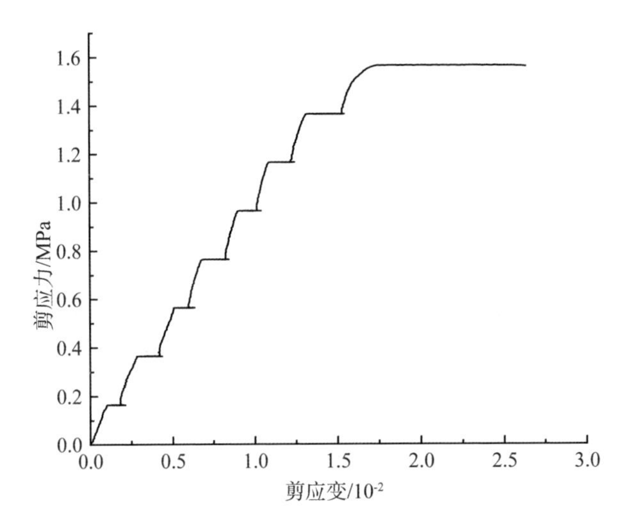

图 4.2.15　试样 F_{17}-2 在正应力 0.6 MPa 下剪应力剪应变关系

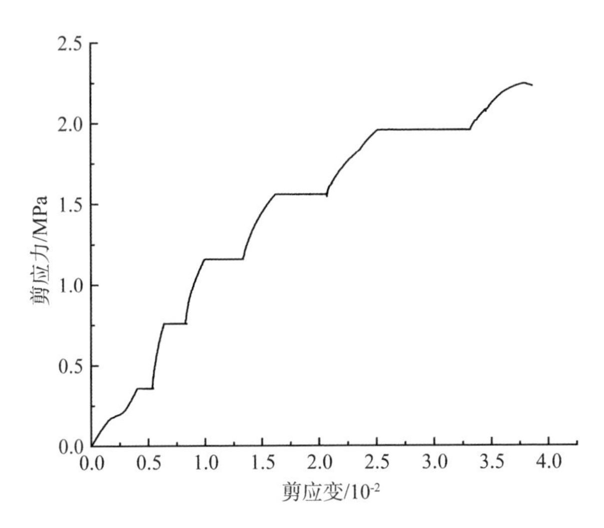

图 4.2.16　试样 F_{17}-3 在正应力 1.0 MPa 下剪应力剪应变关系

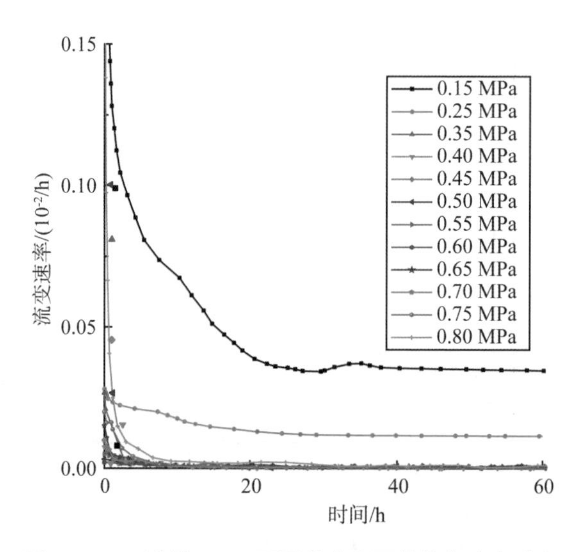

图 4.2.17 试样 F_{17}-1 不同剪应力下的流变速率对比

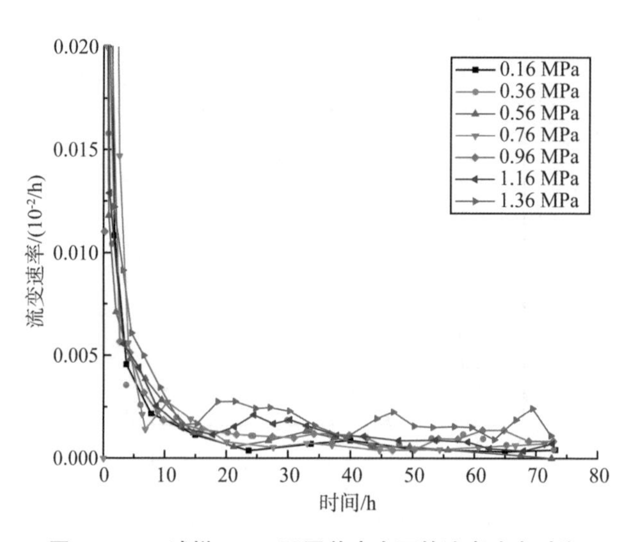

图 4.2.18 试样 F_{17}-2 不同剪应力下的流变速率对比

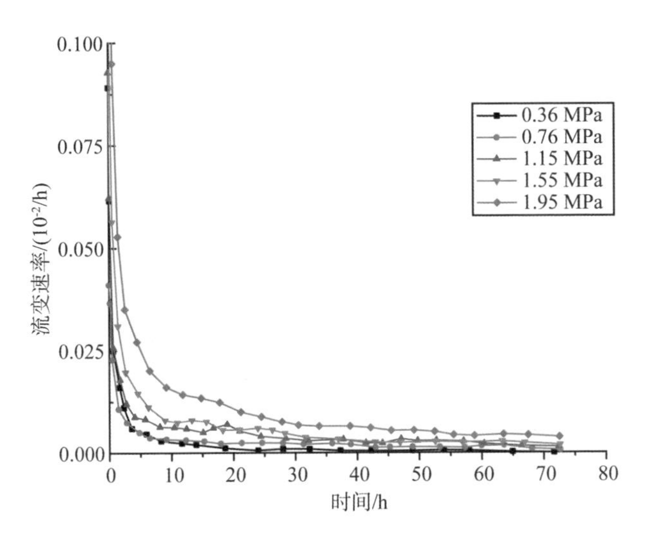

图 4.2.19　试样 F_{17}-3 不同剪应力下的流变速率对比

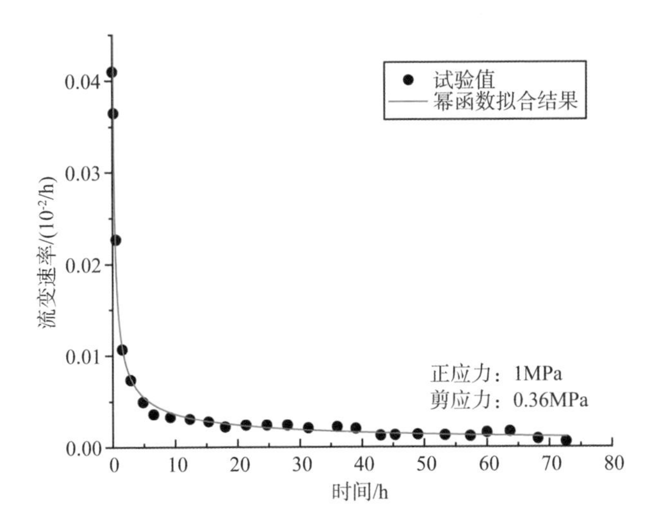

图 4.2.20　典型的断层 F_{17} 试样剪切流变速率随时间变化曲线

表 4.2.6 试样 F_{17}-1 剪切流变速率随时间变化曲线拟合结果

正应力/MPa	剪应力/MPa	a	b	R^2
0.2	0.15	0.016 4	0.66	0.956
	0.25	0.009 6	1.07	0.965
	0.35	0.019 7	1.57	0.985
	0.40	0.004 85	0.66	0.973
	0.45	0.003 03	0.61	0.996
	0.50	0.002 57	0.41	0.926
	0.55	0.004 31	0.63	0.965
	0.60	0.002 76	0.40	0.883
	0.65	0.002 76	0.65	0.987
	0.70	0.005 45	0.59	0.991
	0.75	0.004 35	0.59	0.969
	0.80	0.009 54	0.57	0.962

表 4.2.7 试样 F_{17}-2 剪切流变速率随时间变化曲线拟合结果

正应力/MPa	剪应力/MPa	a	b	R^2
0.6	0.16	0.028 59	1.36	0.993
	0.36	0.012 76	0.76	0.999
	0.56	0.010 99	0.68	0.997
	0.76	0.048 13	1.28	0.907
	0.96	0.010 57	0.63	0.997
	1.16	0.013 46	0.72	0.996
	1.36	0.017 56	0.66	0.997

表 4.2.8 试样 F_{17}-3 剪切流变速率随时间变化曲线拟合结果

正应力/MPa	剪应力/MPa	a	b	R^2
1.0	0.36	0.016 86	0.62	0.986
	0.76	0.014 14	0.59	0.995
	1.15	0.020 92	0.51	0.995
	1.55	0.035 66	0.56	0.990
	1.95	0.068 28	0.64	0.999

4.3 坝基含弱面剪切流变力学参数研究

4.3.1 流变力学参数分析

为了深入研究岩石的流变力学性质，需要对其流变力学参数进行计算分析。常用的岩石流变本构模型有元件模型、经验模型和积分型模型。鉴于元件模型概念直观，简单形象，并已在实际工程中得到了广泛应用，下面采用元件模型分析岩石流变力学参数。根据前面的分析，在流变试验中，白鹤滩坝基结构面岩体具有显著的瞬时变形，此后发生衰减流变和稳态流变，且稳态流变阶段变形速率不为零，变形量仍然随时间缓慢增大。表明岩石流变变形与 Burgers 模型相符。Burgers 模型是由 Maxwell 模型与 Kelvin 模型串联而成。Burgers 模型具有弹-黏弹-黏性特征，能综合反映材料的瞬时变形、衰减流变以及变形速率为常数的稳态流变特征。

错动带 LS_{331} 剪切流变各级应力水平下流变参数如表 4.3.1～表 4.3.3。

采用 Burgers 模型描述白鹤滩断层 F_{17} 岩石在加速流变破坏之前的流变力学特性，辨识得出岩石流变力学参数，如表 4.3.4～表 4.3.6 所示。

表 4.3.1 错动带 LS_{331} 正应力 0.2 MPa 下辨识参数

岩样编号	正应力 /MPa	剪应力 /MPa	Burgers 流变参数			
			G_1/GPa	η_1/(GPa·h)	G_2/GPa	η_2/(GPa·h)
LS_{331}-1	0.2	0.2	0.088 2	68.245 5	0.330 3	0.057 6
		0.3	0.058 9	30.572 7	0.953 9	0.028 5
		0.4	0.043 6	35.541 1	0.693 2	2.762 4
		0.48	0.042 1	140.162 2	1.052 0	4.130 9
		0.57	0.041 3	79.316 0	1.155 0	6.154 5
		0.61	0.040 3	52.971 2	2.831 3	4.697 4
		0.65	0.039 3	77.651 3	1.136 7	2.253 8
		0.7	0.036 8	129.489 6	1.086 8	3.248 3
		0.75	0.036 1	21.796 7	1.045 0	3.624 0
		0.79	0.036 0	109.540 6	0.903 3	1.853 8
		0.84	0.032 9	37.406 3	0.979 5	1.908 4

表 4.3.2 错动带 LS_{331} 正应力 0.6 MPa 下辨识参数

岩样编号	正应力/MPa	剪应力/MPa	Burgers 流变参数			
			G_1/GPa	η_1/(GPa·d)	G_2/GPa	η_2/(GPa·d)
LS_{331}-2	0.6	0.2	0.031 9	25.659 3	0.237 4	0.649 1
		0.3	0.040 3	22.405 2	0.334 7	0.159 5
		0.4	0.044 7	35.734 1	0.321 0	0.161 0
		0.5	0.046 4	82.419 8	0.479 7	0.334 8
		0.6	0.048 7	87.934 6	0.656 2	0.600 8
		0.7	0.050 4	77.673 1	0.610 1	1.079 1
		0.8	0.050 3	89.833 4	0.472 9	2.321 6
		0.9	0.049 0	89.320 7	0.652 2	2.635 9
		1.0	0.048 5	88.544 0	0.788 2	3.077 7
		1.1	0.048 0	84.665 1	0.704 3	3.211 4
		1.2	0.046 9	72.168 5	0.386 8	2.968 6
		1.3	0.044 1	0.916 3	4.615 4	0.011 9

表 4.3.3 错动带 LS_{331} 正应力 1.0 MPa 下辨识参数

岩样编号	正应力/MPa	剪应力/MPa	Burgers 流变参数			
			G_1/GPa	η_1/(GPa·d)	G_2/GPa	η_2/(GPa·d)
LS_{331}-3	1.0	0.4	0.128 5	40.424 8	0.302 8	2.426 0
		0.5	0.100 2	50.237 2	0.355 0	0.070 6
		0.6	0.086 3	66.188 2	0.392 2	0.086 2
		0.7	0.078 4	103.280 9	0.382 8	0.106 1
		0.8	0.072 2	87.580 8	0.420 8	0.136 5
		0.9	0.065 8	96.217 2	0.473 6	0.250 9
		1.0	0.063 0	34.648 3	0.262 4	0.115 5
		1.1	0.051 2	52.959 3	0.276 3	0.174 8
		1.2	0.043 8	39.534 1	0.407 2	0.334 5
		1.3	0.128 5	40.424 8	0.302 8	2.426 0

表 4.3.4　断层 F_{17} 正应力 0.2 MPa 下辨识参数

岩样编号	正应力/MPa	剪应力/MPa	Burgers 流变参数			
			G_1/GPa	η_1/(GPa·h)	G_2/GPa	η_2/(GPa·h)
F_{17}-1	0.2	0.15	0.065 5	15.322 3	0.292 2	0.245 1
		0.25	0.069 3	43.275 6	0.917 4	2.181 8
		0.35	0.079 2	59.780 7	1.200 1	1.281 2
		0.40	0.077 8	92.403 2	2.096 2	6.267 5
		0.45	0.069 80	189.625 6	2.233 2	17.001 6
		0.50	0.065 64	92.311 5	2.910 2	10.029 4
		0.55	0.084 2	172.351 0	2.889 8	15.532 5
		0.60	0.084 89	106.260 6	4.337 6	3.804 1
		0.65	0.085 41	235.334 6	4.111 2	27.661 4
		0.70	0.087 2	110.342 9	2.952 8	10.652 5
		0.75	0.085 6	547.389 5	3.095 6	15.438 1
		0.80	0.087 5	272.789 1	1.651 6	4.786 4
		0.85	0.074 83	67.370 9	0.698 6	1.128 3

表 4.3.5　断层 F_{17} 正应力 0.6 MPa 下辨识参数

岩样编号	正应力/MPa	剪应力/MPa	Burgers 流变参数			
			G_1/GPa	η_1/(GPa·h)	G_2/GPa	η_2/(GPa·h)
F_{17}-2	0.6	0.16	0.1762	30.270 4	0.255 5	0.645 7
		0.36	0.122 5	31.586 0	0.774 9	3.366 5
		0.56	0.109 2	93.388 7	0.913 4	4.630 9
		0.76	0.110 5	132.051 1	0.855 8	2.935 4
		0.96	0.106 6	102.292 0	2.190 4	11.183 6
		1.16	0.106 0	110.638 8	2.059 6	9.424 7
		1.36	0.102 1	77.391 5	1.831 7	6.018 3

表 4.3.6　断层 F_{17} 正应力 1.0 MPa 下辨识参数

岩样编号	正应力/MPa	剪应力/MPa	Burgers 流变参数			
			G_1/GPa	η_1/(GPa·h)	G_2/GPa	η_2/(GPa·h)
F_{17}-3	1.0	0.36	0.0877 6	55.847 4	0.423 0	1.435 1
		0.76	0.117 2	46.819 0	1.145 2	7.238 7
		1.15	0.112 9	44.851 1	0.864 3	8.853 6
		1.55	0.093 7	50.440 4	0.777 8	5.437 2
		1.95	0.076 1	35.129 3	0.532 4	3.740 5

4.3.2 坝基含弱面岩体长期强度研究

根据岩石流变力学试验曲线可以确定长期强度、长期变形模量、长期黏聚力和内摩擦角等岩石流变力学参数。

1. 长期强度

按照不同的工程需要和研究目的，长期强度概念可以有多种理解。通常有以下 3 种：(1) 长期强度是岩石经受某一恒定荷载持续作用，在历时多年后才发生的破坏荷载；(2) 长期强度是岩石在经历了一定的应力路径和时间后，于很长时间内发生宏观完全分离破坏时所对应的荷载水平；(3) 在特定的工程中还可以把岩石应力松弛达到稳定应力水平的值视为岩石的长期强度。

对于多个岩石单级恒载试验，取试样破坏前受载时间足够长的最高荷载水平为岩石的长期强度，或通过数据拟合处理取破坏时间趋近于无穷大时的最高荷载作为岩石长期强度。

对于单个试样分级加载试验，首先由荷载增量相同、加载时间间隔不同的一组试验，确定破坏所需时间与破坏荷载量值的关系，把破坏时间足够大或是趋于无穷大时所对应的最小荷载作为相应荷载下的长期强度。具体的操作步骤如下：

(1) 获得每一级应力水平下的应变-时间曲线，应用 Boltzmann 叠加原理进行叠加，叠加后的应变-时间曲线如图 4.3.1 所示。(2) 由于每一级应力水平历时约 7～10 d 应变就能基本稳定，因此，每一级应力水平的应变曲线可以直线延长，如图 4.3.1(a)中虚线所示。(3) 根据图 4.3.1，以不同 t 为参数，可以得到一簇应力-应变关系等时曲线，如图 4.3.1(b)所示。根据 $t \gg 0$ 曲线的变化趋势，绘制 $t = \infty$ 时的曲线，其水平渐近线在应力轴上的截距即为长期强度。

2. 长期黏聚力和内摩擦角。

按瞬时三轴压缩时的计算方法，用长期强度代替瞬时破坏强度计算，即可得到长期黏聚力和内摩擦角。

3. 长期变形模量

长期模量定义为岩体经长期受力以后，应力与稳定应变的比值。因此，试样达到长期强度时，应力与应变的比值即为试样长期变形模量。

岩石的长期强度是一个重要的评价指标，反映了岩石在长期荷载作用下抵抗破坏的能力。基于试样 LS_{331}-1、LS_{331}-2、LS_{331}-3 在不同正应力、不同剪应力水平条件下的应变与时间关系曲线，绘制了相应的应力-应变等时曲线如图4.3.2～图4.3.7所示。由应力-应变等时曲线通过搜索拐点法估算确定错动带 LS_{331} 的长期强度值，如表4.3.7所示。

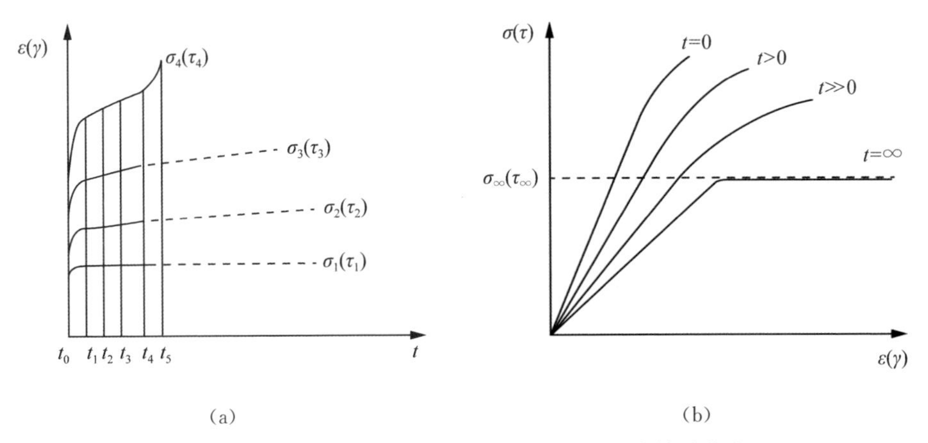

图 4.3.1 叠加后的应变时间曲线和应力-应变等时曲线

表 4.3.7 不同正应力下错动带 LS_{331} 三轴流变长期强度

试样编号	正应力/MPa	长期强度 σ_∞/MPa	长期变形模量 E_∞/MPa
LS_{331}-1	0.2	0.71	35.5
LS_{331}-2	0.6	0.86	43.45
LS_{331}-3	1.0	1.10	47.21

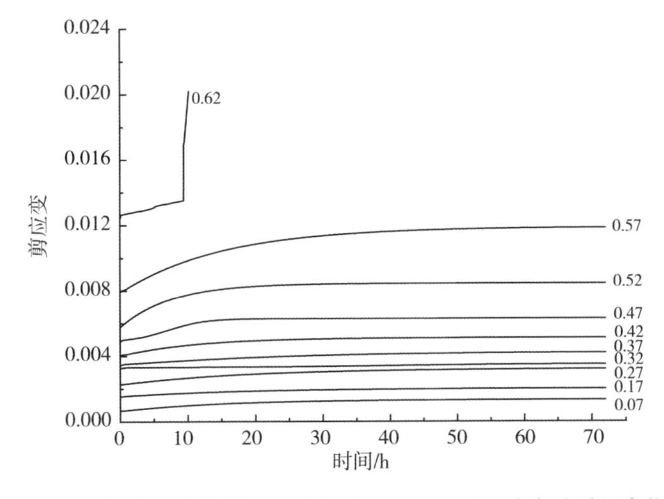

图 4.3.2 试样 LS_{331}-1 在正应力 0.2 MPa 下分阶段剪应变随时间变化曲线

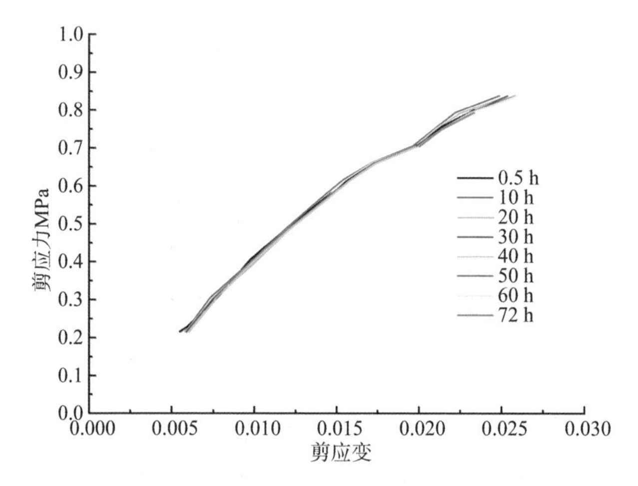

图 4.3.3 试样 LS_{331}-1 在正应力 0.2 MPa 下剪应力等时曲线

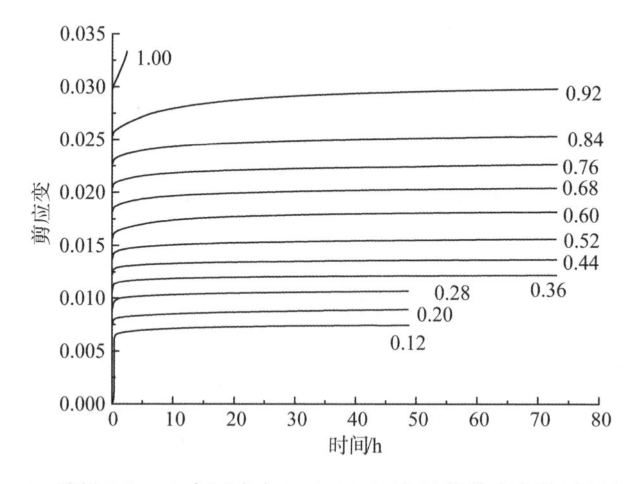

图 4.3.4 试样 LS_{331}-2 在正应力 0.6 MPa 下分阶段剪应变随时间变化曲线

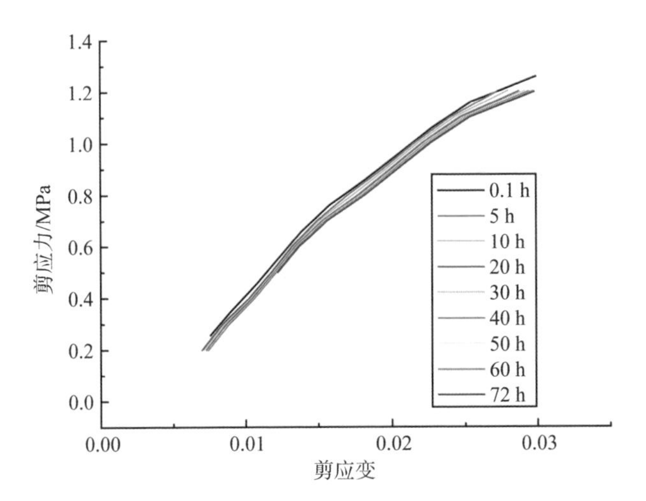

图 4.3.5　试样 LS_{331}-2 在正应力 0.6 MPa 下剪应力等时曲线

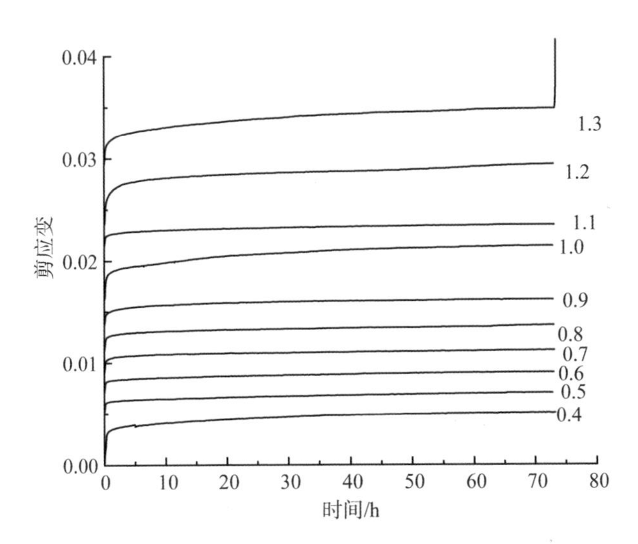

图 4.3.6　试样 LS_{331}-3 在正应力 1.0 MPa 下分阶段剪应变随时间变化曲线

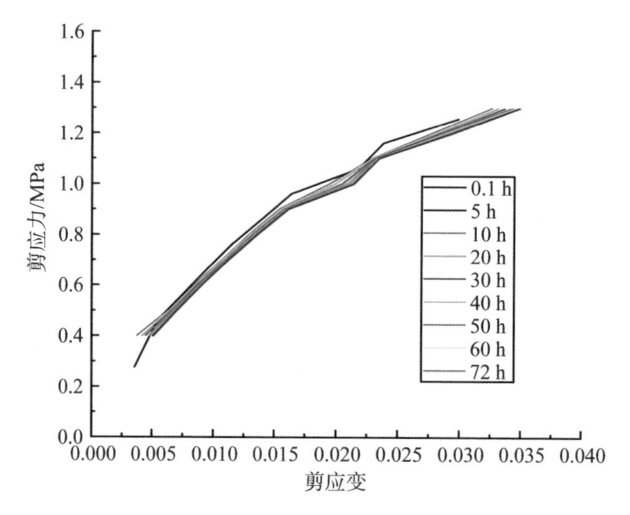

图 4.3.7 试样 LS_{331}-3 在正应力 1.0 MPa 下剪应力等时曲线

基于试样 F_{17}-1、F_{17}-2、F_{17}-3 在不同正应力、不同剪应力水平条件下应变与时间关系曲线，得三个试样的应力-应变等时曲线如图 4.3.8～图 4.3.13 所示，确定断层 F_{17} 试样的长期强度结果如表 4.3.8 所示。

表 4.3.8 不同正应力下断层 F_{17} 剪切流变长期强度

试样编号	正应力/MPa	长期强度 σ_{∞}/MPa	长期变形模量 E_{∞}/MPa
F_{17}-1	0.2	0.72	82.4
F_{17}-2	0.6	1.10	94.5
F_{17}-3	1.0	1.36	80.0

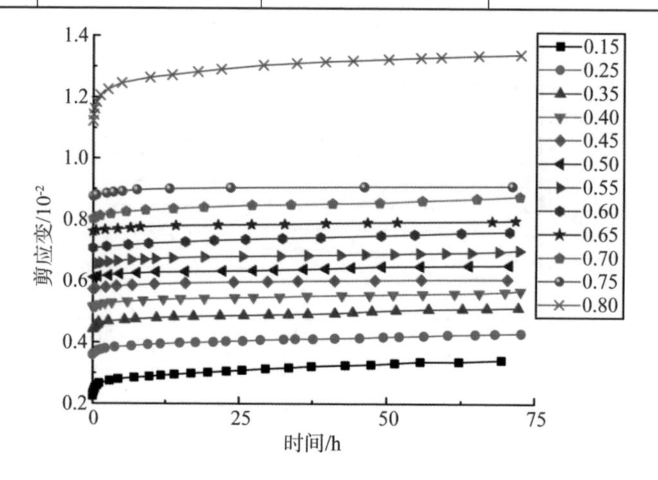

图 4.3.8 试样 F_{17}-1 在正应力 0.2 MPa 下分阶段剪应变随时间变化曲线

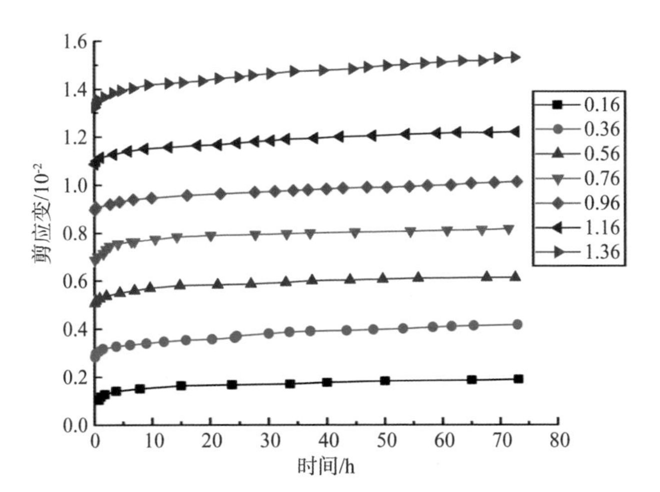

图 4.3.9　试样 F_{17}-2 在正应力 0.6 MPa 下分阶段剪应变随时间变化曲线

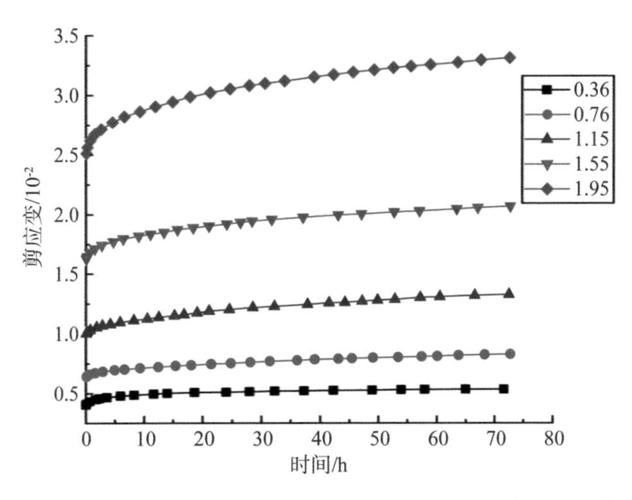

图 4.3.10　试样 F_{17}-3 在正应力 1.0 MPa 下分阶段剪应变随时间变化曲线

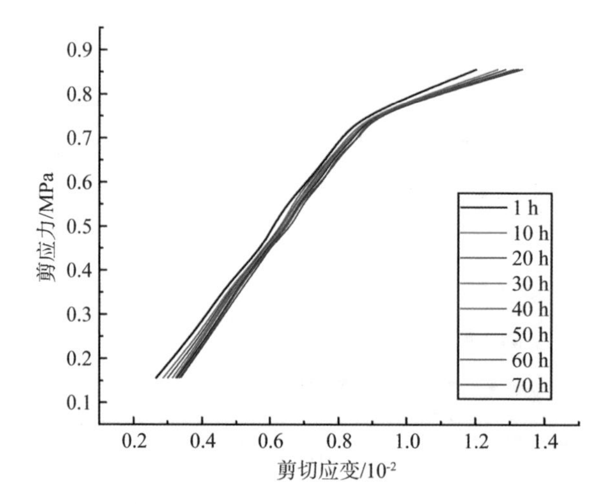

图 4.3.11 试样 F_{17}-1 在正应力 0.2 MPa 下剪应力等时曲线

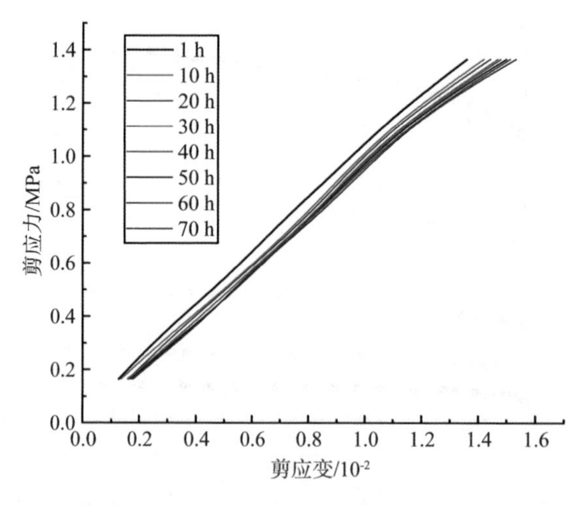

图 4.3.12 试样 F_{17}-2 在正应力 0.6 MPa 下剪应力等时曲线

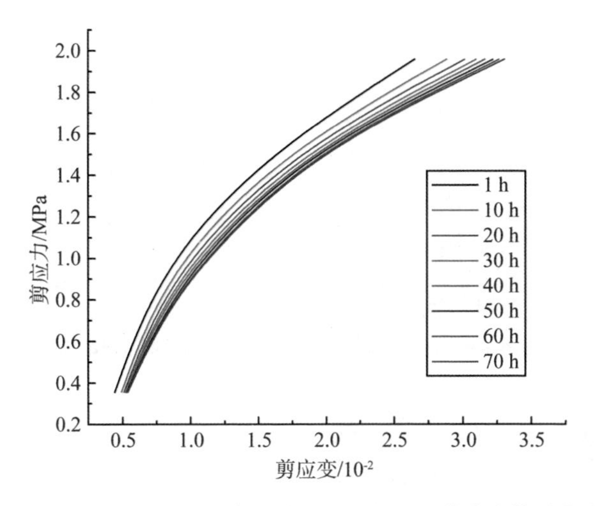

图 4.3.13　试样 F_{17}-3 在正应力 1.0 MPa 下剪应力等时曲线

4.4　结构面试样剪切流变破坏特征

图 4.4.1 和图 4.4.2 所示为层间错动带 LS_{331} 和断层 F_{17} 立方体试样在不同正应力作用下的剪切破坏试样照片。从含弱面砂岩的剪切破坏断口,发现在破裂面上有明显的擦痕,表面残存大小不一的岩块和极细的岩粉,在破裂面上出现了由于材料剪切滑移所产生的韧性带。在剪切荷载作用下,上下岩块发生相对位移。岩石剪切破裂面并非单一的平面,而是凹凸不平、有一定粗糙度的起伏面,这种现象表明,破裂面在形成过程中其应力场十分复杂。

正应力对破裂形式有显著影响。正应力较小时,岩石破裂面起伏较大,且有较多突出的棱角;正应力较大时,破裂面起伏较小,表面相对比较光滑,擦痕更加显著,且在表面残留大量的岩粉。岩石的不均匀性亦对剪切破裂形式有重要影响,由于含结构面试样的组成成分不尽相同,部分试样断口擦痕不明显,且表面起伏较大,这说明非均质性是导致应力分布不均匀并引起应力集中的重要原因。

结构面试样内部存在着原始的缺陷,即原生的微裂隙和节理。在恒定剪应力作用下,随着时间的增长,岩石的内部损伤不断累积;随着剪应力的增大,剪切带里的微裂隙不断扩展,当剪应力超过临界值时,微裂隙发生贯通,导致岩石发生宏观剪切破坏。因此,破坏断面凹凸不平是岩石固有的不均匀性和裂隙扩

(a) 0.2 MPa 正应力　　(b) 0.6 MPa 正应力

图 4.4.1　不同正应力作用下 LS_{331} 试样剪切破坏照片

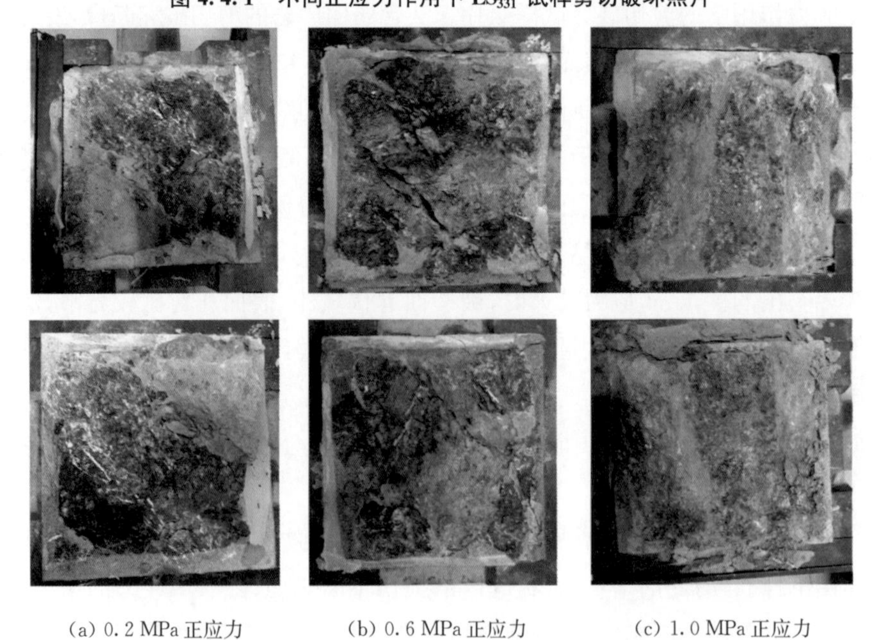

(a) 0.2 MPa 正应力　　(b) 0.6 MPa 正应力　　(c) 1.0 MPa 正应力

图 4.4.2　不同正应力作用下断层 F_{17} 试样剪切破坏照片

张的必然结果。岩石断口表面残留粉末状细颗粒物质，这表明岩石在破坏过程中，发生了较大的剪切位移，在上下岩块错动过程中，破裂面上的颗粒经长时间摩擦，被磨成了岩粉。

4.5 小　结

利用岩石剪切流变试验机对现场白鹤滩水电站坝址区域包含层间错动带 LS_{331} 和断层 F_{17} 的节理岩体进行了剪切流变试验，研究不同应力作用下结构面的剪切流变力学特性，并对其流变破裂机理进行分析。主要结论如下：

(1) 结构面岩体剪切流变变形量大，破坏前剪切应变的量级在 10^{-2}，表现出延性破坏特征。流变变形量随剪应力的增大而增大。正应力显著限制了岩石的流变变形，且正应力越大，岩石延性破坏特征越显著。结构面岩体剪切流变速率随时间的变化符合幂函数关系。

(2) 采用 Burgers 流变模型对断层 F_{17} 和层间错动带 LS_{331} 节理岩体的剪切流变试验曲线进行分析，辨识得到相应的流变力学参数。试验结果表明，节理岩体的流变参数值显著低于硬岩。

(3) 通过结构面试样破坏断口分析了不同正应力作用下试样剪切流变破裂机理。随着剪应力和时间的增长，结构面内部的微裂隙不断扩展、累积；当剪应力超过临界值时，剪切带区域微裂隙发生贯通，导致岩石发生剪切破坏。正应力和岩石的不均匀性对岩石的剪切破裂形式有重要影响。正应力越大，破裂面起伏越小，表面越光滑，而且擦痕显著；剪切带不均匀性越强，则破坏断面起伏越大，断口擦痕越不明显。岩石剪切流变破坏是结构微缺陷在荷载作用下随时间扩展演化的结果。

第5章

各向异性岩体渗流应力耦合力学试验

通过现场地质调研，研究白鹤滩柱状节理岩体的构造特征，制作了一种结构和物理力学性质与实际相近的柱状节理岩体结构试样，根据现场实际情况制作了不规则柱状节理岩体结构试样、考虑高径比效应的柱状节理岩体结构试样和考虑柱径比效应的柱状节理岩体结构试样。根据制作的柱状节理岩体结构试样开展了各向异性单轴、三轴力学试验和渗流应力耦合三轴力学试验，掌握柱状节理岩体各向异性变形、强度及破坏模式与地质结构、应力状态等因素之间的关系，揭示岩体破坏面的形成过程和结构型失稳破坏机制，并为柱状节理各向异性渗流应力耦合本构模型的研究提供试验基础。

5.1 柱状节理岩体结构试样制备

5.1.1 柱状节理岩体结构特征

通过对白鹤滩水电站坝区的现场地质调查，发现坝区玄武岩多个岩流层的中、下部发育有柱状节理，主要在 $P_2\beta_1$～$P_2\beta_8$ 等 8 个岩层内发育。柱状节理的发育是不均匀的，柱体的直径和长度也不相同，在这 8 个玄武岩层中，以 $P_2\beta_3{}^2$、$P_2\beta_3{}^3$ 层发育较为明显，岩层厚度分别为 24 m 和 55 m，岩层产状约为倾向 SE135°、倾角 SE∠15°，柱体倾角在 70°～85°之间，坝区外露的典型柱状节理岩体如图 5.1.1 所示，分布于坝址下游及坝址河床深部，对大坝安全影响较大，是工程中研究的重点。

通过白鹤滩柱状节理的现场测量和统计，发现柱体断面为不规则多边形镶嵌结构，以五边形和四边形占多数。对导流洞开挖的柱状节理断面形状进行统计，发现四边形、五边形、六边形的占比分别为 32.1％、46.7％和 17.6％。

分析 $P_2\beta_3$ 岩层及其亚类岩层的几何及工程力学特性具有重要意义，应开展理论研究与原位试验成果的对比分析研究。

5.1.2 规则柱状节理岩体结构试样制备

现场柱状节理岩体地质结构和力学性质的各向异性表现在较大的几何尺度上，远大于实验室的岩样尺寸。因此，无法在现场采集到包含足够多柱状节理的岩石试样以开展室内试验研究。为满足室内试验的要求，采用水泥砂浆类岩石材料制备与工程现场地质结构和力学性质相近的柱状节理类岩石结构试

图 5.1.1　坝区外露风化柱状节理岩体

样，以开展柱状节理岩体水力耦合力学试验研究。制备方法和工艺如下：

(1) 采用亚克力制作模具，模具中有底面边长为 5 mm 的正六边形的棱柱形状的凹槽，在注浆前，向模具内涂抹凡士林以便于脱模，模具对齐装配后用两组皮筋约束固定如图 5.1.2(a)所示。

(2) 如图 5.1.2(b)，将高强度硅酸盐水泥、粒径小于 1 mm 的细砂、水和聚羧酸减水剂按质量比 1：0.5：0.4：0.002 的配合比混合搅拌作为注浆材料，如图 5.1.2(c)所示，采用注射器将水泥砂浆注入模具，由底部向上充满六棱柱腔体。

(3) 注浆后的模具在温度 20±2 ℃，相对湿度 95%以上条件下放置 24 h，使柱体具有一定强度。如图 5.1.2(d)所示，打开模具，取出柱体，并在恒温恒湿条件下进行养护，柱体断面为正六边形，对角线长度为 10 mm。

(4) 采用白水泥作为黏合材料提供黏聚力，将养护好的柱体黏合成块体，并将块体放入养护室进行养护，如图 5.1.2(e)所示，将块体沿柱体倾角 0°、15°、30°、45°、60°、75°和 90°进行切割打磨，得到标准的圆柱体试样(直径×长度＝50 mm×100 mm)，如图 5.1.2(f)所示。

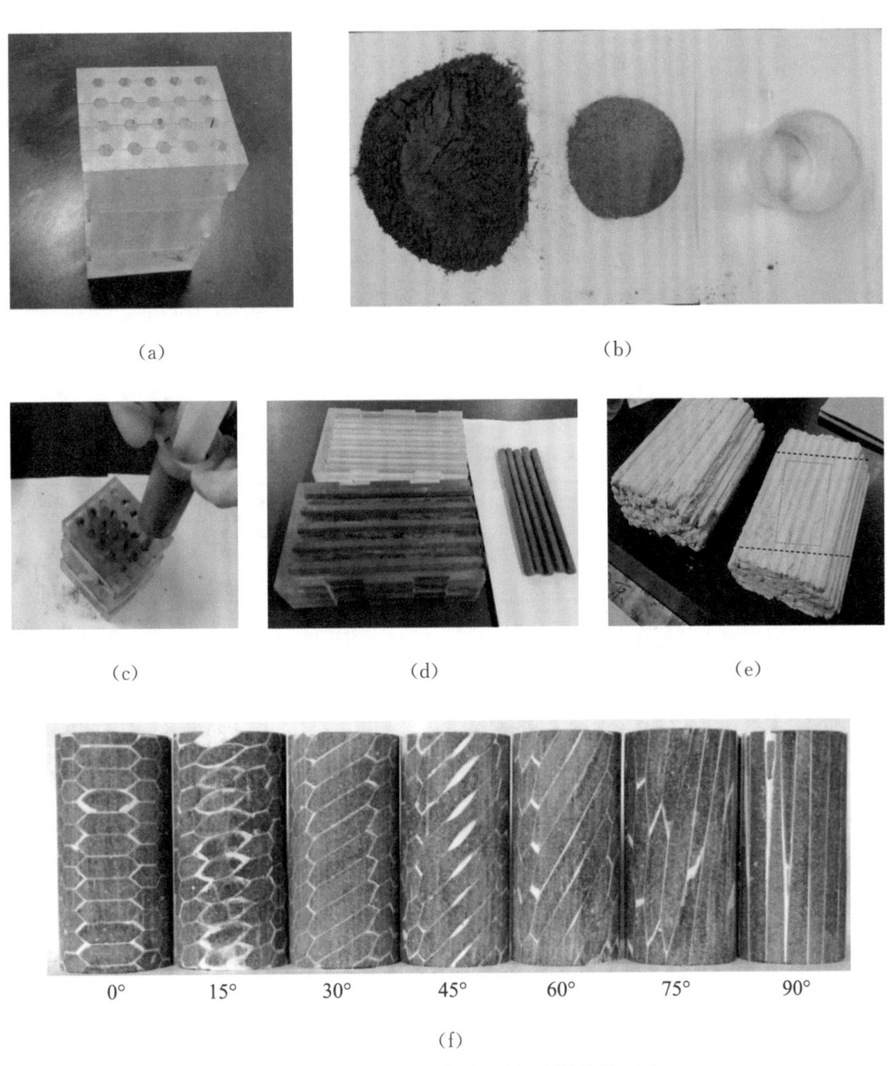

图 5.1.2　柱状节理岩体结构试样制作过程

5.1.3　不规则柱状节理岩体结构试样制备

基于白鹤滩水电站玄武岩代表性岩体柱状节理形态，得到随机不规则柱状节理裂隙网络，并根据实验条件可行性将节理裂隙网络缩放至 50 mm 圆形大小。将裂隙网络厚度设为 0.8 mm，高度设为 100 mm，得到 50 mm×100 mm 的随机不规则柱状节理裂缝网络模型。使用快速激光光敏树脂 3D 打印机 WBSLA282 打印出 1∶1 尺寸的不规则柱状节理裂隙网络树脂模型。光敏树脂的指标参数如表 5.1.1 所示。

标准化砂浆在试验中用作类岩石材料，由水泥、砂子和水组成，最终使用的质量比为 $m_c : m_s : m_w : m_p = 1.0 : 1.0 : 0.45 : 0.02$，$m_c$、$m_s$、$m_w$ 和 m_p 分别表示水泥、细砂、水和聚羧酸高效减水剂的质量。在这些材料中，将砂作为骨料并将水泥作为胶凝剂。细砂的粒径非常小（$d \leqslant 0.1$ mm），水泥强度水平为 52.5R。混合材料中骨料和水泥的粒径很小，砂浆可以获得良好的流动性进而很好地填补间隙，使柱状节理物理模型获得低孔隙率，在模型制备中加入微量的高效减水剂，减少混合材料中的水量，进而使结构试样的强度和性能得到提高。

表 5.1.1　光敏树脂材料的物理参数

指标	抗拉强度 /MPa	断裂伸长率 /%	屈服强度 /%	弹性模量 /MPa	弯曲强度 /MPa
参数值	41～50.6	15～25	3.3～3.5	2 650～2 880	68.1～80.16

建立不规则柱状节理岩体结构试样，利用树脂材料作为节理面材料，利用水泥砂浆材料作为基质材料。根据坝址区开挖现场具有典型特征的柱状节理岩体横面，构建柱状节理岩体模型的横向截面形态，然后进行不同节理倾角的柱状节理裂隙网络模型构建；利用 3D 打印机打印制作不同倾角的树脂模型；在塑料模型槽内部涂擦一层凡士林涂层，确保能够顺利地移除模型。将砂和水泥混合 60 s，然后加入水和减水剂再混合 3 min；将混合物填充到塑料槽中并搅拌直到没有气泡产生，然后将柱状节理裂隙网络树脂模型垂直插入模型槽中。将整个模型放置在自然通风环境下 28 d；将模型从模型槽中脱出，并利用钻机从模型槽中钻出不同倾角柱状节理岩体物理模型。

5.2　柱状节理岩体试样力学特性试验

5.2.1　不规则柱状节理岩体试样单轴力学试验

不规则柱状节理岩体结构试样为圆柱体，直径为 50 mm，长度为 100 mm。单轴力学试验采用位移加载控制方式，加载速率为 0.02 mm/min，数据采集间隔为 5 s，所有试样都是干燥的，室温保持在 24±0.5 ℃。表 5.2.1 中列出试样的几何参数和试验结果。

表 5.2.1　不规则柱状节理岩体结构试样几何参数和试验结果

倾角 /°	质量 /g	直径 /mm	高度 /mm	密度 /(g/cm³)	单轴抗压强度 /MPa	弹性模量 /GPa
0	381.70	49.40	101.43	1.96	9.89	1.93
30	374.72	49.25	100.03	1.97	2.10	0.71
45	382.92	49.27	100.38	2.00	6.51	0.42
60	377.95	49.30	100.20	1.98	7.67	1.40
75	376.05	49.48	101.90	1.92	8.72	1.40
90	390.09	50.33	100.75	1.95	40.36	8.87

在单轴力学试验中，整个不规则柱状节理模型的承载力由所有棱柱的承载力组成，一旦所有棱柱的承载能力不足以承受载荷，就会发生破坏。当荷载压力相对较小时，由所有棱柱共同承担，随着载荷增加，棱柱中某些部分发生沿节理面滑动，直到破坏。图 5.2.1 为倾角 β＝0°、30°、45°、60°、75°和 90°的结构试样的单轴应力-应变曲线，柱状节理模型单轴力学过程主要分为以下四个阶段：

(1) 压密阶段。在较低轴向应力作用下，试样内部的裂缝被压缩并关闭，应力-应变曲线略微向上弯曲，呈近似线弹性，所有变形都可以恢复。

(2) 弹性阶段。在中等水平的轴向应力作用下，应力-应变曲线出现近似线性的形状，此阶段应力卸载试样变形可恢复。

(3) 非弹性阶段。随着轴向应力的进一步增加，模型中水泥柱分离，模型发生显著体积膨胀，在达到最大轴向应力水平之前，应力-应变曲线呈现非线性形状。

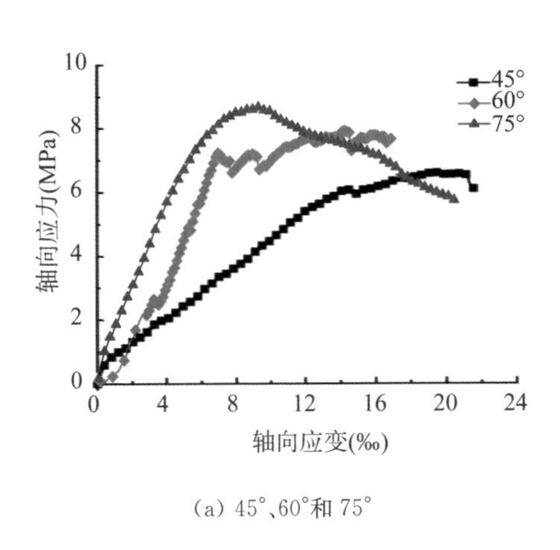

(a) 45°、60°和 75°

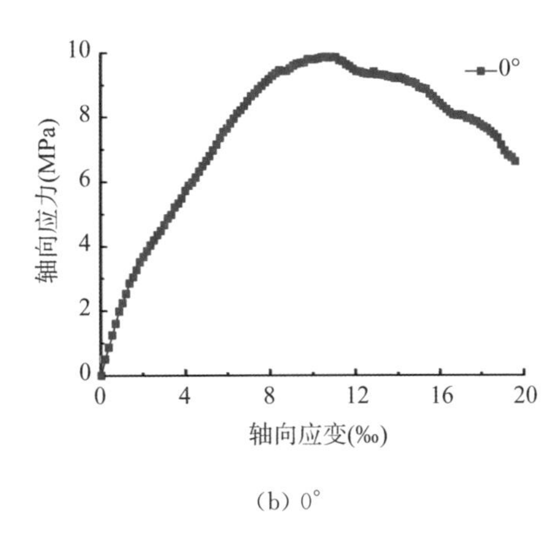

(b) 0°

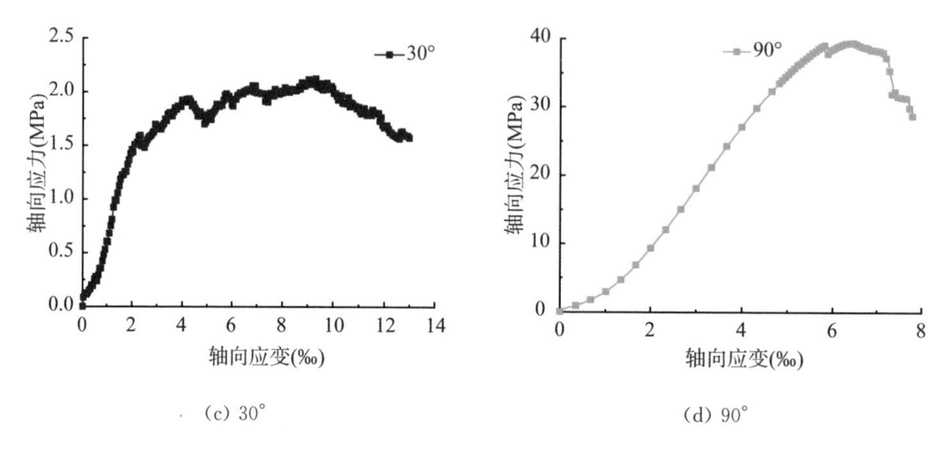

(c) 30°　　(d) 90°

图 5.2.1　单轴力学试验应力-应变曲线

(4) 破坏阶段。轴向应力达到最大水平之后,试样内部的棱柱发生脱离,应力-应变曲线呈非线性下降趋势,试样破坏。

显然,柱状节理显著影响柱状节理模型的强度和弹性模量等力学参数,以及应力-应变曲线的形状。当 β=30°和 60°时,应力-应变曲线中出现多个峰形,后者峰值高于前者,直到出现最大应力。实际上,棱柱沿节理发生滑动直至破坏。

图 5.2.2 显示单轴力学试验中不同柱状节理倾角(β)下不规则柱状节理模型强度值变化曲线。显然,随着柱状节理倾角的变化,单轴抗压强度发生变化。当 β=90°时,单轴抗压强度值达到最大值 40.36 MPa;当 β=30°时,单轴抗压强

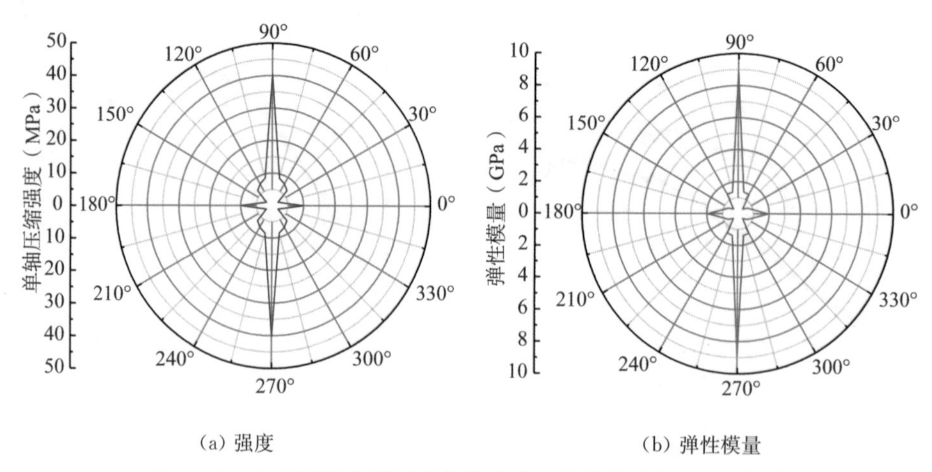

(a) 强度　　(b) 弹性模量

图 5.2.2　不规则柱状节理岩体的力学参数随节理倾角变化规律

度取得最小值 2.10 MPa；在 $\beta=45^\circ$、60° 和 75° 时，单轴抗压强度分别为 6.51 MPa、7.67 MPa 和 8.72 MPa。不规则柱状节理模型的弹性模量也随柱状角 β 而变化。当 $\beta=90^\circ$ 时，弹性模量为 8.87 GPa（最大值）；当 $\beta=30^\circ$ 时，弹性模量为 0.42 GPa（最小值），仅为 $\beta=90^\circ$ 时的 $\frac{1}{20}$。

为了简化描述，将试验结果中抗压强度和弹性模量进行归一化处理，进而确定各向异性的程度。归一化过程如下

$$\sigma_\beta^t=\frac{\sigma_\beta}{\sigma_{\max}}, \quad E_\beta^t=\frac{E_\beta}{E_{\max}} \tag{5.2.1}$$

式中：σ_β 和 E_β 分别为柱状节理岩体的抗压强度和弹性模量；σ_β^t 和 E_β^t 分别为归一化后柱状节理岩石的抗压强度和弹性模量。

在本试验中，当 $\beta=90^\circ$ 时，抗压强度和弹性模量达到最大值，因此式(5.2.1)可以改写如下

$$\sigma_\beta^t=\frac{\sigma_\beta}{\sigma_{90^\circ}}, \quad E_\beta^t=\frac{E_\beta}{E_{90^\circ}} \tag{5.2.2}$$

从柱状节理各向异性的角度，抗压强度归一化值和弹性模量归一化值揭示柱状节理对力学参数的影响程度，值越小，影响程度越显著。换句话说，当抗压强度归一值较小时，柱状节理的弱化效果较高；当弹性模量归一值较小时，柱状节理岩石的变形量在等效应力下较大。相反，其值越大，影响程度越小。

在归一化处理之后，得到各个不同倾角的柱状节理模型的力学参数值，如图 5.2.3 所示。不同岩体模型归一化后的变形模量和抗压强度值随倾角变化的曲线形状都是 U 形。当倾角为 30° 时，σ_β^t 取得最小值 0.052，意味着当载荷方向与节理法方向之间的夹角为 60° 时，节理对岩体的强度折减最大；当倾角为 45° 时，E_β^t 取得最小值 0.0478，意味着当荷载方向与节理面法方向之间的夹角为 45° 时，节理面对岩体变形影响最大。

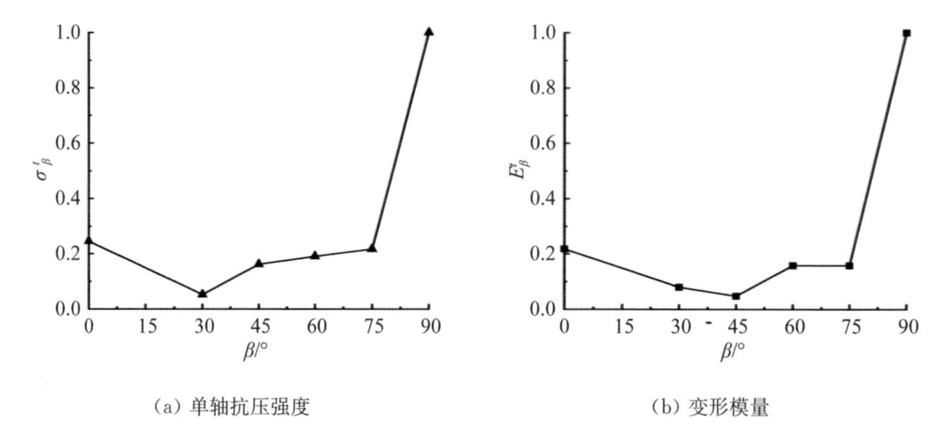

(a) 单轴抗压强度　　(b) 变形模量

图 5.2.3　归一化后的柱状节理模型单轴抗压强度和变形模量

根据试验结果将不规则柱状节理岩体的破坏特征进行归纳如图 5.2.4 所示，可以发现，不同节理倾角的柱状节理岩体有多种破坏模式，这是由柱状节理倾角方向不同决定的，与各向同性材料有显著差异。主要破坏模式可以分为以下三种：劈裂破坏、滑移破坏和复合破坏。劈裂破坏主要发生在节理倾角 $\beta=0°\sim30°$ 的柱状节理模型中，模型棱柱有竖直劈裂裂纹，没有剪切破坏的迹象；滑移破坏主要发生在节理倾角 $\beta=75°\sim90°$ 的柱状节理模型中，破坏裂纹贯通节理面，一般沿节理面的表面滑移破坏；复合破坏主要发生在节理倾角 $\beta=45°\sim60°$ 的柱状节理模型中，岩体既发生沿节理面的破坏，也发生垂直方向的劈裂破坏。

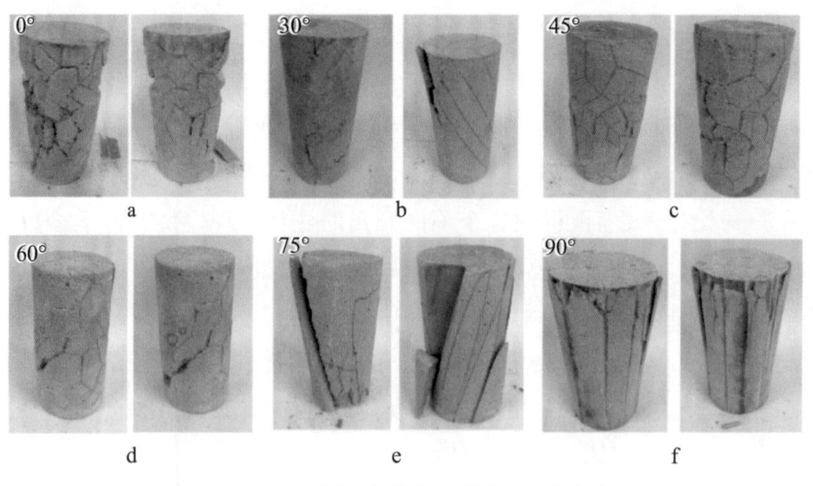

图 5.2.4　不规则柱状节理岩体的破坏特征

5.2.2 考虑高径比效应柱状节理岩体试样单轴力学试验

柱状节理岩体结构试样中所采用正六棱柱的高度都是 50 mm，柱状节理岩体结构试样采用五个规格尺寸试样设置不同高度的试样尺寸，分别为：50 mm、75 mm、100 mm、125 mm 和 150 mm，各个高度尺寸都设置有不同节理倾角的试样模型（0°、15°、30°、45°、60°、75°和 90°），如图 5.2.5 所示。图 5.2.6 显示节理倾角为 15°的不同高度的柱状节理岩体结构试样，试样的高宽比分别为 1.0、1.5、2.0、2.5 和 3.0，相邻棱柱体的错缝均为 25 mm。在本节中对结构试样均开展单轴力学试验研究，试验中加载方式为位移控制，加载速度为 0.06 mm/min。分别研究柱状节理结构试样的破坏模式、强度和变形特性，得到柱状节理岩体结构试样的各向异性特性和尺寸效应。

在单轴力学试验中，柱状节理岩体结构试样的承载能力是由正六边形棱柱体的承载能力组成。图 5.2.7 给出不同高径比和节理倾角的柱状节理岩体结构试样的轴向应力-应变曲线。

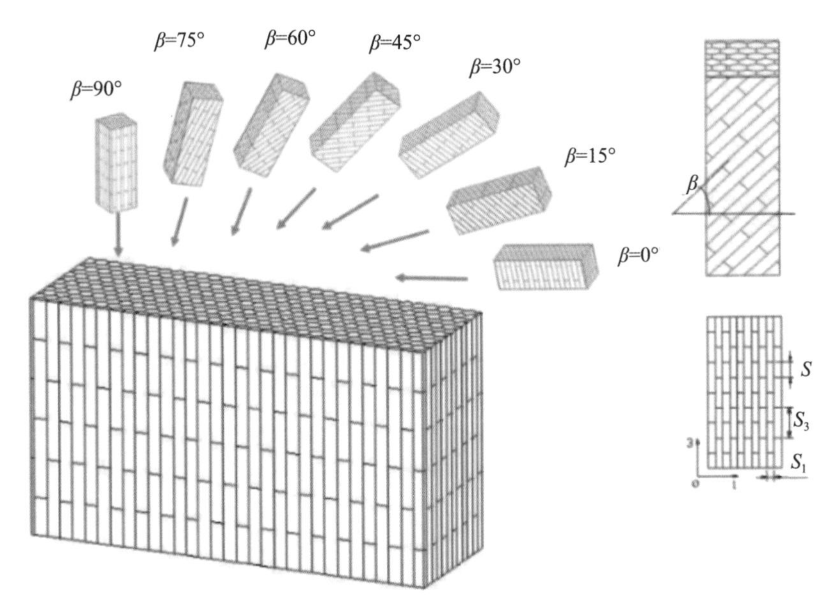

图 5.2.5 柱状节理岩体物理模型示意图

图 5.2.6 节理倾角 15°柱状节理岩体物理模型

(从左至右试样高度为 150 mm、125 mm、100 mm、75 mm、50 mm)

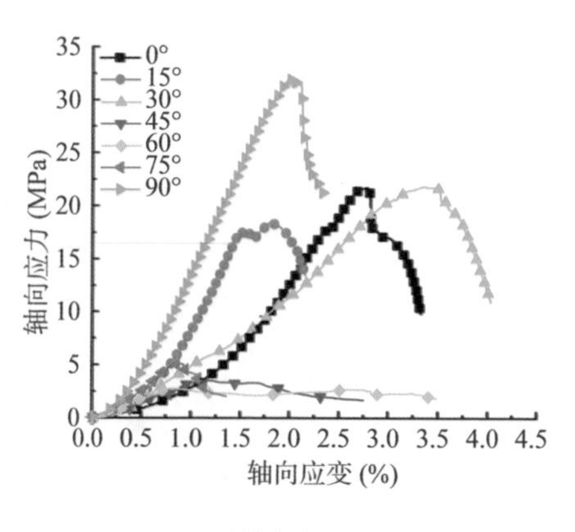

(a) 试样高度 50 mm

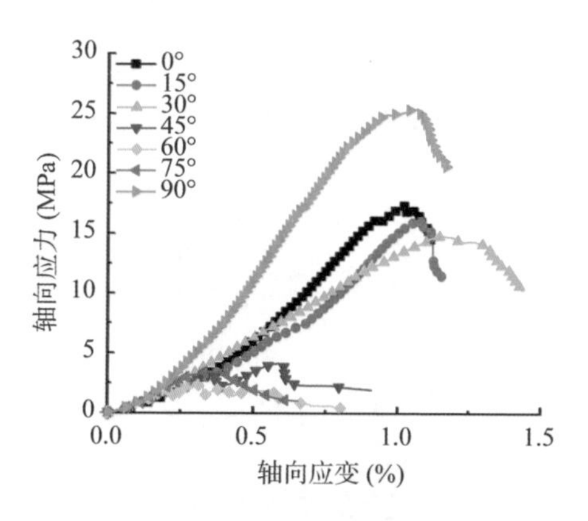

(b) 试样高度 75 mm

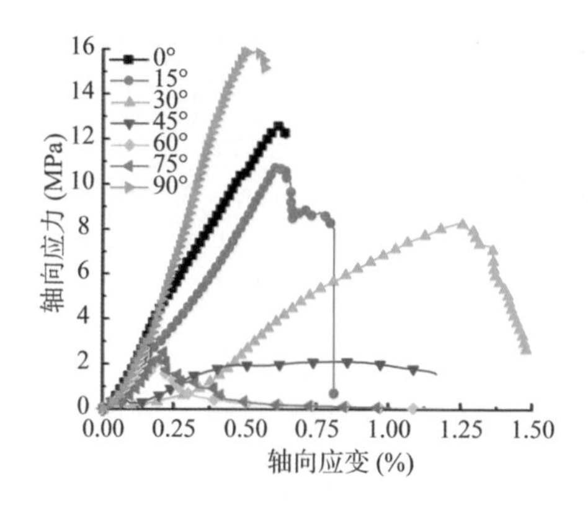

(c) 试样高度 100 mm

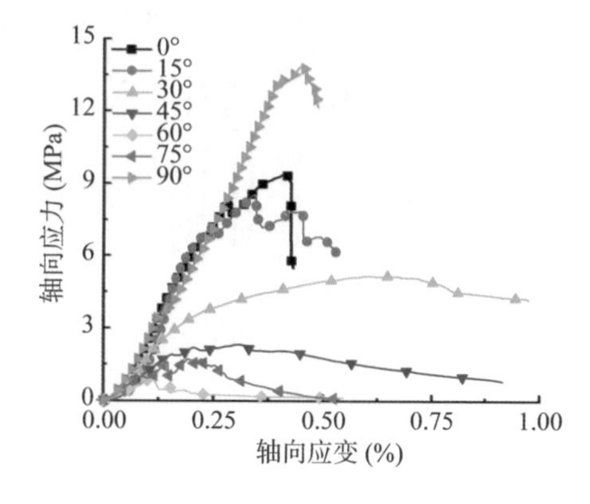

(d) 试样高度 125 mm

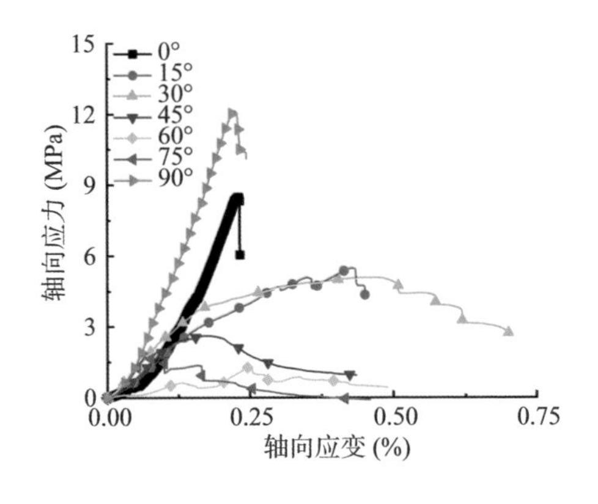

(e) 试样高度 150 mm

图 5.2.7　不同高度试样的应力-应变曲线

根据试验成果,其轴向应力-应变曲线特征可以概括如下:

(1) 在加载开始时,试样应变随着轴向应力增加而增加。在这一阶段,应力-应变曲线的形状是向下凹,此现象是由于试样内部的缺陷被逐步压缩闭合造成的。第一阶段后,应力-应变曲线呈线性关系,为弹性阶段,弹性模量保持不变,此时应力卸载时变形可以恢复。随着轴向应力增大,裂纹萌生,应变增速逐渐减低。在最后阶段,由于试样发生体积扩容,试样内部的正六边形棱柱逐渐发生分离。超过峰值强度时,裂纹成簇出现,应力-应变曲线的形状为非线性。

(2) 不同节理倾角和高径比的柱状节理岩体结构试样的下凹点对应的应变不同。当柱状节理倾角在 0°～30°之间时,出现劈裂破坏模式,应变一般都是呈逐渐增大趋势。

(3) 峰值应变值(峰值强度对应的应变)对节理倾角非常敏感。从图 5.2.7(a)可以看出,当试样高度为 50 mm 时,最大峰值应变为 3.35%(β=30°),而最小峰值应变为 0.784%(β=60°)。

(4) 当试样节理倾角在 45°到 60°之间变化时,试样的破坏模式为滑动破坏,一般应力-应变曲线呈现多峰现象。峰值强度比发生劈裂破坏时要低。

柱状节理岩体单轴力学条件下的峰值强度如表 5.2.2 所示。结果表明,强度主要取决于节理倾角和高径比。一般发生滑动破坏时岩体强度较低(即节理倾角为 45°、60°和 75°时)。当柱状节理岩体节理倾角为 60°、高度尺寸为 125 mm 时,柱状节理岩体强度为最小。试样发生劈裂破坏时,柱状节理岩体的强度较大。

表 5.2.2 柱状节理岩体结构试样单轴压缩峰值强度

试样高度/mm	单轴压缩峰值强度/MPa						
	0°	15°	30°	45°	60°	75°	90°
50	21.72	18.49	21.87	3.49	2.79	5.17	32.01
75	17.36	16.16	14.83	4.11	2.35	3.47	25.39
100	12.57	10.82	8.28	2.10	2.75	2.49	15.98
125	9.35	8.53	5.17	2.31	0.93	1.70	13.85
150	8.47	5.49	5.06	2.60	1.29	1.94	12.15

柱状节理岩体结构试样的峰值强度与节理倾角(β)关系如图 5.2.8 所示。忽略尺寸效应,在相同高度条件下,试样单轴抗压强度随着节理倾角 β 的变化而变化,关系曲线呈现特殊 U 形,试样表现出强烈的各向异性。当 $\beta=90°$时,单轴抗压强度最大。当加载方向与节理方向平行时节理数明显多于沿垂直节理方向,故一般情况下其 $\beta=0°$的单轴压缩强度是小于 $\beta=90°$。当 β 在 0°~30°之间时,试样发生劈裂破坏,单轴抗压强度相对较大;当 β 在 45°~75°之间时,试样发生滑动破坏,单轴抗压强度相对较低;当节理倾角为 60°时,试样单轴抗压强度最低。

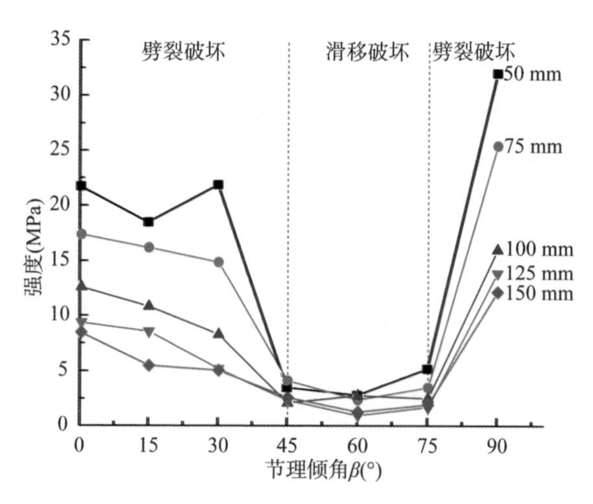

图 5.2.8 柱状节理岩体单轴抗压强度与破坏模式、节理倾角之间的关系

图 5.2.8 描述柱状节理岩体结构试样的节理倾角和试样高度对单轴强度的影响及破坏模式的分区。从图片可以看出,节理岩体单轴抗压强度主要取决

于其破坏模式，即强度取决于荷载方向与节理法向的倾角。当荷载方向近似垂直和平行于节理法向时，试样单轴抗压强度较大；当荷载方向与节理法向呈现一定角度时，试样单轴抗压强度较小。以高度为 50 mm 的柱状节理岩体结构试样为例，当 $\beta=30°$，其单轴抗压强度为 21.87 MPa，当 $\beta=45°$时其值为 3.61 MPa。但当高度不小于 100 mm，此角度变化较小时其破坏值跳跃性不再如此明显。

为了简化，对单轴压缩强度进行归一化处理，以确定柱状节理岩体的各向异性程度。归一化方法如下所示

$$\sigma_\beta^t=\frac{\sigma_\beta}{\sigma_{\max}} \tag{5.2.3}$$

式中：σ_β 和 $\sigma_{\max}$ 分别表示相同高度下的柱状节理岩体结构试样的不同节理倾角和单轴压缩强度；σ_β^t 则是归一化后的柱状节理岩体强度。

采用归一化处理后，可以得到不同节理倾角和高度尺寸下柱状节理岩体结构试样的 σ_β^t 值，如图 5.2.9 所示。σ_β^t 值与节理倾角之间的曲线形状呈现 U 形。当柱状节理倾角 $\beta=60°$，σ_β^t 值最小。

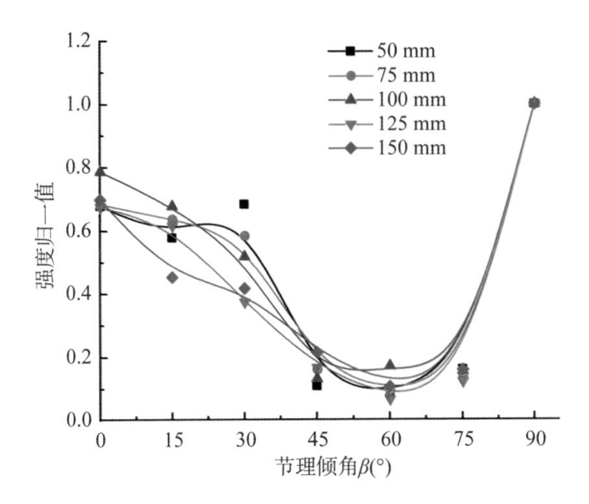

图 5.2.9 柱状节理岩体归一化后单轴抗压强度

柱状节理岩体结构试样的变形模量与节理倾角非线性相关。根据应力-应变关系的试验结果，绘制试样变形模量 E_S（原点和峰值之间的割线模量）随节理倾角的变化曲线如图 5.2.10 所示，可以发现柱状节理岩体的平均模量随加载方向与节理法向之间的夹角 β 变化而变化，具有典型的各向异性特征。变形模量随节理方向变化曲线形状一般呈现 U 形。从图中可以看出，柱状节理岩

体结构试样的平均模量均小于完整的材料($E_S=16.03$ GPa)。试样发生劈裂破坏时,试样的变形模量最高;发生滑移破坏时,其值最低。高度相同条件下,当$\beta=90°$时,试样变形模量最大;当$\beta=45°$或$\beta=60°$时,试样变形模量最小。随柱状节理岩体试样的高度不断增加,其变形模量不断增大,当夹角为0°和90°时,此现象较明显。

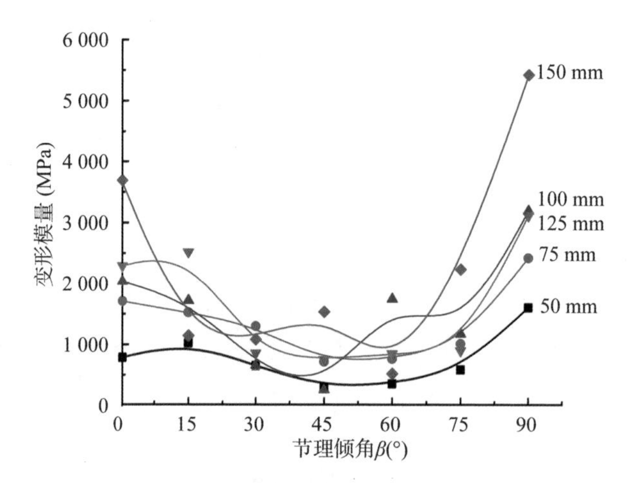

图 5.2.10 平均变形模量与节理倾角的关系

针对不同高径比、不同节理倾角的柱状节理岩体进行单轴力学试验,结果表明,柱状节理岩体在单轴压缩条件下共有三种破坏模式,如表5.2.3所示。可以发现,由于原生结构面的存在,柱状节理岩体的破坏机制与各向同性材料不同,是严格受节理倾角控制的。图5.2.11显示高为50 mm的柱状节理岩体的破坏模式,不同高径比和节理倾角的柱状节理岩体的破坏模式有三种:沿垂直节理面的劈裂破坏模式(Ⅰ)、沿节理面的滑动破坏(Ⅱ)和复合破坏模式(Ⅲ)。

表 5.2.3 柱状节理岩体结构试样的破坏模式汇总表

试样高度(mm)	柱状节理倾角 β(°)						
	0	15	30	45	60	75	90
50	Ⅰ	Ⅰ	Ⅰ	Ⅲ	Ⅱ	Ⅱ	Ⅰ
75	Ⅰ	Ⅰ	Ⅰ	Ⅱ	Ⅱ	Ⅱ	Ⅰ
100	Ⅰ	Ⅰ	Ⅰ	Ⅱ	Ⅱ	Ⅱ	Ⅰ
125	Ⅰ	Ⅰ	Ⅰ	Ⅱ	Ⅱ	Ⅱ	Ⅰ
150	Ⅰ	Ⅰ	Ⅰ	Ⅱ	Ⅱ	Ⅱ	Ⅰ

研究发现，当节理倾角为水平或垂直的，岩体由于劈裂裂缝贯穿试样而破坏。当柱状节理岩体的节理倾角β大于60°且小于90°，其破坏模式主要为沿节理面滑移破坏。当节理倾角β较小时，如15°和30°，柱状节理岩体的破坏机制主要为劈裂破坏。当柱状节理岩体的节理倾角为45°，主要的破坏模式是滑动破坏。当试样的高度不断降低时，模型中产生劈裂裂缝，如高度为50 mm的试样。

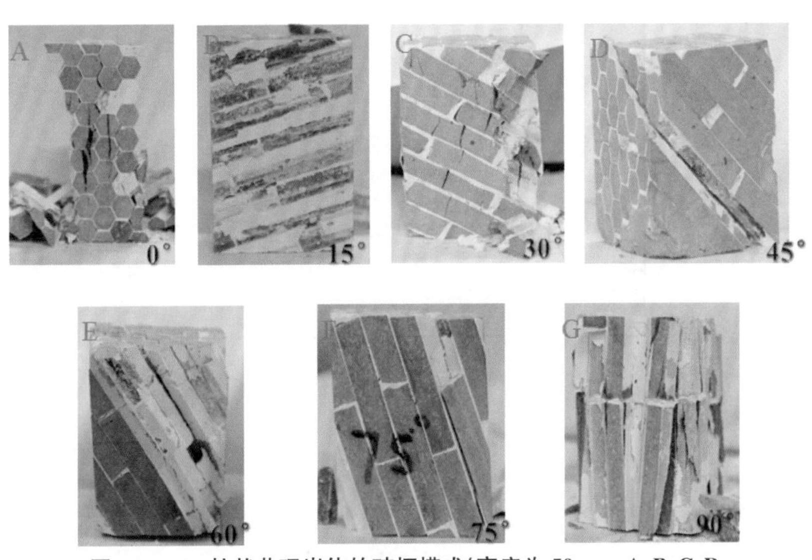

图 5.2.11　柱状节理岩体的破坏模式(高度为 50 mm，A、B、C、D、G 为劈裂破坏模式，E、F 为滑动破坏模式)

如前所述，当节理倾角为90°时，相同高度下柱状节理岩体结构试样单轴抗压强度最大，当节理倾角为60°时其值最小。当节理倾角和单位体积节理密度相同时，随结构试样高度的不断增加，岩体单轴抗压强度不断下降，如图5.2.12中强度与破坏模式的关系所示。此现象可以归结于尺寸效应，说明柱状节理岩体和其他材料一样，存在着一个REV(representative element volume)尺寸，试样尺寸小于REV尺寸时，其力学参数随尺寸增大而降低。

从图5.2.12上可以得知，在相同的试样尺寸下，当结构试样发生劈裂破坏时，强度明显大于滑移破坏时的强度。当发生劈裂破坏时，随结构试样的高度不断增加，强度不断降低。当β=45°～75°时柱状节理岩体结构试样发生滑移破坏，单轴抗压强度较小，范围为0.93～5.17 MPa。这是由于当结构试样发生滑移破坏时，其破坏机制主要取决于模型的节理特性，且随试样高度不断增加，其值不断减低，当大于125 mm时最终达到一个相对较稳定的值。当β值在0°～

30°范围内时，柱状节理岩体结构试样发生劈裂破坏，单轴抗压强度较大且随结构试样的高度增加而下降。

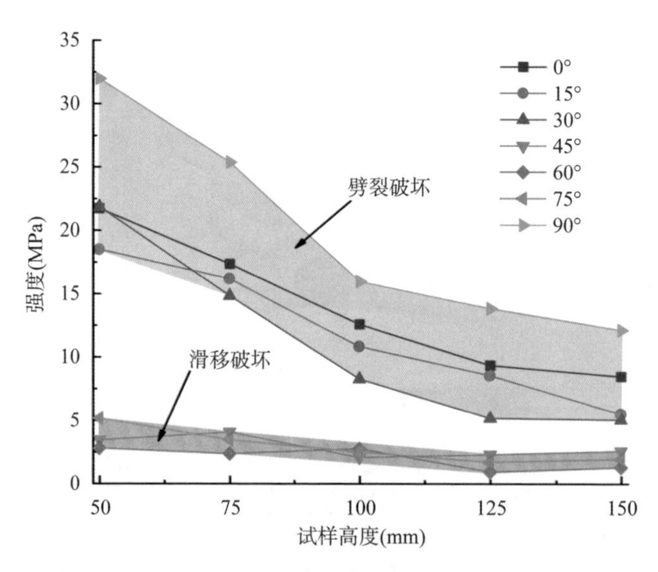

图 5.2.12 强度与破坏模式的关系

贺桂成等[1]采用石膏结构试样，进行大量的单轴力学试验，研究单轴强度与高径比的关系，基于试验结果，提出单轴抗压强度随高径比增大而呈指数形式下降。

$$\sigma_{\frac{H}{D}}=\sigma_{\frac{H}{D}=2}\exp\left(\alpha+\frac{\gamma}{\frac{H}{D}}\right) \tag{5.2.4}$$

式中：α、γ 为与材料有关的常数。

基于经验公式(5.2.4)，对不同柱状节理倾角下单轴抗压强度随高径比的试样结果进行拟合，采用最小二乘法原理，构建 $\ln\left(\frac{\sigma_{\frac{H}{D}}}{\sigma_{\frac{H}{D}}}\right)$ 与高径比 $\frac{H}{D}$ 的关系，从而获得不同柱状节理倾角下的相关参数 α 和 γ 值，如表 5.2.4 所示。

表 5.2.4 不同柱状节理倾角 β 下的相关参数 α 和 γ 值

柱体倾角 β(°)	参数 α	参数 γ	相关系数 R^2
0	−0.80	1.44	0.92
15	−0.96	1.66	0.80

续表

柱体倾角 β(°)	参数 α	参数 γ	相关系数 R^2
30	−1.24	2.34	0.93
45	−0.12	0.71	0.45
60	−1.16	1.32	0.50
75	−0.87	1.64	0.94
90	−0.72	1.50	0.93

由表 5.2.4 可以看出，不同柱状节理角度下，具有不同的参数 α 和 γ 值。拟合结果显示：节理倾角为 45°和 60°时，拟合效果较差，这可能是柱状节理岩体强度随高径比增大而波动下降的缘故；对于其他节理倾角而言，拟合效果较好。因此，该经验公式对于柱状节理岩体的强度具有较好的适用性。

5.2.3 考虑柱径比效应柱状节理岩体试样单轴力学试验

白鹤滩水电站坝址区广泛发现玄武岩内广泛发育着柱状节理，由于岩流层各部分柱状节理切割的棱柱特征是不同的，包括柱的高度和边长。根据不同的棱柱特征，可以分成三种柱状节理岩体，如图 5.2.13 所示。

类型Ⅰ　　类型Ⅱ　　类型Ⅲ

图 5.2.13　白鹤滩水电站坝址处不同种类的柱状节理岩体

Ⅰ型：柱状节理高度发育，切割不完整。柱体高度为 2～3 m，柱体边长为 13～25 cm，柱径比为 23～8。棱柱是紧密接触的，不同棱柱间的节理面没有填充物。

Ⅱ型：不规则柱状节理高度发育，没有切割成完整的棱柱。柱体高度为 0.5～2 m，柱体边长为 25～50cm，柱径比为 8～1。

Ⅲ型：不规则柱状节理高度发育，没有切割成完整的棱柱。柱体高度为 1.5～5.0 m，柱体边长为 0.5～2.5 m，柱径比为 10～0.6。

根据白鹤滩现场勘测结果表明，柱状节理岩体内部棱柱的高度与直径比值范围为 0.6～23。试验中取柱体边长为 5 mm，柱体直径为 10 mm，柱体高度分别为 100 mm、50 mm 和 25 mm，因此，柱体高度与直径的比分别为 10、5 和 2.5。试样如图 5.2.14 所示。

(a) 柱体高度与直径的比为 10

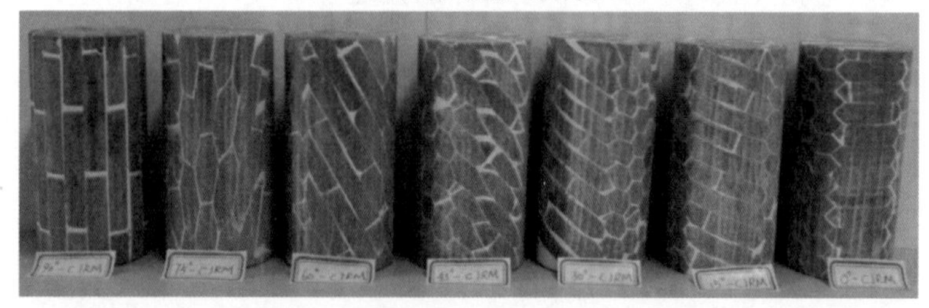

(b) 柱体高度与直径的比为 5

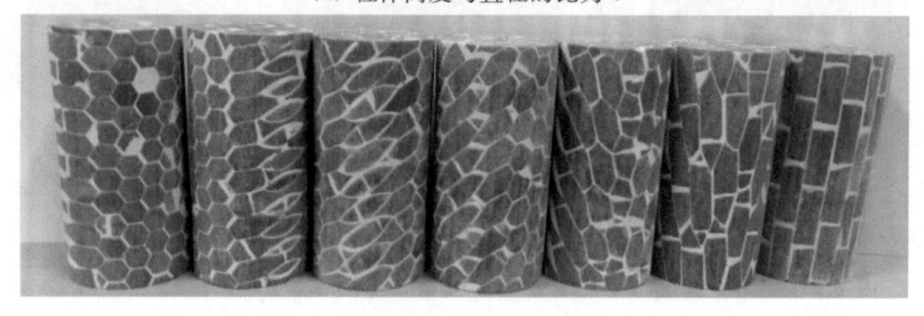

(c) 柱体高度与直径的比为 2.5

图 5.2.14　不同柱高的柱状节理岩体结构试样

图 5.2.15 为不同柱高和不同节理倾角的柱状节理岩体结构试样的单轴压缩试验曲线，柱径比和节理倾角对柱状节理岩体模型强度和变形行为有显著影响。柱状节理岩体结构试样的轴向应力-应变力学行为大致分为三个典型阶段：下凹段、近线性变形段和非线性变形段。初始下凹阶段，应力水平较低，由于模型中存在裂纹，空隙和微裂隙被逐渐压缩；在近似线性变形阶段，主裂纹压缩后轴向应力增加，柱状节理岩体结构试样呈现近似线性的应力-应变曲线；在

非线性变形阶段，应力-应变曲线变得不稳定，表明在峰前或峰后段存在多峰现象。

在相同柱状节理倾角 β 下，当柱高为 100 mm 时其应力峰值明显高于当柱高为 25 mm 时，表明强度和变形模量随柱高减小呈降低趋势。同时，其柱状节理岩体结构试样的应力-应变曲线在破坏前具有多峰现象。当柱状节理岩体结构试样的节理倾角 β 不是 0°和 90°，应力-应变曲线在破坏之前是一条较平滑的应力-应变曲线，这是破坏机理与滑动破坏特性相结合的结果。当应力超过节理间的剪切强度时，结构试样将会沿节理间开始滑动，当滑动受阻时会发生应力调整。因此应力-应变曲线显示多峰现象。

不同节理方向和柱高的柱状节理岩体结构试样的变形模量(E_β)如图 5.2.16 所示。显然，变形模量(E_β)随节理方向变化而变化，随角度增加呈现 U 形变化。对相同柱高的模型，节理倾角 $\beta=90°$试样的变形模量(β)值明显高于其他角度，说明柱状节理岩体变形模量具有较强的各向异性。

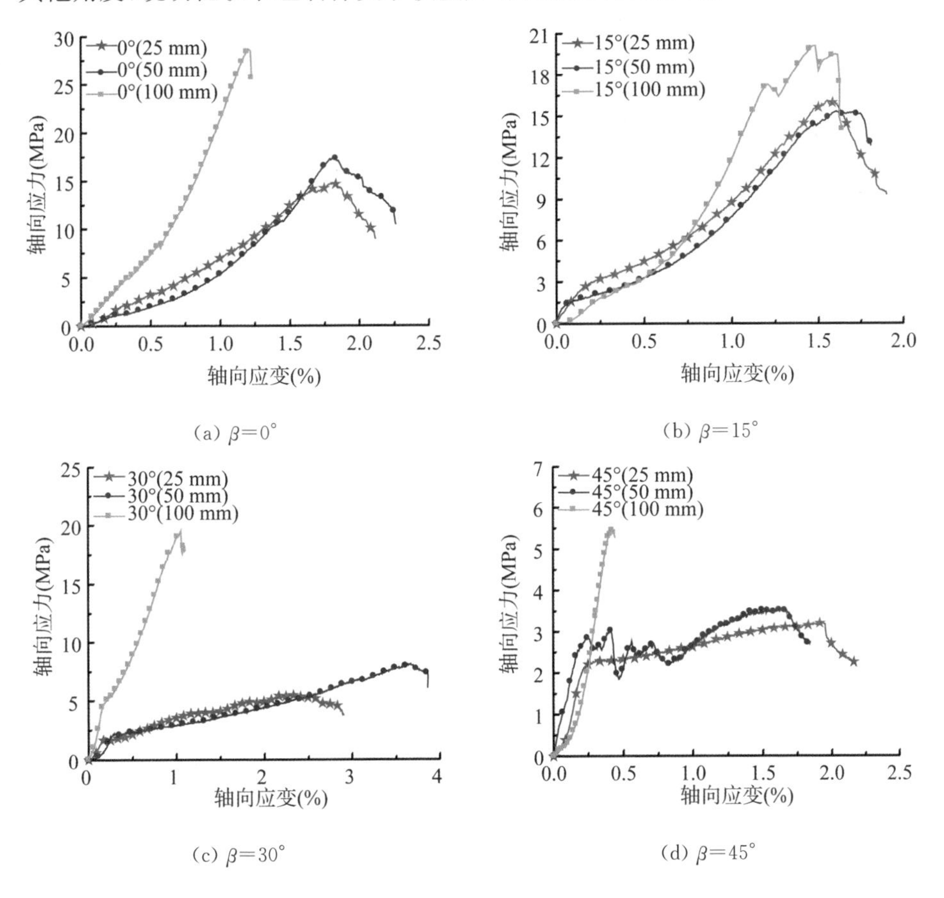

(a) $\beta=0°$

(b) $\beta=15°$

(c) $\beta=30°$

(d) $\beta=45°$

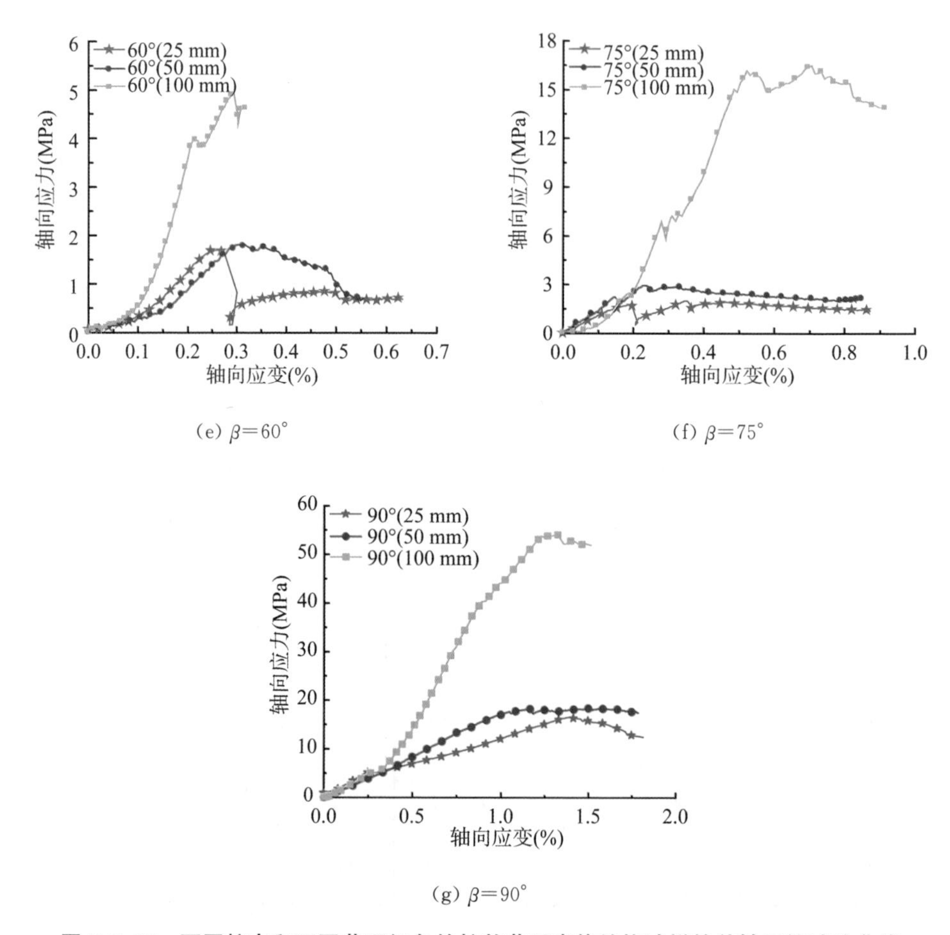

(e) $\beta=60°$

(f) $\beta=75°$

(g) $\beta=90°$

图 5.2.15　不同柱高和不同节理倾角的柱状节理岩体结构试样的单轴压缩试验曲线

采用变形模量各向异性比 $A_E=\dfrac{E_{90°}}{E_\beta}$ 来描述变形模量各向异性程度。如表5.2.5所示，当柱高为 100 mm 时，$E_{90°}/E_{0°}$ 值为 2.46，当柱高为 50 mm 和 25 mm 时，A_E 分别为 1.47 和 1.26。随柱高降低，$E_{90°}/E_{0°}$ 的值逐渐减小。当柱状节理岩体内的柱高为 25 mm 时，其接近于 1。

变形模量的最小值是在 $\beta=30°$ 时取得。当柱高为 100 mm 时，变形模量各向异性比为 3.57，柱高为 50 mm 和 25 mm 时分别为 9.96 和 5.09。根据白鹤滩水电站现场承压板试验和超声波速度试验的结果，当节理倾角为 90°时比 0°的柱状节理岩体的变形模量要小。此现象可能是由于高径比小于 5∶1。因此可以推知不同柱径比对柱状节理岩体的变形模量具有较大的影响。

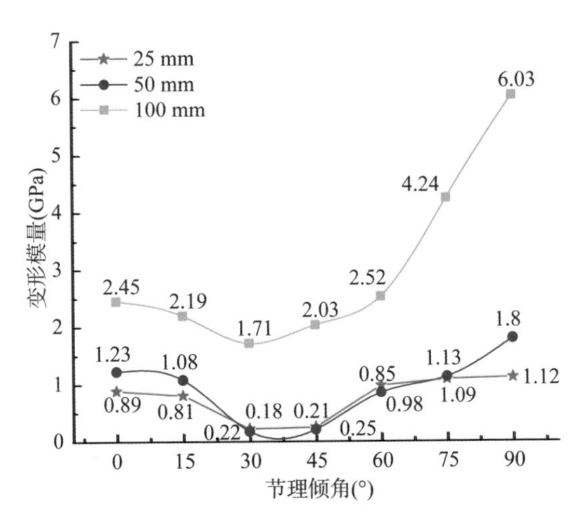

图 5.2.16　柱状节理结构试样的割线模量与节理倾角和柱高的关系曲线

表 5.2.5　基于试验与其他文献研究得到的柱状节理岩体结构试样的变形模量各向异性系数

柱体倾角 β(°)	各向异性参数 A_E		
	柱高 25 mm	柱高 50 mm	柱高 100 mm
0	1.26	1.47	2.46
15	1.38	1.68	2.78
30	5.09	9.96	3.57
45	4.48	8.64	3.03
60	1.14	2.12	2.38
75	1.027	1.59	1.43
90	1.00	1.00	1.00

不同倾角和不同柱高的柱状节理岩体强度的变化规律如图 5.2.17 所示，柱状节理岩体单轴抗压强度表现出典型的各向异性特性。用无量纲比参数 σ_{cr} 表征柱状节理对完整岩石的影响，为

$$\sigma_{cr}=\frac{\sigma_{cj}}{\sigma_{ci}} \tag{5.2.5}$$

式中：σ_{cj} 和 σ_{ci} 分别代表节理岩体和完整岩块的单轴抗压强度。

当节理倾角 β 为 90°，相同柱高的柱状节理岩体强度值比其他节理倾角大。当柱高为 100 mm 和节理倾角 β 为 90°时，柱状节理岩体强度为 54.32 MPa，接近于结构试样水泥砂浆单轴抗压强度 59.77 MPa，即单轴抗压强度比接近于

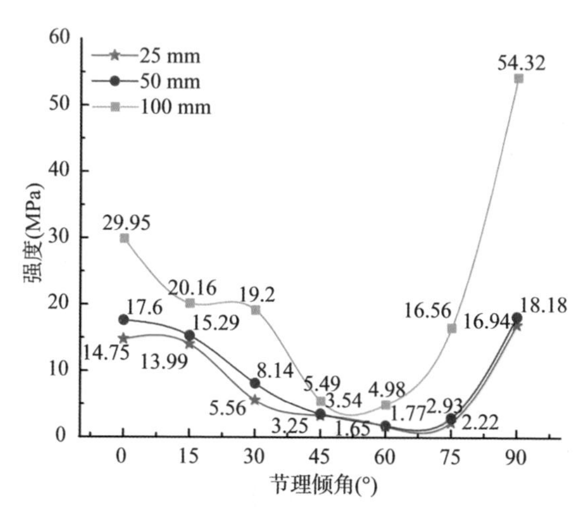

图 5.2.17 柱状节理岩体单轴抗压强度与柱高、节理倾角的关系曲线

1,表明只有纵向节理时,柱状节理岩体强度接近于水泥砂浆材料的强度。因此,当节理方向与加载方向平行时,节理特征对强度影响不大。当节理倾角 β 为 0°,柱高为 100 mm,即柱状节理的方向垂直于加载方向时,柱状节理岩体强度为 29.95 MPa,其单轴抗压强度比 σ_{cr} 约为 0.5。在 $\beta=15°$、30°和 75°时,强度保持在 16.56~20.16 MPa 之间,比率 σ_{cr} 的范围为 0.277~0.337。在 $\beta=45°$ 和 60°时,强度在 4.98~5.49 MPa 之间,比率 σ_{cr} 仅在 0.08 和 0.09 之间变化。

在柱高为 50 mm,节理倾角 β 为 90°时,柱状节理岩体强度为 18.18 MPa,因此该比率 σ_{cr} 约为 0.304。与柱高为 100 mm 的柱状节理结构试样相比,由于柱状节理岩体内部存在着垂直于横向节理,强度要小得多,主节理的方向平行于加载方向。在 $\beta=0°$时,其值约为 0.294。在 $\beta=60°$时,其值约为 0.03。

当柱高为 25 mm 时,相同节理倾角下的柱状节理岩体强度明显低于其他柱高。这是由于随柱高降低,柱状节理岩体内部的横向节理增加,强度就相对减少。当柱状节理岩体柱高分别为 25 mm、50 mm 和 100 mm,节理倾角 β 为 60°时,强度值为最小,由此表明柱状节理方向与加载方向之间的夹角为 60°时,折减岩体强度最大。

类似地,用比率 $A_S=\sigma_{c90°}/\sigma_{c\beta}$ 来描述强度各向异性的程度。当节理倾角 β 为 0°时,柱状节理岩体结构试样强度与 $\beta=90°$时相接近。如表 5.2.6 所示,在 100 mm 的柱高,最大值 A_S 为 10.91,而在当柱高为 50 mm 和 25 mm 时其值为 10.27。基于结构试样试验可以得出,基于本节理特征下柱状节理岩体模型的强度各向异性比接近于 10 的结论。Jin 等[2]和肖维民等[3]对不同的柱状节理岩体结构试样进行实验，得到的柱状节理岩体强度各向异性分别为 4.61 和 2.34。此现象可以从两个方面来解释：一方面，研究中采用的正六棱柱相对较大，结构试样的节理密度相对较小；另一方面，节理性能存在较大差异，即节理填充物的胶结强度避免了过大，接缝厚度较大，节理材料接近结构试样，故其整体性更好，其各向异性比较低。刘海宁等[4]通过三轴实验得到的柱状节理岩体结构试样强度各向异性为 1.37。由此可知，柱状节理岩体的强度各向异性不仅取决于节理性质，即节理形态、节理厚度、节理粗糙度，还取决于试样的大小和方法。随柱状节理岩体节理数增加，岩体质量和强度降低，降低柱径比会导致柱状节理岩体强度降低。

表 5.2.6　基于试验与相关文献的柱状节理岩体结构试样的强度各向异性比

节理倾角 β(°)	柱高(mm)					
	50	25	100			
			Jin(2015)	Ji(2017)	Xiao(2015)	Lin(2017)
0	1.03	1.15	1.00	1.81	2.08	4.08
15	1.19	1.21	1.11	2.70	3.31	—
30	2.27	3.05	1.24	2.83	3.11	19.21
45	5.26	5.21	1.46	9.89	4.61	6.20
60	10.27	10.27	2.34	10.91	3.79	5.26
75	6.25	7.63	2.00	3.28	2.86	4.63
90	1.00	1.00	1.00	1.00	1.00	1.00

从图 5.2.18 可以看出，随着柱高降低，试样强度和变形模量也开始不断变小，这是由于模型内部的横向节理不断增大，模型整体性不断下降，其力学参数也在不断下降。

在单轴压缩试验条件下，不同柱径比的柱状节理岩体结构试样的典型破坏模式如图 5.2.19 所示。柱高 25 mm、50 mm 和 100 mm 的结构试样有着相同破坏模式，表明柱状节理岩体结构试样在很大程度上取决于加载方向和节理法向之间的角度。从这些图片可以看出，正六边形柱状节理的分解和张开导致柱状节理岩体结构试样的最终破坏。总体而言，从图 5.2.19 上可以观察到这些破坏模式主要有：

破坏模式Ⅰ：沿柱轴向劈裂破坏。主要是沿近似垂直或竖直的柱状节理劈裂，棱柱体发生分解最终破坏。这种破坏模式主要发生在 β 为[75°,90°]和[0°,15°]时。

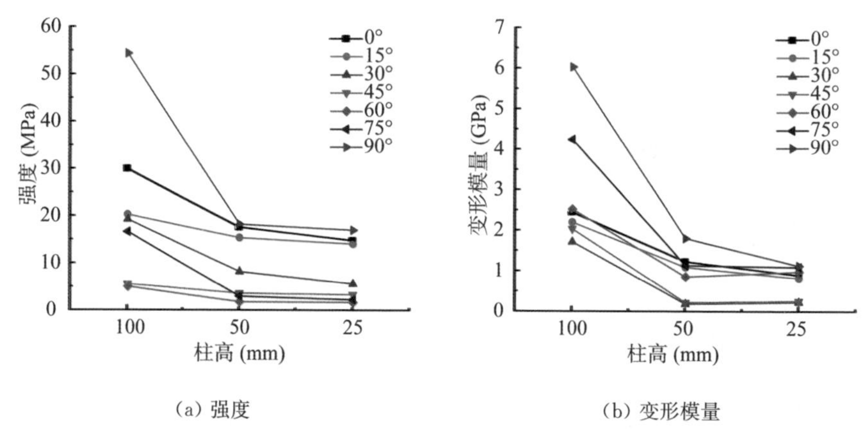

(a) 强度　　(b) 变形模量

图 5.2.18　柱状节理岩体强度和变形模量随模型柱高的变化规律

破坏模式Ⅱ:剪切滑移破坏。主要是沿柱状节理表面发生剪切滑动。所以破裂面主要沿柱状节理面。这种破坏模式主要发生在 β=30°、45°和 60°。

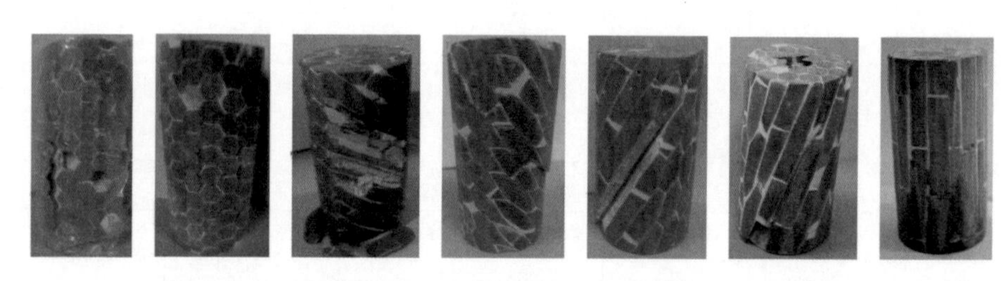

图 5.2.19　柱状节理岩体结构试样的单轴破坏模式(H=50 mm)

5.2.4　柱状节理岩体结构试样的单轴力学试验

柱状节理岩体结构试样单轴力学试验应力-应变曲线如图 5.2.20 所示，由于没有围压的约束，在试样的加载过程中，节理面滑移错动所导致的侧向变形比一般岩石大且超出环向应变计的量程，这在柱体轴线方向倾斜时尤为明显。为了避免损坏传感器，仅有柱体倾角 β=0°和 90°的试样安装了环向应变计并获得了侧向变形数据，柱体倾角 β=15°、30°、45°、60°和 75°的试样未安装环向应变计。总体而言，试样的应力-应变曲线可分为三个阶段:

(1) 初始的下凹曲线段:在这一阶段，施于试样上的应力水平较低，柱状节理岩体材料内部的孔隙和节理被逐渐压缩闭合，刚度逐渐提高，应力-应变曲线表现为下凹的曲线。

（2）线性变形阶段：在这一阶段，施于试样上应力处于中等水平，轴向应力为轴向应变的线性函数。当柱体倾角 $\beta=0°$、$90°$、$15°$和 $30°$时，试样的线弹性变性阶段较 $\beta=45°$、$60°$和 $75°$时明显。

（3）峰前和峰后的非线性变形阶段：在这一阶段，施加的应力水平较高，试样发生明显的塑性不可逆变形，强度和刚度随变形发生较大的衰减。应力-应变曲线不稳定而起伏波动，意味着试样的破裂面发生了不稳定扩展。最终，轴向应力迅速跌落，试样发生明显的脆性破坏。

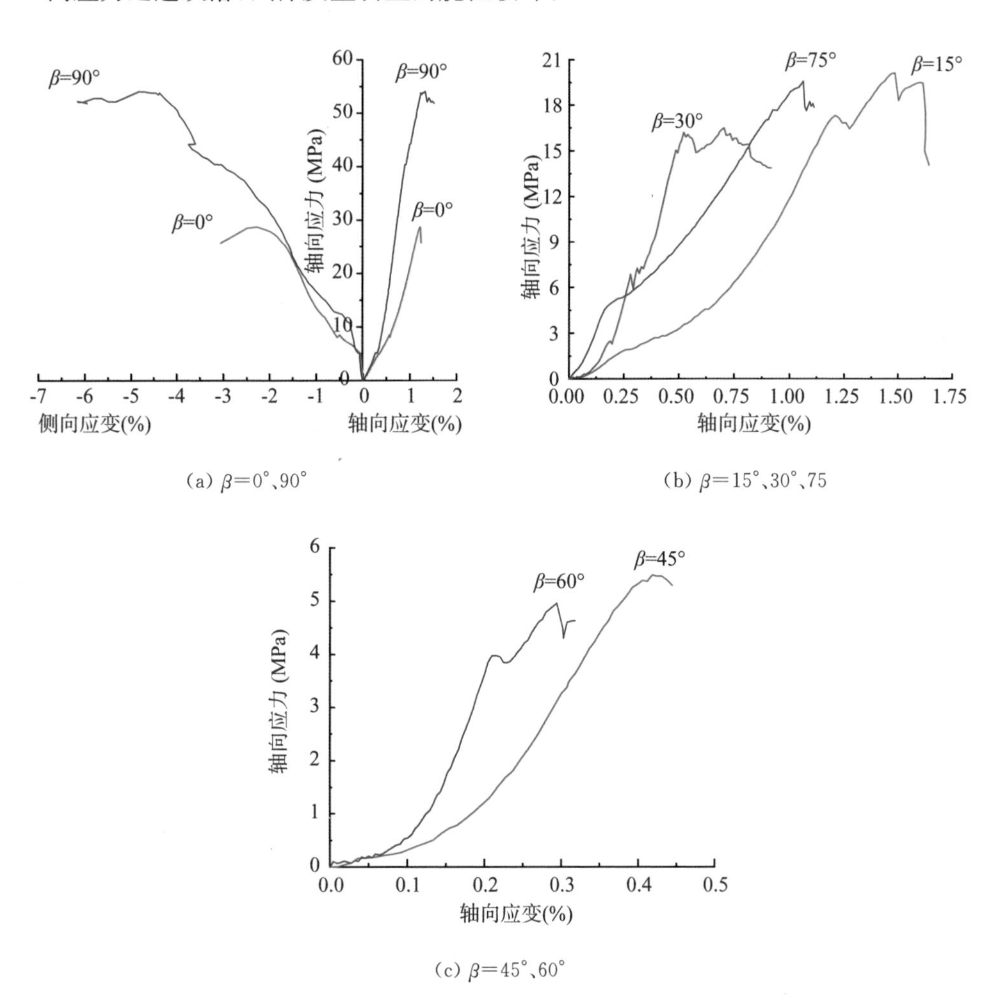

(a) $\beta=0°$、$90°$

(b) $\beta=15°$、$30°$、75

(c) $\beta=45°$、$60°$

图 5.2.20 单轴力学试验应力-应变曲线

柱状节理岩体的应力-应变曲线具有明显的非线性特性，总体上，加载方向（柱体倾角）对应力-应变曲线形态影响显著。当柱体倾角较平缓时，比如 $\beta=0°$、15°和 30°，节理更容易被压密，此时仅有较少部分涉及滑动；当柱体倾斜时，如 $\beta=45°$、60°和 75°时，柱状节理的剪切滑移对岩样整体变形规律产生较大影响；当 β 较大时，如 $\beta=90°$时，水泥砂浆柱体承担轴向应力。此时，当柱体中初始的孔隙压缩密实之后，节理岩体整体上即表现出较好的力学性能。

柱状节理岩体单轴试验的相关物理力学参数如表 5.2.7 所示，由应力-应变曲线可得到试样的变形和强度参数。从上述分析可知曲线的阶段(1)和(3)表现出较大的非线性，而阶段(2)则为线性变形，因此，变形参数的计算可定义为近似线性段的切线模量。

表 5.2.7　柱状节理岩体结构试样几何与物理力学参数

柱体倾角 /°	质量 /g	直径 /mm	高度 /mm	密度 /(g/cm^3)	视弹性模量 /GPa	泊松比	单轴压缩强度/MPa
0	407.37	49.60	100.67	2.09	2.45	0.29	29.95
15	398.68	49.90	101.10	2.02	1.57		20.16
30	420.93	50.38	100.41	2.10	1.00		19.2
45	406.69	49.87	100.51	2.07	2.07		5.49
60	408.45	50.05	100.22	2.07	2.52		4.98
75	411.44	50.19	100.15	2.08	4.24		16.56
90	405.63	50.05	100.57	2.05	6.03	0.24	54.32

柱状节理岩体室内结构试样单轴压缩破坏模式如图 5.2.21 所示，随着柱体的偏转，岩体的破坏模式呈现出不同的性质。当柱体倾角 $\beta=0°$和 15°时，岩体主要沿轴向的节理面劈裂破坏，有少量的柱体被剪断；当柱体倾角 $\beta=30°$、45°和 60°时，岩体表现为沿节理面的剪切滑移破坏，其中柱体倾角为 30°的岩体破坏后沿一组贯通节理面滑移并伴随外部柱体的剥落；柱体倾角 $\beta=60°$和 75°的岩体沿着单一贯通节理面滑移破坏，外部柱体没有剥落；当柱体倾角 $\beta=75°$和 90°时，岩体呈现出另一种沿节理的劈裂破坏，有较多的柱体被剪断，尤其以 $\beta=90°$的最明显。

单轴压缩试验柱状节理岩体的破坏模式如图 5.2.21 所示，随着柱体倾角的变化，单轴试验的破坏模式可分为三类：

(1) 垂直于柱体轴线的劈裂破坏。当柱体倾角平缓时，比如 $\beta=0°$ 和 15°[见

图 5.2.21(a)、(b)],柱状节理岩体主要发生沿试样轴向的劈裂破坏。事实上,大多数各向异性岩石试样在低围压或单轴压缩情况下均表现为劈裂破坏,这是单轴压缩破坏的基本特性。这种破坏的情况和趋势在缓倾角柱状节理岩体中表现得尤为明显。当$\beta=0°$和15°时,柱状节理岩体主要沿两到三个竖直破裂面发生崩裂破坏。破裂面为张拉型裂缝,且仅有较少的位于破裂面附近的柱体发生断裂。

(2) 剪切滑移破坏。当柱体倾角为中等倾斜或倾斜较陡时,比如$\beta=30°$、45°和60°[见图 5.2.21(c)、(d)、(e)],沿倾斜柱状节理面发生的剪切滑移是最主要的结构破坏模式。对于陡倾角的情况,剪切应力在促使柱状节理岩体试样沿中部滑移破坏的过程中起到关键作用。当$\beta=30°$时,试样中部发育几条明显的剪切滑移破裂面,多数柱体表现出明显的剪切滑移松动,一些柱体从试样表面上剥落下来[见图 5.2.21(c)]。不同于$\beta=30°$试样出现的剪切滑移松动破坏,当$\beta=45°$和60°时,仅观察到单一的平直滑移破裂面[见图 5.2.21(d)、(e)],岩块未见裂纹,岩体整体的强度受节理面影响较大,这也与最小单轴抗压强度发生在45°~60°之间的规律相吻合。

(3) 沿柱体轴线的劈裂破坏。当柱体轴线与加载方向近似平行时,比如$\beta=75°$和90°,柱状节理岩体表现为另一类型的劈裂破坏。在这个倾角范围内,轴向应力使得柱状节理岩体发生沿近竖直或竖直多边形柱状节理面的劈裂破坏,导致柱体崩解。当$\beta=75°$时,一些在试样柱面位置的柱体因受到剪应力的影响而发生破坏,柱体之间的错动表明$\beta=75°$时柱体之间仍存在一定程度的剪切滑移[见图 5.2.21(f)]。$\beta=90°$时,柱状节理岩体仅表现为沿柱体轴线的劈裂破坏,在外围的柱体中部出现一些导致柱体断裂的横向裂隙,一般出现在试样的1/3至2/3高度位置。当竖直向柱状节理劈裂时,处于外围的柱体即成为类似压杆的结构,在中部发生失稳破坏。

(a) $\beta=0°$

(b) $\beta=15°$

(c) $\beta=30°$　　(d) $\beta=45°$

(e) $\beta=60°$

(f) $\beta=75°$　　(g) $\beta=90°$

图 5.2.21　柱状节理岩体试样单轴压缩破坏模式

5.3　柱状节理岩体试样渗流应力耦合力学试验

5.3.1　试验方案

试验前，对柱状节理岩体结构试样进行尺寸测量和称重，试验考虑不同柱体倾角的试样在不同围压、不同渗压作用下的渗流应力耦合力学特性，具体试验方案如表 5.3.1～表 5.3.7，试验所用柱状节理岩体结构试样如图 5.3.1 所示。

表 5.3.1　柱体倾角 $\beta=0°$ 三轴力学试验方案

编号	质量/g	直径/mm	高度/mm	围压/MPa	渗压/MPa
A1	404.41	49.83	100.69	4	1
A2	404.68	49.97	100.19	6	1
A3	403.07	49.69	100.12	8	1
A4	399.60	50.00	100.48	6	2
A5	399.31	50.01	100.39	6	3

表 5.3.2　柱体倾角 $\beta=15°$ 三轴力学试验方案

编号	质量/g	直径/mm	高度/mm	围压/MPa	渗压/MPa
B1	408.96	49.96	100.02	4	1
B2	410.51	49.91	100.63	6	1
B3	411.53	49.84	100.65	8	1
B4	414.97	50.09	100.68	6	2
B5	398.11	49.67	100.69	6	3

表 5.3.3　柱体倾角 $\beta=30°$ 三轴力学试验方案

编号	质量/g	直径/mm	高度/mm	围压/MPa	渗压/MPa
C1	419.32	50.12	100.41	4	1
C2	404.69	49.79	100.38	6	1
C3	420.47	49.92	100.60	8	1
C4	398.07	49.87	99.65	6	2
C5	399.24	49.98	99.91	6	3

表 5.3.4　柱体倾角 $\beta=45°$ 三轴力学试验方案

编号	质量/g	直径/mm	高度/mm	围压/MPa	渗压/MPa
D1	411.79	50.31	100.51	4	1
D2	410.26	50.05	100.30	6	1
D3	409.02	50.06	100.32	8	1
D4	393.27	49.99	99.54	6	2
D5	388.16	49.54	99.26	6	3

表 5.3.5 柱体倾角 $\beta=60^{\circ}$三轴力学试验方案

编号	质量/g	直径/mm	高度/mm	围压/MPa	渗压/MPa
E1	403.86	49.79	100.36	4	1
E2	407.22	50.09	100.17	6	1
E3	407.49	50.18	100.66	8	1
E4	400.78	49.87	100.16	6	2
E5	398.82	50.36	100.22	6	3

表 5.3.6 柱体倾角 $\beta=75^{\circ}$三轴力学试验方案

编号	质量/g	直径/mm	高度/mm	围压/MPa	渗压/MPa
F1	414.97	50.31	100.65	4	1
F2	418.65	50.08	100.41	6	1
F3	418.32	50.28	100.45	8	1
F4	419.53	50.33	100.33	6	2
F5	412.87	50.12	100.1	6	3

表 5.3.7 柱体倾角 $\beta=90^{\circ}$三轴力学试验方案

编号	质量/g	直径/mm	高度/mm	围压/MPa	渗压/MPa
G1	413.61	50.09	100.74	4	1
G2	406.77	50.08	100.34	6	1
G3	401.47	49.68	100.36	8	1
G4	407.48	50.36	100.09	6	2
G5	398.15	50.20	99.89	6	3

图 5.3.1 柱状节理岩体三轴力学试验结构试样

5.3.2 柱状节理岩体结构试样渗流应力耦合试验

为研究不同围压条件下柱状节理岩体的变形、强度和渗透特性,将柱体视为连续均匀介质,节理视为透水介质。试样的上、下渗透压力差分别为 1 MPa、2 MPa 和 3 MPa,出口水压力为 0 MPa,试验过程中计算机实时记录每一时刻试样的应力-应变以及通过试样的渗流量。不同倾角、围压和渗压组合下柱状节理岩体渗流作用下三轴压缩应力-应变曲线如图 5.3.2 所示,应力-应变曲线特征主要为:

(1) 如图 5.3.2(a)~(c)所示,柱体倾角 $\beta=0°\sim30°$ 的应力-应变曲线具有较明显的曲线下凹段,表明在三轴加载初期,岩体内的节理受到轴向荷载作用被压密,试样的表观弹性模量经历一个由小变大的过程。柱体倾角在 0°~30° 范围内的试样相对其他倾角试样在加载方向上具有更多的节理,因此在加载初期由柱状节理面压密而造成的不可恢复变形相对较大,从而其应力-应变曲线有较明显的下凹阶段。柱体倾角 90°的试样,柱状节理方向与加载方向平行,轴向加载过程中没有节理压密,因此其应力-应变曲线形状与完整试样一致。

(2) 柱体倾角 $\beta=45°\sim75°$ 的试样峰值强度相对较低,在短暂加载后便进入峰后阶段,在此阶段柱状节理岩体发生结构破坏,随后应力-应变曲线近似呈水平直线。结合试样的破坏模式不难发现:在峰后阶段,试样沿节理面剪坏,继

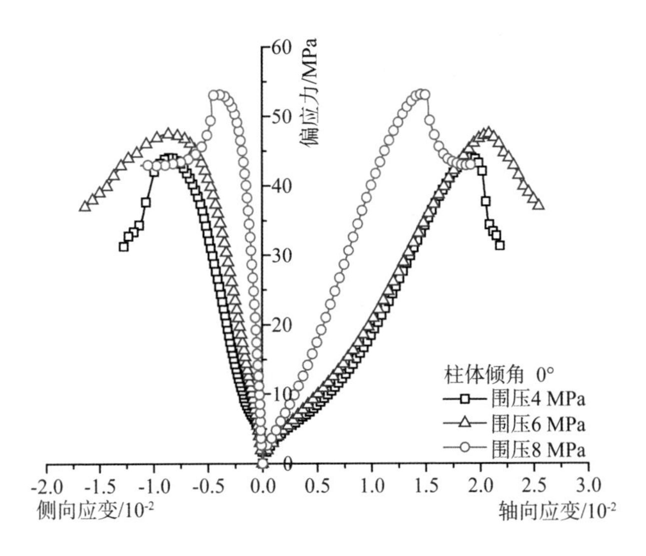

(a) 柱体倾角 $\beta=0°$,渗压 1 MPa,围压 4、6、8 MPa

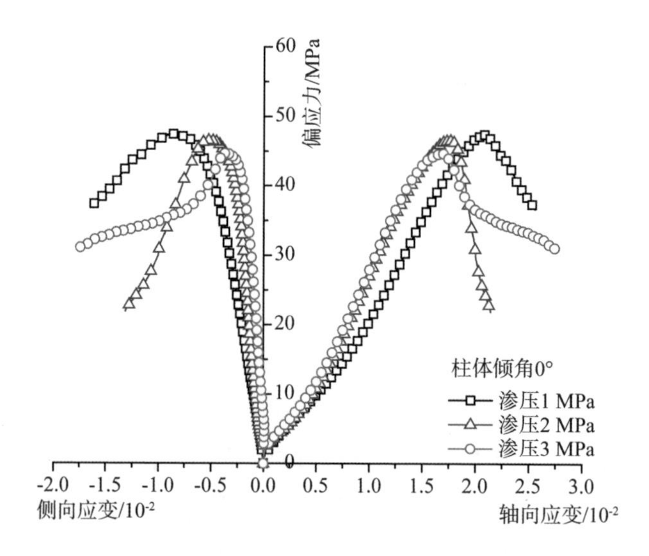

(b) 柱体倾角 $\beta=0°$,围压 6 MPa,渗压 1、2、3 MPa

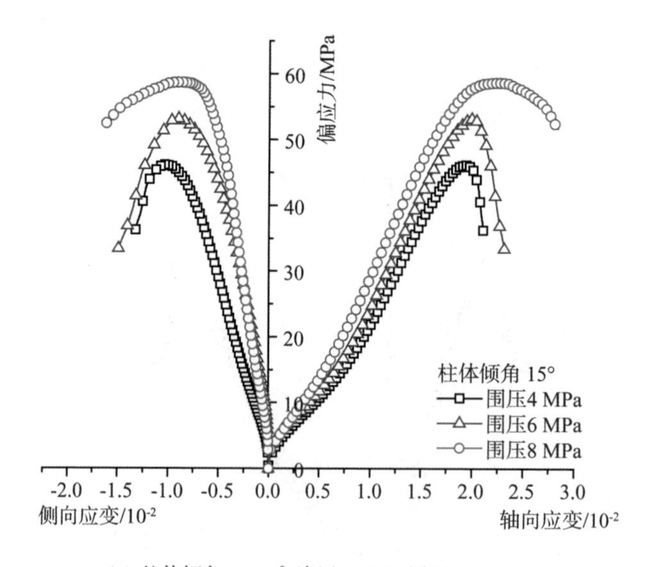

(c) 柱体倾角 $\beta=15°$,渗压 1 MPa,围压 4、6、8 MPa

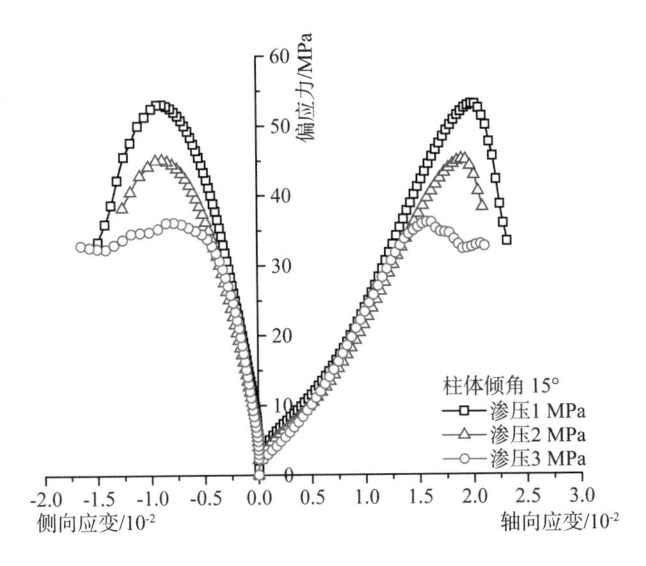

(d) 柱体倾角 $\beta=15°$,围压 6 MPa,渗压 1、2、3 MPa

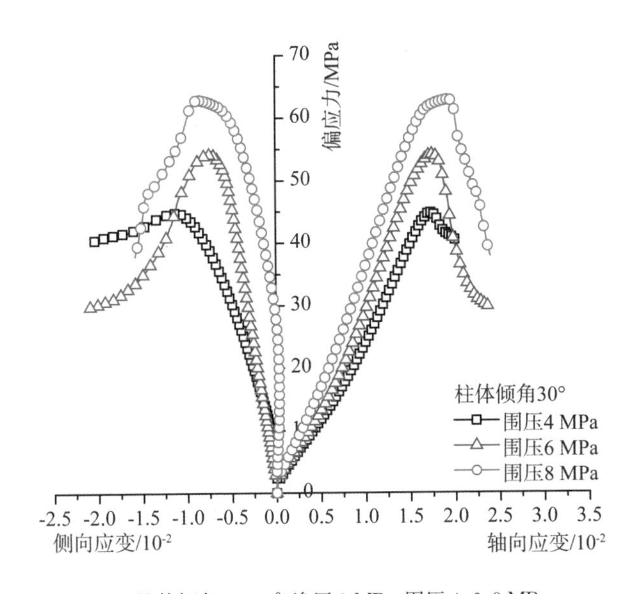

(e) 柱体倾角 $\beta=30°$,渗压 1 MPa,围压 4、6、8 MPa

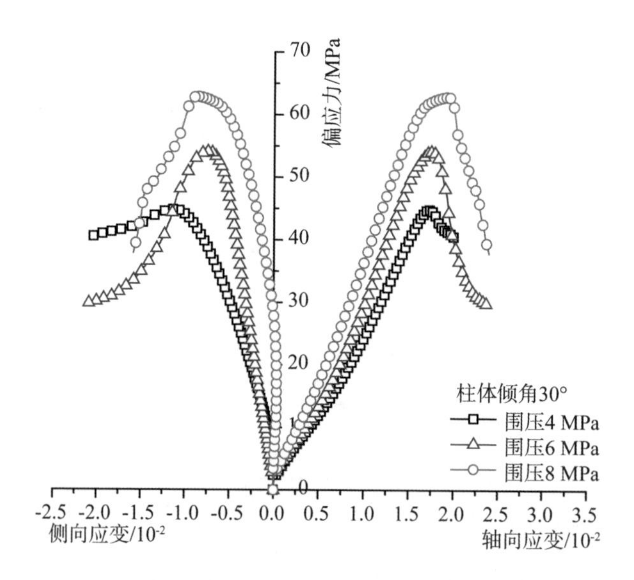

(f) 柱体倾角 $\beta=30°$，围压 6 MPa，渗压 1、2、3 MPa

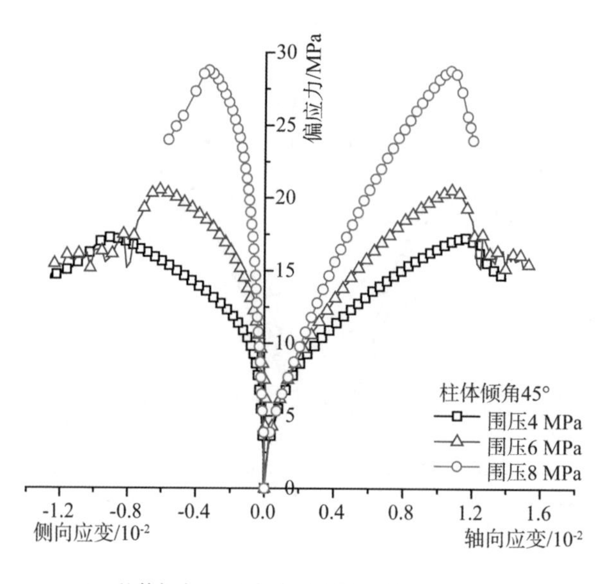

(g) 柱体倾角 $\beta=45°$，渗压 1 MPa，围压 4、6、8 MPa

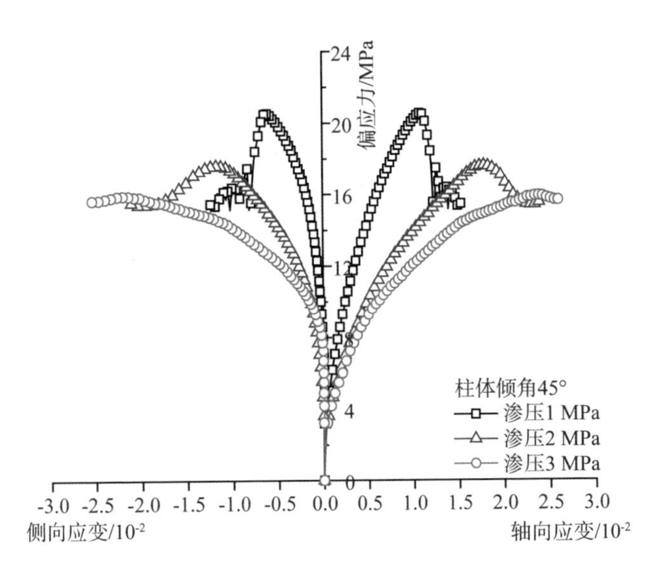

(h) 柱体倾角 $\beta=45°$，围压 6 MPa，渗压 1、2、3 MPa

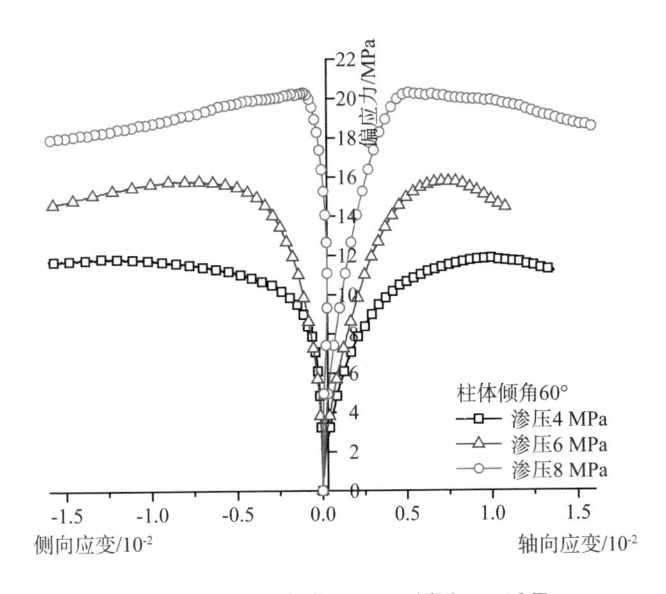

(i) 柱体倾角 $\beta=60°$，渗压 1 MPa，围压 4、6、8 MPa

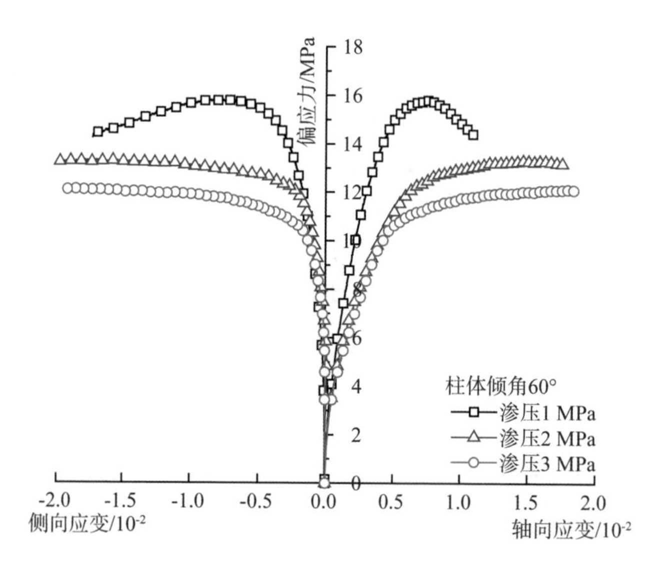

(j) 柱体倾角 $\beta=60°$,围压 6 MPa,渗压 1、2、3 MPa

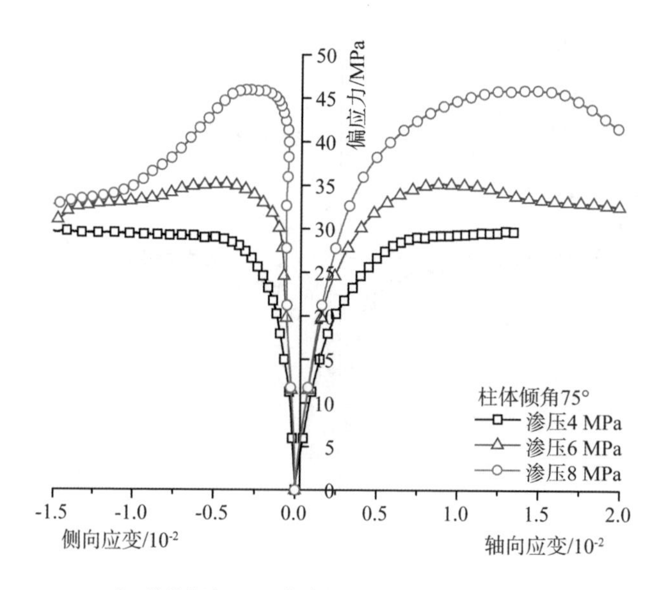

(k) 柱体倾角 $\beta=75°$,渗压 1 MPa,围压 4、6、8 MPa

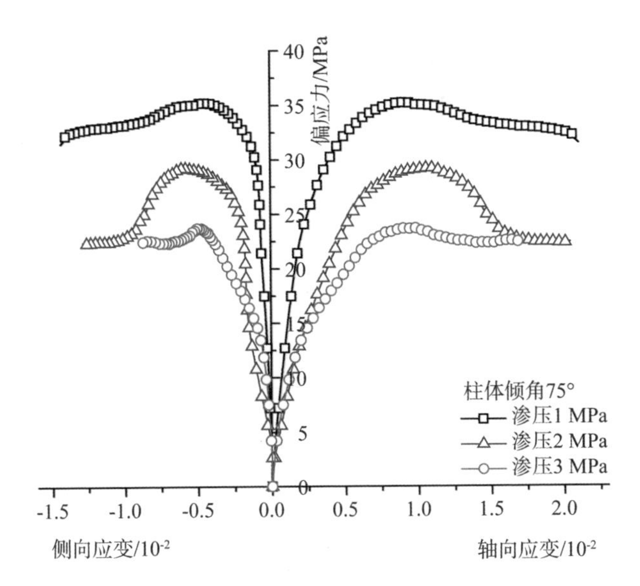

(l) 柱体倾角 $\beta=75°$,围压 6 MPa,渗压 1、2、3 MPa

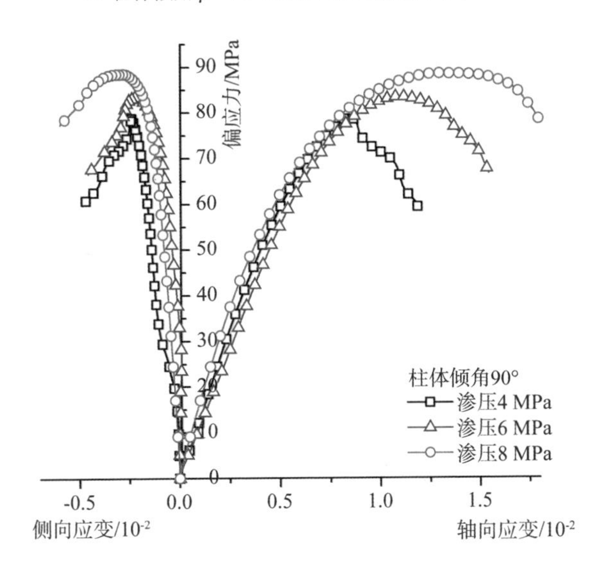

(m) 柱体倾角 $\beta=90°$,渗压 1 MPa,围压 4、6、8 MPa

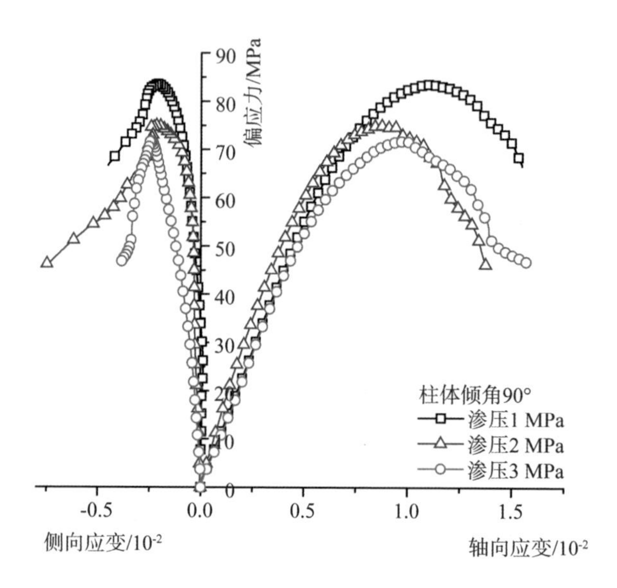

(n) 柱体倾角 $\beta=90°$,围压 6 MPa,渗压 1、2、3 MPa

图 5.3.2 柱状节理岩体结构试样三轴力学试验曲线

续对试样加载,试样则沿剪切破坏面滑移破坏,此时试样的峰后强度即为剪切破坏面的残余强度。

(3) 在相同渗压的情况下,围压升高,岩体的强度增大,轴向和环向变形减小,这与没有渗透压力的三轴力学试验结果相一致,渗透压力对岩体强度和变形特性的影响与围压的相反。由试验结果可知,高渗压作用下的柱状节理岩体在三轴力学试验中往往具有较低的强度值以及较大的变形量。对比不同柱体倾角的渗流应力耦合试验结果,这种渗透压力变化引起的岩体力学特性的改变在 $\beta=15°\sim75°$的情况下较 $\beta=0°$和 90°时更为明显。

5.3.3 破坏模式与破坏机理分析

柱状节理岩体渗流应力耦合三轴力学试验的破坏模式如表 5.3.8 所示,破坏主控因素如表 5.3.9 所示。总体上,岩体的破坏模式主要受柱体倾角控制,围压与渗压的变化对破坏模式的影响较小。随着柱体倾角 $\beta=0°$变化到 $\beta=90°$以及不同围压和渗压的组合,破坏模式可以分为两类:

(1) 剪切滑移破坏。当柱体倾角 $\beta=0°$、15°,以及 $\beta=30°$(围压 4 MPa、6 MPa、8 MPa,渗压 1 MPa)时,岩体的破坏由平行于柱体轴线方向柱体的剪切破坏和节理面的滑移破坏联合构成。破裂面经过柱体断裂面和节理面贯穿试样,起伏较大,因此破裂面一般较为粗糙，摩擦角较大。$\beta=90°$时，破坏模式为剪切滑移破坏，此时与$\beta=0°$、15°和30°不同的是，柱体剪切破坏的方向为垂直于柱体轴线方向，因此在试样中发生剪切破坏的柱体数量相对较多。柱状节理岩体在发生剪切滑移破坏时，由于柱体贡献了一部分承载能力，试样整体往往具有较大的峰值抗压强度。

（2）滑移破坏。柱体倾角$\beta=45°\sim75°$的柱状节理试样的破坏模式为滑移破坏，表现为平行于柱体轴线方向节理面滑移贯通从而导致试样整体失去承载能力。破裂面主要为单一滑移面，岩体滑移破坏后柱体保持完好。滑移破坏面的方向垂直于柱体法平面，因此滑移破坏面在沿柱体轴向的摩擦系数较小，而垂直于柱体轴向方向的滑移破裂面起伏角较大。在此类破坏模式下，由于破坏仅发生在节理面上，而节理面的抗剪强度比柱体的抗剪断强度小，因此岩体整体的抗压强度往往小于剪切滑移破坏的岩体。

表 5.3.8　柱状节理试样渗流应力耦合三轴压缩破坏模式

$\beta=0°$	$\beta=15°$	$\beta=30°$	$\beta=45°$	$\beta=60°$	$\beta=75°$	$\beta=90°$
围压 4 MPa　渗压 1 MPa						

围压 6 MPa　渗压 1 MPa						

续表

$\beta=0°$	$\beta=15°$	$\beta=30°$	$\beta=45°$	$\beta=60°$	$\beta=75°$	$\beta=90°$
围压 8 MPa　渗压 1 MPa						

$\beta=0°$	$\beta=15°$	$\beta=30°$	$\beta=45°$	$\beta=60°$	$\beta=75°$	$\beta=90°$
围压 6 MPa　渗压 2 MPa						

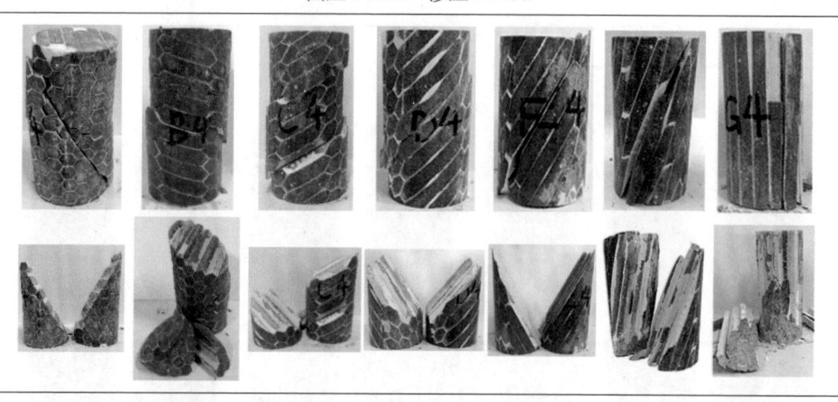

围压 6 MPa　渗压 3 MPa

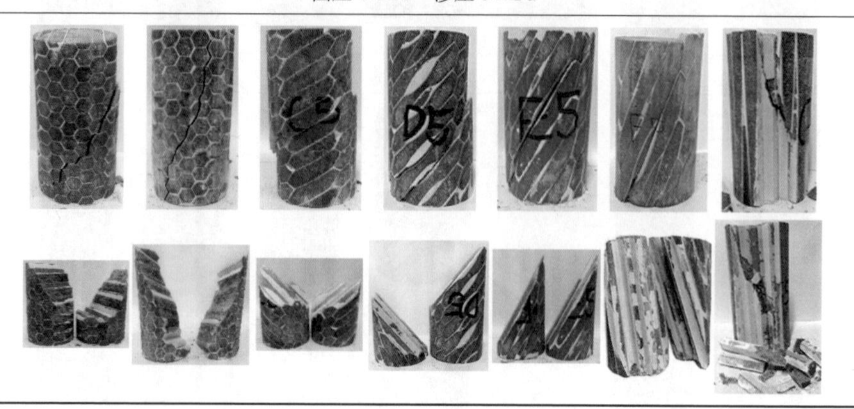

如表 5.3.9 所示，渗透压力升高对试样破坏模式的影响主要体现在柱体倾角 $\beta=30^{\circ}$的试样上，当渗压由 1 MPa 升高至 2 MPa 和 3 MPa 后，试样的破坏模式由剪切滑移破坏变为滑移破坏。从力学机理上分析，一方面岩体中渗流的作用减小了柱体材料内部的有效应力，减小了柱体的强度，岩体更容易发生剪切破坏；另一方面水流在裂隙间流动，水压力抵消了一部分裂隙面的法向应力，当渗透压力增大，裂隙面的法向压力则相应减小，岩体便更容易沿最不利节理面滑动破坏。

表 5.3.9　柱状节理岩体渗流应力耦合三轴压缩破坏模式及主要控制因素

<table>
<tr><th rowspan="2">σ_3,P(MPa)</th><th colspan="7">β°</th></tr>
<tr><th>0°</th><th>15°</th><th>30°</th><th>45°</th><th>60°</th><th>75°</th><th>90°</th></tr>
<tr><td>$\sigma_3=4,\ P=1$</td><td rowspan="5" colspan="2">剪切滑移
柱体+节理</td><td rowspan="3"></td><td rowspan="5" colspan="3">滑移
节理</td><td rowspan="5">剪切滑移
柱体+节理</td></tr>
<tr><td>$\sigma_3=6,\ P=1$</td></tr>
<tr><td>$\sigma_3=8,\ P=1$</td></tr>
<tr><td>$\sigma_3=6,\ P=2$</td><td rowspan="2"></td></tr>
<tr><td>$\sigma_3=6,\ P=3$</td></tr>
</table>

5.3.4　强度与变形各向异性分析

渗流应力耦合三轴力学试验柱状节理岩体的峰值强度随柱体倾角变化关系如图 5.3.3 所示。渗流作用下的三轴强度随柱体倾角变化曲线为中间低两边高，$\beta=60^{\circ}$与 90°时的强度分别为最小值与最大值。与不考虑渗流应力耦合的三轴力学试验结果相比，考虑渗流情况下的柱状节理岩体试样强度普遍减小，除了 $\beta=30^{\circ}$试样由于破坏模式不同，导致强度增大，曲线呈现出带肩膀的 V 形特征。由图 5.3.3(b)可知，围压相同时，渗流作用下的柱状节理岩体三轴压缩强度与不考虑渗流作用下的强度有所减小，且随着渗透压力的增大，强度减小的程度越明显。

围压和渗压变化对柱状节理岩体强度各向异性的影响如图 5.3.4 所示。在渗透压力作用下，岩石内部空隙压力增大，节理面上的有效应力减小，岩块及节理面的强度被进一步弱化，柱状节理岩体更容易沿薄弱节理面滑移破坏。这种渗透压力作用对柱状节理岩体强度各向异性程度的影响如图 5.3.4 所示，随着渗透压力的升高，强度各向异性比随之增大。与渗透压力相反，在高围压作用下，岩体内部节理面被压密，节理抗滑强度相应被提高，因此在最不利加载方向条件下，岩体的峰值抗压强度有所提高。如图 5.3.4 中黑色方块实线所示，在渗透压力为 1 MPa 下，随着围压的增大，柱状节理岩体的强度各向异性程度逐渐减小，与不考虑渗流作用相比(见图 5.3.4 中虚线)，在 1 MPa 渗压作用下岩体强度各向异性程度较大，而这种差异随着围压的增大而逐渐减小。通过最小二乘拟合，在渗压 1 MPa 下，强度各向异性比 A_σ 与围压 σ_3 存在指数关系式(5.3.1)，在围压 6 MPa 下，A_σ 的倒数与渗压 P 之间存在指数关系式(5.3.2)。

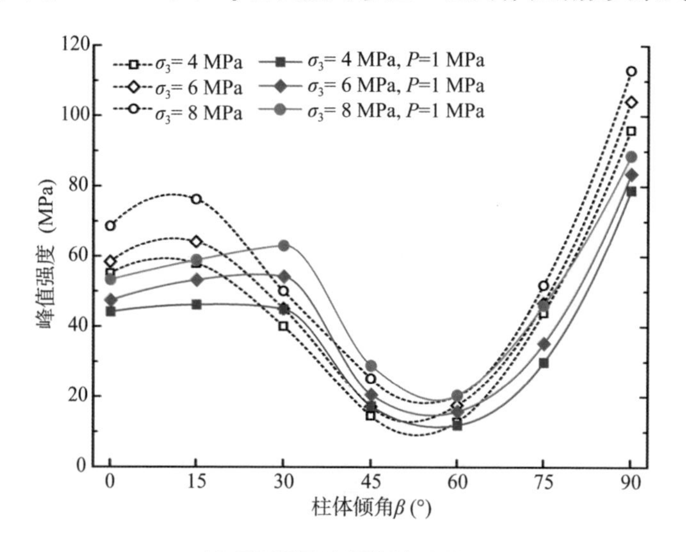

(a) 不同围压(相同渗压 1 MPa)

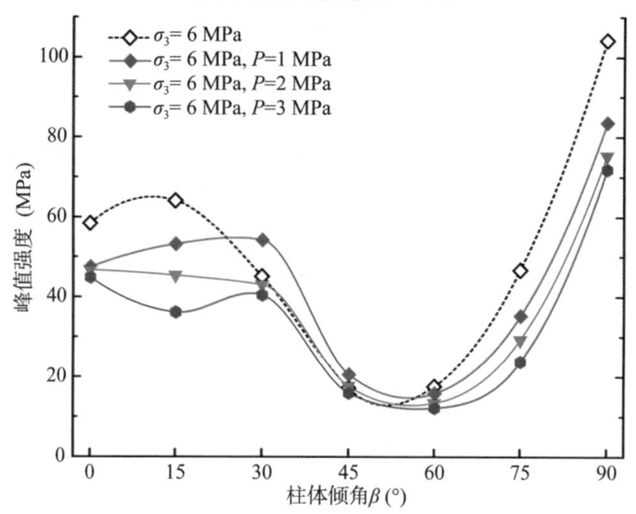

(b) 不同渗压(相同围压 6 MPa)

图 5.3.3 岩体强度随柱体倾角变化关系

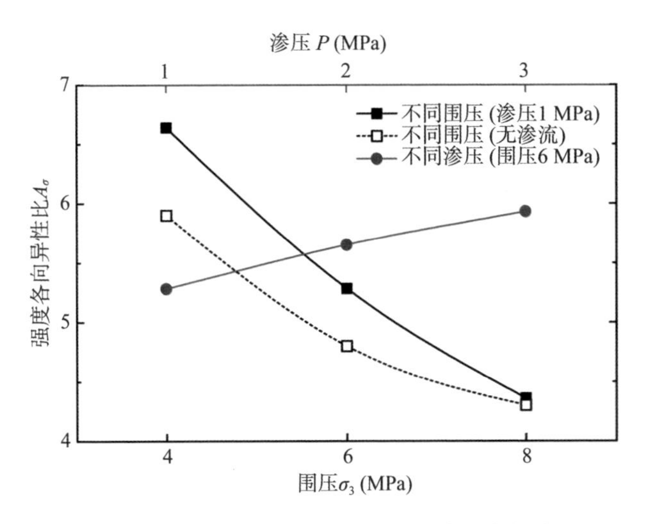

图 5.3.4　强度各向异性比与围压和渗压变化关系

$$A_\sigma = 9.16\exp(-0.192\sigma_3) + 2.39 \tag{5.3.1}$$

$$\frac{1}{A_\sigma} = 0.056\exp(-0.416P) + 0.152 \tag{5.3.2}$$

渗流作用下的柱状节理岩体表观弹性模量随柱体倾角变化关系如图 5.3.5 所示，由试验结果可以看出，弹性模量大小受柱体倾角影响较大，当柱体倾角 $\beta=0°$时，柱体轴线与加载方向垂直，节理数量较多且六棱柱之间镶嵌紧密。在应力-应变曲线的线弹性阶段，柱体与节理面在垂直于柱体轴线的平面内产生压缩变形。在 β 由 0°变化到 60°过程中，轴向压缩使节理沿柱体轴线方向剪切变形，从而增加了岩体宏观的变形能力，因此表观弹性模量相应减小，且在 $\beta=45°$左右存在最小值。在 β 由 60°变化到 90°的过程中，偏应力方向变形的节理数量减小，试样整体的变形量逐渐由节理与柱体变为柱体本身，因此岩体在压缩方向的表观弹性模量迅速增大，并在 $\beta=90°$时达到最大值。整体上，岩体的表观弹性模量随柱体倾角的变化规律与无渗流三轴力学试验结果相近。

在渗透压力 1 MPa 作用下，围压增大后，岩体内节理面的法向应力相应增大，节理被压密，岩体变形模量相应增大[见图 5.3.5(a)]。在围压保持不变，渗透压力由 0 增大到 3 MPa 过程中，渗流作用下的节理面有效应力减小，节理变形随之增大，岩体的表观弹性模量减小。

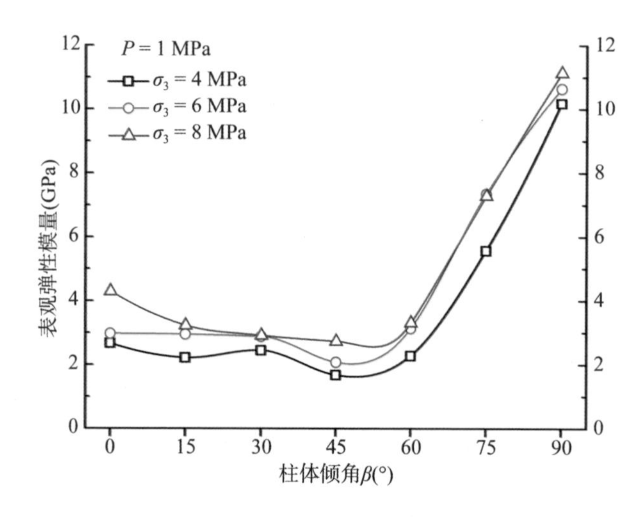

(a) 不同围压(渗压 1 MPa)

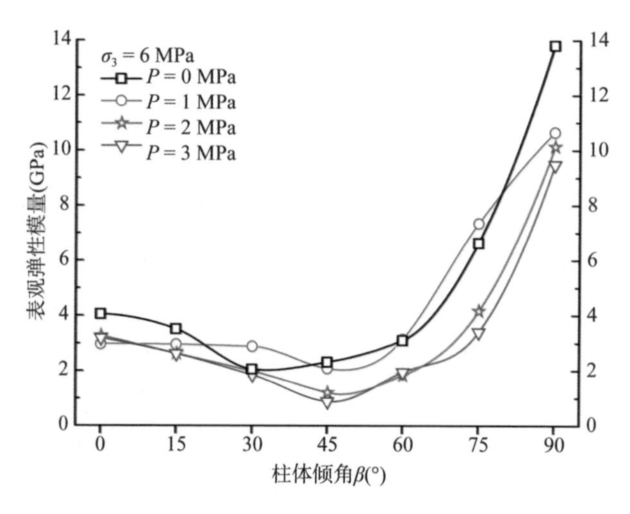

(b) 不同渗压(围压 6 MPa)

图 5.3.5 不同围压与渗压组合下表观弹性模量随柱体倾角变化

柱状节理岩体变形各向异性比 A_E 与围压 σ_3、渗压 P 的变化关系如图 5.3.6 所示。在没有渗流作用下(图 5.3.6 中虚线所示),围压的升高对岩体变形各向异性程度影响较小;在渗透压力 1 MPa 作用下,围压升高使岩体变形各向异性比略微减小;当围压为 6 MPa 不变,渗透压力由 1 MPa 增大至 3 MPa 将使岩体变形各向异性比增大,拟合可以得到其倒数与渗压之间有近似指数关系,见式(5.3.3)。由围压和渗透压力变化对柱状节理岩体的各向异性程度影响可知，强度各向异性对围压变化较敏感，而变形各向异性则对渗压变化较敏感。

$$\frac{1}{A_E}=0.336\exp(-1.054P)+0.077\ 6 \tag{5.3.3}$$

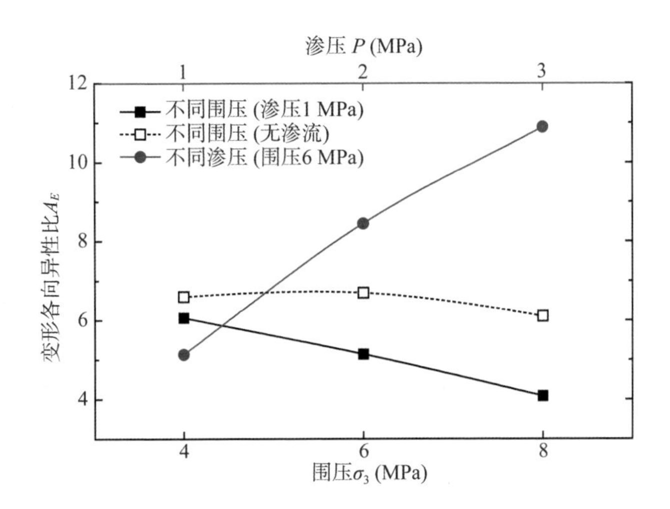

图 5.3.6　变形各向异性比随围压与渗压变化关系

5.3.5　柱状节理岩体结构试样渗透特性

不同围压与渗压组合下柱状节理岩体试样在三轴力学试验中渗流量、偏应力随轴向应变的变化关系如图 5.3.7 所示。随着变形的增加，试样内部原生的柱状节理被压密，新裂纹的萌生、扩展和贯通，柱状节理岩体的渗流量随轴向应变的增加而变化。由于原生柱状节理的存在，柱状节理岩体渗透率要高于完整岩石，且在考虑节理的方向性时，岩体的渗透特性规律也更为复杂。与单节理岩体的渗透规律相似，柱状节理岩体在轴向加载初期也存在渗流量减小阶段、渗流量增加阶段以及试样破坏后渗流量增大阶段。

试验中不同的围压条件对柱状节理岩体的渗流量的变化有显著的影响，在高围压作用下的岩体，其渗流量相对较小。以 0°的柱状节理试样为例，在 4 MPa、6 MPa 和 8 MPa 三种不同围压状态下（渗压均为 1 MPa），峰值渗流量分别为 0.044 mL/min、0.034 mL/min 和 0.017 mL/min。

试验中选取了 1 MPa、2 MPa 和 3 MPa 三种渗压状态，在较高渗透压力作用下，岩体内部节理面会张开，微裂隙扩展并贯通，其内部水流运动往往是非达西流，渗流流速与水力梯度之间将不再是线性关系，此时，柱状节理岩体试样渗流量较大，岩体强度较低。

由试验曲线图 5.3.7(a)～(n)可知，柱体倾角的变化对渗流量有较大影响。由于柱状节理在水流流动中提供了主要渗流通道，随着柱体倾角由 0°变化至 90°，试样的渗流量逐渐增大，当柱体倾角为 75°和 90°时，试样的渗流量要远大于其他倾角。在垂直于柱体方向上，节理面呈正六边形互相咬合，渗流路径较直线长，岩体渗透率较小，总体上，平行于柱体方向的渗透率大于垂直于柱体方向。由于柱状节理模型未考虑横向节理，柱体完整性较实际柱状节理玄武岩大，因此垂直于柱体方向的渗透率比实际偏小。特别地，当柱体较为破碎时，例如处于高地应力的岩体开挖卸荷后，柱体内部隐节理张开后岩体趋于破碎，垂直于柱体方向的渗透率则应相应增大。

柱状节理岩体作为一种裂隙岩体，其三轴压缩过程中的渗流量变化规律与裂隙面的分布与扩展相关。总体上，试样在偏压作用下首先经历一个节理压密阶段，根据立方定律可知隙宽减小会导致裂隙渗流量减小，且岩体渗流量曲线随轴向应变增大而减小。随着试样内部微裂纹的扩展和节理面的贯通，新的渗流通道形成，岩体渗流量增大，渗流量曲线上升，渗流量最大值在加载至应力的峰后阶段达到。

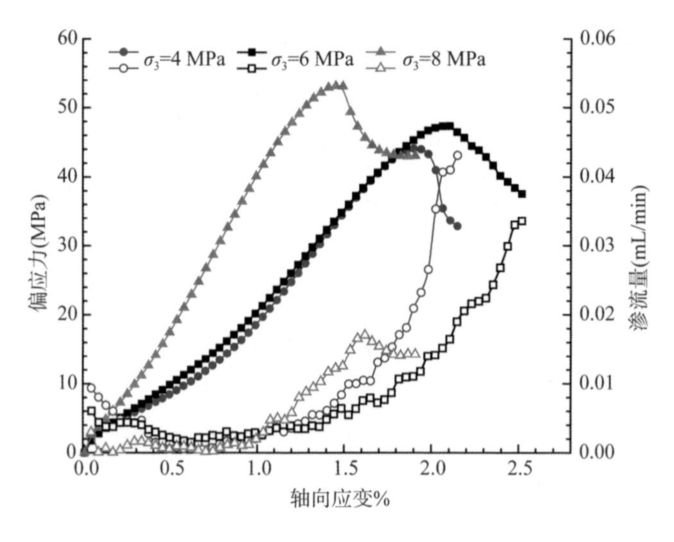

(a) 柱体倾角 0°，渗压 1 MPa，围压 4 MPa、6 MPa 和 8 MPa

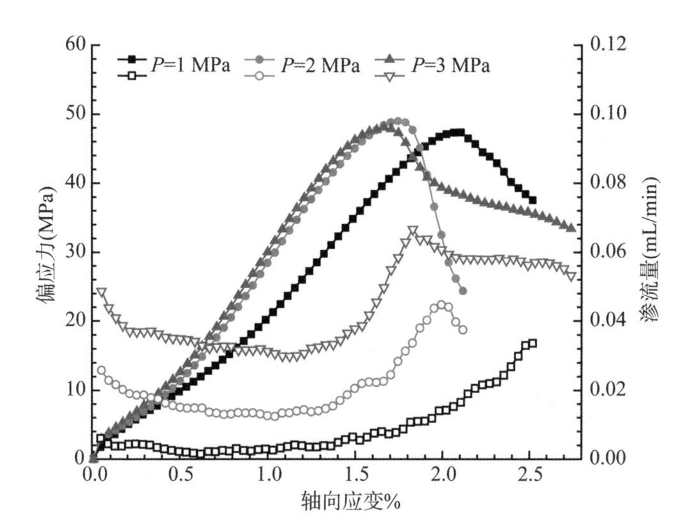

(b) 柱体倾角 0°,围压 6 MPa,渗压 1 MPa、2 MPa 和 3 MPa

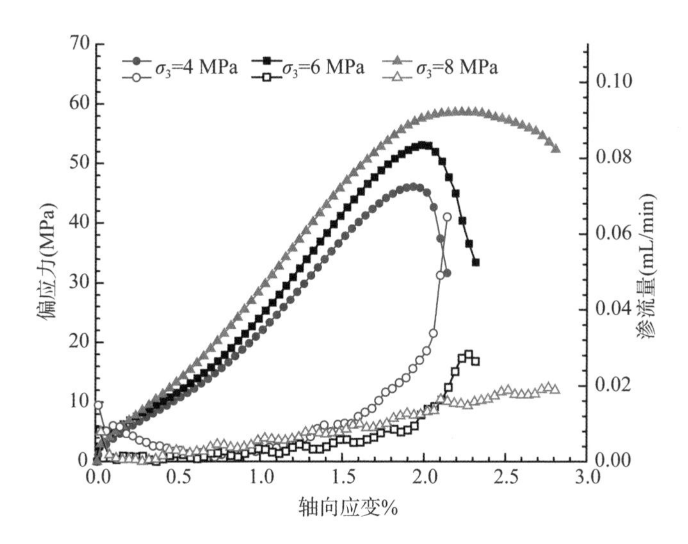

(c) 柱体倾角 15°,渗压 1 MPa,围压 4 MPa、6 MPa 和 8 MPa

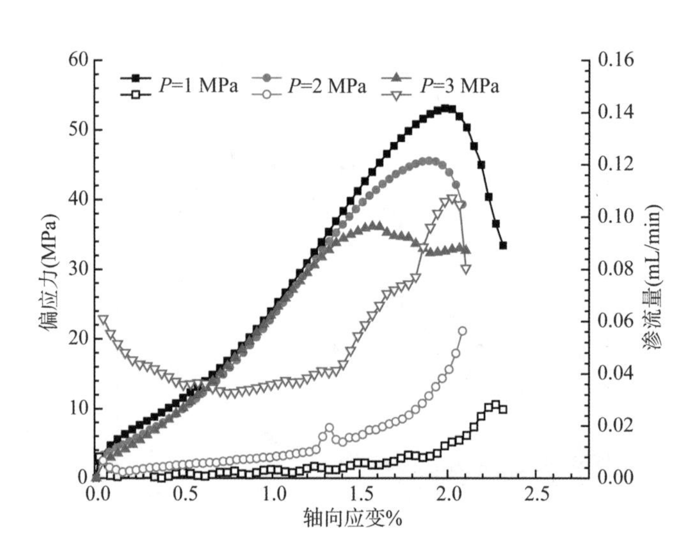

(d) 柱体倾角 15°,围压 6 MPa,渗压 1 MPa、2 MPa 和 3 MPa

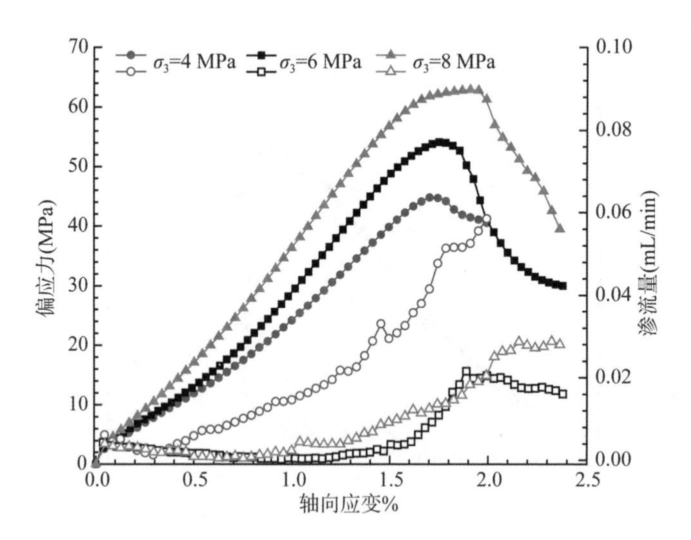

(e) 柱体倾角 30°,渗压 1 MPa,围压 4 MPa、6 MPa 和 8 MPa

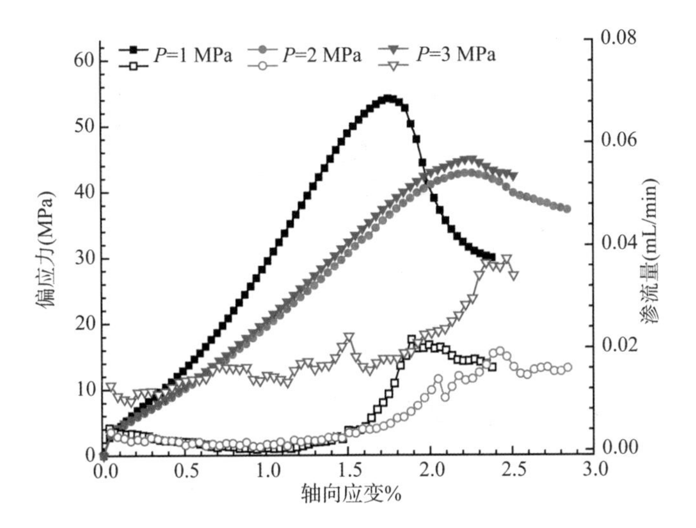

(f) 柱体倾角 30°,围压 6 MPa,渗压 1 MPa、2 MPa 和 3 MPa

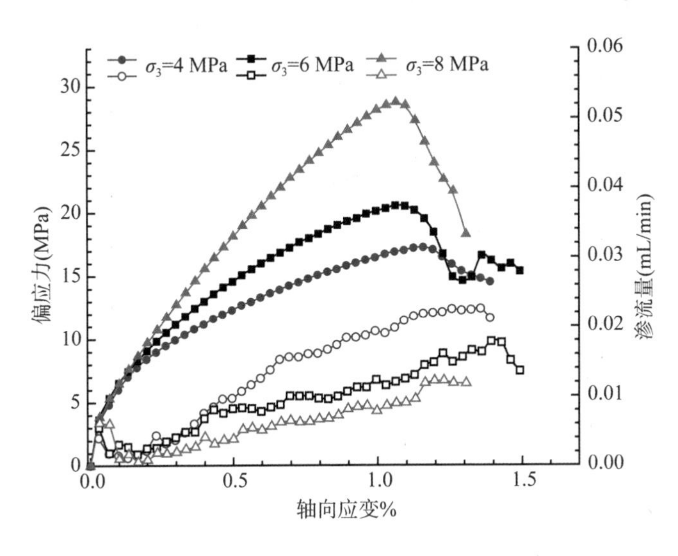

(g) 柱体倾角 45°,渗压 1 MPa,围压 4 MPa、6 MPa 和 8 MPa

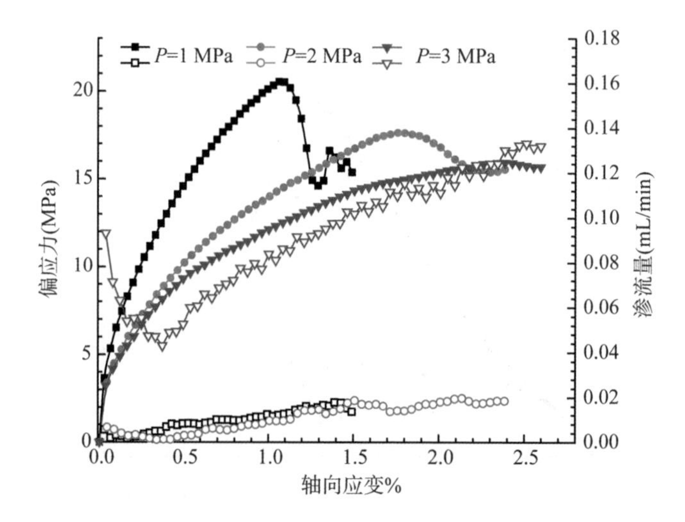

(h) 柱体倾角 45°,围压 6 MPa,渗压 1 MPa、2 MPa 和 3 MPa

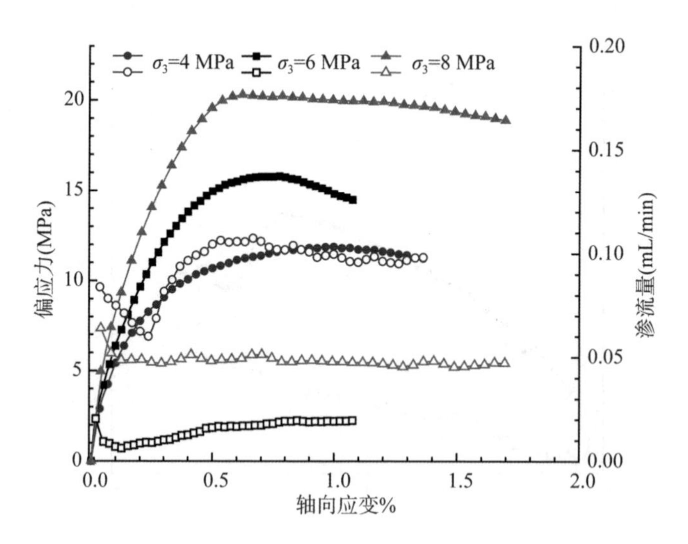

(i) 柱体倾角 60°,渗压 1 MPa,围压 4 MPa、6 MPa 和 8 MPa

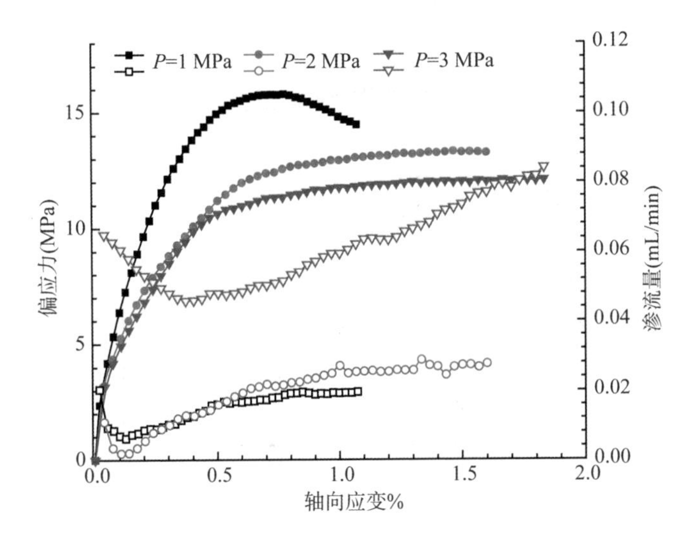

(j) 柱体倾角 60°,围压 6 MPa,渗压 1 MPa、2 MPa 和 3 MPa

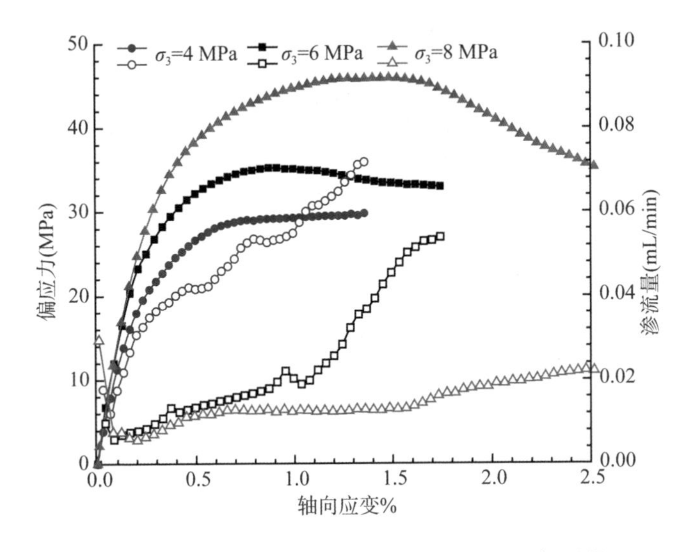

(k) 柱体倾角 75°,渗压 1 MPa,围压 4 MPa、6 MPa 和 8 MPa

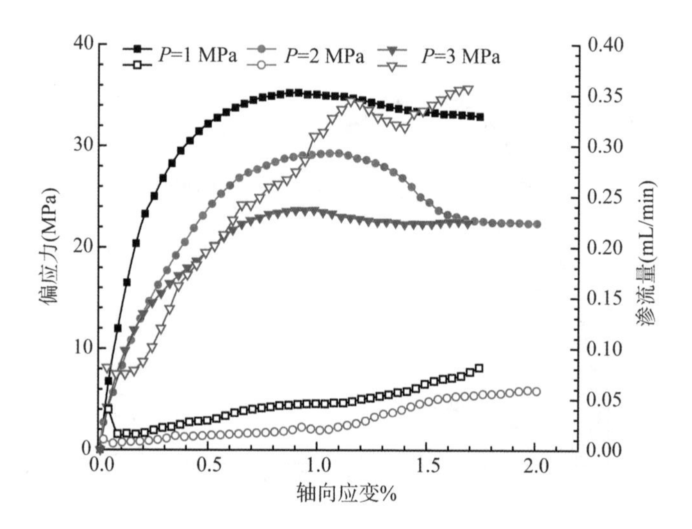

(l) 柱体倾角 75°,围压 6 MPa,渗压 1 MPa、2 MPa 和 3 MPa

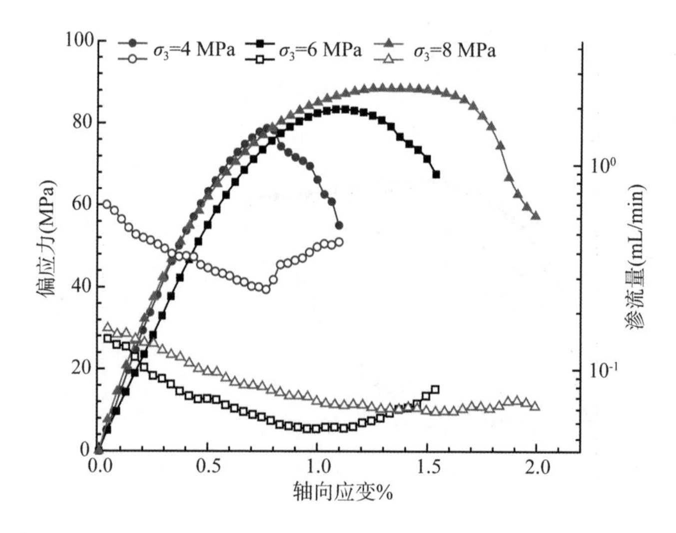

(m) 柱体倾角 90°,渗压 1 MPa,围压 4 MPa、6 MPa 和 8 MPa

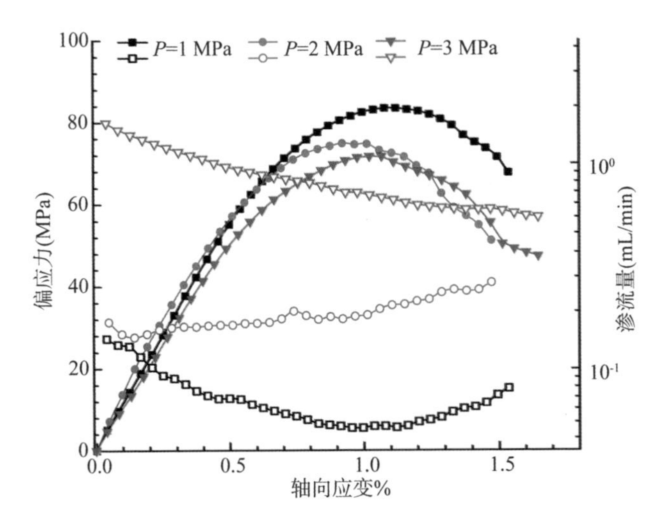

(n) 柱体倾角 90°,围压 6 MPa,渗压 1 MPa、2 MPa 和 3 MPa

图 5.3.7　三轴压缩偏应力-轴向应变与渗流量-轴向应变曲线

由前述研究结果可知,柱体倾角的变化不但会导致试样破坏模式的不同和应力-应变曲线的差异,也会影响岩体内的渗流路径分布。对于柱体倾角 $\beta=45°\sim75°$ 的试样,应力-应变曲线在经过峰值强度后并不像完整岩石一样进入软化阶段,而是表现为近似的水平直线,此时试样沿贯通的柱状节理面滑动,渗流量曲线在应力峰后持续增大[如图 5.3.8(a)所示]。

对于柱体倾角 $\beta=0°$ 和 15°的试样,应力在到达峰值强度后便逐渐减小,试样表现出应变软化特征,此时柱体内的裂纹与原生的柱状节理逐渐贯通。此类岩体的裂纹贯通出现在应力-应变曲线的峰后,此时渗流量达到最大值,随着加载的继续,裂纹逐渐压缩,从而使渗流量减小[如图 5.3.8(b)所示]。

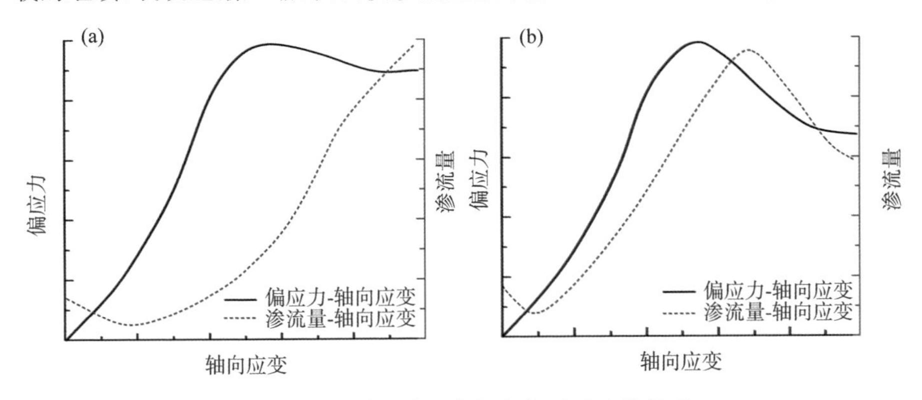

图 5.3.8　岩石渗透率与应力-应变变化关系

在荷载作用下，节理面受力后闭合和张开将引起柱状节理岩体宏观的体积收缩和膨胀，同时引起岩体渗流量的变化。柱状节理岩体偏应力与渗流量随体积应变的变化关系曲线如图 5.3.9～图 5.3.15 所示，曲线规律主要为：

（1）与完整岩石相类似，柱状节理岩体在三轴压缩过程中主要经历了体积的压缩和膨胀的过程。在轴向压力作用下，岩体内部节理面被压密，试样的轴向变形大于侧向膨胀，体积应变为正，岩体收缩。在这一阶段，岩体的渗流量随着节理面的闭合而逐渐减小，而柱体倾角越小，渗流量减少得越缓慢，例如倾角 0°～30°的试样，因为在轴压加载方向上，岩体节理密度相对较大，同时轴向荷载以恒定速率施加，所以节理面的压密过程较长，渗流量随试样压缩缓慢减小，这与应力-应变曲线的凹凸性规律相一致。柱体倾角 45°～90°的试样，轴向荷载方向的节理密度相对较小，荷载作用后节理面压密过程很快完成，渗流量迅速降低至最小值。

（2）体积应变达到最大时为岩体压缩与膨胀的拐点，此时岩体的体积达到最小值，由试验结果看出，岩体渗流量最小值位于体积应变的拐点附近，偏应力在体积应变拐点基本已达到试样的峰值强度，继续增加轴向荷载，柱状节理面剪切滑动膨胀，同时新生裂纹扩展贯通，岩体内部生成贯通裂纹，形成新的渗流通道从而使岩体的渗流量迅速增大，试样不断膨胀并进入峰后破坏阶段，渗流量在这一阶段达到最大。

（3）试验中除了柱体倾角 0°和 90°的柱状节理结构试样，其余试样的侧向变形均具有不均匀性，试验测试中仅由环向应变计获取了圆柱形试样中间部位的侧向变形量，因此可能导致个别试样体积应变数据存在误差，例如图 5.3.13 的 E3 试样，其体积应变-流量曲线在偏应力达到峰值时出现转折点，以及图 5.3.14 的 F5 试样的体积应变-流量曲线和体积应变-偏应力曲线呈现类似 S 形规律。

（4）体积应变较小的试样为柱体倾角 45°～75°的试样，这些试样在轴向荷载方向上的节理密度低，节理压密变形小，且柱体对承载力贡献小，节理面特性控制试样整体强度特性，轴向短暂加载后荷载便达到试样的峰值，因此体积压缩量较小。这类试样的破坏模式多为节理面的滑移破坏，应力达到峰值强度后试样便沿柱状节理面滑移错动，相对于体积压缩量来说，试样的体积膨胀较大。

（5）当柱状节理岩体试样在较高等级的围压作用下，节理越闭合岩体就越致密，岩体的初始和最终渗流量也相对较小。渗压越高岩体的渗流量也越大，但试验中相同围压下渗流量和渗压没有倍数关系，这可能由于裂隙中的渗流为非达西流或者试样制作上的差异所造成。

（6）对于柱体倾角为 90°的柱状节理试样，由于节理方向与轴压方向平行，体积压缩基本由柱体变形造成，所以在加载初期体积压缩对其渗流量影响较小。围压方向垂直于节理面，且渗透压力梯度沿着柱体节理方向，因此围压和渗压的不同对其渗流量的影响较其他加载方向大。

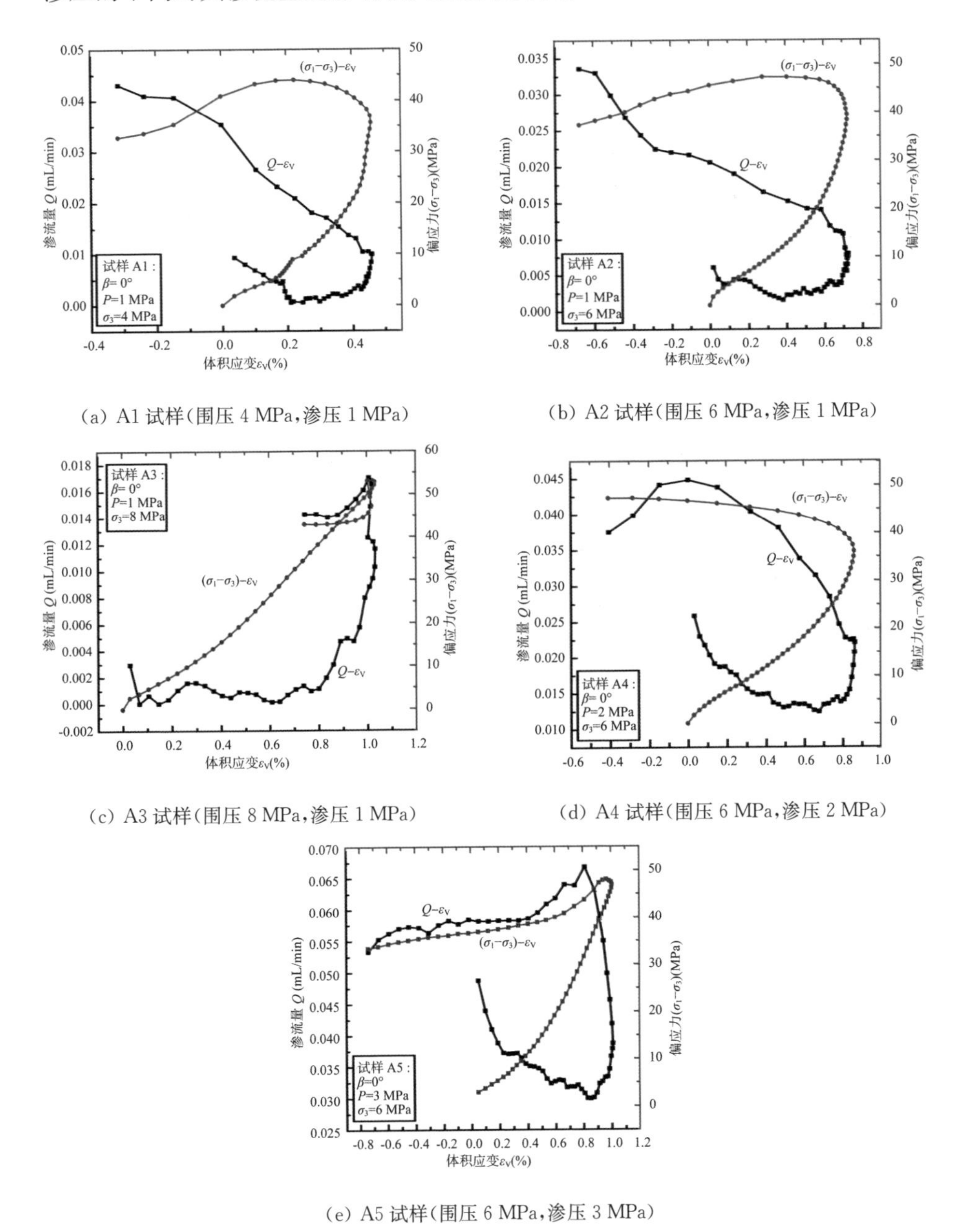

(a) A1 试样(围压 4 MPa，渗压 1 MPa)

(b) A2 试样(围压 6 MPa，渗压 1 MPa)

(c) A3 试样(围压 8 MPa，渗压 1 MPa)

(d) A4 试样(围压 6 MPa，渗压 2 MPa)

(e) A5 试样(围压 6 MPa，渗压 3 MPa)

图 5.3.9　柱体倾角为 0°时体积应变与渗流量和偏应力关系曲线

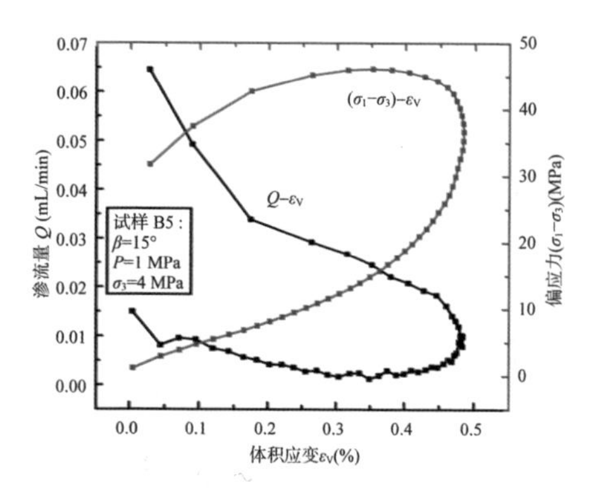

(a) B1 试样(围压 4 MPa,渗压 1 MPa

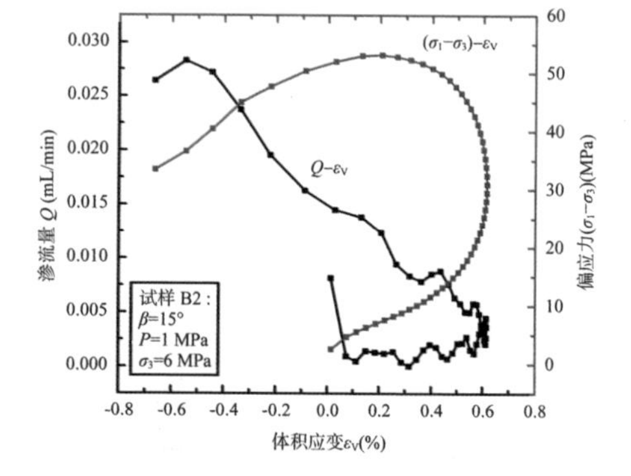

(b) B2 试样(围压 6 MPa,渗压 1 MPa)

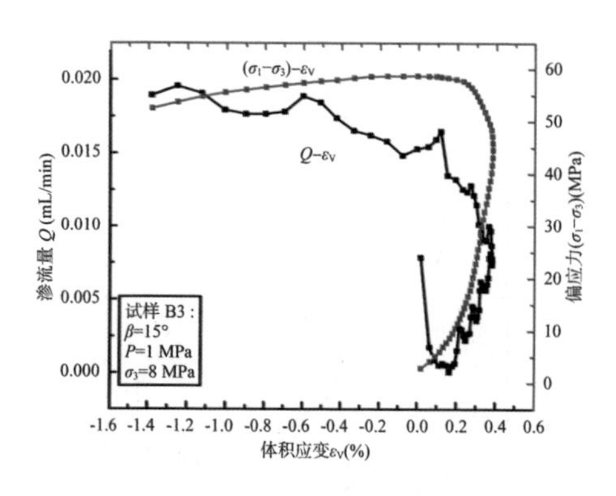

(c) B3 试样(围压 8 MPa,渗压 1 MPa)

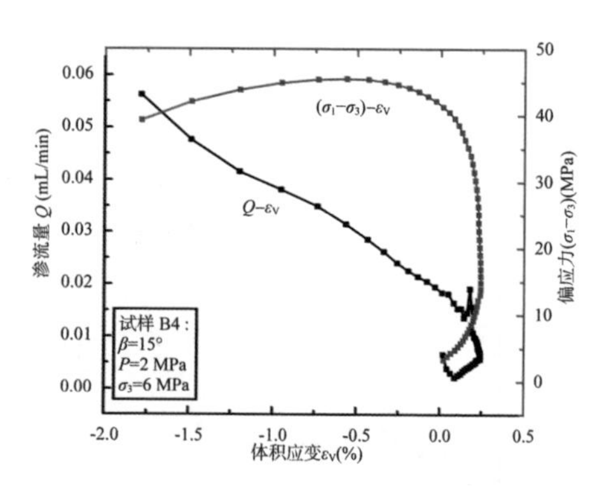

(d)B4 试样(围压 6 MPa,渗压 2 MPa)

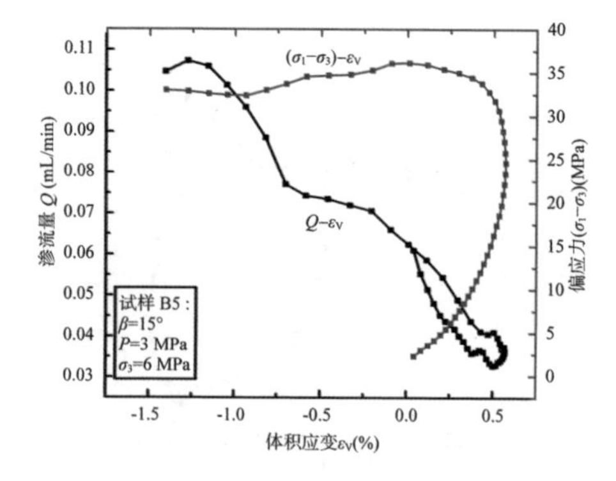

(e) B5 试样(围压 6 MPa,渗压 3 MPa)

图 5.3.10 柱体倾角为 15°时体积应变与渗流量和偏应力关系曲线

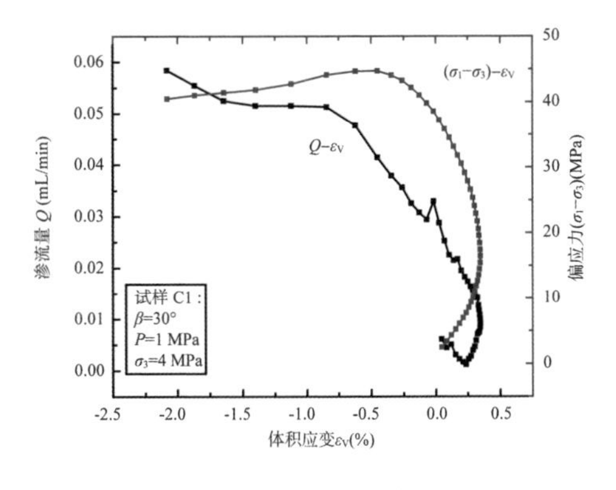

(a) C1 试样(围压 4 MPa,渗压 1 MPa)

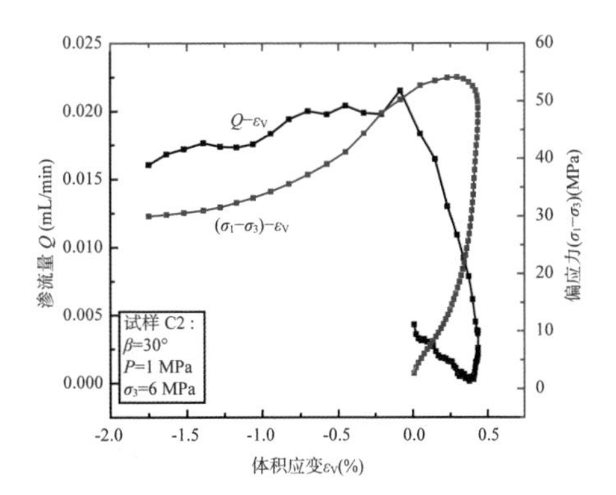

(b) C2 试样(围压 6 MPa,渗压 1 MPa)

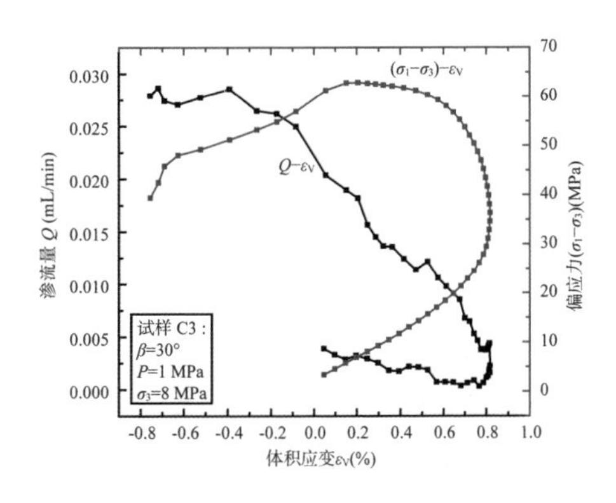

(c) C3 试样(围压 8 MPa,渗压 1 MPa)

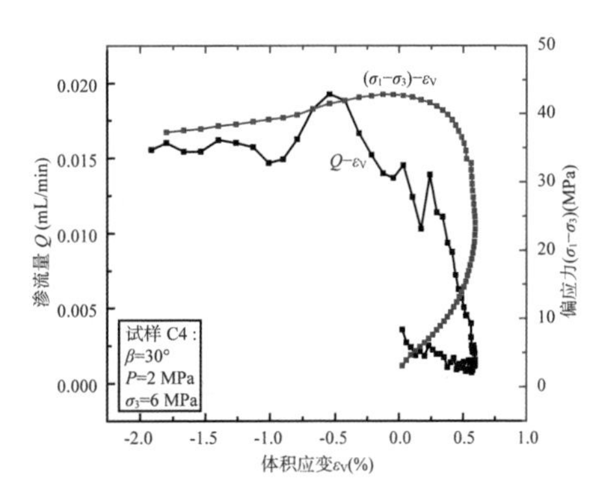

(d) C4 试样(围压 6 MPa,渗压 2 MPa)

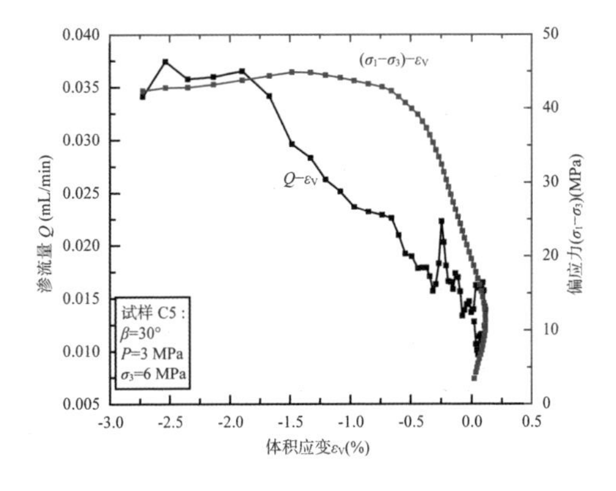

(e) C5 试样(围压 6 MPa,渗压 3 MPa)

图 5.3.11 柱体倾角为 30°时体积应变与渗流量和偏应力关系曲线

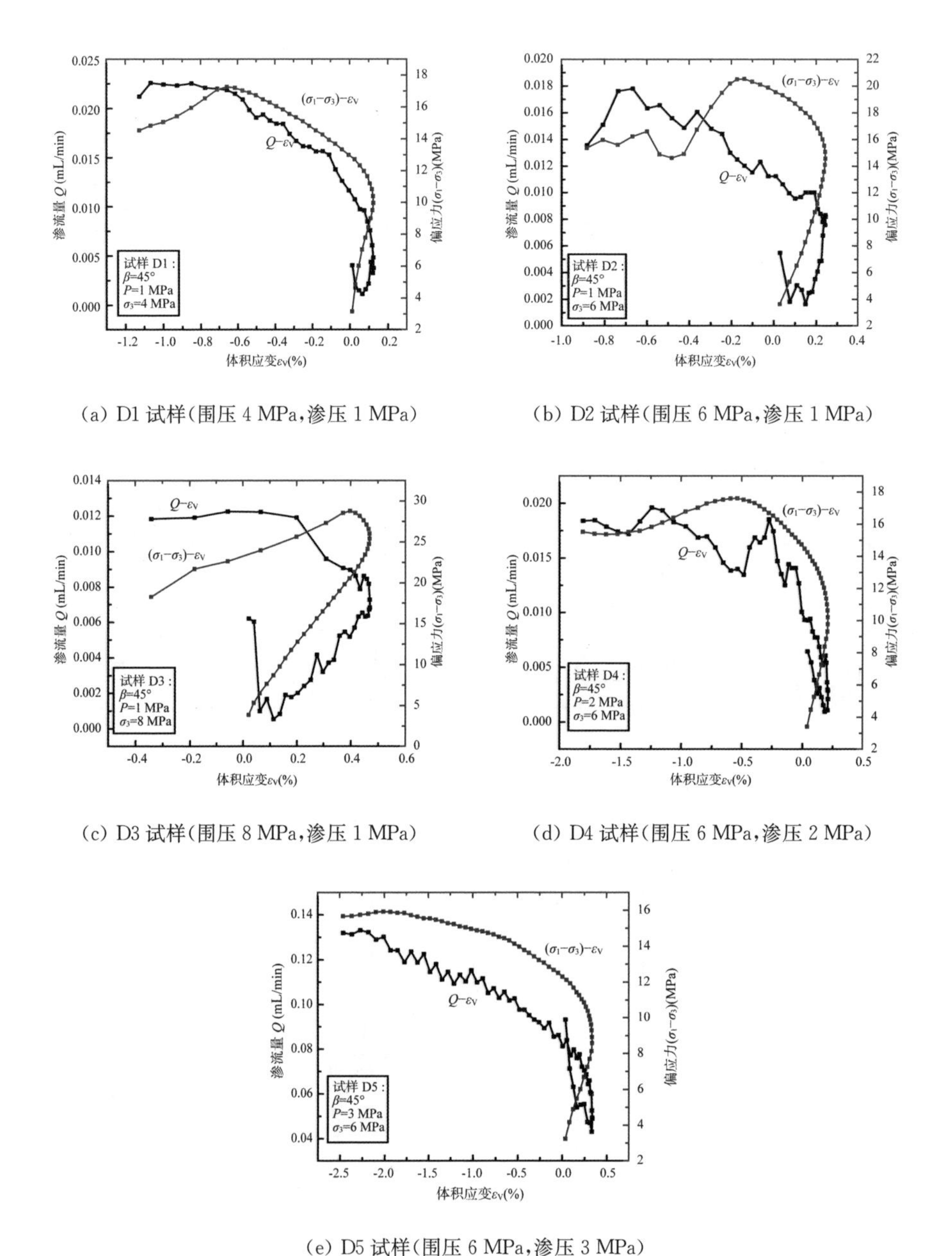

(a) D1 试样(围压 4 MPa,渗压 1 MPa)

(b) D2 试样(围压 6 MPa,渗压 1 MPa)

(c) D3 试样(围压 8 MPa,渗压 1 MPa)

(d) D4 试样(围压 6 MPa,渗压 2 MPa)

(e) D5 试样(围压 6 MPa,渗压 3 MPa)

图 5.3.12 柱体倾角为 45°时体积应变与渗流量和偏应力关系曲线

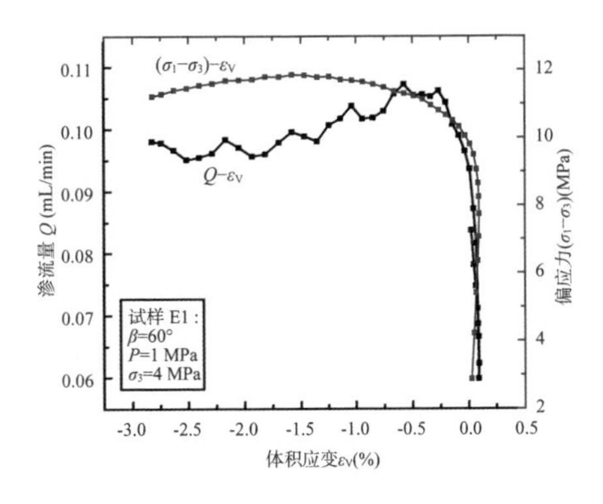

(a) E1 试样(围压 4 MPa，渗压 1 MPa)

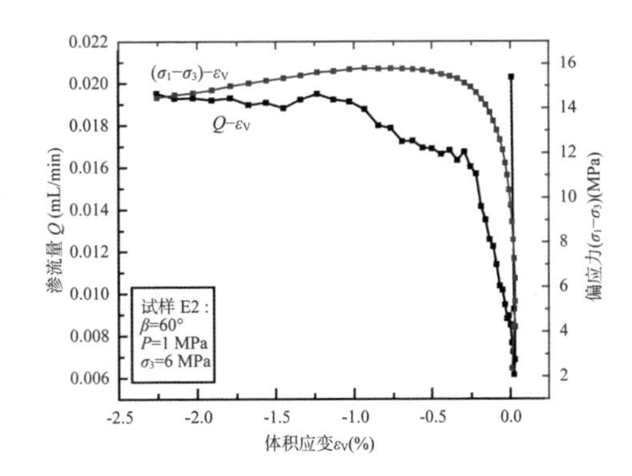

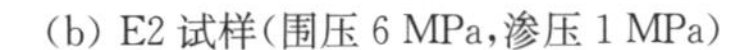

(b) E2 试样(围压 6 MPa，渗压 1 MPa)

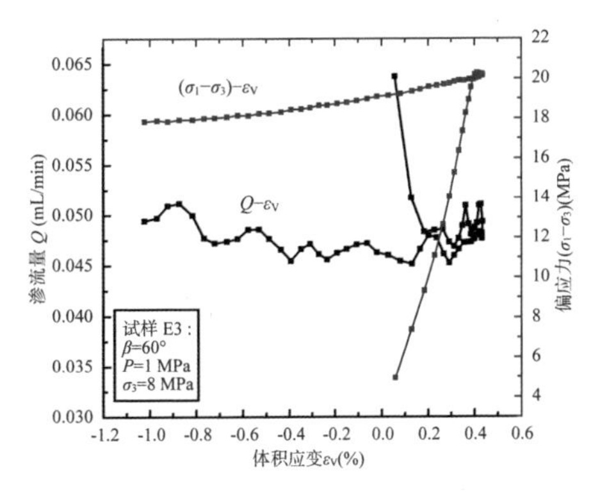

(c) E3 试样(围压 8 MPa，渗压 1 MPa)

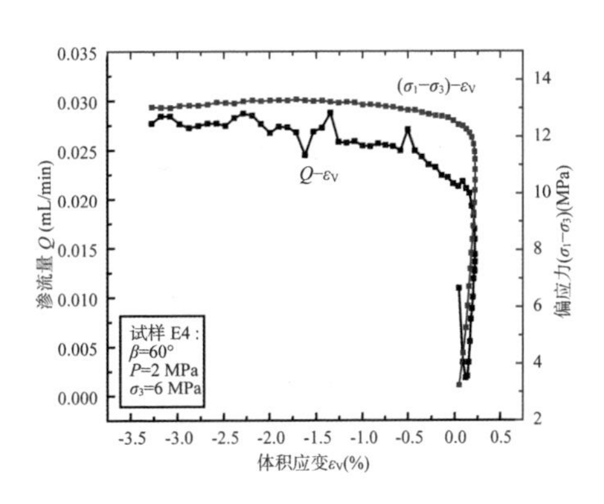

(d) E4 试样(围压 6 MPa，渗压 2 MPa)

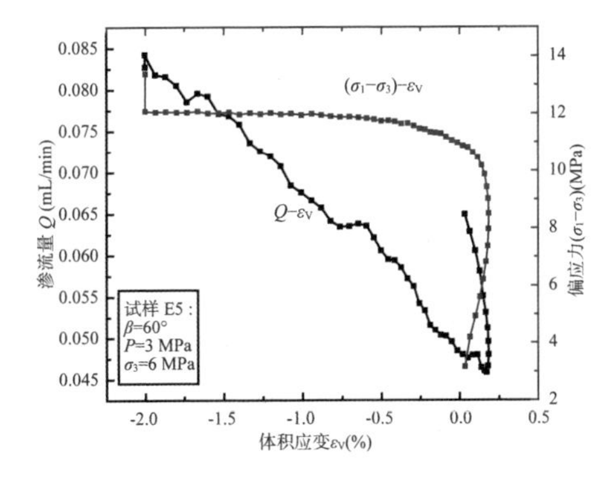

(e) E5 试样(围压 6 MPa，渗压 3 MPa)

图 5.3.13 柱体倾角为 60°时体积应变与渗流量和偏应力关系曲线

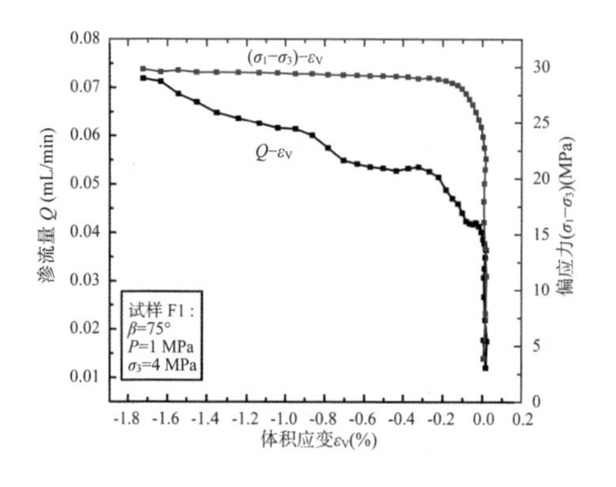

(a) F1 试样(围压 4 MPa,渗压 1 MPa)

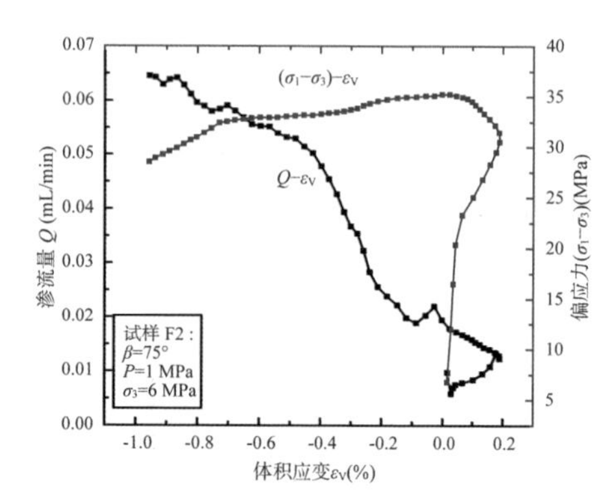

(b) F2 试样(围压 6 MPa,渗压 1 MPa)

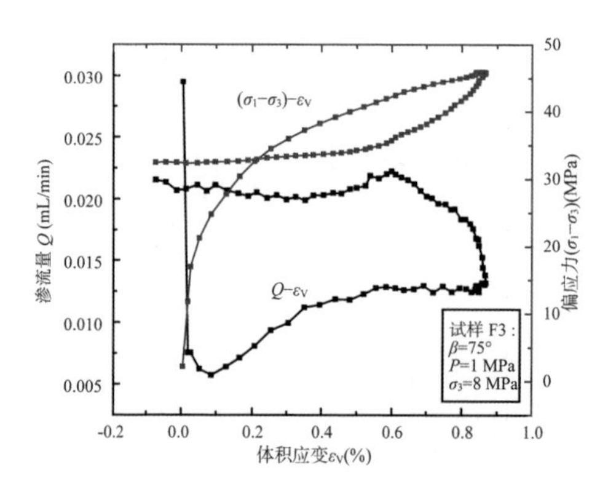

(c) F3 试样(围压 8 MPa,渗压 1 MPa)

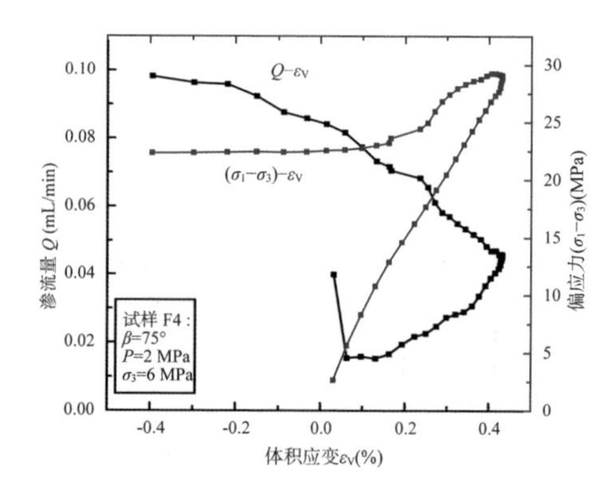

(d) F4 试样(围压 6 MPa,渗压 2 MPa)

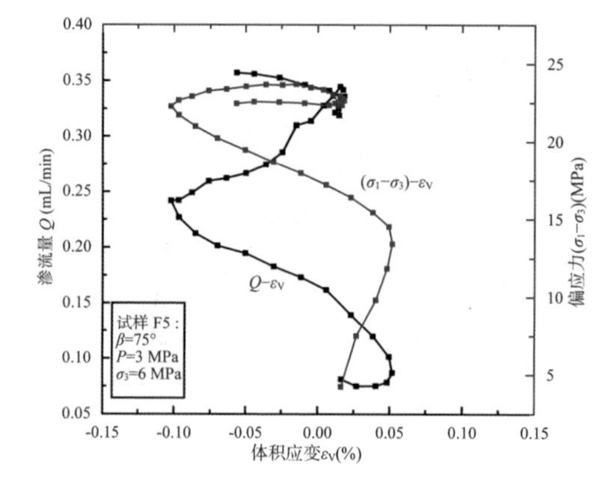

(e) F5 试样(围压 6 MPa,渗压 3 MPa)

图 5.3.14 柱体倾角为 75°时体积应变与渗流量和偏应力关系曲线

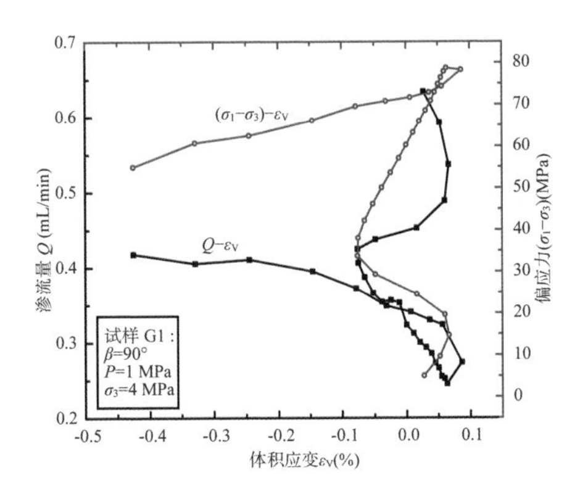

(a) G1 试样(围压 4 MPa,渗压 1 MPa)

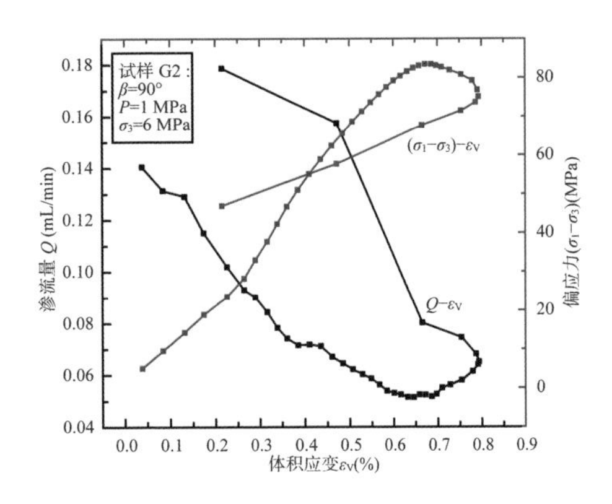

(b) G2 试样(围压 6 MPa,渗压 1 MPa)

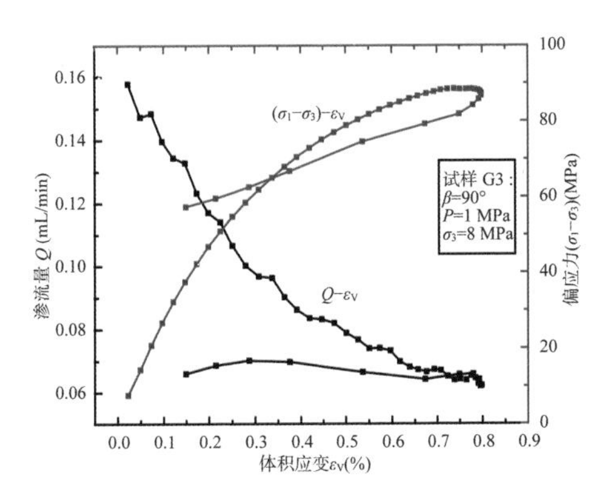

(c) G3 试样(围压 8 MPa,渗压 1 MPa)

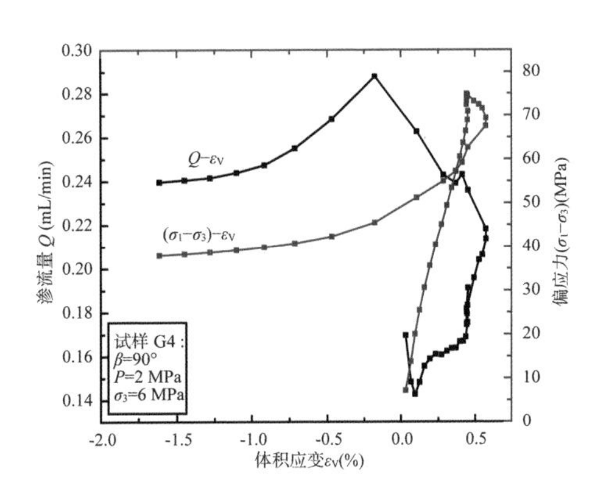

(d) G4 试样(围压 6 MPa,渗压 2 MPa)

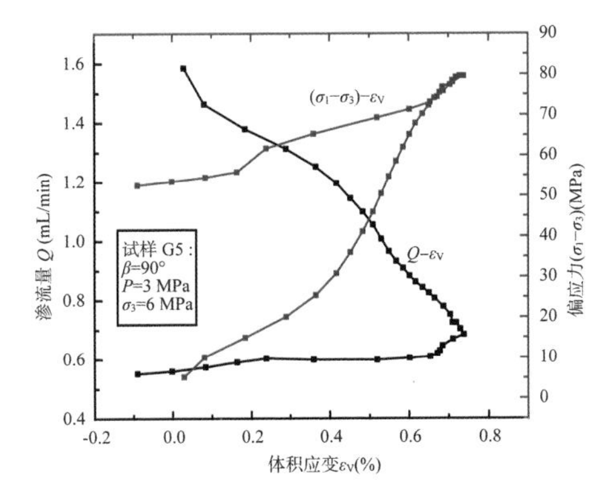

(e) G5 试样(围压 6 MPa,渗压 3 MPa)

图 5.3.15 柱体倾角为 90°时体积应变与渗流量和偏应力关系曲线

5.4 小结

(1) 柱状节理岩体结构试样的单轴、三轴压缩应力-应变曲线可分为三个阶段:较低应力水平时曲线下凹的初始加载阶段,中等应力水平时的近似线性变形阶段以及高应力水平时非线性变形的峰前与峰后阶段。不同的柱体倾角对应力-应变曲线形状有明显的影响。

(2) 柱状节理岩体结构试样的强度受柱体倾角影响较大,且强度随着倾角的变化而变化,表现出明显的各向异性特性,柱体倾角 $\beta=90°$时岩体强度最大,柱体倾角 $\beta=45°\sim60°$时岩体强度最小。其破坏形式可分为:柱体倾角 $\beta=0°$和15°时,岩体沿竖直方向有两到三条贯通的柱状节理劈裂;柱体倾角 $\beta=30°$、45°和 60°时,岩体沿节理倾角方向剪切滑移破坏;当 $\beta=75°$和 90°时,试样沿近似竖向贯通节理面劈裂破坏。

(3) 不同柱径比下的柱状节理物理模型的渗透规律是相同的,随着围压增大,渗透率不断降低,符合一般渗透规律。但不同柱径比下柱状节理物理模型的等效残余宽度是不一样的,由于横向节理的存在导致其渗流的路径相对多,节理模型的等效残余宽度相对较大。说明随着柱径比下降,柱状节理物理模型内部的渗透率逐渐增大。

(4) 在三轴渗流应力耦合试验中,渗压相同时,岩体的强度随着围压的增加而增加,围压相同而渗压不同时,岩体的强度随着渗压的增加而减小。柱体倾角不同时,围压的增加对其强度影响不尽相同,$\beta=15°$至 60°时增幅大于其他倾角。

(5) 岩样的渗透率主要受到围压和渗压的影响:渗透率随着围压的增大而减小,随着渗压的增大而增大。初始加载使节理压密,渗透率减小,线弹性加载阶段渗透率基本保持稳定;进入塑性阶段后渗透率波动增大并在岩体破坏后加速增大。

参考文献

[1] 贺桂成,李玉兰,丁德馨.不同高径比石膏试样强度与尺寸效应的试验研究[J].地下空间与工程学报,2016,12(06):1464-1470.

[2] JIN C Y, LI S G, LIU J P. Anisotropic mechanical behaviors of columnar jointed basalt under compression[J]. Bulletin of Engineering Geology and the Environment, 2018, 77(1): 317-330.
[3] 肖维民,邓荣贵,付小敏,等. 单轴压缩条件下柱状节理岩体变形和强度各向异性模型试验研究[J]. 岩石力学与工程学报,2014,33(05):957-963.
[4] 刘海宁,王俊梅,王思敬. 白鹤滩柱状节理岩体真三轴模型试验研究[J]. 岩土力学,2010,31(S1):163-171.

第6章

岩石弹塑性损伤耦合本构模型

脆性岩石在压缩状态下表现出强烈的非线性特征，包含硬化/软化、围压依赖性、体积膨胀特征、弹性刚度降低、各向异性、不可逆应变以及循环加卸载中的滞回环等。从细观尺度分析，这些非线性行为从本质上都可以归因为两种物理过程：微裂纹的扩展和沿着裂纹面的滑动摩擦[1]。裂纹的扩展导致了材料的损伤，裂纹面的滑动摩擦宏观上表现为塑性变形。这两种内在的能量耗散机制是构建此类材料力学模型需要解决的首要问题。此外，裂纹沿着裂纹面的滑动摩擦促使微裂纹进一步扩展，裂纹的进一步扩展又加速了滑动摩擦的进行，因此，这两种能量耗散机制是一个耦合的过程，彼此相互竞争，共同促进材料的非线性演化。在应力-应变的峰前，滑动摩擦占主导地位，导致材料发生硬化；峰后阶段，裂纹的扩展影响更大，使得材料发生软化。当扩展的裂纹达到一定阈值则会形成宏观裂隙。

研究者采用宏观唯象学的方法，基于不可逆热力学定律，建立了大量描述这两种能量耗散过程的本构模型。在这些模型中，总的自由能被表达成内变量（塑性应变、损伤变量、塑性硬化变量）的函数，可分解成弹性自由能和被锁定塑性能[2]。损伤演化和塑性流动都与被锁定塑性能的表达式有关，然而被锁定塑性能的表达式均没有被理论和试验证明，因此其确定过程具有很强的随意性。此外，还会引入很多的参数，这些参数大多仅为拟合试验现象反推得到，并没有明确的物理力学意义。因此，针对宏观唯象学的弹塑性损伤本构方程的不足，本章基于岩石基本的细观损伤机理，从细观裂纹的力学特性出发，采用细观力学中的均匀化原理，得到宏观脆性岩石的弹塑性损伤耦合本构模型。模型推导过程和参数的物理意义都十分明确，能够较为清晰地描述裂纹成核和演化等损伤过程中的基本物理现象。

6.1 热力学基本原理概述

通过力学试验和显微观察，证实脆性岩石的破坏是由微裂纹的作用造成的。损伤的基本物理过程是微裂纹的萌生、扩展和聚结。在压缩应力状态下，微裂纹沿粗糙表面的摩擦滑动产生不可逆变形。在这种情况下，一个耦合弹塑性损伤模型更适合于再现塑性和损伤耗散过程之间的固有耦合。对于脆性岩石材料，小应变的假设是适当的。在等温条件下，总应变张量可以分解成一个弹性应变 $\boldsymbol{\varepsilon}^e$ 和塑性应变 $\boldsymbol{\varepsilon}^p$ 。根据塑性理论

$$\boldsymbol{\varepsilon}=\boldsymbol{\varepsilon}^{e}+\boldsymbol{\varepsilon}^{p}\ ,\ \mathrm{d}\boldsymbol{\varepsilon}=\mathrm{d}\boldsymbol{\varepsilon}^{e}+\mathrm{d}\boldsymbol{\varepsilon}^{p} \tag{6.1.1}$$

岩石材料中微裂纹的扩展一般与应力场方向平行,导致材料产生各向异性损伤,简单起见,忽略损伤的各向异性分布。用一个内部标量变量 ω 描述微裂隙的发展。假设一个等温过程,自由能源 ψ 作为热力学势,可以表示的一组状态变量

$$\psi=\psi(\boldsymbol{\varepsilon}^{e},\kappa,\omega) \tag{6.1.2}$$

式中:$\boldsymbol{\varepsilon}^{e}$ 为弹性应变;κ 为内部塑料变量;ω 损伤变量。

对于一个任意的耗散过程,必须满足 Clausius-Duhem 不等式[3]

$$\boldsymbol{\sigma}:\mathrm{d}\boldsymbol{\varepsilon}-\mathrm{d}\psi\geqslant 0 \tag{6.1.3}$$

式中:$\boldsymbol{\sigma}$ 为宏观应力张量。将 $\boldsymbol{\varepsilon}$ 和 ψ 的微分形式代入不等式(6.1.3),可以得到

$$\left(\boldsymbol{\sigma}-\frac{\partial\psi}{\partial\boldsymbol{\varepsilon}^{e}}\right):\mathrm{d}\boldsymbol{\varepsilon}+\frac{\partial\psi}{\partial\boldsymbol{\varepsilon}^{e}}:\mathrm{d}\boldsymbol{\varepsilon}^{p}-\frac{\partial\psi}{\partial\kappa}\mathrm{d}\kappa-\frac{\partial\psi}{\partial\omega}\mathrm{d}\omega\geqslant 0 \tag{6.1.4}$$

式(6.1.4)表示的热力学定律对任意的状态变量($\boldsymbol{\varepsilon}^{e}$,$\kappa$ 和 ω)恒成立,因此,可以得到如下的状态方程

$$\boldsymbol{\sigma}=\frac{\partial\psi}{\partial\boldsymbol{\varepsilon}^{e}} \tag{6.1.5}$$

定义与塑性内变量和损伤内变量分别共轭的广义热力学力分别为 K 和 Y

$$K=-\frac{\partial\psi}{\partial\kappa} \tag{6.1.6}$$

$$Y=-\frac{\partial\psi}{\partial\omega} \tag{6.1.7}$$

为了描述塑性流动,需要引入塑性势函数 $g^{p}=g^{p}(\boldsymbol{\sigma},K,\omega)$ 以确定塑性演化的方向,此外,还需要引入损伤势函数 $g^{\omega}=g^{\omega}(Y,\omega)$ 用以描述损伤演化。最终,率形式的内变量演化关系可表示为

$$\mathrm{d}\boldsymbol{\varepsilon}^{p}=\mathrm{d}\lambda^{p}\frac{\partial g^{p}}{\partial\boldsymbol{\sigma}} \tag{6.1.8}$$

$$\mathrm{d}\kappa=\mathrm{d}\lambda^{p}\frac{\partial g^{p}}{\partial K} \tag{6.1.9}$$

$$d\omega = d\lambda^{\omega}\frac{\partial g^{\omega}}{\partial Y} \tag{6.1.10}$$

式中：$d\lambda^{p}$ 和 $d\lambda^{\omega}$ 表示塑性和损伤乘子。在一般条件下，材料的塑性屈服准则可用应力及标准其演化规律的内变量表示，即 $f^{p}=f^{p}(\boldsymbol{\sigma},K,\omega)$；而损伤准则可用损伤共轭力与损伤变量表示的函数表示，即 $f^{\omega}=f^{\omega}(Y,\omega)$，材料的加卸载条件满足 Kuhn-Tucker 条件

$$f^{p}(\boldsymbol{\sigma},K,\omega)\leqslant 0, d\lambda^{p}\geqslant 0, f^{p}(\boldsymbol{\sigma},K,\omega)d\lambda^{p}=0 \tag{6.1.11}$$

$$f^{\omega}(Y,\omega)\leqslant 0, d\lambda^{\omega}\geqslant 0, f^{\omega}(Y,\omega)d\lambda^{\omega}=0 \tag{6.1.12}$$

式(6.1.11)和(6.1.12)中的第一个不等式定义了材料不发生破坏的条件；第二个不等式表示塑性和损伤乘子为非负数；第三个方程描述了在任意加卸载过程中，广义应力始终位于屈服面上。塑性和损伤的一致性条件可表示为

$$df^{p}=\frac{\partial f^{p}}{\partial \sigma}:d\boldsymbol{\sigma}+\frac{\partial f^{p}}{\partial K}dK+\frac{\partial f^{p}}{\partial \omega}d\omega=0 \tag{6.1.13}$$

$$df^{\omega}=\frac{\partial f^{\omega}}{\partial Y}dY+\frac{\partial f^{\omega}}{\partial \omega}d\omega=0 \tag{6.1.14}$$

损伤和塑性屈服面将应力空间分成如图 6.1.1 所示的几个区域。在一般条件下，损伤演化和塑性屈服都发生，即（$f^{p}>0$ 且 $f^{\omega}>0$）。如果 $f^{p}>0$ 且 $f^{\omega}\leqslant 0$，材料只发生塑性屈服；如果 $f^{p}\leqslant 0$ 且 $f^{\omega}>0$，则材料只发生损伤演化。此外，材料处于弹性状态，即图中的区域 Ω_D。

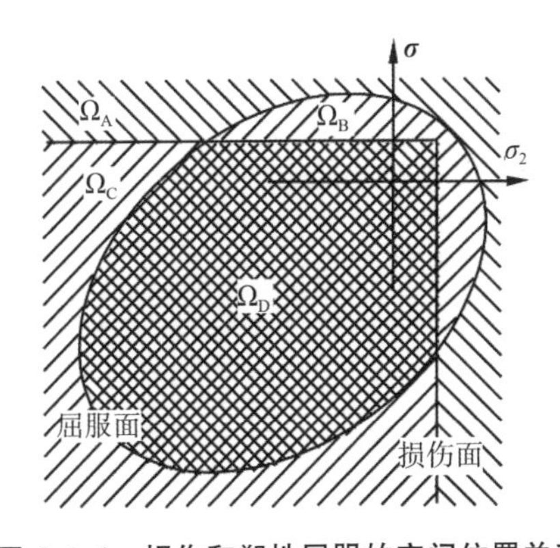

图 6.1.1　损伤和塑性屈服的空间位置关系

根据连续介质损伤力学，考虑到损伤不仅影响弹性变形，对塑性变形也产生影响，Helmholtz 自由能可写分解为弹性部分和塑性部分

$$\psi=\psi(\boldsymbol{\varepsilon}^{e},\kappa,\omega)=\psi^{e}(\boldsymbol{\varepsilon}^{e},\omega)+\psi^{p}(\kappa,\omega) \tag{6.1.15}$$

式中：$\psi^{e}(\boldsymbol{\varepsilon}^{e},\omega)$ 表示损伤对弹性应变能的影响；$\psi^{p}(\kappa,\omega)$ 表示损伤材料的损伤演化引起的自由能。

假设材料的弹性自由能服从胡克定律

$$\psi^{e}(\boldsymbol{\varepsilon}^{e},\omega)=\frac{1}{2}\boldsymbol{\varepsilon}^{e}:\boldsymbol{D}(\omega):\boldsymbol{\varepsilon}^{e} \tag{6.1.16}$$

式中：四阶张量 $\boldsymbol{D}(\omega)$ 表示损伤材料的有效弹性矩。

根据式(6.1.16)，结合状态函数可以得到率形式的本构关系

$$\begin{aligned}\mathrm{d}\boldsymbol{\sigma}&=\boldsymbol{D}(\omega):\mathrm{d}\boldsymbol{\varepsilon}^{e}+\frac{\partial\boldsymbol{D}(\omega)}{\partial\omega}:\boldsymbol{\varepsilon}^{e}\mathrm{d}\omega\\&=\boldsymbol{D}(\omega):(\mathrm{d}\boldsymbol{\varepsilon}-\mathrm{d}\boldsymbol{\varepsilon}^{p})-\boldsymbol{D}^{m}:(\boldsymbol{\varepsilon}-\boldsymbol{\varepsilon}^{p})\mathrm{d}\omega\end{aligned} \tag{6.1.17}$$

损伤材料的有效弹性张量可以表达成

$$\boldsymbol{D}(\omega)=(1-\omega)\boldsymbol{D}^{m}=(1-\omega)[2\mu^{m}\boldsymbol{K}+3k^{m}\boldsymbol{J}] \tag{6.1.18}$$

式中：k^{m} 为岩石材料的体积模量；μ^{m} 表示剪切模量；$\boldsymbol{J}$ 和 $\boldsymbol{K}$ 均是四阶的对称张量

$$\boldsymbol{J}=\frac{1}{3}\boldsymbol{\delta}\otimes\boldsymbol{\delta},\boldsymbol{K}=\boldsymbol{I}-\boldsymbol{J} \tag{6.1.19}$$

式中：$\boldsymbol{\delta}$ 为克罗内克符号；四阶对称张量 $\boldsymbol{I}_{ijkl}=\frac{1}{2}(\delta_{ik}\delta_{jl}+\delta_{il}\delta_{jk})$。

对于普通加载情形，如果屈服准则 f^{p} 和损伤准则 f^{ω} 以及对应的势函数 (g^{p},g^{ω}) 给出，塑性和损伤乘子可以通过求解一致性条件表示的方程组得到

$$\begin{cases}\dfrac{\partial f^{p}}{\partial\boldsymbol{\sigma}}:\boldsymbol{D}(\omega):\mathrm{d}\varepsilon+\left(\dfrac{\partial f^{p}}{\partial K}\dfrac{\partial K}{\partial\kappa}\dfrac{\partial g^{p}}{\partial K}-\dfrac{\partial f^{p}}{\partial\boldsymbol{\sigma}}:\boldsymbol{D}(\omega)\dfrac{\partial g^{p}}{\partial\boldsymbol{\sigma}}\right)\mathrm{d}\lambda^{p}\\ \qquad+\left(-\dfrac{\partial f^{p}}{\partial\boldsymbol{\sigma}}:\boldsymbol{D}^{m}:\boldsymbol{\varepsilon}^{e}+\dfrac{\partial f^{p}}{\partial K}\dfrac{\partial K}{\partial\omega}+\dfrac{\partial f^{p}}{\partial\omega}\right)\dfrac{\partial g^{\omega}}{\partial Y}\mathrm{d}\lambda^{\omega}=0\\ \dfrac{\partial f^{\omega}}{\partial Y}\dfrac{\partial Y}{\partial\boldsymbol{\varepsilon}^{e}}:\mathrm{d}\boldsymbol{\varepsilon}+\left(\dfrac{\partial f^{\omega}}{\partial Y}\dfrac{\partial Y}{\partial\kappa}\dfrac{\partial g^{p}}{\partial K}-\dfrac{\partial f^{\omega}}{\partial Y}\dfrac{\partial Y}{\partial\boldsymbol{\varepsilon}^{e}}:\dfrac{\partial g^{p}}{\partial\boldsymbol{\sigma}}\right)\mathrm{d}\lambda^{p}\\ \qquad+\left(\dfrac{\partial f^{\omega}}{\partial Y}\dfrac{\partial Y}{\partial\omega}+\dfrac{\partial f^{\omega}}{\partial\omega}\right)\dfrac{\partial g^{\omega}}{\partial Y}\mathrm{d}\lambda^{\omega}=0\end{cases} \tag{6.1.20}$$

从上述方程可以看出，与损伤和塑性硬化/软化相关的广义的力 Y 和 K 都与塑性自由能 $\psi^{p}(\kappa,\omega)$ 息息相关。然而，现有的唯象学方法得到的弹塑性损伤模型对于塑性自由尚不能给出完美的物理力学解释，并且由于引入的参数过多，标定困难，限制了模型的进一步发展。

6.2 连续细观力学的基本原理

细观力学是研究材料细观结构与宏观力学特征之间定律关系的学科。因此，细观力学是一种双尺度的力学结构：宏观尺度和细观尺度。采用细观力学方法的前提就是确定材料的尺度。对于脆性岩石，细观尺度的对象即为微裂纹，与细观尺度相关联的宏观尺度对象为包含足够多裂纹的代表性体积单元。在保证总体力学行为相同的前提下，通过对细观尺度的结构计算，获得宏观尺度的应力-应变关系。在细观力学中，采用均匀化方法将代表性体积单元内非均匀的力学特性等效为宏观尺度的均匀的力学特性，其实质是求任意一个边值问题。裂纹局部应力场 $\boldsymbol{\sigma}(z)$ 和局部应变场 $\boldsymbol{\varepsilon}(z)$ 的体积平均值要与宏观的应力场 $\boldsymbol{\Sigma}(x)$ 和应变场 $\boldsymbol{E}(x)$ 相等，多尺度下材料宏观本构模型均匀化过程如图 6.2.1 所示。

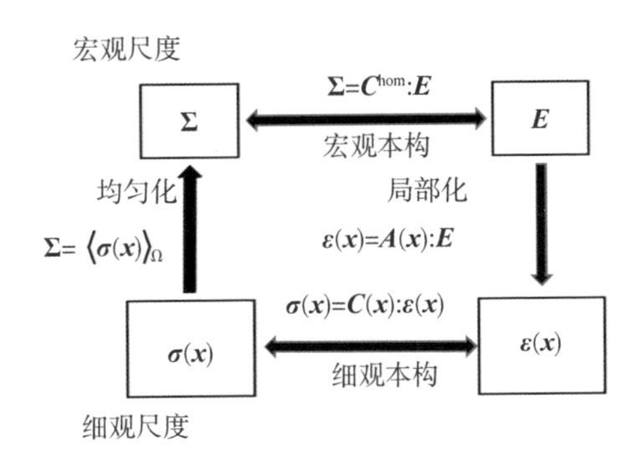

图 6.2.1 多尺度下材料宏观本构模型均匀化过程

6.2.1 代表性体积单元的选取以及边界条件

岩体是一种非连续、非均匀、各向异性的地质体，其力学性质随岩体体积变化的波动非常显著。如果他们的代表性体积单元存在，就可以从宏观角度将其视为等效连续介质。宏观力学性质便可以通过特定的均匀化方法确定。因此，若将代表性体积单元的尺度定义为 l ,其与整体结构尺度 L,细观尺度 d(即微裂纹、微孔洞的平均尺寸)相比必须满足以下特征。

$l \gg d$:该条件保证代表性体积单元相比细观尺度足够大,能够包含足够多的微裂纹,且能代表微裂纹的分布规律。

$l \ll L$:该条件保证代表性体积单元能够被视为一个体积可忽略不计的质点,因此在代表性体积单元上求得的本构模型和参数能够采用连续介质力学的观点用于宏观结构的力学计算。

综上所述,代表性体积单元的选取必须满足的尺度要求为

$$d_0 \ll d \ll l \ll L \tag{6.2.1}$$

式中:d_0 为材料的原子或分子的尺度。

如前所述,宏观结构的特征长度 L 可以通过宏观点的坐标系 $\boldsymbol{x}$ 表达,与此类似,细观非均匀微结构尺度 d 可以通过与之相协调的坐标系 $\boldsymbol{z}$ 表达。在此条件下便可将材料给定的应力应变状态进行转化。宏观尺度,应力应变状态分别采用应力应变张量 $\Sigma(x)$ 和 $\boldsymbol{E}(x)$ 表示;细观尺度上,应力应变状态则通过应力应变场 $\boldsymbol{\sigma}(z)$ 和 $\boldsymbol{\varepsilon}(z)$ 表示。因此,细观力学首先要解决的问题是建立宏观应力应变状态和细观应力应变场之间的联系。而要回答该问题,首先需要定义代表性体积单元上施加的应力。根据 Hill[4] 和 Hashin[5] 的研究,平均应变边界条件即为描述边界 $\partial\Omega$ 上的位移 ξ(为了表述上的简洁,在此忽略宏观位置张量 x)。

$$\xi(\boldsymbol{z}) = \boldsymbol{E} \cdot \boldsymbol{z}(\forall \boldsymbol{z} \in \partial\Omega) \tag{6.2.2}$$

式(6.2.2)的数学含义为 Ω 的宏观应变为 $\boldsymbol{E}$。对于任意位移场 $\boldsymbol{\xi}$,运动学上与 $\boldsymbol{E}$ 通过式(6.2.2)建立联系。很容易看出,与之相对应的细观应变场 $\boldsymbol{\varepsilon}$ 符合应变平均原则。

$$\bar{\varepsilon} = \frac{1}{|\Omega|}\int_{\Omega} \boldsymbol{\varepsilon}(z)\mathrm{d}V_z = \boldsymbol{E} \tag{6.2.3}$$

式(6.23)表明,不论局部细观应变场如何,Ω 内的平均应变等于宏观应变 $\boldsymbol{E}$。在细观尺度,与应力场 $\boldsymbol{\sigma}(z)$ 和应变率 $\dot{\boldsymbol{\varepsilon}}$ 相协调的内应力做的功可以通过密度函数 $\boldsymbol{\sigma}:\dot{\boldsymbol{\varepsilon}}$ 表示。类似地,宏观尺度上代表性体积单元做的功由宏观应力张量 $\boldsymbol{\Sigma}$ 和宏观应变率 $\dot{\boldsymbol{E}}$ 产生。跨尺度的能量一致性条件可以表示为

$$\int_{\Omega}\boldsymbol{\sigma}:\dot{\boldsymbol{\varepsilon}}\mathrm{d}V=\boldsymbol{\Sigma}:\dot{\boldsymbol{E}}|\Omega| \tag{6.2.4}$$

根据细观尺度的动量守恒定律 div$\boldsymbol{\sigma}=0$,等式(6.2.4)的左侧可以写成

$$\int_{\Omega}\boldsymbol{\sigma}:\dot{\boldsymbol{\varepsilon}}\mathrm{d}V=\int_{\partial\Omega}\boldsymbol{z}_j\dot{\boldsymbol{E}}_{ij}\boldsymbol{\sigma}_{ik}\boldsymbol{n}_k\mathrm{d}S=(\int_{\Omega}\boldsymbol{\sigma}\mathrm{d}V):\dot{\boldsymbol{E}} \tag{6.2.5}$$

为了让等式(6.2.4)和(6.2.5)右侧相等,宏观应力张量 $\boldsymbol{\Sigma}$ 定义成应力场 $\boldsymbol{\sigma}(z)$ 的均值 $\overline{\boldsymbol{\sigma}}$ 。能量一致性条件可以写成

$$\int_{\Omega}\boldsymbol{\sigma}:\dot{\boldsymbol{\varepsilon}}\mathrm{d}V=\overline{\boldsymbol{\sigma}}:\dot{\boldsymbol{E}}|\Omega|\int_{\Omega}\boldsymbol{\sigma}:\dot{\boldsymbol{\varepsilon}}\mathrm{d}V=\overline{\boldsymbol{\sigma}}:\dot{\boldsymbol{E}}|\Omega| \tag{6.2.6}$$

将式(6.2.3)代入(6.2.6)则可以得到

$$\overline{\boldsymbol{\sigma}:\dot{\boldsymbol{\varepsilon}}}=\frac{1}{|\Omega|}\int_{\Omega}\boldsymbol{\sigma}:\dot{\boldsymbol{\varepsilon}}\mathrm{d}V=\overline{\boldsymbol{\sigma}}:\overline{\dot{\boldsymbol{\varepsilon}}} \tag{6.2.7}$$

式(6.2.7)即为 Hill 引理。对于均匀应力边界条件下的应力场 $\boldsymbol{\sigma}$ 和均匀应变条件下的应变场 $\boldsymbol{\varepsilon}$,宏观应变能密度 ($\overline{\boldsymbol{\sigma}}:\overline{\dot{\boldsymbol{\varepsilon}}}/2=\boldsymbol{\Sigma}:\boldsymbol{E}/2$) 和细观应变能密度的体积平均 ($\overline{\boldsymbol{\sigma}:\dot{\boldsymbol{\varepsilon}}}/2$) 相等。需要指出的是 Hill 引理不需要式(6.2.7)中的应力应变满足某个本构关系。唯一的假定即是与应变场 $\boldsymbol{\varepsilon}$ 对应的速度场 $\boldsymbol{\xi}$ 在运动学上与 $\dot{\boldsymbol{E}}$ 满足式(6.2.2),并且 div$\boldsymbol{\sigma}=0$。因此,Hill 引理也可以运用于应力和应变满足本构关系的情况。

故边界条件(6.2.2)和应力应变均匀化法则构成了确定宏观应力-应变关系的边值问题。即该边值问题的解可确定宏观应变张量 $\boldsymbol{E}$ 和宏观应力张量 $\boldsymbol{\Sigma}$ 之间的关系。

6.2.2 均匀化原理

细观力学的任务就是基于非均匀材料的微结构信息来寻找宏观均匀材料的有效性能,确定材料有效性能的方法称为均匀化。假定细观尺度下材料在点 z 处的本构关系满足线性的 $\boldsymbol{\sigma}=\boldsymbol{D}(z):\boldsymbol{\varepsilon}$,其中 $\boldsymbol{D}(z)$ 表示材料局部四阶弹性张量。考虑到固体材料为包含裂纹的线弹性体。当点 z 处于裂纹 Ω^c 处时,一簇这样张开的裂纹的刚度极限情况下为 0;而当该点处于固体基质上时,局部弹性张量 $\boldsymbol{D}(z)$ 与基质的四阶弹性张量 $\boldsymbol{D}^s$ 相同。因此可将局部弹性张量 $\boldsymbol{D}(z)$ 写成如下形式

$$\boldsymbol{D}(z)=\begin{cases}\boldsymbol{D}^{s}\ (z\in\Omega^{s})\\0\quad(z\in\Omega^{c})\end{cases}\tag{6.2.8}$$

首先,代表性体积单元在式(6.2.2)边界下对应力的反应与应变 $\boldsymbol{E}$ 呈线性相关,引入联系宏观尺度与细观尺度变形的应变集中度张量(strain concentration tensor) $\boldsymbol{A}(z)$,

$$\boldsymbol{\varepsilon}(z)=\boldsymbol{A}(z):\boldsymbol{E}\tag{6.2.9}$$

考虑到单位四阶张量为 $\mathbb{I}$,根据式(6.2.3)的应变平均原则,$\overline{\boldsymbol{A}}=\mathbb{I}$ 。因此,宏观状态方程写成关于宏观应力应变的线性形式为

$$\boldsymbol{\Sigma}=\boldsymbol{D}^{\text{hom}}:\boldsymbol{E}\quad\boldsymbol{D}^{\text{hom}}=\overline{\boldsymbol{D}:\boldsymbol{A}}\tag{6.2.10}$$

式中:$\boldsymbol{D}^{\text{hom}}$ 表示均匀化的弹性张量。在式(6.2.10)中,对于所有的点 z,精确地求出 $\boldsymbol{A}(z)$几乎是不可能的。引入裂纹密度函数 φ 表示裂纹的体积分数。角标 i 表示任意 i 的裂纹。则

$$\boldsymbol{D}^{\text{hom}}=(1-\varphi)\boldsymbol{D}^{s}:\overline{A}^{s}=\boldsymbol{D}^{s}:(I-\varphi_{i}\overline{\boldsymbol{A}}^{i})\tag{6.2.11}$$

其中

$$\overline{\boldsymbol{A}}^{s}=\frac{1}{|\Omega^{s}|}\int_{\Omega^{s}}\boldsymbol{A}(z)\mathrm{d}V_{z};\quad\overline{\boldsymbol{A}}^{i}=\frac{1}{|\Omega_{i}^{c}|}\int_{\Omega_{i}^{c}}\boldsymbol{A}(z)\mathrm{d}V_{z}\tag{6.2.12}$$

尽管以上的推导是基于线弹性假定,但由于岩土材料的本身特性,REV 内部本身并不存在线弹性的可能。裂纹间的相对位移与裂纹的开度处于同一个数量级。为了克服该困难,采用率形式的宏观应变率 $\dot{\boldsymbol{E}}$ 代替宏观应变 $\boldsymbol{E}$;用速度矢量 $\dot{\boldsymbol{\xi}}$ 替换式(6.2.2)中的位移 ξ ,则

$$\dot{\boldsymbol{\xi}}(z)=\dot{\boldsymbol{E}}\cdot z\quad(\forall z\in\partial\Omega)\tag{6.2.13}$$

在此条件下,应变集中度准则(6.2.9)变成应变率的形式

$$\dot{\boldsymbol{\varepsilon}}(z)=\boldsymbol{A}(z):\dot{\boldsymbol{E}}\tag{6.2.14}$$

将式(6.2.10)用状态方程的率形式替换

$$\dot{\boldsymbol{\Sigma}}=\overline{\boldsymbol{\sigma}}=\boldsymbol{D}^{\text{hom}}:\dot{\boldsymbol{E}}\quad\boldsymbol{D}^{\text{hom}}=\overline{\boldsymbol{D}:\boldsymbol{A}}\tag{6.2.15}$$

可以看出，非均匀材料的有效弹性张量取决于组成物质的刚度的体积平均值。

6.2.3 应变集中度张量

从式(6.2.11)可以看出，由裂纹扩展引起的材料损伤导致刚度发生变化，而均匀化后的弹性张量与 $\varphi_i \overline{\boldsymbol{A}}^i$ 项有关，确定均匀化弹性张量即是确定四阶的应变集中度张量 $\overline{\boldsymbol{A}}^i$ 和裂纹体积分数 φ_i 。采用 Eshelby[6]提出的解决裂纹夹杂问题的方法，认为岩土材料是一种钱币状的裂纹和基质的集合体。钱币状裂纹如图 6.2.2 所示。其中裂纹的平均半径为 a，裂纹的平均开度 c，裂纹面的方向向量为 n。裂纹的纵横比 X 定义为 $X=c/a$ 。在笛卡儿坐标系下，裂纹的边界条件为

$$\frac{z_1^2+z_2^2}{a^2}+\frac{z_3^2}{c^c}=1 \tag{6.2.16}$$

考虑到任意一簇方向相同的裂纹，体积分数 φ_i 可以表示成

$$\varphi_i=\frac{4}{3}\pi a_i^2 c_i N_i=\frac{4}{3}\pi X d_i \tag{6.2.17}$$

式中：N_i 为裂纹密度(单位体积裂纹数量)；$d_i=N_i a_i^3$ 表示损伤变量。该细观的损伤变量最先由 Budiansky 等[7]提出并广泛用于细观力学中的损伤内变量。

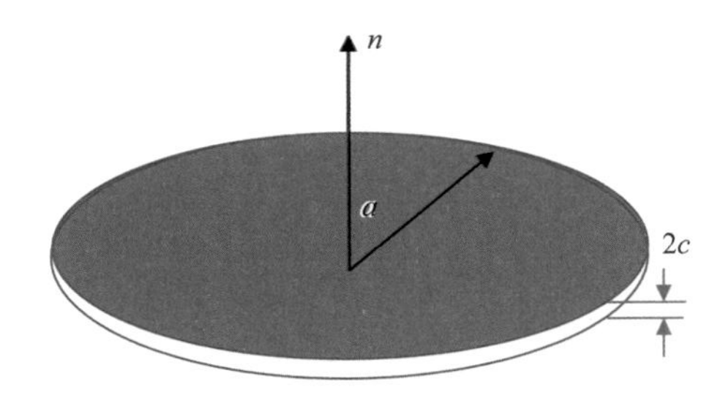

图 6.2.2 钱币状裂纹示意图

考虑均匀弹性材料组成的无限域 Ω 的边值问题。此时需要将式(6.2.2)写成极限的形式

$$\dot{\xi}(\boldsymbol{z})\rightarrow\dot{\boldsymbol{E}}\cdot\boldsymbol{z}\quad(|\boldsymbol{z}|\rightarrow\infty) \tag{6.2.18}$$

采用这种假定的好处是，由加载引起的实际不均性可以看成是均匀的。此时无限大均匀介质在无穷远处为均匀应变 $\boldsymbol{E}$ 的等效夹杂的应变解答[8]可以写成

$$\dot{\boldsymbol{\varepsilon}}(z)=[\boldsymbol{I}+\boldsymbol{P}^{\varepsilon}(X):(\boldsymbol{D}^{\varepsilon}-\boldsymbol{D}^{s})]^{-1}:\dot{\boldsymbol{E}}(\forall z\in\boldsymbol{\varepsilon}) \tag{6.2.19}$$

式中：$\boldsymbol{D}^{\varepsilon}$ 为钱币状裂纹的弹性张量；$\boldsymbol{P}^{\varepsilon}(X)$ 为 Hill 张量，反映了裂纹形状对应变集中度张量的影响，

$$\boldsymbol{P}^{\varepsilon}_{ijkl}(\boldsymbol{z})=\int_{\Omega}\boldsymbol{\Gamma}^{\infty}_{ijkl}(\boldsymbol{z},\boldsymbol{z}')\mathrm{d}V(\boldsymbol{z}') \tag{6.2.20}$$

式(6.2.20)中，四阶张量 $\boldsymbol{P}^{\varepsilon}_{ijkl}(\boldsymbol{z})$ 可通过无限弹性域中的格林函数 $G^{\infty}_{ij}(\boldsymbol{z},\boldsymbol{z}')$ 表达，

$$\boldsymbol{\Gamma}^{\infty}_{ijkl}(\boldsymbol{z},\boldsymbol{z}')=\frac{1}{4}\left[\frac{\partial^2 G^{\infty}_{ki}(\boldsymbol{z},\boldsymbol{z}')}{\partial z_j\partial z'_l}+\frac{\partial^2 G^{\infty}_{kj}(\boldsymbol{z},\boldsymbol{z}')}{\partial z_i\partial z'_l}+\frac{\partial^2 G^{\infty}_{li}(\boldsymbol{z},\boldsymbol{z}')}{\partial z_j\partial z'_k}+\frac{\partial^2 G^{\infty}_{lj}(\boldsymbol{z},\boldsymbol{z}')}{\partial z_i\partial z'_k}\right] \tag{6.2.21}$$

当裂纹处于张开状态时，裂纹的弹性张量 $\boldsymbol{D}^{\varepsilon}=0$，引入 Eshelby 张量 $\boldsymbol{S}^{\varepsilon}=\boldsymbol{P}^{\varepsilon}(X):\boldsymbol{D}^{s}$，则式(6.2.19)变成

$$\dot{\varepsilon}(\boldsymbol{z})=[\boldsymbol{I}-\boldsymbol{S}^{\varepsilon}(X)]^{-1}:\dot{\boldsymbol{E}}(\forall z\in\boldsymbol{\varepsilon}) \tag{6.2.22}$$

考虑固体基质中只包含一个裂纹的情形，则应变率集中度张量可以写成 $\boldsymbol{A}^{esh}=(\mathbb{I}-\boldsymbol{S}^{\varepsilon})^{-1}$。对其值的分析，为大变形条件下裂纹几何形状发生改变时的定量分析提供了基础。为此，先将 $\boldsymbol{A}^{esh}_{ijkl}$ 展开

$$\begin{aligned}&\boldsymbol{A}^{esh}_{1111}=1-\frac{\upsilon_0}{2};\boldsymbol{A}^{esh}_{1122}=-\frac{\upsilon_0}{2}\\&\boldsymbol{A}^{esh}_{1133}=\frac{\upsilon_0-1}{2};\boldsymbol{A}^{esh}_{1212}=\frac{1}{2}\end{aligned} \tag{6.2.23}$$

式(6.2.23)表明，裂纹面上的应变 $\dot{\boldsymbol{\varepsilon}}_{11}$，$\dot{\boldsymbol{\varepsilon}}_{12}$ 和 $\dot{\boldsymbol{\varepsilon}}_{22}$ 与宏观的应变 $\dot{\boldsymbol{E}}$ 在同一个数量级。剩下的几项分别为

$$A_{3311}^{esh}=\frac{1}{X}\frac{4\upsilon_0(1-\upsilon_0)}{\pi(1-2\upsilon_0)};A_{3322}^{esh}=A_{3311}^{esh}\ \frac{\dot{c}}{a}=\boldsymbol{n}\cdot[X(\mathbb{I}-\boldsymbol{S})^{-1}:\dot{\boldsymbol{E}}]\cdot\boldsymbol{n}$$

$$A_{3333}^{esh}=\frac{1}{X}\frac{4(1-\upsilon_0)^2}{\pi(1-2\upsilon_0)}$$

$$A_{2323}^{esh}=\frac{1}{X}\frac{2(1-\upsilon_0)}{\pi(2-\upsilon_0)};A_{1313}^{esh}=A_{2323}^{esh}$$

(6.2.24)

式(6.2.24)表明,局部正应变率$\dot{\boldsymbol{\varepsilon}}_{33}$、局部剪应变率$\dot{\boldsymbol{\varepsilon}}_{13}$和$\dot{\boldsymbol{\varepsilon}}_{23}$与$1/X$同阶。换句话说,如果$1/X$趋向于无穷,则应变率比$1/X$大一个数量级。从表达式可以看出,应变集中度张量与裂纹的形状有很强的相关性;同时表明式(6.2.22)中率形式的表达如果换成应变,不能代表岩土材料的实际非线性的情况。

张开裂纹的变形足够大,正应变率$\dot{\varepsilon}_{nn}$等于$\dot{c}/c$,因此

$$\frac{c}{a}=\boldsymbol{n}\cdot[X(\boldsymbol{I}-\boldsymbol{S})^{-1}:\dot{\boldsymbol{E}}]\cdot\boldsymbol{n} \tag{6.2.25}$$

假定裂纹的纵横比足够小($X\ll 1$),$X(\mathbb{I}-\boldsymbol{S})^{-1}$的极限$\boldsymbol{T}$可以写成

$$X(\boldsymbol{I}-\boldsymbol{S})^{-1}\approx\boldsymbol{T}=\lim_{X\to 0}X(\boldsymbol{I}-\boldsymbol{S})^{-1} \tag{6.2.26}$$

四阶张量$\boldsymbol{T}$在细观力学中表示了细观裂纹的弹性特征。其大小仅与固体基质的刚度和裂纹的方向有关。在各向同性条件下,得到各分项的表达式为

$$T_{3311}=\frac{4\upsilon_0(1-\upsilon_0)}{\pi(1-2\upsilon_0)};T_{3322}=T_{3311};T_{3333}=\frac{4(1-\upsilon_0)^2}{\pi(1-2\upsilon_0)}$$

$$T_{2323}=\frac{2(1-\upsilon_0)}{\pi(2-\upsilon_0)};T_{1313}=T_{2323} \tag{6.2.27}$$

对式(6.2.25)积分并将式(6.2.26)代入得到

$$\frac{c-c_0}{a}=\boldsymbol{n}\cdot(\boldsymbol{T}:\boldsymbol{E})\cdot\boldsymbol{n} \tag{6.2.28}$$

式中:c和c_0分别表示当前以及初始时刻的裂纹半开度。从式(6.2.28)可以判断裂纹的两个面发生闭合的宏观变形阈值。

6.3 含裂纹材料的有效弹性张量

式(6.2.11)表明,材料的有效弹性张量$\boldsymbol{D}^{hom}$主要由应变(率)集中度张量

控制。有多种均匀化的方法可以确定应变集中度张量，包括稀疏均匀化、Mori-Tanaka 均匀化、Ponte-Costaneda 均匀化和 Willis 均匀化以及自洽方法。由于稀疏均匀化方法不考虑裂纹间的相互作用，因此先从最简单的稀疏均匀化方法开始。

6.3.1 稀疏均匀化方法

如果不考虑 REV 中裂纹间的相互作用，岩土材料可以被认为是裂纹被包含在均匀的固体基质中。在张开裂纹情况下，平均切线弹性张量可表示为

$$\boldsymbol{D}_{dil}^{\text{hom}}=\boldsymbol{D}^{s}:\left(I-\frac{4\pi}{3|\Omega|}a_i^3\boldsymbol{T}_i\right) \tag{6.3.1}$$

从式(6.3.1)可以看出，无论裂纹如何分布，稀疏均匀化方法得到的平均切线弹性张量都是一个常量。也就是说尽管每一条裂纹在细观尺度是非线性的，其宏观状态方程可以按照线性处理。为了更普遍地采用式(6.3.1)，假定裂纹都是相互平行的，此时式可写成

$$\boldsymbol{D}_{dil}^{\text{hom}}=\boldsymbol{D}^{s}:\left(\boldsymbol{I}-\frac{4\pi}{3|\Omega|}\boldsymbol{T}\sum_i a_i^3\right) \tag{6.3.2}$$

如果采用以上对细观损伤的定义，(6.3.2)还可以写成更简单的形式

$$\boldsymbol{D}_{dil}^{\text{hom}}=\boldsymbol{D}^{s}:\left(\boldsymbol{I}-\frac{4\pi d}{3}\boldsymbol{T}d\right) \tag{6.3.3}$$

另外，若所有的裂纹半径相同，则式(6.3.3)还可以写成

$$\boldsymbol{D}_{dil}^{\text{hom}}=\boldsymbol{D}^{s}:\left(\boldsymbol{I}-\frac{4\pi d}{3}\langle\boldsymbol{T}\rangle d\right) \tag{6.3.4}$$

式中：$\langle\boldsymbol{T}\rangle$ 表示对张量 $\boldsymbol{T}$ 在球面上取平均后的各向同性张量，$\langle\boldsymbol{T}\rangle=\int_0^{\pi}\mathrm{d}\theta\times\int_0^{2\pi}\boldsymbol{T}(\theta,\psi)\frac{\sin\theta}{4\pi}\mathrm{d}\psi$ 。借助于克罗内克(Kronecker)符号 $\boldsymbol{\delta}$，引入四阶各向同性张量 $\mathbb{I}$ 和 $\boldsymbol{J}$ 分别为 $\mathbb{I}=\frac{1}{2}(\delta_{ik}\delta_{jl}+\delta_{il}\delta_{jk})$ 和 $\boldsymbol{J}=\frac{1}{3}(\delta_{ij}\delta_{kl})$，偏张量可表示为 $\mathbf{K}=\mathbb{I}-\boldsymbol{J}$，得到

$$\boldsymbol{Q}=\frac{4\pi}{3}\langle\boldsymbol{T}\rangle=Q_1\boldsymbol{J}+Q_2\boldsymbol{K} \tag{6.3.5}$$

式中：

$$\eta_1=\frac{16}{9}\times\frac{1-(\upsilon^s)^2}{1-2\upsilon^s};\eta_2=\frac{32}{45}\times\frac{1-(\upsilon^s)(5-\upsilon^s)}{2-\upsilon^s} \tag{6.3.6}$$

可以发现由于裂纹的存在从不同的方面弱化岩土材料的体积和剪切模量

$$k_{dil}^{\text{hom}}=k^s(1-\eta_1 d);\mu_{dil}^{\text{hom}}=\mu^s(1-\eta_2 d) \tag{6.3.7}$$

以上对张开裂纹情况下材料的有效弹性张量进行了讨论。然而在压应力条件下，岩土材料中主要是闭合裂纹情况。此时裂纹不仅发生扩展，而且由于裂纹面的粗糙不一，还有可能导致它产生沿着裂纹面的滑移。此时裂纹可以被看成不均匀的扁平椭球体，里面填充了线弹性各向同性材料，剪切模量 $\mu^c=0$，体积模量 $k^c\neq 0$。

$$\boldsymbol{D}^c=3k^c\boldsymbol{J} \tag{6.3.8}$$

假定裂纹的体积模量 k^c 与材料的剪切模量相同，同时考虑到裂纹的纵横比 $X\ll 1$。则应变集中度张量(6.2.18)写成

$$\dot{\boldsymbol{\varepsilon}}(\boldsymbol{z})=(\boldsymbol{I}-\boldsymbol{S}:\boldsymbol{K})^{-1}:\dot{\boldsymbol{E}} \tag{6.3.9}$$

与张开裂纹情况下的分析类似，闭合裂纹对平均弹性张量的贡献为 $-\varphi_i\boldsymbol{D}^s:\boldsymbol{K}:(\mathbb{I}-\boldsymbol{S}_i:\boldsymbol{K})^{-1}$，则式(6.3.1)可以写成

$$\boldsymbol{D}_{dil}^{\text{hom}}=\boldsymbol{D}^s:\left(\boldsymbol{I}-\frac{4\pi}{3|\Omega|}a_i^3\boldsymbol{T}_i'\right) \tag{6.3.10}$$

式中：$\boldsymbol{T}_i'$ 可定义为

$$\boldsymbol{T}'=\lim_{X\to 0}X\boldsymbol{K}:[\boldsymbol{I}-\boldsymbol{S}(X):\boldsymbol{K}]^{-1} \tag{6.3.11}$$

在各向同性条件下，T' 张量展开式中不为 0 的项为

$$T_{1313}'=T_{2323}'=\frac{2}{\pi}\frac{1-\upsilon^s}{2-\upsilon^s} \tag{6.3.12}$$

当裂纹处于闭合状态，尽管裂纹从张开状态到闭合状态时与 REV 的刚度有关，式(6.3.10)表明平均弹性张量仍然为一个常量。

特别地，当裂纹间都相互平行并且半径相同则(6.3.10)写成

$$\boldsymbol{D}_{dil}^{\hom}=\boldsymbol{D}^{s}:\left(\boldsymbol{I}-\frac{4\pi}{3}d\boldsymbol{T}'d\right) \tag{6.3.13}$$

在裂纹的分布为各向同性条件下，可以直接将式(6.3.4)中的$\langle \boldsymbol{T}\rangle$替换为$\langle \boldsymbol{T}'\rangle$。而当固体基质为各向同性时，材料的损伤也为各向同性。与裂纹张开条件下相反的是，体积模量不受裂纹引起的损伤影响。此外，剪切模量也与随机分布的张开裂纹下的情况不同，

$$k_{dil}^{\hom}=k^{s};\mu_{dil}^{\hom}=\mu^{s}\left(1-d\,\frac{32}{15}\frac{1-\upsilon^{s}}{2-\upsilon^{s}}\right) \tag{6.3.14}$$

6.3.2 Mori-Tanaka 均匀化方法

由于稀疏均匀化方法无法考虑裂纹间的相互作用，故只能应用在裂纹密度很小的情况。而 Mori-Tanaka 均匀化方法可以克服上述不足，适合处理岩土类材料。下面将对 Mori-Tanaka 均匀化方法进行详细论述。

与稀疏方法类似，Mori-Tanaka 也是基于 Eshelby 夹杂问题。但是无穷远处的边界条件不同，稀疏方法认为无穷远处的边界为宏观应变率$\dot{\boldsymbol{E}}$，而 Mori-Tanaka 方法则引入了一个辅助应变率$\dot{\boldsymbol{E}}_0$

$$\dot{\xi}(\boldsymbol{z})\rightarrow\dot{\boldsymbol{E}}_0\cdot\boldsymbol{z}(|\boldsymbol{z}|\rightarrow\infty) \tag{6.3.15}$$

此时，裂纹C_i处的平均应变率可以写成

$$\overline{\dot{\boldsymbol{\varepsilon}}}^{i}=[\boldsymbol{I}+\boldsymbol{P}^{i}:(\boldsymbol{D}^{i}-\boldsymbol{D})]^{-1}:\dot{\boldsymbol{E}}_0 \tag{6.3.16}$$

与稀疏法中类似，$\boldsymbol{P}^i$表示裂纹C_i的 Hill 张量，而$\boldsymbol{D}^i$为裂纹C_i的弹性张量，由裂纹状态决定。当裂纹为张开裂纹时，其值为 0，当裂纹为闭合时其值为$3k^c\boldsymbol{J}$。同样地，在此假定固体基质的平均应变率与 Eshelby 夹杂问题中裂纹的边界条件相等

$$\overline{\dot{\boldsymbol{\varepsilon}}}^{s}=\dot{\boldsymbol{E}}_0 \tag{6.3.17}$$

根据应变平均定理$\overline{\dot{\boldsymbol{\varepsilon}}}=\dot{\boldsymbol{E}}$，则建立了辅助应变率$\dot{\boldsymbol{E}}_0$与实际的宏观应变率$\dot{\boldsymbol{E}}$之间的关系

$$\dot{\boldsymbol{E}}_0=(\varphi_i(\boldsymbol{I}+\boldsymbol{P}^i:(\boldsymbol{D}^i-\boldsymbol{D}^s))^{-1}+(1-\varphi)\boldsymbol{I})^{-1}:\dot{\boldsymbol{E}} \tag{6.3.18}$$

将(6.3.18)代入(6.3.16)便可得到估计平均应变集中张量的表达式

$$\overline{\boldsymbol{A}}^i=(\boldsymbol{I}+\boldsymbol{P}^i:(\boldsymbol{D}^i-\boldsymbol{D}))^{-1}:(\varphi_i(\boldsymbol{I}+\boldsymbol{P}^j:(\boldsymbol{D}^i-\boldsymbol{D}))^{-1}+(1-\varphi)\boldsymbol{I})^{-1} \tag{6.3.19}$$

将式(6.3.19)代入(6.2.11)并经过张量的数学运算得到 Mori-Tanaka 均匀化后的弹性张量 $\boldsymbol{D}_{mt}^{hom}$ 的表达式为

$$\boldsymbol{D}_{mt}^{\text{hom}}=(1-\varphi)\boldsymbol{D}^s:(\varphi_i(\boldsymbol{I}+\boldsymbol{P}^i:(\boldsymbol{D}^i-\boldsymbol{D}^s))^{-1}+(1-\varphi)\boldsymbol{I})^{-1} \tag{6.3.20}$$

在张开裂纹条件下，根据 $\boldsymbol{D}^i=0$，代入(6.3.20)得到

$$\boldsymbol{D}_{mt}^{\text{hom}}=(1-\varphi)\boldsymbol{D}^s:\left(\frac{4\pi}{3|\Omega|}a_i^3\boldsymbol{T}_i+(1-\varphi)\boldsymbol{I}\right)^{-1} \tag{6.3.21}$$

实际上，裂纹的体积分数 φ 很小，$(1-\varphi)\approx 1$。此外，裂纹的半径可以采用 a 来近似，假定所有裂纹都平行的情况下，上述平均弹性张量的表达式可以简写成

$$\boldsymbol{D}_{mt}^{\text{hom}}=\boldsymbol{D}^s:\left(\frac{4\pi}{3}d\boldsymbol{T}+\boldsymbol{I}\right)^{-1} \tag{6.3.22}$$

式(6.3.22)同样采用了细观损伤力学中损伤的定义 d。此外，当裂纹为各向同性分布时，与式(6.3.3)表达类似，可以得到 Mori-Tanaka 均匀化方法下的宏观材料的弹性张量表达式为

$$\boldsymbol{D}_{mt}^{\text{hom}}=\boldsymbol{D}^s:\left(\frac{4\pi}{3}d\langle\boldsymbol{T}\rangle+\boldsymbol{I}\right)^{-1} \tag{6.3.23}$$

得到的 Mori-Tanaka 均匀化估计的平均体积模量和剪切模量表示为

$$k_{mt}^{\text{hom}}=\frac{k^s}{1+\eta_1 d};\mu_{mt}^{\text{hom}}=\frac{\mu^s}{1+\eta_2 d} \tag{6.3.24}$$

若在闭合裂纹情况下，即 $\boldsymbol{D}^i=3k^s\boldsymbol{J}$ 时，采用 $\boldsymbol{T}'$ 替换(6.3.22)中的 $\boldsymbol{T}$，最终得到闭合裂纹条件下的 Mori-Tanaka 均匀化估计的宏观材料平均体积模量和剪切模量为

$$k_{mt}^{\text{hom}}=k^{s}\,;\mu_{mt}^{\text{hom}}=\mu^{s}\left(1-\frac{\eta_2 d}{m+\eta_2 d}\right),m=\frac{5-\upsilon^{s}}{3} \tag{6.3.25}$$

6.4　含裂纹材料的自由能

在大部分的脆性岩石细观损伤力学模型中，宏观自由能可以分解为由固体基质引起的弹性自由能，以及由于裂纹的存在引起的自由能(见图 6.4.1)。损伤耗散过程仅仅由裂纹的扩展成核运动引起，而在此过程中固体基质的刚度不变。

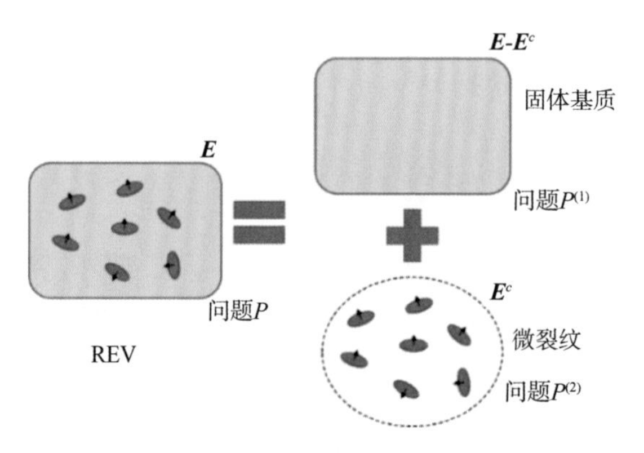

图 6.4.1　问题的分解

根据图 6.4.1 问题分解，代表性体积单元内的细观应力场 $\boldsymbol{\sigma}$ 和位移场 $\boldsymbol{\varepsilon}$ 也可以同时做如下分解

$$\boldsymbol{\sigma}=\boldsymbol{\sigma}^{(1)}+\boldsymbol{\sigma}^{(2)} \tag{6.4.1}$$

$$\boldsymbol{\varepsilon}=\boldsymbol{\varepsilon}^{(1)}+\boldsymbol{\varepsilon}^{(2)} \tag{6.4.2}$$

式中：$\boldsymbol{\sigma}^{(1)}$ 和 $\boldsymbol{\varepsilon}^{(1)}$ 表示 $P^{(1)}$ 问题中的代表性体积单元局部应力和应变；$\boldsymbol{\sigma}^{(2)}$ 和 $\boldsymbol{\varepsilon}^{(2)}$ 表示 $P^{(2)}$ 问题中的裂纹张开、闭合或者相对滑移在代表性体积单元中产生的附加局部应力和应变。在 $P^{(1)}$ 问题中，代表性体积单元为均匀岩石基质受均匀外荷载作用，因而 $\boldsymbol{\sigma}^{(1)}$ 为常量，根据平均应力定理得

$$\boldsymbol{\Sigma}^{(1)}=\frac{1}{|\Omega|}\int_{\Omega}\boldsymbol{\sigma}^{(1)}\mathrm{d}V=\boldsymbol{\sigma}^{(1)} \tag{6.4.3}$$

在 $P^{(1)}$ 问题中，$\boldsymbol{\sigma}^{(2)}$ 具有自平衡的性质，即

$$\boldsymbol{\Sigma}^{(2)}=\frac{1}{|\Omega|}\int_{\Omega}\boldsymbol{\sigma}^{(2)}\mathrm{d}V=0 \tag{6.4.4}$$

故根据式(6.4.3)和(6.4.4)得到$\boldsymbol{\Sigma}=\boldsymbol{\sigma}^{(1)}$。

考虑任意一簇法向向量为 $\boldsymbol{n}$ 的微裂纹，$\partial\Omega^{c^+}$（$\partial\Omega^{c^-}$）分别对应着裂纹的上（下）两个表面。裂纹面的相对位移可以写成$[\boldsymbol{u}]=\boldsymbol{u}^{\partial\Omega^{c^+}}-\boldsymbol{u}^{\partial\Omega^{c^-}}$。将裂纹面的相对位移分解成沿裂纹面法向的位移 $\beta\boldsymbol{\delta}$ 和沿裂纹面切向的位移$\boldsymbol{\gamma}$，可得

$$\beta=N\int_{\partial\Omega^c}[\boldsymbol{u}].\boldsymbol{n}\mathrm{d}S;\gamma=N\int_{\partial\Omega^c}[\boldsymbol{u}].(\boldsymbol{\delta}-\boldsymbol{n}\otimes\boldsymbol{n})\mathrm{d}S \tag{6.4.5}$$

因此，局部非线性应变可以写成

$$\boldsymbol{\varepsilon}^{(2)}=\beta\boldsymbol{n}\otimes\boldsymbol{n}+\frac{1}{2}(\boldsymbol{\gamma}\otimes\boldsymbol{n}+\boldsymbol{n}\otimes\boldsymbol{\gamma}) \tag{6.4.6}$$

作用在宏观材料上的由于裂纹不连续位移间断产生的附加应变 $\boldsymbol{E}^c$ 可以通过局部应变对表面积分得到

$$\boldsymbol{E}^c=\frac{1}{4\pi}\int_{\partial\Omega^c}\left[\beta\boldsymbol{n}\otimes\boldsymbol{n}+\frac{1}{2}(\boldsymbol{\gamma}\otimes\boldsymbol{n}+\boldsymbol{n}\otimes\boldsymbol{\gamma})\right]\mathrm{d}S \tag{6.4.7}$$

在此条件下，问题 $P^{(1)}$ 的宏观弹性变形为 $\boldsymbol{E}-\boldsymbol{E}^c$，而宏观应力在上面已经给出，建立基于问题 $P^{(1)}$ 的本构关系如下

$$\boldsymbol{\Sigma}=\boldsymbol{D}^s:(\boldsymbol{E}-\boldsymbol{E}^c) \tag{6.4.8}$$

根据上述问题的分解，宏观自由能 W 可以表示成

$$W=\frac{1}{2\Omega}\int_{\Omega}\boldsymbol{\varepsilon}^{(1)}:\boldsymbol{D}^s:\boldsymbol{\varepsilon}^{(1)}\mathrm{d}V+\frac{1}{2\Omega}\int_{\Omega^m}\boldsymbol{\varepsilon}^{(2)}:\boldsymbol{D}^s:\boldsymbol{\varepsilon}^{(2)}\mathrm{d}V \tag{6.4.9}$$

等式右边第一项为问题 $P^{(1)}$ 情况下自由能，而第二项为应力自平衡项的自由能 $W^{(2)}$，主要是由夹杂在固体基质中的裂纹引起的，可表示成

$$\begin{aligned}W^{(2)}&=\frac{1}{2\Omega}\int_{\Omega^s}\boldsymbol{\varepsilon}^{(2)}:\boldsymbol{D}^s:\boldsymbol{\varepsilon}^{(2)}\mathrm{d}V\\&=\frac{1}{2\Omega}\int_{\Omega}\boldsymbol{\varepsilon}^{(2)}:\boldsymbol{D}^s:\boldsymbol{\varepsilon}^{(2)}\mathrm{d}V-\frac{1}{2\Omega}\int_{\Omega^c}\boldsymbol{\varepsilon}^{(2)}:\boldsymbol{D}^s:\boldsymbol{\varepsilon}^{(2)}\mathrm{d}V\end{aligned} \tag{6.4.10}$$

在各向同性条件下，根据 Hill 引理(6.2.7)以及裂纹局部附加应力的自平衡特征(6.4.4)，可得

$$\frac{1}{2\Omega}\int_{\Omega}\boldsymbol{\varepsilon}^{(2)}:\boldsymbol{D}^{s}:\boldsymbol{\varepsilon}^{(2)}\mathrm{d}V=\overline{\boldsymbol{\varepsilon}^{(2)}:\boldsymbol{D}^{s}:\boldsymbol{\varepsilon}^{(2)}}=\overline{\boldsymbol{\varepsilon}^{(2)}:\boldsymbol{D}}:\overline{\boldsymbol{\varepsilon}^{(2)}}=0 \tag{6.4.11}$$

$$\frac{1}{2\Omega}\int_{\Omega^{c}}\boldsymbol{\varepsilon}^{(2)}:\boldsymbol{D}^{s}:\boldsymbol{\varepsilon}^{(2)}\mathrm{d}V=\frac{1}{2}\boldsymbol{\sigma}^{(2)}:\boldsymbol{E}^{c} \tag{6.4.12}$$

将式(6.4.11)和(6.4.12)代入式(6.4.10)得到自由能的最终表达式

$$W=\frac{1}{2}(\boldsymbol{E}-\boldsymbol{E}^{c}):\boldsymbol{D}^{s}:(\boldsymbol{E}-\boldsymbol{E}^{c})-\frac{1}{2}\boldsymbol{\sigma}^{(2)}:\boldsymbol{E}^{c} \tag{6.4.13}$$

因此，确定总体自由能，即为确定 $\boldsymbol{\sigma}^{(2)}$ 和 $\boldsymbol{E}^{c}$ 之间关系。根据 Zhu 等[9]的研究成果，二者之间存在如下关系

$$\boldsymbol{E}^{c}=-(\boldsymbol{I}-\boldsymbol{A}^{c})^{-1}:\boldsymbol{A}^{c}:\boldsymbol{S}^{s}:\boldsymbol{\sigma}^{(2)} \tag{6.4.14}$$

写成逆的形式为

$$\boldsymbol{\sigma}^{(2)}=-\boldsymbol{D}^{b}:\boldsymbol{E}^{c} \tag{6.4.15}$$

又因为

$$\boldsymbol{\Sigma}=\boldsymbol{D}^{\mathrm{hom}}:\boldsymbol{E}=\boldsymbol{D}^{s}(\boldsymbol{E}-\boldsymbol{E}^{c}) \tag{6.4.16}$$

将式(6.4.14)代入式(6.4.16)得到

$$\begin{cases}\boldsymbol{E}^{c}=\left(\dfrac{\eta_2 d}{1+\eta_2 d}\boldsymbol{K}+\dfrac{\eta_1 d}{1+\eta_1 d}J\right):\boldsymbol{E} & \text{闭合裂纹}\\ \boldsymbol{E}^{c}=\dfrac{1}{3}\ \dfrac{\eta_1 d}{1+\eta_1 d}\mathrm{tr}(\boldsymbol{E})+\dfrac{\eta_2 d}{1+\eta_2 d}\boldsymbol{K}:\boldsymbol{E} & \text{张开裂纹}\end{cases} \tag{6.4.17}$$

因此，闭合裂纹情况下，$\boldsymbol{A}^{c}$ 为

$$\boldsymbol{A}^{c}=\frac{\eta_2 d}{1+\eta_2 d}\boldsymbol{K}+\frac{\eta_1 d}{1+\eta_1 d}\boldsymbol{J} \tag{6.4.18}$$

将式(6.4.18)代入式(6.4.14)，得到

$$\boldsymbol{C}^{b}=3k^{b}\boldsymbol{J}+2\mu^{b}\boldsymbol{K} \tag{6.4.19}$$

式中：

$$k^b=\frac{1}{\eta_1 d}k^s,\mu^b=\frac{1}{\eta_2 d}\mu^s \tag{6.4.20}$$

从而，得到自由能 W 的表达式为[9,10]

$$W=\frac{1}{2}(\boldsymbol{E}-\boldsymbol{E}^c):\boldsymbol{D}^m:(\boldsymbol{E}-\boldsymbol{E}^c)+\frac{1}{2}\boldsymbol{E}^c:\boldsymbol{D}^b:\boldsymbol{E}^c \tag{6.4.21}$$

从表达式可以看出，总体自由能分成两部分，一部分为固体基质提供的弹性自由能，另一部分为闭合裂纹的非弹性应变引起的存储在固体基质中的自由能。

6.5 弹塑性损伤耦合本构模型

脆性材料的宏观塑性变形主要是材料沿着裂纹面的摩擦滑移产生的，摩擦滑移同时又与损伤演化相互耦合。本节分别采用局部损伤和塑性模型来描述损伤演化和塑性流动。其中，任意一组裂纹的局部塑性应变 $\boldsymbol{\varepsilon}^{c,r}$ 和裂纹密度参数 d^r 被当作内变量。假定所有组的裂纹的塑性和损伤演化方程都相同。在以下的分析中，没有特殊说明，脚标 r 被忽略。

不可逆热力学中与塑性应变共轭的热力学力 $\boldsymbol{\sigma}^c$ 表示为

$$\boldsymbol{\sigma}^c=-\frac{\partial W}{\partial \boldsymbol{E}^c}=\boldsymbol{\Sigma}-\boldsymbol{D}^b:\boldsymbol{E}^c \tag{6.5.1}$$

式中：$\boldsymbol{\sigma}^c$ 表示施加在裂纹上的局部应力。

根据经典的塑性力学理论，其同时也是驱动裂纹沿着裂纹面摩擦滑动的力，摩擦准则必然是该局部应力的函数。$\boldsymbol{\sigma}^c$ 可以分解为球应力 $\boldsymbol{\sigma}_m^c$ 和偏应力 $\boldsymbol{s}^c$ 两部分：$\boldsymbol{s}^c=\boldsymbol{K}:\boldsymbol{\sigma}^c$ 和 $\boldsymbol{\sigma}_m^c=\mathrm{tr}\boldsymbol{\sigma}^c/3$。

同样，在不可逆热力学框架下，损伤共轭力可表示为

$$Y_d=-\frac{\partial W}{\partial d}=-\boldsymbol{E}^c:\frac{\partial \boldsymbol{D}^b}{\partial \omega}:\boldsymbol{E}^c \tag{6.5.2}$$

6.5.1 塑性模型

从脆性岩石宏观和细观的破坏模式中可以看出，岩石在破坏过程中会发生沿着细观裂纹或者宏观裂隙面上的滑动摩擦（见图 6.5.1）。细观上表现为在

裂纹周边产生岩屑，在裂隙面上则会产生擦痕。因此根据岩石破坏的客观事实，采用基于局部应力的线性库伦屈服准则描述由于闭合裂纹滑动摩擦引起的非线性变形如下

$$f_s(\boldsymbol{\sigma}^c) = \| \boldsymbol{s}^c \| + \eta \boldsymbol{\sigma}_m^c \leqslant 0 \tag{6.5.3}$$

式中：η 为摩擦系数。式(6.5.3)可以验证脆性岩石宏观上满足 Mohr－Coulomb 准则。与宏观模型相比，不需要引入另外的硬化/软化函数。式(6.5.1)中的背应力项 $\boldsymbol{D}^b:\boldsymbol{E}^c$ 可以承担硬化/软化功能。因此，基于热力学框架的细观屈服准则可以有效地降低模型的参数个数。

基于该屈服准则，采用关联的流动法则来表示塑性流动方向，则

$$\dot{\boldsymbol{E}}^c = \lambda^c \frac{\partial f_s}{\partial \boldsymbol{\sigma}^c} = \lambda^c \left(\boldsymbol{V} + \frac{1}{3} \eta \boldsymbol{\delta} \right) \tag{6.5.4}$$

式中：$\boldsymbol{V} = \boldsymbol{s}^c / \| \boldsymbol{s}^c \|$ 代表微裂纹摩擦滑移方向；λ^c 为非负的塑性乘子。

图 6.5.1 压缩破坏样的局部观察

6.5.2 损伤模型

损伤演化通过局部损伤准则描述，上文已经在不可逆热力学框架下得到了与损伤共轭的损伤驱动力 Y_d 。基于 Shao 等[11]的研究成果，这里采用线性的损伤屈服准则

$$f_d = Y_d - R(d) \leqslant 0 \tag{6.5.5}$$

式中：函数 $R(d)$ 反映了材料抵抗由于裂纹扩展损伤破坏的能力。根据 Zhu

等[12]的研究成果，$R(d)$ 可以表示为

$$R(d)=R(d_c)\frac{2\vartheta}{1+\vartheta^2} \tag{6.5.6}$$

式中：$\vartheta=\dfrac{d}{d_c}$，为一个无量纲的参数；d_c 表示损伤变量的特征值；$R(d_c)$ 表示当 $d=d_c$ 时，$R(d)$ 的取值。当 $d\leqslant d_c$，可以看出，$R(d)$ 随着 d 的增加而增加，因而可以描述应变硬化阶段；而当 $d>d_c$ 时，$R(d)$ 随着 d 的增加而降低，该函数可以表示应变软化。

当损伤准则满足时，损伤变量 d 的演化率可以通过类似塑性流动的函数描述

$$\dot{d}=\lambda^d\frac{\partial f_d}{\partial Y_d}=\lambda^d \tag{6.5.7}$$

式中：λ_d 为非负的损伤乘子。

6.5.3 损伤-塑性耦合模型

下面考虑裂纹扩展和摩擦滑移相互耦合的情形。在此情况下，假定 REV 发生了一个宏观的微小变形 $\dot{\boldsymbol{E}}$，如果摩擦准则一直满足，根据 Kuhn－Tucker 关系，加卸载准则可以写成

$$f_s(\boldsymbol{\sigma}^c)=0,\dot{\lambda}^p\geqslant 0 \tag{6.5.8}$$

因此得到 $f_s(\boldsymbol{\sigma}^c)\dot{\lambda}^p=0$。在加载条件下，$\dot{\lambda}^p\neq 0$，从而

$$\dot{f}_s=\frac{\partial f_s}{\partial d}\dot{d}+\frac{\partial f_s}{\partial \beta}\dot{\beta}+\frac{\partial f_s}{\partial \boldsymbol{\Gamma}}:\dot{\boldsymbol{\Gamma}}+\frac{\partial f_s}{\partial \boldsymbol{\sigma}}:\dot{\boldsymbol{\sigma}}=0 \tag{6.5.9}$$

类似地，损伤一致性条件可以写成

$$\dot{f}_d=\frac{\partial f_d}{\partial d}\dot{d}+\frac{\partial f_d}{\partial \beta}\dot{\beta}+\frac{\partial f_d}{\partial \boldsymbol{\Gamma}}:\dot{\boldsymbol{\Gamma}}=0 \tag{6.5.10}$$

结合式(6.5.9)和式(6.5.10)，并将式(6.5.4)和式(6.5.7)代入，得到的损伤和塑性乘子的表达式为

$$\begin{cases} \dot{\lambda}^p = \dfrac{\dfrac{\partial f_s}{\partial \boldsymbol{\sigma}} : \boldsymbol{D}^m : \dot{\boldsymbol{E}}}{H} \\ \dot{\lambda}^d = -\dfrac{\left(\dfrac{\partial f_d}{\partial \beta}\eta + \dfrac{\partial f_d}{\partial \boldsymbol{\Gamma}} : V\right)}{\dfrac{\partial f_d}{\partial d}} \dot{\lambda}^p \end{cases} \tag{6.5.11}$$

式中：

$$H = \frac{\partial f_s}{\partial \boldsymbol{\sigma}} : \boldsymbol{D}^m : \left(V + \frac{1}{3}\eta\delta\right) - \frac{\partial f_s}{\partial \boldsymbol{\Gamma}} : V - \frac{\partial f_s}{\partial \beta}\eta + \frac{\partial f_s}{\partial d} \frac{\left(\dfrac{\partial f_d}{\partial \beta}\eta + \dfrac{\partial f_d}{\partial \boldsymbol{\Gamma}} : V\right)}{\dfrac{\partial f_d}{\partial d}} \tag{6.5.12}$$

6.6 数值实现

6.6.1 回映算法

应力更新是非弹性材料数值计算中的重要部分。对于每一个加载步，应力更新在内循环过程中要经历多次迭代计算。因此应力更新算法的优良，直接关系到解答的正确性、收敛速率和有限元边值问题求解的整体稳定性。在数值计算中，采用应变加载的形式，当上一外荷载增量得到平衡后，给全局平衡方程一个应变增量，计算相应的应力和平衡状态，对每个积分点应力进行更新。应力更新方法可以分成两类：显式(向前欧拉)和隐式(向后欧拉)。显式积分算法不需要迭代求解，然而方程式仅在率形式上得到满足，结果误差较大。若使用较小的增量步，尽管可以保证解的正确性，但是效率太低。

在隐式积分算法领域，回映算法具有数值稳定性好、收敛性高以及执行效率较高等优点，因此在有限元非线性计算中被大量采用。例如，在 ABAQUS 便采用隐式本构积分算法将超出屈服面的应力拉回屈服面。自从 Simo 等[13]提出回映算法以来，研究者也对该方法进行改进，来提高计算效率。Clausen 等[14]提出一种适用于塑性模型的回映算法，但是该算法要求屈服准则必须是线性并且屈服面能够被主应力空间中的平面代替。另外研究者还发展了半隐式回映算法。Ghaei 等[15]采用半隐式回映算法处理含有两个塑性屈服面的问题;Areias 等[16]提出了可以处理多重屈服面的半隐式回映算法。在前人研究的基础上,本节采用回映算法来解决弹塑性损伤耦合情况下的数值解答问题,并具体给出其求解过程。

考虑到数值计算的效率以及为了描述峰后材料的软化特性,有必要采用应变控制来处理塑性-损伤耦合问题。同时,需要在应变空间表达塑性摩擦和损伤准则。在弹塑性损伤耦合条件下,假定已知第 k 加载步的宏观应力 $\boldsymbol{\Sigma}^k$ 和宏观应变 $\boldsymbol{E}^k$ 以及内变量(d^k , β^k 和 $\boldsymbol{\Gamma}^k$)。如果在第 $k+1$ 步屈服条件都已经达到,则 $f_s^{k+1}(\boldsymbol{\Sigma},d)>0$ 且 $f_d^{k+1}(\boldsymbol{\Sigma},d)>0$。为了将应力拉回屈服面,需要在第 $k+1$ 步进行多次迭代。在每一次内循环的迭代过程中,塑性和损伤一致性条件可以泰勒展开得到

$$\begin{cases}f_{s,(m+1)}^{k+1}=f_{s,m}^{k+1}+\dfrac{\partial f_{s,m}^{k+1}}{\partial d}\delta d+\dfrac{\partial f_{s,m}^{k+1}}{\partial \beta}\delta\beta+\dfrac{\partial f_{s,m}^{k+1}}{\partial \boldsymbol{\Gamma}}:\delta\boldsymbol{\Gamma}+\dfrac{\partial f_{s,m}^{k+1}}{\partial \boldsymbol{\sigma}}:\delta\boldsymbol{\sigma}\approx 0\\ f_{d,(m+1)}^{k+1}=f_{d,m}^{k+1}+\dfrac{\partial f_{d,m}^{k+1}}{\partial d}\delta d+\dfrac{\partial f_{d,m}^{k+1}}{\partial \beta}\delta\beta+\dfrac{\partial f_{d,m}^{k+1}}{\partial \boldsymbol{\Gamma}}:\delta\boldsymbol{\Gamma}\approx 0\end{cases}\tag{6.6.1}$$

6.6.2 算法流程

(1) 弹性预测

第 $k+1$ 步的宏观应变按照式(6.6.2)更新

$$E^{k+1}=E^k+nE^{k+1}\tag{6.6.2}$$

由广义胡克定律,宏观应力可以更新为

$$\Sigma^{k+1}=\Sigma^k+D^m:nE^{k+1}\tag{6.6.3}$$

在此阶段,内变量不变

$$\begin{cases}d^{k+1}=d^k\\ \boldsymbol{\Gamma}^{k+1}=\boldsymbol{\Gamma}^k\\ \beta^{k+1}=\beta^k\end{cases}\tag{6.6.4}$$

(2) 弹塑性损伤修正

判断摩擦准则 $f_s(\boldsymbol{\Sigma}^{k+1},d^{k+1},\boldsymbol{\Gamma}^{k+1},\beta^{k+1})$ 和损伤准则 $f_d(d^{k+1},$

$\boldsymbol{\Gamma}^{k+1},\beta^{k+1}$）；

若（$f_s<0$ 且 $f_d<0$），则进行下一步加载；

若（$f_s\geqslant 0$ 且 $f_d<0$），则应力状态超出塑性屈服面，但还未达到损伤状态，按照式(6.5.4)更新塑性乘子，损伤乘子为0；

若（$f_s\geqslant 0$ 且 $f_d\geqslant 0$），根据式(6.5.11)计算损伤和塑性乘子 $\{\lambda^d,\lambda^p\}$ 。按照更新后的乘子，更新内变量

$$\begin{cases}\boldsymbol{\Gamma}^{k+1}=\boldsymbol{\Gamma}^{k+1}+d\lambda^p\boldsymbol{V}\\ \beta^{k+1}=\beta^{k+1}+d\lambda^p\eta\\ d^{k+1}=d^k+d\lambda^d\end{cases} \tag{6.6.5}$$

6.6.3 参数确定

将基于细观力学的弹塑性损伤本构模型应用于角砾熔岩三轴压缩条件下的模拟上。三轴应力条件下在主应力空间 $\boldsymbol{\sigma}=[\sigma_1,\sigma_2,\sigma_3]$ 中的偏应力可以表示为

$$s=\frac{\sigma_1-\sigma_3}{3}[2,-1,-1] \tag{6.6.6}$$

此处已经假定 $\sigma_1<\sigma_2=\sigma_3$。那么当应力加载为单调的情况下，塑性流动方向恒定并且可以表达为

$$V=-\frac{1}{\sqrt{6}}[2,-1,-1] \tag{6.6.7}$$

因此，瞬时状态下的塑性应变和损伤变量可以表达为关于它们累计乘子(包括塑性乘子和损伤乘子)的函数

$$\varepsilon^p=\Lambda^p\left(V+\frac{1}{3}\eta\boldsymbol{\delta}\right)\quad 其中\Lambda^p=\int\lambda^p,\quad d=\Lambda^d=\int\lambda^d \tag{6.6.8}$$

结合式(6.5.3)、(6.5.4)和(6.6.8)则可以得到损伤准则的表达式为

$$f_d=\left(\frac{k^m\eta^2}{2\eta_1}+\frac{\mu^m}{\eta_2}\right)\left(\frac{\Lambda^p}{d}\right)^2-R(d)=0 \tag{6.6.9}$$

引入常数 χ ，可得

$$\chi = \frac{k^m \eta^2}{2\eta_1} + \frac{\mu^m}{\eta_2} \tag{6.6.10}$$

则可以得到如下所示的关系

$$\frac{\Lambda^p}{d} = \sqrt{\frac{R(d)}{\chi}} \tag{6.6.11}$$

由于$V = s^c / s^c$ 和$\sigma_m^c = tr\sigma^c / 3$,则可以得到

$$s^c = -\sqrt{\frac{2}{3}}(\sigma_1 - \sigma_3) - \frac{2\mu^m}{\eta_2}\frac{\Lambda^p}{d} \tag{6.6.12}$$

$$\sigma_m^c = \frac{1}{3}(\sigma_1 + 2\sigma_3) - \frac{k^m \eta}{\eta_1}\frac{\Lambda^p}{d} \tag{6.6.13}$$

采用岩土力学中以压为正的符号约定,则塑性屈服函数可以表达成

$$f_s = \sigma_1 - \frac{\sqrt{6} + 2\eta}{\sqrt{6} - \eta}\sigma_3 - \frac{6\sqrt{\chi R(d)}}{\sqrt{6} - \eta} = 0 \tag{6.6.14}$$

从式(6.6.14)可以看出,最大主应力σ_1和最小主应力σ_3呈线性关系,表明得到的摩擦准则与传统的 Mohr-Coulomb 准则类似。因而模型中的摩擦系数η以及参数$R(d_c)$都可以通过拟合峰值点的应力得到

$$\begin{cases} \eta = \dfrac{(a-1)\sqrt{6}}{2+a} \\ R(d_c) = \left[\dfrac{\sqrt{6}b}{2(2+a)\sqrt{\chi}}\right]^2 \end{cases} \tag{6.6.15}$$

式中:a 和 b 分别表示方程(6.6.14)的斜率和截距

$$a = \frac{\sqrt{6} + 2\eta}{\sqrt{6} - \eta}, b = \frac{6\sqrt{\chi R(d_c)}}{\sqrt{6} - \eta} \tag{6.6.16}$$

体积模量 k^m 和剪切模量 μ^m 与变形参数 E 和 υ 的关系可以通过式(6.6.17)表达

$$\begin{cases} k^m = \dfrac{E}{3(1-2\upsilon)} \\ \mu^m = \dfrac{E}{2(1+\upsilon)} \end{cases} \tag{6.6.17}$$

式中:E 为杨氏模量;υ 为泊松比。可以通过拟合应力-应变曲线的线性段得到。

根据 Lockner[17] 的研究成果,细观损伤变量的最大值 d_c 可以通过声发射试验得到,其大小与围压线性相关。简便起见,取其为一常数。为了确定该变量的大小,对 d_c 进行了参数敏感性分析。在此过程中,围压设定为 6 MPa,对于 $d_c=0.5$、1、4 和 8 分别观察其对试验结果的影响。参数敏感性分析结果如图 6.6.1。可以看出,随着细观损伤阈值 d_c 的增加,应力-应变曲线峰值点对应的轴向应变和侧向应变亦增加。此外,曲线的峰后段也更平缓,脆性特征越弱。这主要是由于损伤阈值越大,达到该阈值时 REV 内裂纹的数量越多或者半径越大,材料由于外荷载引起的劣化程度越深,累加得到的宏观轴向和侧向变形也越大。

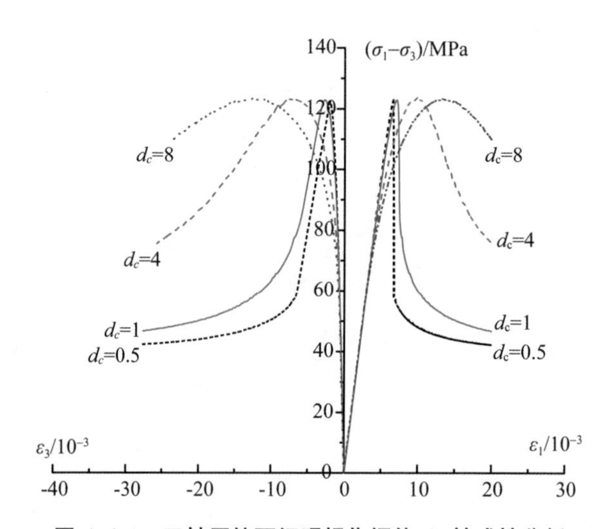

图 6.6.1 三轴压缩下细观损伤阈值 d_c 敏感性分析

通过以上方法将确定的角砾熔岩模型参数汇总至表 6.6.1。

表 6.6.1 角砾熔岩三轴压缩模型参数

岩石状态	E/MPa	υ	η	d_c	$R(d_c)$/MPa
干燥	30 000	0.18	1.89	4	0.003 4
饱和	20 000	0.20	1.86	2	0.003 7

6.6.4 角砾熔岩三轴力学试验结果模拟

在三轴压缩条件下，三个主应力都处于压缩状态，因而裂纹处于闭合状态，裂纹的扩展与摩擦滑移处于耦合状态，可以采用本章提出的模型对试验结果进行模拟。模型预测结果和试验结果的对比如图 6.6.2 和图 6.6.3 所示，可以看出，模拟值与试验值具有较好的一致性，能够较好地描述不同围压下试样的非线性应力-应变关系和峰值强度等宏观力学特征。此外，模型可以对岩石在不同围压下的峰后脆性破坏进行预测。总之，该模型与角砾熔岩的试验成果吻合得较好，凸显了模型的优越性。

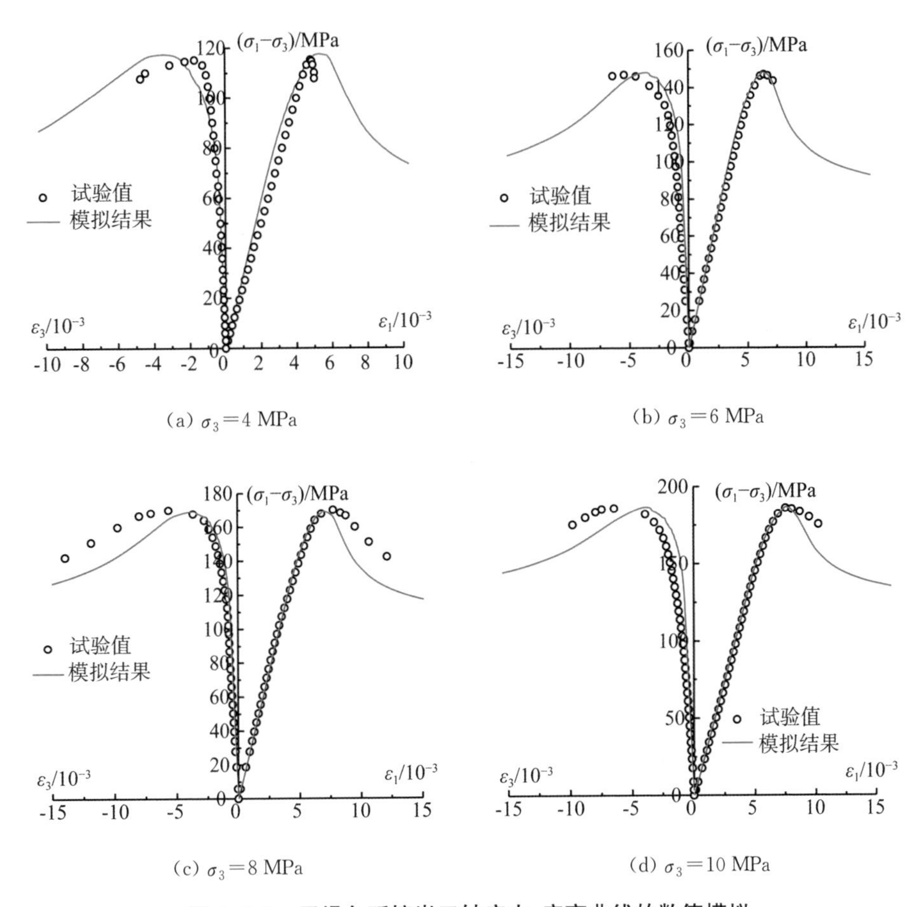

图 6.6.2 干燥角砾熔岩三轴应力-应变曲线的数值模拟

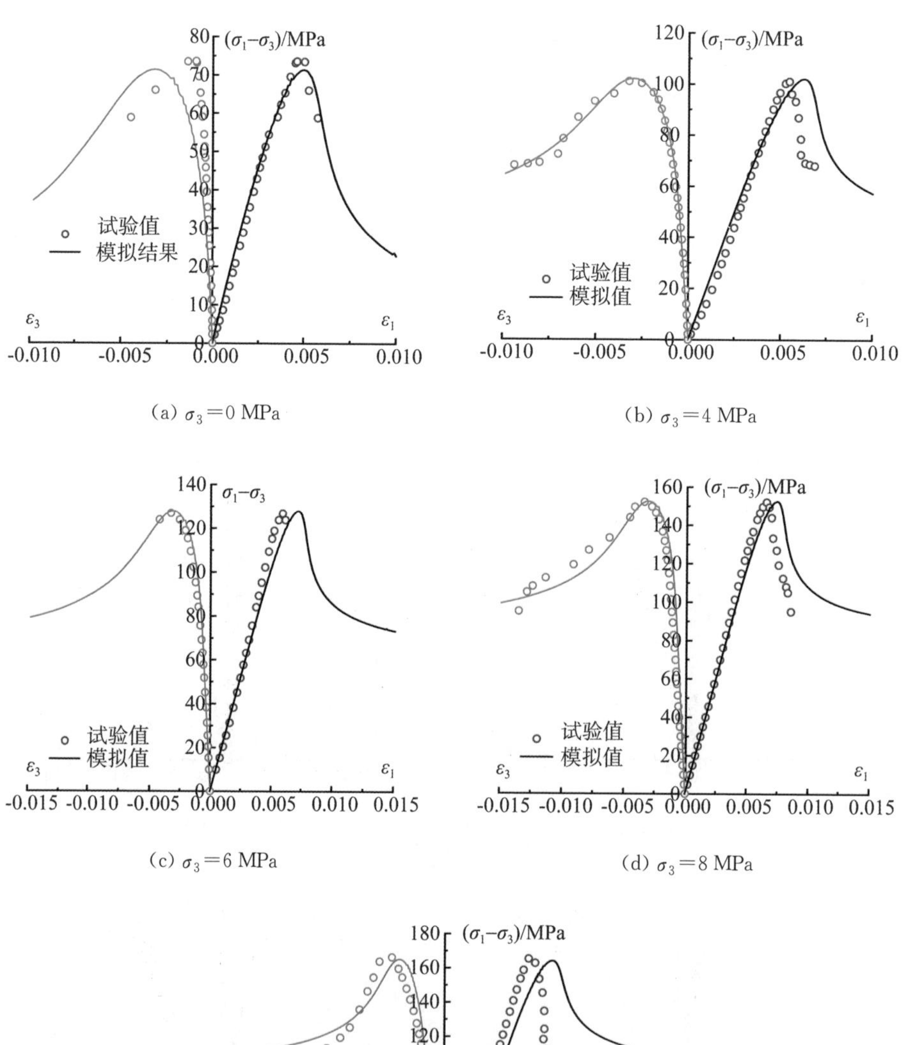

(a) $\sigma_3=0$ MPa (b) $\sigma_3=4$ MPa

(c) $\sigma_3=6$ MPa (d) $\sigma_3=8$ MPa

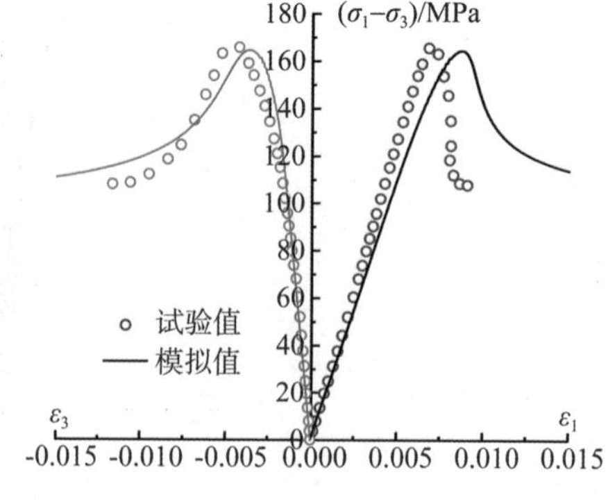

(e) $\sigma_3=10$ MPa

图 6.6.3 饱和角砾熔岩三轴应力-应变曲线的数值模拟

根据损伤的定义，传统的宏观损伤变量可以定义为弹性模量的折减[18]

$$\omega = 1 - \frac{E(d)}{E_0} \tag{6.6.18}$$

式中：E_0 和 $E(d)$分别表示未损伤材料和损伤材料的弹性模量。经过数学代换，可以得到宏观的损伤变量 ω 和细观的损伤变量关系为[19]

$$\omega = 1 - \frac{9\mu^s k^s}{[3k^s(1+\eta_1 d)+\mu^s(1+\eta_2 d)]E_0} \tag{6.6.19}$$

图 6.6.4 为宏观损伤变量 ω 随着轴向应变的演化曲线，从图中可以看出，损伤演化可以分成明显的三个阶段。在第一阶段，损伤变量不变；第二阶段，损伤变量随着轴向应变迅速增加；第三阶段，损伤变量达到最大值，试样发生破坏。此外，从图中还可以看出，围压越高，导致损伤增加所需的轴向变形更大，这主要是由于围压效应抑制了裂纹的扩展。

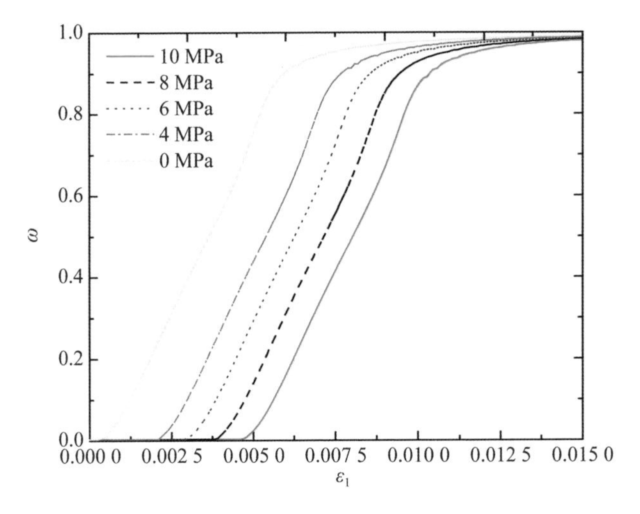

图 6.6.4　不同围压下角砾熔岩损伤随轴向应变演化曲线

6.7　小　结

岩石力学室内试验结果表明，角砾熔岩在加载过程中出现的非线性变形主要是由其内部微裂纹的张开、滑移、摩擦和扩展演化等引起。本章描述了细观裂纹物理力学性质，通过细观力学中的均匀化方法，研究了细观结构物理力学变化对宏观性能的影响。

首先,在代表性体积单元尺度建立了含微裂纹脆性岩石的概念模型。将模型中含微裂纹代表性体积单元受均匀荷载的边值问题分解为不含裂纹的基质受均匀荷载的常规边值问题和由于微裂纹的张开、闭合以及摩擦滑移产生的附加应力、应变场问题;采用均匀化的方法得到了含裂纹材料的有效弹性张量;建立了用宏观应变和有效弹性张量表达的宏观自由能。为建立代表性体积单元内的宏观应力、应变场的关系提供了基础。

其次,基于得到的含微裂纹材料的自由能,结合连续介质力学理论得到了损伤材料发生裂纹扩展和摩擦滑移时的全耦合本构方程;基于隐式本构积分算法编制了相应的计算程序,并对模型的参数取值进行了讨论;对干燥角砾熔岩和饱和角砾熔岩三轴力学试验结果进行了模拟。

最后,本章建立的基于细观力学的脆性岩石弹塑性损伤耦合本构模型,为下一章渗流应力耦合条件下的本构模型以及渗透率演化模型建立打下基础。

参考文献

[1] WALSH J B. Static deformation of rock[J]. Journal of the Engineering Mechanics Division,1980,106(5):1005-1019.

[2] JIA C J,XU W Y,WANG S S,et al. Experimental analysis and modeling of the mechanical behavior of breccia lava in the dam foundation of the Baihetan Hydropower Project[J]. Bulletin of Engineering Geology and the Environment,2019,78(4):2681-2695.

[3] TRUESDELL C,NOLL W. The non-linear field theories of mechanics[M]. Berlin:Springer,2004.

[4] HILL R. The essential structure of constitutive laws for metal composites and polycrystals[J]. Journal of the Mechanics and Physics of Solids,1967,15(2):79-95.

[5] HASHIN Z. Analysis of composite materials—a survey[J]. Journal of Applied Mechanics,1983,50(3):481-505.

[6] ESHELBY J D. Elastic inclusions and inhomogeneities[J]. Progressive Solid Mechanics,1961,2:87-140.

[7] BUDIANSKY B, O'CONNELL R J. Elastic moduli of a cracked solid [J]. International Journal of Solids & Structures,1976,12(2):81-97.

[8] 张研,韩林. 细观力学基础[M]. 北京:科学出版社,2014.

[9] ZHU Q Z,KONDO D,SHAO J F. Micromechanical analysis of coupling between anisotropic damage and friction in quasi brittle materials:role of the homogenization scheme[J]. International Journal of Solids and Structures,2008,45(5):1385-1405.

[10] ZHU Q Z,SHAO J F,KONDO D. A micromechanics-based thermodynamic formulation of isotropic damage with unilateral and friction effects[J]. European Journal of Mechanics-A/Solids,2011,30(3):316-325.

[11] SHAO J F,JIA Y,KONDO D,et al. A coupled elastoplastic damage model for semi-brittle materials and extension to unsaturated conditions[J]. Mechanics of Materials,2006,38(3):218-232.

[12] ZHU Q Z,SHAO J F. A refined micromechanical damage-friction model with strength prediction for rock-like materials under compression [J]. International Journal of Solids and Structures,2015,60-61:75-83.

[13] SIMO J C,HUGHES T J R. Computational inelasticity[M]. Berlin: Springer Science and Business Media,2006.

[14] CLAUSEN J,DAMKILDE L,ANDERSEN L. An efficient return algorithm for non-associated plasticity with linear yield criteria in principal stress space[J]. Computers & Structures,2007,85(23-24):1795-1807.

[15] GHAEI A,GREEN D E,TAHERIZADEH A. Semi-implicit numerical integration of Yoshida-Uemori two-surface plasticity model[J]. International Journal of Mechanical Sciences,2010,52(4):531-540.

[16] AREIAS P,DIAS-DA-COSTA D,PIRES E B,et al. A new semi-implicit formulation for multiple-surface flow rules in multiplicative plasticity[J]. Computational Mechanics,2012,49(5):545-564.

[17] LOCKNER D A. A generalized law for brittle deformation of Westerly granite[J]. Journal of Geophysical Research: Solid Earth. 1998, 103 (B3):5107-5123.

[18] LEMAITRE J, DUFAILLY J. Damage measurements[J]. Engineering Fracture Mechanics, 1987, 28(5-6): 643-661.
[19] ZHU Q Z, ZHAO L Y, SHAO J F. Analytical and numerical analysis of frictional damage in quasi brittle materials[J]. Journal of the Mechanics and Physics of Solids, 2016, 92: 137-163.

第7章

岩石渗流应力耦合流变本构模型

我国重大水电工程主要分布于西南高山峡谷地区。当高坝大库竣工蓄水后，坝体上游水位大幅提高，上下游形成巨大水位差，极大地改变了高坝坝基、拱坝坝肩、地下洞室群以及高陡边坡等工程区域岩体地下水渗流场环境和应力场环境，进而会影响重大水电工程长期运营过程中的安全性和稳定性。由裂纹扩展导致的损伤是岩土及混凝土材料非线性变形和破坏的主要因素之一。

在水电工程中，坝基岩体既受到力学荷载作用，又受水库调度等人类活动引起的孔隙水压力改变的影响。一方面，坝基岩体的应力和渗流特征受岩石损伤演化的影响；另一方面，损伤演化也受荷载以及孔隙水压力的变化控制。因此，有必要对岩体在渗流应力耦合作用下的力学特征进行研究，从而为高坝坝基长期稳定性和安全性分析提供依据。

关于岩石弹塑性变形以及孔隙水压力的变化之间的耦合作用，相关文献报道还很少。近年来，许多研究者在不可逆热力学框架下，采用连续介质损伤力学理论对渗流应力条件下的岩石流变本构模型进行了研究，取得了一系列有意义的结果。但这些模型大多采用直接对试验结果的经验拟合，并不能反映流变损伤过程中的实际物理过程；同时，模型大多引入了很多的参数，并且参数确定上具有较大的随意性。

因此，本章首先在第六章建立的基于细观力学的弹塑性损伤耦合本构模型中增加孔隙水压力，实现裂纹摩擦导致的塑性变形、裂纹扩展引起的损伤演化以及孔隙水压力的变化二者相互耦合，通过引入损伤演化方程描述岩石流变过程中由于亚临界裂纹扩展造成的细观结构变化，根据一致性条件建立渗流应力耦合作用下的损伤塑性全耦合中损伤乘子和塑性乘子的计算方法。最后将该模型用于白鹤滩坝基角砾熔岩渗流应力耦合流变力学试验的模拟中，并评价模型的可靠性。

7.1 孔隙力学基本框架

对于脆性岩石材料，在小变形和等温条件下，总应变增量 $d\varepsilon$ 和总孔隙率增量 $d\phi$ 可分解为弹性部分和不可逆变形部分

$$d\varepsilon = d\varepsilon^e + d\varepsilon^p ; d\phi = \phi - \phi_0 = \phi^e + \phi^p \tag{7.1.1}$$

式中，ϕ 为当前状态的孔隙率；ϕ_0 为初始岩石的初始孔隙率。对于多孔介质材

料，其任意耗散过程，同样需要满足 Clausius-Duhem 不等式[1]

$$\boldsymbol{\sigma}:\mathrm{d}\varepsilon + p_p \mathrm{d}\phi - \mathrm{d}\boldsymbol{\Psi}_s \geqslant 0 \tag{7.1.2}$$

式中，$\boldsymbol{\sigma}$ 为应力张量；p_p 为孔隙水压力；$\boldsymbol{\psi}_s$ 为多孔介质骨架单位总体积的自由能。自由能 $\boldsymbol{\psi}_s$ 可以表示为弹性应变张量 $\boldsymbol{\varepsilon}^e$，弹性孔隙率 ϕ^e 的函数。此外，还需要引入损伤变量 d 和塑性内变量 γ^p 来描述多孔介质材料的耗散过程，即 $\boldsymbol{\psi}_s = \boldsymbol{\psi}_s(\boldsymbol{\varepsilon}^e, \phi^e, d, \gamma^p)$。将应变和自由能的微分形式代入不等式(7.1.2)，可以得到如下

$$\left(\boldsymbol{\sigma} - \frac{\partial \boldsymbol{\Psi}_s}{\partial \boldsymbol{\varepsilon}^e}\right)\mathrm{d}\boldsymbol{\varepsilon}^e + \boldsymbol{\sigma}:\mathrm{d}\boldsymbol{\varepsilon}^p + \left(p_p - \frac{\partial \boldsymbol{\Psi}_s}{\partial \phi^e}\right)\mathrm{d}\phi^e + p_p \mathrm{d}\phi^p - \frac{\partial \boldsymbol{\Psi}_s}{\partial d}\mathrm{d}d - \frac{\partial \boldsymbol{\Psi}_s}{\partial \gamma^p}\mathrm{d}\gamma^p \geqslant 0 \tag{7.1.3}$$

定义与固体基质骨架相协调的 Gibbs 势能函数的表达式为 $G_s = \boldsymbol{\psi}_s - p_p \phi$，同时考虑到不等式(7.1.3)所表示的耗散过程对任意变量 $\mathrm{d}\boldsymbol{\varepsilon}^e$，$\mathrm{d}\phi^e$，$\mathrm{d}d$ 和 $\mathrm{d}\gamma^p$ 恒成立，可以得到如下所示的状态方程

$$\boldsymbol{\sigma} = \frac{\partial G_s}{\partial \boldsymbol{\varepsilon}^e}\ ;\ \phi = -\frac{\partial G_s}{\partial p_p} \tag{7.1.4}$$

假定与塑性内变量和损伤变量共轭的广义热力学分别为 α^p 和 Y_d

$$\alpha^p = -\frac{\partial G_s}{\partial \gamma^p}\ ;\ Y_d = -\frac{\partial G_s}{\partial d} \tag{7.1.5}$$

Coussy[2]证明上述方程对于不可逆过程亦成立。联合式(7.1.3)和式(7.1.5)同时考虑到状态函数(7.1.4)，最终可以得到如下不等式

$$\boldsymbol{\sigma}:\mathrm{d}\boldsymbol{\varepsilon}^p + p_p \mathrm{d}\phi^p + Y_d \mathrm{d}d + \alpha^p \mathrm{d}\gamma^p \geqslant 0 \tag{7.1.6}$$

为了满足不等式，需要凸的和非负的与热力学力 $\boldsymbol{\sigma}$，p_p，α^p，Y_d 共轭的耗散势 G_s^*

$$\mathrm{d}\boldsymbol{\varepsilon}^p = \frac{\partial G_s^*}{\partial \boldsymbol{\sigma}}\ ;\ \mathrm{d}\phi^p = \frac{\partial G_s^*}{\partial p_p}\ ;\ \mathrm{d}\gamma^p = \frac{\partial G_s^*}{d\alpha^p}\ ;\ \mathrm{d}d = \frac{\partial G_s^*}{\partial Y_d} \tag{7.1.7}$$

上述方程描述了塑性应变、塑性孔隙率、塑性硬化规律和损伤演化过程。本构模型可以通过两个热力学势 G_s 和 G_s^* 求得。

7.2 闭合裂纹下的细观力学分析

在大多数情况下，由于孔隙压力、损伤演化和塑性硬化的耦合作用，热力学势 G_s 的表达式很难确定。为了简便起见，研究者们通常令塑性内变量 $\gamma^p=0$，此时 Gibbs 势函数 G_s 简化为孔隙弹性行为。这说明塑性能量是以热的形式耗散的，在固体骨架中不存在存储的塑性应变能。研究者已经提出了不同形式的弹性损伤势函数[3]，Dormieux 等[4]采用唯象学和细观力学的方法，分别得到了如下形式的弹性损伤势函数的表达式

$$G_s=\frac{1}{2}\boldsymbol{\varepsilon}^e:\boldsymbol{D}(d):\boldsymbol{\varepsilon}^e-p_p b(d)\boldsymbol{\delta}:\boldsymbol{\varepsilon}^e-\frac{1}{2}\eta(d)p_p^2 \tag{7.2.1}$$

式中：$\boldsymbol{D}(d)$ 表示损伤材料的有效弹性张量；$b(d)$ 和 $\eta(d)$ 分别表示 Biot 系数和 Biot 模量[5]。

在不可逆热力学框架下，宏观应力应变状态以及孔隙度的变化率可以通过自由能求导得到

$$\boldsymbol{\Sigma}=\frac{\partial G_s}{\partial \varepsilon}=\boldsymbol{D}(d):\boldsymbol{\varepsilon}-b\boldsymbol{\delta}p_p \tag{7.2.2}$$

$$\phi-\phi_0=-\frac{\partial \psi_s^*}{\partial p_p}=\frac{p_p}{N}+\boldsymbol{B}:\boldsymbol{E} \tag{7.2.3}$$

7.2.1 问题的分解

下面建立关于塑性应变 $\boldsymbol{E}^{pl}$ 和渗透压力 p_p 的宏观自由能。与宏观弹塑性损伤模型类似，材料的总应变 $\boldsymbol{E}$ 可以分成弹性部分（$\boldsymbol{E}-\boldsymbol{E}^{pl}$）和塑性部分 $\boldsymbol{E}^{pl}$。弹性部分的变形主要由固体基质承担，而塑性变形主要是由裂纹的扩展引起。因而，初始问题可以分解成如图 7.2.1 所示的两部分。

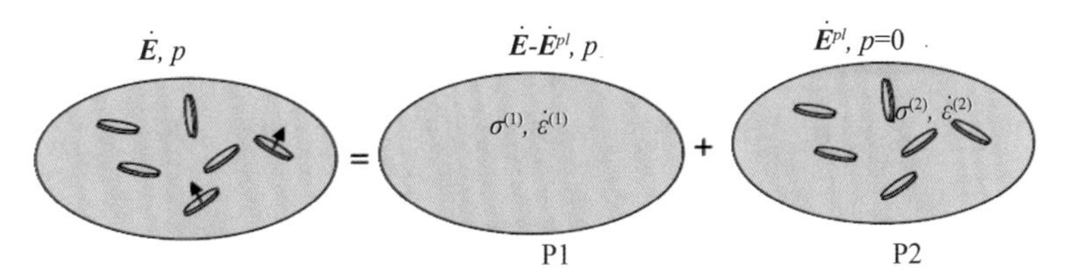

图 7.2.1 含裂纹饱和多孔介质问题的分解

本节中，岩石内部的孔隙缺陷按其形状分为两大类：一类是与前文类似的扁平钱币形的微裂纹；一类是不会闭合的圆形开口的孔隙。并且认为饱和岩石的力学特性仍然只受微裂纹发展的影响，圆形开口孔隙的存在主要是对固体基质起到弱化作用。弱化后基质的弹性模量可表示为

$$\boldsymbol{D}^{m}=3k^{m}\boldsymbol{J}+2\mu^{m}\boldsymbol{K} \tag{7.2.4}$$

式中：k^m 和 μ^m 分别为弱化基质的体积压缩模量和剪切模量。

在 P1 即问题(1)中，REV 包含被孔洞弱化的基质，假定在固体基质中，REV 中的应力和应变分布都是均匀的，因而宏观应力应变则等于局部应变在整个固体基质表面的积分

$$\frac{1}{|\Omega|}\int_{\Omega^{s}}\dot{\varepsilon}^{(1)}\mathrm{d}V=\dot{\boldsymbol{E}}-\dot{\boldsymbol{E}}^{pl} \tag{7.2.5}$$

$$\boldsymbol{\sigma}^{(1)}=\frac{1}{|\Omega|}\int_{\Omega^{s}}\boldsymbol{D}^{m}:\varepsilon^{(1)}\mathrm{d}V-p_{p}\boldsymbol{B}^{(1)}=\boldsymbol{D}^{m}:(\boldsymbol{E}-\boldsymbol{E}^{pl})-p_{p}\boldsymbol{B}^{(1)} \tag{7.2.6}$$

在上述假定条件下，基质中的孔隙变形即为完全弹性的，并且可以通过(7.2.3)计算。由于在问题 1 中 REV 只是由孔隙弱化，因而 Biot 系数张量 $\boldsymbol{B}^{(1)}$ 为常量

$$\boldsymbol{B}^{(1)}=\boldsymbol{B}_{0}=b_{0}\boldsymbol{\delta} \tag{7.2.7}$$

此时

$$\frac{1}{N^{(1)}}=\frac{(b_{0}-\phi_{0})}{k^{s}} \tag{7.2.8}$$

因此，孔隙度的变化即为

$$\phi^{(1)}-\phi_{0}^{(1)}=\phi^{e}=p_{p}\frac{b_{0}-\phi_{0}}{k^{s}}+b_{0}\mathrm{tr}(\boldsymbol{E}-\boldsymbol{E}^{pl}) \tag{7.2.9}$$

在此条件下，便可以得到基质自由能的率形式表达式为

$$\dot{\Psi}_{s}^{(1)}=\frac{1}{\Omega}\int_{\Omega^{s}}\boldsymbol{\sigma}^{(1)}:\dot{\boldsymbol{\varepsilon}}^{(1)}\mathrm{d}V+p_{p}\dot{\phi}^{(1)}=(\boldsymbol{E}-\boldsymbol{E}^{pl}):\boldsymbol{D}^{m}:(\dot{\boldsymbol{E}}-\dot{\boldsymbol{E}}^{pl})+p_{p}\dot{p}_{p}\frac{b_{0}-\phi_{0}}{k^{s}} \tag{7.2.10}$$

在 P2 即问题(2)中，局部应力与不考虑渗流下的情况类似，为自平衡，表现为与流体无关。

$$\langle \boldsymbol{\sigma}^{(2)} \rangle_{\Omega} = 0 \tag{7.2.11}$$

应变场 $\varepsilon^{(2)}$ 假定主要是由裂纹引起，采用均匀化方法便可得到宏观塑性应变 $\boldsymbol{E}^{pl}$ 与局部应变场 $\varepsilon^{(2)}$ 之间的关系，

$$\frac{1}{\Omega}\int_{\Omega^c} \dot{\varepsilon}^{(2)} \mathrm{d}V = \dot{\boldsymbol{E}}^{pl} \tag{7.2.12}$$

根据 Zhu 等[6]的研究成果，裂纹局部应力应变关系可以表达为

$$\boldsymbol{\sigma}^{(2)} - p_p \boldsymbol{\delta} = -\boldsymbol{D}^{pl} : \boldsymbol{E}^{pl} \tag{7.2.13}$$

式中：$\boldsymbol{D}^{pl} = [(\boldsymbol{I} - \boldsymbol{A}^c)^{-1} : \boldsymbol{A}^c : \boldsymbol{S}^m]^{-1}$ 为局部弹性张量，表征了存储滑动摩擦能的能力，主要受固体基质以及材料的损伤状态影响。各向同性条件下，$\boldsymbol{A}^c$ 写成如下的形式

$$\begin{aligned}\boldsymbol{A}^c = &\frac{48(1-\nu^2)d}{27(1-2\nu)+16(1+\nu)^2 d}\boldsymbol{J} \\ &+ \frac{480(1-\nu)(5-\nu)d}{675(2-\nu)+64(5-\nu)(4-5\nu)d}\boldsymbol{K}\end{aligned} \tag{7.2.14}$$

将 $\boldsymbol{A}^c$ 代入局部弹性张量表达式，便可得到

$$\begin{gathered}\boldsymbol{D}^{pl} = 3k^b \boldsymbol{J} + 2\mu^b \boldsymbol{K} \\ k^b = \frac{1}{\eta_1 d} k^m, \mu^b = \frac{1}{\eta_2 d} \mu^m\end{gathered} \tag{7.2.15}$$

问题(2)中非弹性变形引起的孔隙度变化可以表示为

$$\phi^{(2)} - \phi_0^{(2)} = \phi^{pl} = \frac{1}{|\Omega|}\int_{\Omega^c} \mathrm{tr}\boldsymbol{\varepsilon}^{(2)} \mathrm{d}V \tag{7.2.16}$$

$$\phi^{pl} = \mathrm{tr}\boldsymbol{E}^{pl} = \beta \tag{7.2.17}$$

根据自由能的定义，问题(2)自由能的率形式则可以表达为

$$\dot{\Psi}_s^{(2)} = \frac{1}{|\Omega|}\int_{\Omega^s} \boldsymbol{\sigma}^{(2)} : \dot{\boldsymbol{\varepsilon}}^{(2)} \mathrm{d}V + p_p \dot{\phi}^{(2)} \tag{7.2.18}$$

由于材料被分成两个部分，因而存在如下关系：$\Omega^c \cup \Omega^s = \Omega$，那么以上关于自由能的表达式还可以写成

$$\dot{\Psi}_s^{(2)} = \frac{1}{|\Omega|}\int_\Omega \boldsymbol{\sigma}^{(2)} : \dot{\boldsymbol{\varepsilon}}^{(2)} \mathrm{d}V - \frac{1}{|\Omega|}\int_{\Omega^c} \boldsymbol{\sigma}^{(2)} : \dot{\boldsymbol{\varepsilon}}^{(2)} \mathrm{d}V + p_p \dot{\phi}^{(2)} \quad (7.2.19)$$

把式(7.2.13)，(7.2.18)以及(7.2.11)代入，便可得到

$$\dot{\Psi}_s^{(2)} = \dot{\boldsymbol{E}}^{pl} : \boldsymbol{D}^{pl} : \dot{\boldsymbol{E}}^{pl} \quad (7.2.20)$$

从(7.2.20)可以看出，问题(2)自由能的表达式与塑性应变相关。因此将其称为被锁住的自由能。

7.2.2 渗流应力耦合条件下含裂纹材料自由能

将问题(1)和问题(2)得到的自由能的表达式相加，便可以得到材料整体自由能为

$$\begin{aligned}\dot{\Psi}_s &= \frac{1}{|\Omega|}\int_{\Omega^s} (\boldsymbol{\varepsilon}^{(1)} + \boldsymbol{\varepsilon}^{(2)}) : \boldsymbol{D}^m : (\dot{\boldsymbol{\varepsilon}}^{(1)} + \dot{\boldsymbol{\varepsilon}}^{(2)}) \mathrm{d}V + p_p(\dot{\phi}^{(1)} + \dot{\phi}^{(2)}) \\ &= \dot{\Psi}_s^{(1)} + \dot{\Psi}_s^{(2)} + \frac{1}{|\Omega|}\int_{\Omega^s} \boldsymbol{\varepsilon}^{(1)} : \boldsymbol{D}^m : \dot{\boldsymbol{\varepsilon}}^{(2)} \mathrm{d}V + \frac{1}{|\Omega|}\int_{\Omega^s} \boldsymbol{\varepsilon}^{(2)} : \boldsymbol{D}^m : \dot{\boldsymbol{\varepsilon}}^{(1)} \mathrm{d}V\end{aligned} \quad (7.2.21)$$

考虑到等式右边第三项中的 $\boldsymbol{D}^m : \dot{\boldsymbol{\varepsilon}}^{(2)} = \dot{\boldsymbol{\sigma}}^{(2)}$ 和第四项中的 $\boldsymbol{D}^m : \boldsymbol{\varepsilon}^{(2)} = \boldsymbol{\sigma}^{(2)}$ 为自平衡。并且作用在基质上的应变 $\boldsymbol{\varepsilon}^{(1)}$ 以及其率形式 $\dot{\boldsymbol{\varepsilon}}^{(1)}$ 在表面是均匀分布的。因而

$$\frac{1}{|\Omega|}\int_{\Omega^s} \boldsymbol{\varepsilon}^{(1)} : \boldsymbol{D}^m : \dot{\boldsymbol{\varepsilon}}^{(2)} \mathrm{d}V + \frac{1}{|\Omega|}\int_{\Omega^s} \boldsymbol{\varepsilon}^{(2)} : \boldsymbol{D}^m : \dot{\boldsymbol{\varepsilon}}^{(1)} \mathrm{d}V = 0 \quad (7.2.22)$$

因此，式(7.2.21)最终可以写成

$$\dot{\Psi}_s = \dot{\Psi}_s^{(1)} + \dot{\Psi}_s^{(2)} \quad (7.2.23)$$

REV 上的总自由能可以通过积分得到

$$\Psi_s = \frac{1}{2}(\boldsymbol{E} - \boldsymbol{E}^{pl}) : \boldsymbol{D}^m : (\boldsymbol{E} - \boldsymbol{E}^{pl}) + \frac{1}{2}\boldsymbol{E}^{pl} : \boldsymbol{D}^{pl} : \boldsymbol{E}^{pl} + \frac{b_0 - \phi_0}{2k^s} p_p^{\ 2} \quad (7.2.24)$$

从宏观材料的自由能表达式(7.2.24)可以看出，当裂纹闭合后，Biot 系数张量由基质中的孔隙引起，系数并不随裂纹变化而变化。这个结果与前文中关于裂纹滑动摩擦时不会导致固体基质产生非线性变形相一致。

势能可以表达成关于自由能的函数

$$\Psi_s^* = \Psi_s - p_p(\phi - \phi_0) \tag{7.2.25}$$

将式(7.2.9)、(7.2.17)和(7.2.24)代入(7.2.25)则

$$\begin{aligned}\Psi_s^* =& \frac{1}{2}(\boldsymbol{E} - \boldsymbol{E}^{pl}):\boldsymbol{D}^m:(\boldsymbol{E} - \boldsymbol{E}^{pl}) + \frac{1}{2}\boldsymbol{E}^{pl}:\boldsymbol{D}^{pl}:\boldsymbol{E}^{pl} \\ &- \frac{b_0 - \phi_0}{2k^s}{p_p}^2 - p_p b_0 \boldsymbol{\delta}:(\boldsymbol{E} - \boldsymbol{E}^{pl}) - p_p \mathrm{tr}\boldsymbol{E}^{pl}\end{aligned} \tag{7.2.26}$$

若假定 $p_p = 0$，则得到干燥材料的势能函数

$$\Psi_s^* = \frac{1}{2}(\boldsymbol{E} - \boldsymbol{E}^{pl}):\boldsymbol{D}^m:(\boldsymbol{E} - \boldsymbol{E}^{pl}) + \frac{1}{2}\boldsymbol{E}^{pl}:\boldsymbol{D}^{pl}:\boldsymbol{E}^{pl} \tag{7.2.27}$$

由式(7.2.26)可以看出，势能函数包含存储在固体基质中的可恢复势能以及由于裂纹闭合而存储的势能 U

$$U = \frac{1}{2}\boldsymbol{E}^{pl}:\boldsymbol{D}^{pl}:\boldsymbol{E}^{pl} - p_p \mathrm{tr}\boldsymbol{E}^{pl} \tag{7.2.28}$$

在不可逆热力学框架下，状态方程可以通过势能函数对内变量求导得到

$$\boldsymbol{\Sigma} = \frac{\partial \Psi_s^*}{\partial \boldsymbol{E}} = \boldsymbol{D}^m:(\boldsymbol{E} - \boldsymbol{E}^{pl}) - b_0 p_p \boldsymbol{\delta} \tag{7.2.29}$$

$$\phi - \phi_0 = -\frac{\partial \Psi_s^*}{\partial p_p} = \frac{b_0 - \phi_0}{k^s}p_p + b_0 \mathrm{tr}(\boldsymbol{E} - \boldsymbol{E}^{pl}) + \mathrm{tr}\boldsymbol{E}^{pl} \tag{7.2.30}$$

因而孔隙度的弹性变化可以写成

$$\phi - \phi^p - \phi_0 = -\frac{\partial(\Psi_s^* - U)}{\partial p_p} = p_p \frac{b_0 - \phi_0}{k^s} + b_0 \mathrm{tr}(\boldsymbol{E} - \boldsymbol{E}^{pl}) \tag{7.2.31}$$

式(7.2.31)与式(7.2.9)中孔隙度的弹性变化相同。

从宏观自由能的表达式(7.2.24)可以看出，裂纹闭合状态下，Biot 张量 $\boldsymbol{B}$

完全由固体基质中圆形开口孔隙贡献而不受裂纹扩展演化的影响。这个结果与固体基质在裂纹摩擦滑移过程中不会发生非线性变形的假设相符。在目前的推导中,孔隙变化不受裂纹滑动变形影响。

根据 Coussy[2]的研究成果,当微裂纹发生不可逆变形时,用应变 $\boldsymbol{E}$ 和孔隙度 ϕ 表示的瞬时骨架能量 Ψ_s 并不是很准确。需要引入内变量,例如塑性应变 $\boldsymbol{E}^{pl}$ 、塑性孔隙度 ϕ^{pl} 以及损伤变量 d 来描述能量的耗散过程。因此,固体基质的自由能 Ψ_s 可以写成如下的一般形式

$$\Psi_s = W_s(\boldsymbol{E} - \boldsymbol{E}^{pl}, \phi - \phi_{pl}, d) + U \tag{7.2.32}$$

对应的势能函数为

$$\Psi_s^* = W_s(\boldsymbol{E} - \boldsymbol{E}^{pl}, \phi - \phi_{pl}, d) - p_p(\phi - \phi_{pl} - \phi_0) + U \tag{7.2.33}$$

式中:W_s 表示由外部荷载提供的可恢复能量;U 为能陷(trapped energy),在塑性变形过程中耗散掉。U 在形式上是内变量的函数,在等温条件下,U 可以写成一般的形式如下

$$\mathrm{d}U = \mathrm{d}W^p = \boldsymbol{\sigma} : \mathrm{d}\boldsymbol{\varepsilon}^{pl} + p_p \mathrm{d}\phi^{pl} \tag{7.2.34}$$

比较式(7.2.33)和式(7.2.26)发现,由细观力学推导得到自由能的形式与宏观能量建立的自由能一致[2],显示了关于闭合裂纹条件下自由能表达式推导的正确性。

7.3 岩石流变损伤机理

岩石材料在形成过程中,由于不同的成岩条件和地质作用,形成了诸如矿物节理、微裂隙、粒间空隙、晶格缺陷、晶格边界等原生缺陷。在外荷载作用下,最先在这些原生缺陷处发生应力集中从而导致裂纹沿着原生缺陷成核和扩展运动。当裂纹密度超过某个阈值后,微裂纹会相互作用并联合导致岩石的宏观破裂。

在 Griffith[7]研究的基础上,Irwin[8]指出只要测量出裂纹非稳态扩展时候的应力以及知晓裂纹的长度以及几何结构,便可以得到任何材料的抗断强度。Lawn[9]对裂纹导致的局部应力和位移场变化进行了详细的分析并给出了近场应力分布的表达式

$$\boldsymbol{\sigma}_{ij} = K \cdot r^{-0.5} \cdot f_{ij}(\theta) \tag{7.3.1}$$

式中：$\boldsymbol{\sigma}_{ij}$ 为应力张量；r 和 θ 分别表示裂纹的半径和裂纹面的夹角；K 表示应力强度因子，描述了接近裂纹尖端的局部驱动应力的大小或强度。在室内实验中，通常采用均匀加载得到二维拉伸裂纹来确定断裂参数。在此条件下，拉伸应力强度因子可以表示为

$$K_{\mathrm{I}} = B\sigma_r \sqrt{\pi l} \tag{7.3.2}$$

式中：σ_r 为施加的远程拉伸应力；l 为裂纹的半长；B 为一个无量纲常数，用来描述裂纹的几何结构。经典的线弹性断裂力学预测，当 K_{I} 超过一个临界值（被称为断裂韧度 K_{IC}），裂纹将以接近瑞利波速的某个终端速度动态地传播。因此 K_{IC} 被用来描述岩石对动态裂纹扩展的阻力。在临界值以下时，预先存在的裂纹应始终保持稳定和静止。

研究发现，这种简单的动态断裂准则通常是不足以描述大多数岩石的完全裂纹增加。岩石的特征是它们的断裂抗力很大程度上取决于变形发生的环境条件以及变形速率，在高温和存在孔隙流体的情况下尤其如此。大量的试验数据证实裂纹可以在 K_{I} 值远低于临界值 K_{IC} 的情况下以稳定、准静态方式传播，并最终导致岩石的破裂。尽管此时的扩展速率比达到 K_{IC} 的临界速率要低几个数量级，这种现象被称为亚临界裂缝增长。存在一系列可能导致亚临界裂纹生长的微观机制，包括原子扩散、溶解、离子交换、微塑性和应力腐蚀[10]。其中，天然应力状态下，岩石孔隙中充满液体，此时由应力腐蚀导致的裂纹沿着原生缺陷的扩展是岩石亚临界裂纹扩展的主要机制。

应力腐蚀描述了孔隙流体与接近裂纹尖端的应变原子键之间优先发生的流体-岩石反应。例如，在二氧化硅水系统中，靠近作为主要应力支持组分的裂纹尖端的桥接键被较弱的氢键取代，因此在低于应力的情况下便可促进裂纹生长[11−13]。Kranz[14,15]对 Barre 花岗岩进行了单轴和三轴流变力学试验，并对试验前和试验后的破坏试样进行了 SEM 分析，结果表明脆性岩石的流变特征也是由裂纹尖端的应力腐蚀导致的裂纹扩展引起的。余寿文等[16]指出流变过程中存在两种竞争机制，一种是流变造成的裂纹尖端的微缺陷发生亚临界裂纹扩展，从而促进了岩石损伤，另外一种则是流变导致裂纹尖端钝化，减缓了裂纹的扩展和损伤的演化。流变损伤的速率取决于这两种竞争机制的综合结果。根据速率过程理论，施斌等[17]指出岩土材料的流变是由于粒间滑动引起的，在流

变过程中,一些粒间键断开,一些键同时形成。

7.4 渗流应力流变本构模型

7.4.1 流变模型的应力应变关系

对于尺度上升的分析,首先需要选取一个表征单元体(REV)来代表实际的非均匀材料。对于脆性岩石,选取包含各向同性固体基质以及一簇随机分布裂纹的基质夹杂体为REV。通过对等效均匀材料的细观结构描述获得宏观应力场和应变场,以预测非均匀材料实际结构的应力状态和本构关系。基于小变形假设,具有流变特性的脆性岩石,任意一点的应变可以分解为弹性、塑性和流变应变三个部分

$$\boldsymbol{\varepsilon} = \boldsymbol{\varepsilon}^{e} + \boldsymbol{\varepsilon}^{cp} + \boldsymbol{\varepsilon}^{ct} \tag{7.4.1}$$

式中:$\boldsymbol{\varepsilon}$ 为一点的总应变,可以分解瞬时的弹性应变 $\boldsymbol{\varepsilon}^{e}$,塑性应变 $\boldsymbol{\varepsilon}^{cp}$ 和与时间相关的流变应变 $\boldsymbol{\varepsilon}^{ct}$。

受荷载作用,在微小的时间增量 $\mathrm{d}t$ 内,岩石内任意一点应变状态发生改变,式(7.4.1)写成增量的形式

$$\mathrm{d}\boldsymbol{\varepsilon} = \mathrm{d}\boldsymbol{\varepsilon}^{e} + \mathrm{d}\boldsymbol{\varepsilon}^{cp} + \mathrm{d}\boldsymbol{\varepsilon}^{ct} \tag{7.4.2}$$

根据应变的分解,宏观应力以及相应的增量形式可写为

$$\boldsymbol{\sigma} = \boldsymbol{D}^{m} : (\boldsymbol{\varepsilon} - \boldsymbol{\varepsilon}^{cp} - \boldsymbol{\varepsilon}^{ct}) \tag{7.4.3}$$

$$\mathrm{d}\boldsymbol{\sigma} = \boldsymbol{D}^{m} : (\mathrm{d}\boldsymbol{\varepsilon} - \mathrm{d}\boldsymbol{\varepsilon}^{cp} - \mathrm{d}\boldsymbol{\varepsilon}^{ct}) \tag{7.4.4}$$

式中:$\boldsymbol{D}^{m}$ 为岩石的弹性张量,在各向同性条件下,弹性张量可表示为 $\boldsymbol{D}^{m} = 3k^{m}\boldsymbol{J} + 2\mu^{m}\boldsymbol{K}$;$k^{m}$ 和 μ^{m} 分别为材料的体积模量和剪切模量。

7.4.2 流变模型中的损伤变量

在细观力学中,细观的损伤即为裂纹扩展。在流变模型中,需要考虑两种类型的裂纹扩展:由应力变化引起的瞬时裂纹扩展和由流变引起的亚临界裂纹扩展。裂纹扩展成核运动引起的损伤可以分解为两个部分

$$d = \omega + \tau \tag{7.4.5}$$

式中：ω 为瞬时损伤变量；τ 为时效损伤变量。

式(7.4.5)写成增量形式为

$$\mathrm{d}d = \mathrm{d}\omega + \mathrm{d}\tau \tag{7.4.6}$$

简化起见，假定在瞬时加载条件下 $\mathrm{d}\tau = 0$。

7.4.3 渗流应力流变状态下塑性屈服准则

考虑体积为 Ω、边界为 S 的裂纹夹杂材料表征单元体 REV，在其边界上作用均匀应力或者应变。假设该夹杂材料中裂纹的弹性张量分别为 $\boldsymbol{D}^{c,1}$，$\boldsymbol{D}^{c,2}$，$\boldsymbol{D}^{c,3}$，…，$\boldsymbol{D}^{c,M}$。利用 Eshelby 等效夹杂理论，在均匀边界条件下裂纹夹杂材料的有效弹性张量 $\boldsymbol{D}^{\text{hom}}$ 可以写成

$$\boldsymbol{D}^{\text{hom}} = \boldsymbol{D}^{m} + \sum_{r=1}^{M} \varphi^{c,r} (\boldsymbol{D}^{c,r} - \boldsymbol{D}^{m}) : A^{c,r} \tag{7.4.7}$$

式中：$\varphi^{c,r}$ 为任意第 r 簇裂纹的体积分数。假设钱币状的裂纹的单位向量为 $\boldsymbol{n}$，平均半径和半开度分别为 a 和 c。在此条件下，裂纹的体积分数可以表示为 $\varphi^{c,r} = \dfrac{4}{3}\pi a_r^2 c_r N_r = \dfrac{4}{3}\pi \varepsilon d$；系数 $\varepsilon = c/a$ 为裂纹纵横比；N 表示单位体积方向为 $\boldsymbol{n}$ 的裂纹数量；d 为裂纹密度参数，亦即细观损伤变量；四阶张量 $\boldsymbol{A}^{c,r}$ 称为应变集中张量，与表征单元体的力学和几何描述相关。

在各向同性条件下，采用 Mori-Tanaka(MT)均匀化方法，可以得到夹杂材料的有效弹性张量 $\boldsymbol{D}^{\text{hom}}$ 为

$$\boldsymbol{D}^{\text{hom}} = \frac{1}{1+\eta_1 d} 3k^m \boldsymbol{J} + \frac{1}{1+\eta_2 d} 2\mu^m \boldsymbol{K} \tag{7.4.8}$$

式中：η_1 和 η_2 是与岩石基质泊松比 ν^m 相关的常量，$\eta_1 = \dfrac{16}{9} \times \dfrac{1-(\nu^m)^2}{1-2\nu^m}$，$\eta_2 = \dfrac{32}{45} \times \dfrac{(1-\nu^m)(5-\nu^m)}{2-\nu^m}$。

在小变形和恒温条件下，材料自由能 W 可以表示为

$$W = \frac{1}{2} \boldsymbol{\varepsilon} : \boldsymbol{D}^{\text{hom}} : \boldsymbol{\varepsilon} \tag{7.4.9}$$

此外，自由能还可以分解成固体基质引起的弹性部分以及由于裂纹存在导致的被锁自由能[6]

$$W=\frac{1}{2}(\boldsymbol{\varepsilon}-\boldsymbol{\varepsilon}^{c}):\boldsymbol{D}^{m}:(\boldsymbol{\varepsilon}-\boldsymbol{\varepsilon}^{c})+\frac{1}{2}\boldsymbol{\varepsilon}^{c}:\boldsymbol{D}^{b}:\boldsymbol{\varepsilon}^{c} \tag{7.4.10}$$

式中：$\boldsymbol{\varepsilon}^{c}$ 为裂纹引起的塑性变形，可以分解为瞬时加载引起的变形 $\boldsymbol{\varepsilon}^{cp}$ 和流变变形 $\boldsymbol{\varepsilon}^{ct}$ ，$\boldsymbol{\varepsilon}^{c}=\boldsymbol{\varepsilon}^{cp}+\boldsymbol{\varepsilon}^{ct}$ 。此外，式(7.4.10)对张开裂纹和闭合裂纹条件都适用，因而可以通过比较(7.4.9)和(7.4.10)得到四阶背应力张量 $\boldsymbol{D}^{b}$

$$\boldsymbol{D}^{b}=\frac{1}{\eta_{1}d}3k^{m}\boldsymbol{J}+\frac{1}{\eta_{2}d}2\mu^{m}\mathbf{K} \tag{7.4.11}$$

在渗流应力耦合条件下，整个表征单元体的自由能表达式为

$$\begin{aligned}W=&\frac{1}{2}(\boldsymbol{\varepsilon}-\boldsymbol{\varepsilon}^{c}):\boldsymbol{D}^{m}:(\boldsymbol{\varepsilon}-\boldsymbol{\varepsilon}^{c})+\frac{1}{2}\varepsilon^{c}:\boldsymbol{D}^{b}:\boldsymbol{\varepsilon}^{c}\\&-\frac{b_{0}-\phi_{0}}{2k^{s}}{p_{p}}^{2}-p_{p}b_{0}\boldsymbol{\delta}:(\boldsymbol{\varepsilon}-\boldsymbol{\varepsilon}^{c})-p_{p}\mathrm{tr}\boldsymbol{\varepsilon}^{c}\end{aligned} \tag{7.4.12}$$

式中：等式右边第三项到第五项即为由于渗流应力作用导致的自由能的变化。其中 p_{p} 为孔隙水压力；b_{0} 为固体基质中孔隙存在引起的 Biot 系数；ϕ_{0} 为初始孔隙度。

在得到材料的自由能表达式后，状态方程便可以通过自由能对内变量求导得到。因此，损伤共轭力可以写成

$$Y(\boldsymbol{\varepsilon}^{c},d)=-\frac{\partial W}{\partial d}=-\frac{1}{2}\boldsymbol{\varepsilon}^{c}:\frac{\partial D^{b}}{\partial d}:\boldsymbol{\varepsilon}^{c} \tag{7.4.13}$$

与非弹性应变 $\boldsymbol{\varepsilon}^{c}$ 相关联的共轭力 $\boldsymbol{\sigma}^{c}$ ，亦即作用于裂纹的局部应力也可以通过自由能对非弹性应变求导得到

$$\boldsymbol{\sigma}^{c}=-\frac{\partial W}{\partial\varepsilon^{c}}=\boldsymbol{\sigma}-D^{b}:\boldsymbol{\varepsilon}^{c}+p_{p}\boldsymbol{\delta} \tag{7.4.14}$$

作用于裂纹的局部应力控制着裂纹的扩展成核以及裂纹间断面的滑移。同时，从表达式(7.4.14)可以看出，孔隙水压力直接影响局部应力，进而影响岩石的力学特征。

为了描述流变状态下的塑性屈服准则，首先将作用于裂纹的局部应力 $\boldsymbol{\sigma}^{c}$

分解成垂直于裂纹面的正应力 $\sigma_m^c\boldsymbol{\delta}=1/3\mathrm{tr}\boldsymbol{\sigma}^c$ 和平行于裂纹面的偏应力 $s^c=\boldsymbol{K}:\boldsymbol{\sigma}^c$。那么,由摩擦定律则可以得到塑性屈服准则为

$$f_s=\|s^c\|+\eta\boldsymbol{\sigma}_m^c \tag{7.4.15}$$

式中:η 为摩擦系数。为了问题的简化,采用关联的流动法则,即塑性流动势函数与屈服函数一致。于是,岩石的塑性应变可以表示为

$$\mathrm{d}\boldsymbol{\varepsilon}^c=\mathrm{d}\lambda^c\frac{\partial f_s}{\partial\boldsymbol{\sigma}^c} \tag{7.4.16}$$

式中:$\mathrm{d}\lambda^c$ 为非负的塑性乘子。此外,流动方向 $\frac{\partial f_s}{\partial\boldsymbol{\sigma}^c}$ 可以表示为

$$\frac{\partial f_s}{\partial\boldsymbol{\sigma}_c}=\frac{s^c}{\|s^c\|}+\frac{1}{3}\eta\boldsymbol{\delta} \tag{7.4.17}$$

根据(7.4.2)将塑性应变分解成瞬时应变和流变应变。为了问题的简化,假设流变应变的流动方向与瞬时塑性流动方向相同,那么(7.4.16)可以写成

$$\mathrm{d}\boldsymbol{\varepsilon}^c=\mathrm{d}\boldsymbol{\varepsilon}^{cp}+\mathrm{d}\boldsymbol{\varepsilon}^{ct}=(\mathrm{d}\lambda^{cp}+\mathrm{d}\lambda^{ct})\frac{\partial f_s}{\partial\boldsymbol{\sigma}^c} \tag{7.4.18}$$

式中:$\mathrm{d}\lambda^{cp}$ 和 $\mathrm{d}\lambda^{ct}$ 分别表示与瞬时塑性变形和流变变形相关的非负塑性乘子。

7.4.4 渗流应力流变状态下损伤屈服准则

与瞬时加载状态下损伤准则类似,流变状态下损伤屈服准则同样满足如下线性关系

$$f_d(Y,d)=Y(\varepsilon^c,d)-R(d)=0 \tag{7.4.19}$$

式中:$R(d)$ 反映了材料抵抗由于裂纹扩展损伤破坏的能力。采用瞬时加载下模型的表达式

$$R(d)=R(d_c)\frac{2\vartheta}{1+\vartheta^2},\vartheta=\frac{d}{d_c} \tag{7.4.20}$$

脆性岩石瞬时损伤演化规律采用如下表述

$$\mathrm{d}\omega=\mathrm{d}\lambda^w\frac{\partial f_d}{\partial Y}=\mathrm{d}\lambda^w \tag{7.4.21}$$

式中：$d\lambda^{\omega}$ 便是与瞬时损伤演化有关的非负乘子。

为了定量分析脆性岩石流变过程中的时效损伤变量 $\tau(t)$，引入参数 $\bar{\tau}$ 表示材料的细观结构，并假设当流变时间 t 趋近于∞时，损伤变量满足 $\tau \to \bar{\tau}$。因而，对于一个给定的应力加载路径，$\bar{\tau}$ 物理上代表了一个与微观结构平衡相关的渐进状态函数。当 $\tau < \bar{\tau}$ 时，表示系统还未达到热力学平衡状态，因而是不稳定的。于是细观结构会随时间朝稳定结构方向发展（$\tau = \bar{\tau}$）。在宏观上即表现为流变变形。Pietruszczak 等[18]认为这种微观结构演化的动力学问题可以用平衡态的偏差函数来表示，数学上可以写作（$\bar{\tau} - \tau$）。因此，时效损伤演化应该也与这个偏差有关，采用最简单的线性形式来表示时效损伤演化规律[18]

$$\dot{\tau} = l\langle \bar{\tau} - \tau \rangle \tag{7.4.22}$$

式中：l 为控制初始流变速率的材料参数。$x = \dfrac{x + |x|}{2}$ 为 Macauly 支架。在本章提出的模型中，很容易得到边界条件为：$\bar{\tau} \in [0, +\infty]$ 且 $\tau \in [0, \bar{\tau}]$。

已知函数(7.4.22)，考虑到 $\bar{\tau} > \tau$，通过拉普拉斯变换可以得到

$$L(\dot{\tau}) = sL(\tau) - \tau(0) \tag{7.4.23}$$

已知初始条件 $\tau(0) = 0$，则

$$l(L(\bar{\tau}) - L(\tau)) = sL(\tau) \tag{7.4.24}$$

因此

$$L(\tau) = \frac{l}{l + s} L(\bar{\tau}) \tag{7.4.25}$$

此外，考虑到

$$\frac{l}{l + s} = L(le^{-lt}) \tag{7.4.26}$$

将式(7.4.26)代入(7.4.25)得

$$L(\tau) = L(le^{-lt}) L(\bar{\tau}) \tag{7.4.27}$$

对式(7.4.27)运用卷积定理，得到时效损伤变量 τ 的表达式

$$\tau(t) = \int_0^t l\bar{\tau}(t) e^{-l(t-\xi)} d\xi \tag{7.4.28}$$

从式(7.4.28)可以看出，时效损伤变量与岩石的变形历史有关，这也与分级加载流变试验中观察到的现象一致。

Zhao 等[19]认为在流变阶段，流变变形的增加与时效损伤存在线性关系，并且提出了如下形式的时效损伤阈值表达式

$$\bar{\tau}=\frac{d^2}{M+d}\exp\left(\frac{\langle d-d_c\rangle}{d_c}\right) \tag{7.4.29}$$

式中：M 为控制时效损伤演化速率的参数；损伤阈值 d_c 的定义也已经在前面章节中给出，这里不再赘述。根据式(7.4.29)，当 $d=d_c$ 时，材料开始发生加速流变。

7.5 程序设计

7.5.1 塑性-损伤全耦合积分算法

在脆性岩石变形破坏过程中，塑性滑移和损伤演化相互耦合，即塑性和损伤需要通过求解一个系统的方程组得到。

为了求得损伤和塑性乘子，首先需要利用一致性条件，根据塑性屈服准则得到

$$\mathrm{d}f_s=\frac{\partial f_s}{\partial \boldsymbol{\sigma}}:\mathrm{d}\boldsymbol{\sigma}+\frac{\partial f_s}{\partial d}(\mathrm{d}\omega+\mathrm{d}\tau)+\frac{\partial f_s}{\partial \boldsymbol{\varepsilon}^c}:\mathrm{d}\boldsymbol{\varepsilon}^c+\frac{\partial f_s}{\partial p_p}\mathrm{d}p_p=0 \tag{7.5.1}$$

将式(7.4.14)代入式(7.5.1)，并考虑到 $\mathrm{d}\tau=\dot{\tau}\mathrm{d}t$ 及 $\mathrm{d}\omega=\mathrm{d}\lambda^{\omega}$ 。在排水条件下，$\mathrm{d}p_p=0$，则式(7.5.1)可化为

$$\mathrm{d}f_s=\frac{\partial f_s}{\partial \boldsymbol{\sigma}}:\mathrm{d}\boldsymbol{\sigma}+\frac{\partial f_s}{\partial d}(\mathrm{d}\lambda^{\omega}+\dot{\tau}\mathrm{d}t)-(\mathrm{d}\lambda^{cp}+\mathrm{d}\lambda^{ct})\frac{\partial f_s}{\partial \boldsymbol{\sigma}}:\boldsymbol{D}^b:\frac{\partial f_s}{\partial \boldsymbol{\sigma}}=0 \tag{7.5.2}$$

损伤一致性条件可以表示为

$$\mathrm{d}f_d=\frac{\partial f_d}{\partial d}(\dot{\tau}\mathrm{d}t+\mathrm{d}\lambda^{\omega})-(\mathrm{d}\lambda^{cp}+\mathrm{d}\lambda^{ct})\varepsilon^c:\frac{\partial \boldsymbol{D}^b}{\partial d}:\frac{\partial f_d}{\partial \boldsymbol{\sigma}}=0 \tag{7.5.3}$$

瞬时加载条件下，时效损伤和流变应变增量都为 0，即 $\mathrm{d}\tau=0$ 且 $\mathrm{d}\lambda^{ct}=0$，因

而，根据损伤一致性条件，可以得到

$$\mathrm{d}\lambda^{\omega}=\mathrm{d}\lambda^{cp}\boldsymbol{\varepsilon}^{c}:\frac{\partial \boldsymbol{D}^{b}}{\partial d}:\frac{\partial f_{s}}{\partial \boldsymbol{\sigma}}\Big/\frac{\partial f_{d}}{\partial d} \tag{7.5.4}$$

将式(7.5.4)代入(7.5.2)可得瞬时状态的塑性乘子 $\mathrm{d}\lambda^{cp}$

$$\mathrm{d}\lambda^{cp}=\frac{1}{H_{\sigma d}}\frac{\partial f_{s}}{\partial \boldsymbol{\sigma}}:\mathrm{d}\boldsymbol{\sigma} \tag{7.5.5}$$

式中：塑性硬化模量 $H_{\sigma d}$ 为

$$H_{\sigma d}=\frac{\partial f_{s}}{\partial \boldsymbol{\sigma}}:\boldsymbol{D}^{b}:\frac{\partial f_{s}}{\partial \boldsymbol{\sigma}}-\frac{\partial f_{s}}{\partial d}\boldsymbol{\varepsilon}^{c}:\frac{\partial \boldsymbol{D}^{b}}{\partial d}:\frac{\partial f_{s}}{\partial \boldsymbol{\sigma}}\Big/\frac{\partial f_{d}}{\partial d} \tag{7.5.6}$$

流变加载条件下，应力保持恒定，则 $\mathrm{d}\boldsymbol{\sigma}=0$。同时瞬时塑性乘子 $\mathrm{d}\lambda^{cp}=0$ 和损伤乘子 $\mathrm{d}\lambda^{\omega}=0$。代入式(7.5.3)

$$\mathrm{d}\lambda^{ct}=\frac{\dfrac{\partial f_{s}}{\partial d}}{\dfrac{\partial f_{s}}{\partial \boldsymbol{\sigma}}:\boldsymbol{D}^{b}:\dfrac{\partial f_{s}}{\partial \boldsymbol{\sigma}}}\dot{\tau}\,\mathrm{d}t \tag{7.5.7}$$

至此，塑性-损伤全耦合下的塑性和损伤乘子便可以通过式(7.5.4)、(7.5.5)和(7.5.7)求解。应力-应变的增量形式最终可以表示为

$$\mathrm{d}\boldsymbol{\varepsilon}=\boldsymbol{S}_{t}^{\mathrm{hom}}:\mathrm{d}\boldsymbol{\sigma}+\boldsymbol{\Psi}_{\sigma\tau}\mathrm{d}t \tag{7.5.8}$$

式中：$\boldsymbol{S}_{t}^{\mathrm{hom}}$ 为损伤材料的四阶柔度矩阵

$$\boldsymbol{S}_{t}^{\mathrm{hom}}=S^{m}+\frac{1}{H_{\sigma d}}\frac{\partial f_{s}}{\partial \boldsymbol{\sigma}}\otimes\frac{\partial f_{s}}{\partial \boldsymbol{\sigma}} \tag{7.5.9}$$

$\boldsymbol{\Psi}_{\sigma\tau}$ 为与流变变形相关的二阶张量

$$\boldsymbol{\Psi}_{\sigma\tau}=\frac{\dfrac{\partial f_{s}}{\partial d}}{\dfrac{\partial f_{s}}{\partial \boldsymbol{\sigma}}:\dot{\lambda}^{b}:\dfrac{\partial f_{s}}{\partial \boldsymbol{\sigma}}}\frac{\partial f_{s}}{\partial \boldsymbol{\sigma}} \tag{7.5.10}$$

式(7.5.8)表明，宏观总应变增量由损伤材料的瞬时应变和流变应变组成。

7.5.2 时效损伤变量

传统弹塑性非线性问题的求解需要分步加载，因而损伤变量 τ 是与加载过

程有关的一系列离散数据点。在计算式(7.5.9)时,首先需要将积分区间离散化,然后对每个离散区间利用矩形公式单独求解,最后将每一个离散区间的结果累加。

考虑积分区间 $[0,t_k]$,将时间步分解成 $dt_i(i=1,2,\cdots,k)$,则由式(7.4.28)根据矩形公式得

$$\tau_k = l\sum_{i=1}^{k}\left(\frac{\overline{\tau}_{i-1}+\overline{\tau}_i}{2}\right)e^{-l(t_k-t_i+\frac{1}{2}dt_i)}dt_i \tag{7.5.11}$$

若要求得流变损伤变量的值,需要将离散值 $\overline{\tau}_i(i=1,2,\cdots,k)$ 全部存储并根据式(7.5.11)进行累加求解。这就需要占用大量的内存空间,在进行有限元分析时降低了计算效率。朱其志等[20]提出了快速显式积分算法。在流变变形的 t_k 时刻,即积分区间为 $[0,t_k]$,由式(7.4.28)可得

$$\tau_k = \int_0^{t_k}\overline{\tau}(\xi)le^{-l(t_k-\xi)}d\xi \tag{7.5.12}$$

式(7.5.12)可变换为

$$\tau_k e^{lt_k} = l\int_0^{t_k}\overline{\tau}(\xi)e^{l\xi}d\xi \tag{7.5.13}$$

对于 t_{k-1} 时刻,依然可以得到

$$\tau_{k-1}e^{l(t_k-dt_k)} = l\int_0^{t_{k-1}}\overline{\tau}(\xi)e^{l\xi}d\xi \tag{7.5.14}$$

式(7.5.13)减去(7.5.14)得

$$\tau_k e^{lt_k} - \tau_{k-1}e^{l(t_k-dt_k)} = l\int_0^{t_k}\overline{\tau}(\xi)e^{l\xi}d\xi - l\int_0^{t_{k-1}}\overline{\tau}(\xi)e^{l\xi}d\xi \tag{7.5.15}$$

式(7.5.15)左边还可以进一步写成

$$\tau_k e^{lt_k} - \tau_{k-1}e^{l(t_k-dt_k)} = e^{lt_k}(\tau_k - \tau_{k-1}e^{-ldt_k}) \tag{7.5.16}$$

式(7.5.15)右边两项根据矩形公式可以分别表示为

$$l\int_0^{t_k}\overline{\tau}(\xi)e^{l\xi}d\xi = l\sum_{i=1}^{k}\left(\frac{\overline{\tau}_{i-1}+\overline{\tau}_i}{2}\right)e^{l\left(t_i-\frac{1}{2}dt_i\right)}dt_i \tag{7.5.17}$$

$$l\int_0^{t_{k-1}}\overline{\tau}(\xi)e^{l\xi}d\xi = l\sum_{i=1}^{k-1}\left(\frac{\overline{\tau}_{i-1}+\overline{\tau}_i}{2}\right)e^{l\left(t_i-\frac{1}{2}dt_i\right)}dt_i \tag{7.5.18}$$

式(7.5.17)减去(7.5.18)得

$$l\int_0^{t_k}\bar{\tau}(\xi)e^{l\xi}d\xi - l\int_0^{t_{k-1}}\bar{\tau}(\xi)e^{l\xi}d\xi = l\left(\frac{\bar{\tau}_{k-1}+\bar{\tau}_k}{2}\right)e^{l(t_k-\frac{1}{2}dt_k)}dt_k \tag{7.5.19}$$

根据式(7.5.15)、(7.5.16)和(7.5.19)最后得到

$$\tau_k = \tau_{k-1}e^{-ldt_k} + l\left(\frac{\bar{\tau}_{k-1}+\bar{\tau}_k}{2}\right)e^{-\frac{1}{2}ldt_k}dt_k \tag{7.5.20}$$

从式(7.5.20)可以看出，在计算流变 k 时刻的损伤变量时，仅需要存储当前加载步以及上一加载步的结果，且无须进行累加求和计算，因而计算效率大大提高。

7.6 三轴流变试验数值验证

7.6.1 渗流应力流变模型参数辨识

在渗流应力耦合条件下，与第六章的分析方法类似，得到采用以压为正的岩石屈服准则为

$$f_s = \sigma_1 - \frac{2\eta+\sqrt{6}}{\sqrt{6}-\eta}\sigma_3 + \frac{3\eta}{\sqrt{6}-\eta}p_p - \frac{6\sqrt{\chi R(d)}}{\sqrt{6}-\eta} = 0 \tag{7.6.1}$$

当不考虑渗流应力耦合作用时，方程退化为

$$f_s = \sigma_1 - \frac{2\eta+\sqrt{6}}{\sqrt{6}-\eta}\sigma_3 - \frac{6\sqrt{\chi R(d)}}{\sqrt{6}-\eta} = 0 \tag{7.6.2}$$

与式(6.6.14)的表达一致。

渗流应力耦合条件下的本构模型包含 6 个参数。其中被弱化的固体基质弹性模量和泊松比确定方法与不考虑渗流应力耦合情况类似。当渗流应力耦合试验中保持渗压不变，而改变围压时，摩擦系数 η 和参数 $R(d_c)$ 也可以通过 Mohr-Coulomb 强度准则对岩石最大主应力与最小主应力进行线性拟合得到。若拟合结果为 $\sigma_1 = a\sigma_3 + b$，则可以通过(7.6.1)得到

$$\begin{cases} \eta = \dfrac{(a-1)\times\sqrt{6}}{2+a} \\ R(d_c) = \left[\dfrac{\sqrt{6}(b+p_p a - p_p)}{2(2+a)\sqrt{\chi}}\right]^2 \end{cases} \tag{7.6.3}$$

式(7.6.3)中参数 $R(d_c)$ 的表达式与不考虑渗流应力耦合条件情况下的表达式(6.6.15)相比,便可直接看出渗流应力耦合作用下孔隙水压力对其的影响。

若在渗流应力耦合试验中改变渗压而保持围压不变,摩擦系数 η 和参数 $l(d_c)$ 也可通过 Mohr-Coulomb 强度准则对岩石最大主应力与渗压进行线性拟合得到。角砾熔岩渗流应力耦合条件下的拟合结果如图 7.6.1 所示。若拟合结果为 $\sigma_1 = a'\sigma_3 + b'$,则可以通过(7.6.1)得到

$$\begin{cases} \eta = \dfrac{\sqrt{6}a'}{a'-3} \\ R(d_c) = \left[\dfrac{b'(\sqrt{6}-\eta)-(2\eta+\sqrt{6})\sigma_3}{6\sqrt{\chi}}\right]^2 \end{cases} \tag{7.6.4}$$

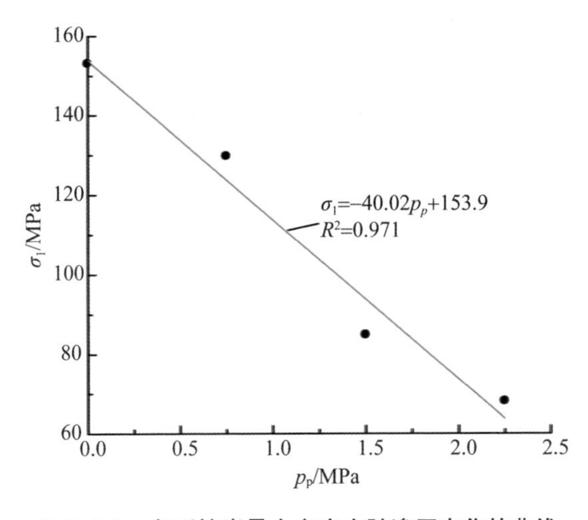

图 7.6.1 角砾熔岩最大主应力随渗压变化的曲线

此外裂纹损伤密度函数的阈值 d_c 与前述类似,取为常数。另外,渗流应力耦合条件下,还包含固体基质中因孔隙存在引起的 Biot 系数。国内外研究者对 Biot 系数进行了大量的研究。Jia 等[21] 对岩石的 Biot 进行了初步总结,总的来说,玄武岩基质的 Biot 系数在 1.0 左右,为简化起见,取为 1.0。基于此方

法确定了渗流应力耦合本构模型的参数,并汇总至表 7.6.1。

表 7.6.1 渗流应力耦合条件下角砾熔岩三轴压缩本构模型参数

岩样状态	E/MPa	ν	η	d_c	b_0	$l(d_c)$
渗流应力耦合	20 000	0.23	2.27	1	1.0	4.37×10^{-4}

此外,流变参数 M 和 l 可以通过衰减流变阶段的变形和变形速率关系得到。参数 M 的敏感性分析如图 7.6.2 所示。从图中可以看出,M 越大,流变值越低,但是稳态流变速率变化不大。参数 l 的敏感性分析结果如图 7.6.3 所示。从图中可以发现,随着 l 的增加,稳态流变速率显著增加。

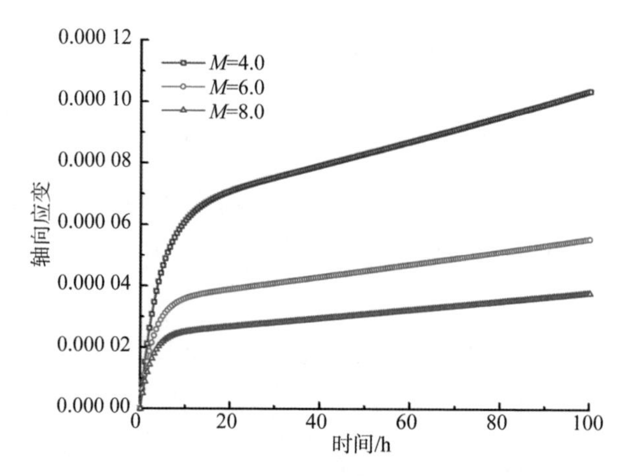

图 7.6.2 参数 M 的敏感性分析

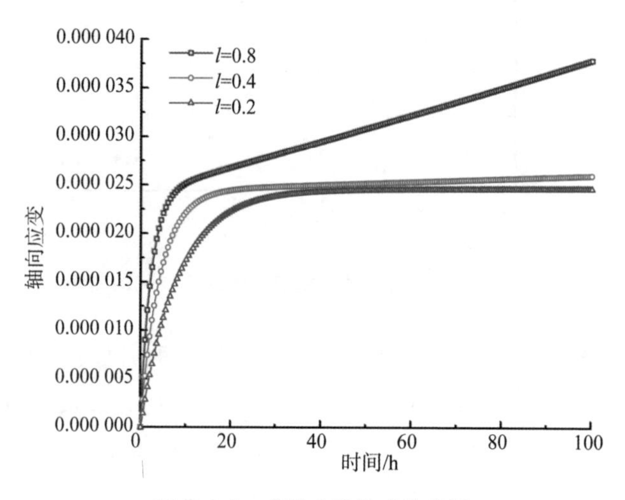

图 7.6.3 参数 l 的敏感性分析

7.6.2 数值算法

在强度准则和损伤准则建立之后,塑性内变量 ε^{cp} ,ε^{ct} 和损伤内变量 ω,τ 按照相应的加载准则进行迭代计算。已知第$(k-1)$加载步变量 σ_{k-1},ε_{k-1},d_{k-1},ε_{k-1}^{c},$\overline{\tau}_{k-1}$,τ_{k-1},采用应力加载方式,计算第 k 加载步的 σ_{k-1},ε_{k-1},d_{k-1},ε_{k-1}^{c},$\overline{\tau}_{k-1}$,τ_{k-1}。流程如下:

(1) 给一个应力增量 $\Delta\sigma_k$ 以及一个新的时间步 Δt_k ,累加应力和时间步得到 $\sigma_k=\sigma_{k-1}+\Delta\sigma_k$ 和 $t_k=t_{k-1}+\Delta t_k$ 。

(2) 令 $j=1$ 并开始循环迭代,假定 $d_{k,j}=d_{k-1}$,$\varepsilon_{k,j}^{c}=\varepsilon_{k-1}^{c}$,$\overline{\tau}_{k,j}=\overline{\tau}_{k-1}$。

(3) 计算第 j 步的局部应力 $\sigma_{k,j}^{c}$ 并判断强度准则 $f_s(\sigma_{k,j}^{c})\leqslant 0$。若不成立,则发生了塑性流动,因而根据式(7.5.5)计算塑性乘子。

(4) 若 $\Delta\sigma_k\neq 0$ 且 $\Delta t_k=0$,此刻即为瞬时加载,塑性乘子 λ^{cp} 和损伤乘子 λ^{ω} 便可通过式(7.5.5)和式(7.4.21)确定。若 $\Delta\sigma_k=0$ 且 $\Delta t_k\neq 0$,则此刻为流变加载,通过式(7.4.22)、(7.5.7)和(7.5.20)计算流变过程中的损伤 τ_k 、损伤增量 $\mathrm{d}\tau_k$ 以及流变过程中的塑性乘子 λ^{ct} 。更新变量 $\Delta\varepsilon_k^{c}$,$d_{k,j+1}$,$\varepsilon_{k,j+1}^{c}$ 和 $\overline{\tau}_{k,j+1}$。利用式(7.5.8)和式(7.5.10)计算 $\boldsymbol{\Psi}_{\sigma\tau}$ 和 $\Delta\varepsilon_k$ 。

(5) 判断损伤收敛性条件:若 $d_{k,j+1}-d_{k,j}>e$,则 $j=j+1$,继续进入第 3 步,若不满足,则跳出循环,执行第 6 步。

(6) 计算更新后的变量:$d_k=d_{k,j+1}S_t^{\mathrm{hom}}$,$\varepsilon_k^{c}=\varepsilon_{k,j+1}^{c}$,$\overline{\tau}_k=\overline{\tau}_{k,j+1}$ 和 $\varepsilon_k=S^s:\sigma_k+\varepsilon_k^{c}$ 或 $\varepsilon_k=\varepsilon_{k-1}+\Delta\varepsilon_k$ 。

7.6.3 角砾熔岩渗流应力流变试验验证

为了验证模型的正确性,下面采用本章提出的渗流应力-流变耦合本构模型模拟白鹤滩角砾熔岩渗流应力耦合作用下的瞬时应力-应变曲线和流变变形曲线。本章所提出的流变模型是弹塑性损伤耦合模型的延伸,因此,模型具有统一性。对于角砾熔岩瞬时渗流应力耦合下的应力-应变曲线的模拟结果如图7.6.4 所示。从模拟的结果可以看出,在试验所测的不同渗压下,模型都能较好地模拟出渗流应力耦合作用下的角砾熔岩的变形破坏规律。

下面对渗流应力耦合作用下的流变变形结果进行模拟。与流变相关的参数为控制时效损伤演化速率的参数 M 和控制初始流变速率的材料参数 l 。对于角砾熔岩，取值为 $M=1.2$，$l=0.0738$。不同围压和不同渗压下的角砾熔岩渗流应力耦合流变曲线模拟结果如图 7.6.5 至图 7.6.9 所示。

从试验结果和模型结果的对比中可以看出，模拟结果与试验结果吻合得较好，表明提出的统一渗流-应力-流变耦合本构模型能够较好地描述脆性岩石的渗流-应力-流变耦合特性。例如，随着围压的增加，长期强度增加；随着渗压的增加，长期强度降低。脆性岩石发生流变破坏后，侧向变形要明显大于轴向变形。可以看出本章提出的模型可以对流变过程中最后一级的加速流变阶段进行较好的模拟。

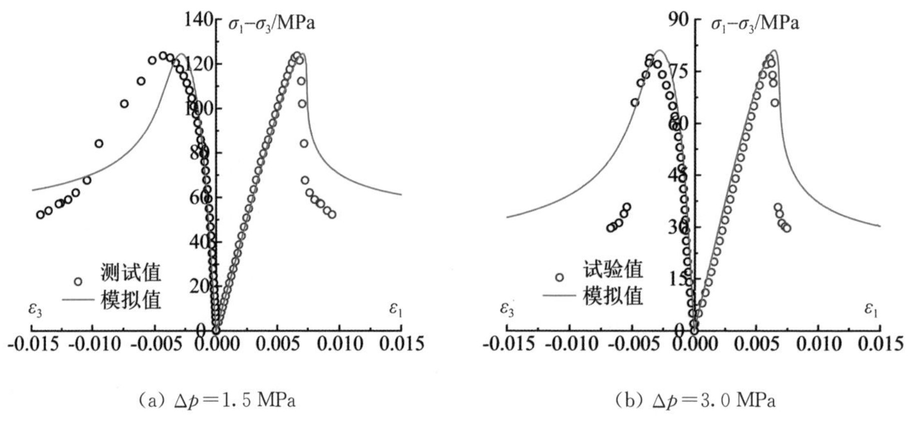

(a) $\Delta p=1.5$ MPa　　(b) $\Delta p=3.0$ MPa

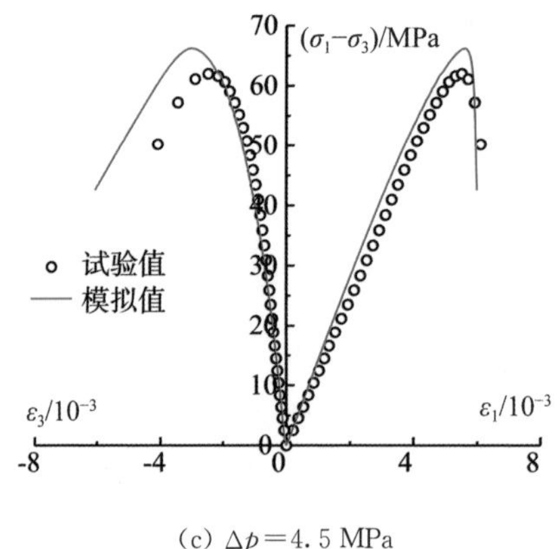

(c) $\Delta p=4.5$ MPa

图 7.6.4　不同渗压试验结果与模拟结果对比

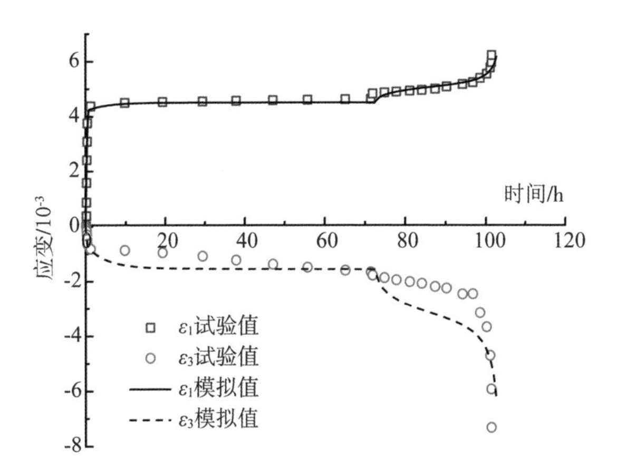

图 7.6.5　围压 4 MPa、渗压 1.5 MPa 下试验结果与模拟结果对比

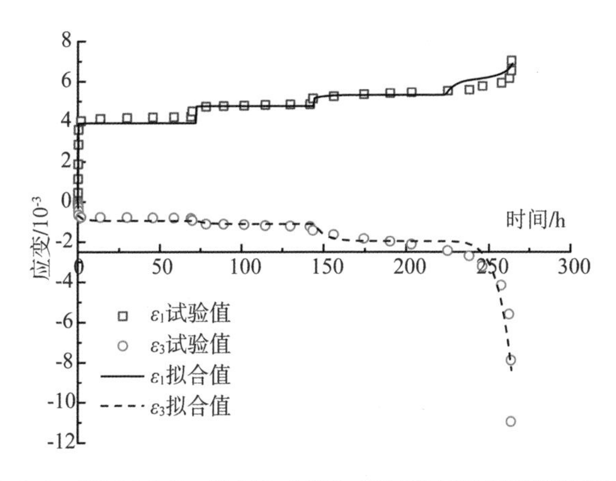

图 7.6.6　围压 6 MPa、渗压 1.5 MPa 下试验结果与模拟结果对比

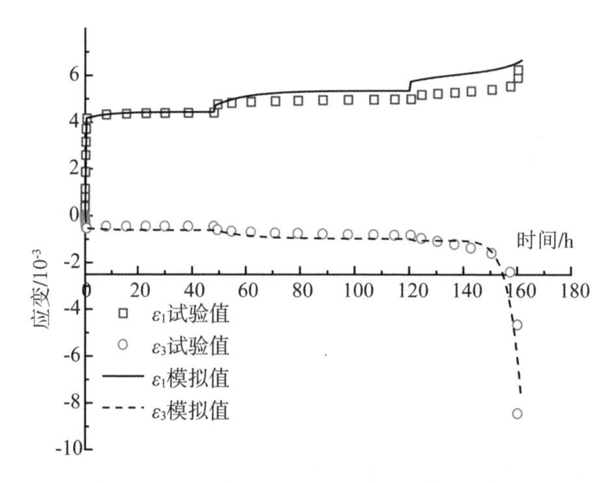

图 7.6.7 围压 8 MPa、渗压 1.5 MPa 下试验结果与模拟结果对比

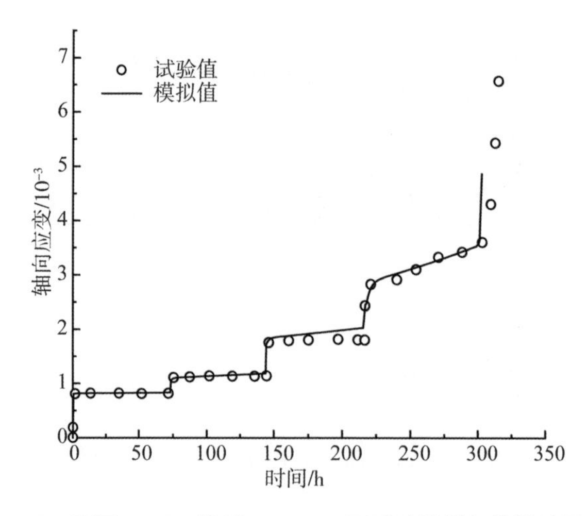

图 7.6.8 围压 8 MPa、渗压 4.5 MPa 下试验结果与模拟结果对比

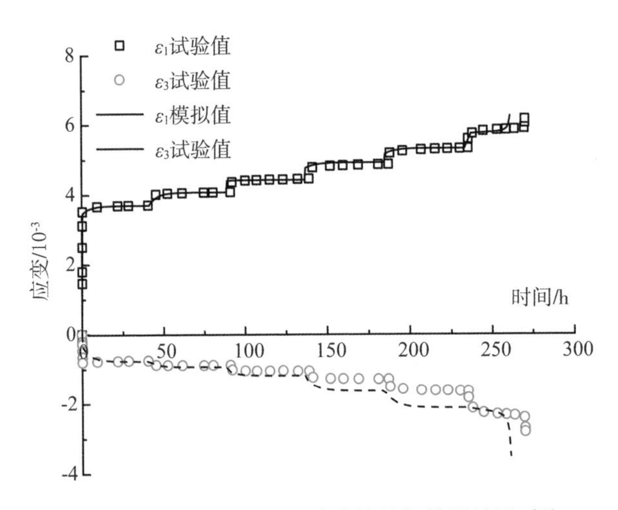

图 7.6.9　围压 8 MPa 下试验结果与模拟结果对比

7.7　小　结

本章先对张开裂纹下细观力学特性进行分析,然后再考虑闭合裂纹导致的塑性变形,进而推导出了渗流应力耦合条件下含裂纹材料的自由能。在热力学框架下,自由能对内变量求导便可得到与内变量共轭的热力学力。在塑性力学的框架下,得到了脆性岩石渗流-应力-损伤耦合本构模型。

对岩石流变损伤机理的分析表明,岩石的流变破坏主要是由亚临界裂缝增长导致。基于该认识,提出了基于细观力学的脆性岩石渗流-应力-流变耦合本构模型。模型以渗流-应力-损伤耦合本构模型为基础,在流变条件下,损伤分解为瞬时损伤和时效损伤。瞬时损伤的演化采用第六章所提出的演化规律,通过对细观结构动力学的分析,提出了一个线性的时效损伤演化模型。此模型可以较好地模拟时效变形从稳态流变到加速流变的过渡。基于前述流变模型积分算法的数值格式,编制了计算程序,对角砾熔岩流变试验结果进行了数值模拟。结果表明,所提出的渗流-应力-流变-损伤耦合本构模型能较好地模拟岩石在渗流应力耦合作用下的流变试验,对损伤的演化规律也有较好的解释。

参考文献

[1] TRUESDELL C,NOLL W. The non-linear field theories of mechanics[M]. Berlin:Springer,2004.

[2] COUSSY O. Poromechanics[M]. England:John Wiley & Sons,2004.

[3] MALEKI K,POUYA A. Numerical simulation of damage-permeability relationship in brittle geomaterials[J]. Computers & Geotechnics, 2010,37(5):619-628.

[4] DORMIEUX L,KONDO D. Micromechanics of damage propagation in fluid-saturated cracked media[J]. Revue Européenne de Génie Civil. 2007,11(7-8):945-962.

[5] BIOT M A,WILLIS D G. The elastic coefficients of the theory of consolidation[J]. Journal of Applied Mechanics,1957,24(4):594-601.

[6] ZHU Q Z,KONDO D,SHAO J F. Micromechanical analysis of coupling between anisotropic damage and friction in quasi brittle materials:role of the homogenization scheme[J]. International Journal of Solids and Structures,2008,45(5):1385-1405.

[7] GRIFFITH A A. The phenomena of rupture and flow in solids[J]. Philosophical Transactions of the Royal Society of London. Series A, Containing Papers of a Mathematical or Physical Character,1921,221 (582-593):163-198.

[8] IRWIN G R. Fracture, Handbuch der Physik[M]. Berlin: Springer, 1958.

[9] LAWN B. Fracture of brittle solids[M]. Cambridge:Cambridge University Press,1975.

[10] ATKINSON B K. Subcritical crack growth in geological materials[J]. Journal of Geophysical Research: Solid Earth, 1984, 89 (B6): 4077-4114.

[11] FREIMAN S W. Effects of chemical environments on slow crack growth in glasses and ceramics[J]. Journal of Geophysical Research:

Solid Earth, 1984, 89(B6): 4072-4076.
[12] HADIZADEH J, LAW R D. Water-weakening of sandstone and quartzite deformed at various stress and strain rates[J]. International Journal of Rock Mechanics and Mining Sciences, 1991, 28(5): 431-439.
[13] MICHALSKE T A, FREIMAN S W. A molecular interpretation of stress corrosion in silica[J]. Nature, 1982, 295(5849): 511-512.
[14] KRANZ R L. Crack growth and development during creep of barre granite[J]. International Journal of Rock Mechanics and Mining Sciences and Geomechanics Abstracts, 1979, 16(1): 23-35.
[15] KRANZ R L. The effects of confining pressure and stress difference on static fatigue of granite[J]. Journal of Geophysical Research: Solid Earth, 1980, 85(B4): 1854-1866.
[16] 余寿文，冯西桥. 损伤力学[M]. 北京：清华大学出版社，1997.
[17] 施斌，王宝军，宁文务. 各向异性粘性土蠕变的微观力学模型[J]. 岩土工程学报，1997，19(3)：10-16.
[18] PIETRUSZCZAK S, LYDZBA D, SHAO J F. Description of creep in inherently anisotropic frictional materials[J]. Journal of Engineering Mechanics, 2004, 130(6): 681-690.
[19] ZHAO L Y, ZHU Q Z, XU W Y, et al. A unified micromechanics-based damage model for instantaneous and time-dependent behaviors of brittle rocks[J]. International Journal of Rock Mechanics and Mining Sciences, 2016, 84: 187-196.
[20] 朱其志，赵伦洋，刘海旭，等. Shao-Zhu-Su 岩石流变模型的快速显式积分算法及比较研究[J]. 岩石力学与工程学报，2016，35(2)：242-249.
[21] JIA C J, XU W Y, WANG H L, et al. Stress dependent permeability and porosity of low-permeability rock[J]. Journal of Central South University, 2017, 24(10): 2396-2405.

第8章

各向异性岩体渗流应力流变损伤本构模型

柱状节理岩体具有复杂的节理裂隙网络结构，这些不连续面直接导致了岩体的各向异性性质和非线性。现代计算力学的数值均匀化方法可以得到任意应变下岩体的柔度矩阵和对应的应力增量，从而可以开展计算多尺度分析。该类方法适用于任意复杂细观结构的材料，避免建立复杂的本构方程，同时保证了计算的精度。但是该方法对计算机硬件水平的要求较高，同时相关领域的研究尚处于探索阶段，因此目前还没有看到此类方法在土木、水电工程中的应用。

柱状节理岩体具有横观各向同性，屈服函数的方向相关性、非线性和渗流流变特性，因此建立的宏观本构模型也要同时反映这些特性。麦克马斯特大学教授 Pietruszczak 在对各向异性岩土体材料大量研究的基础上提出了基于微结构张量的各向异性非线性本构模型及考虑损伤演化的流变本构模型[1]。本章从微结构张量描述空间分布函数出发，论证了基于微结构张量法和极限面法的各向异性本构模型的一致性以及微结构张量的优势。基于微结构张量和各向异性张量损伤理论建立瞬时损伤力学模型，将损伤分为与时间无关的瞬时损伤和与时间相关的时效损伤，建立各向异性流变损伤模型；在屈服函数和流动准则中考虑渗流的影响，将模型扩展为各向异性渗流流变本构模型。结合本构模型的数值积分格式进行 FLAC3D 自定义本构模型开发，通过数值均匀化分析确定模型参数，利用数值算例分析说明该模型可以体现柱状节理岩体的各向异性、渗流和流变特性。

8.1 各向异性时效损伤及其流变机理

8.1.1 各向异性损伤

损伤是反映材料内部结构不可逆变化的一种内变量，与塑性软化/硬化函数类似，但是通常意义中损伤对材料性能的影响主要体现在弹性模量上，也有一些文献将损伤和塑性硬化/软化函数引入屈服函数中。以图 8.1.1 为例来展示材料损伤，假定圆柱形试样在单轴拉伸作用下，未施加荷载时的截面面积为 A，在作用有应力后，试样内部结构发生损伤，损伤部分的面积 A^*，则试验的净面积或有效面积减少为 $A_n = A - A^*$。因此，在均匀拉伸状态下，材料损伤变量定义为

$$D=1-\frac{A_n}{A} \tag{8.1.1}$$

类似于太沙基有效应力原理的建立思路，材料损伤后的有效应力定义为

$$\tilde{\sigma}=\frac{\sigma}{1-D} \tag{8.1.2}$$

可见，$D=0$ 时对应于无损伤状态；$D=1$ 时对应于完全损伤（断裂）状态；$0<D<1$ 对应于不同程度的损伤状态。

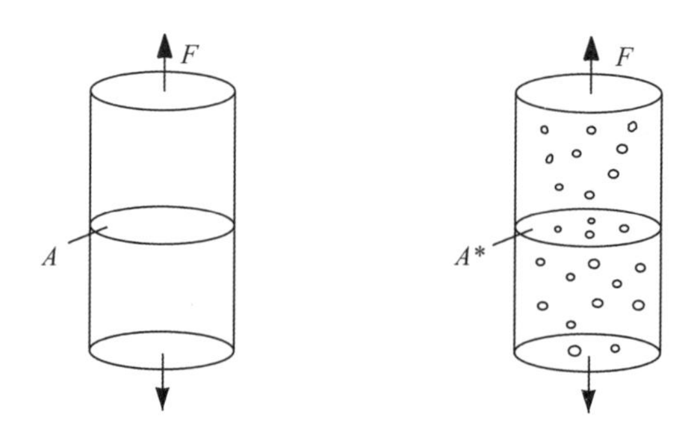

图 8.1.1　材料受拉损伤示意图

损伤定义具有明确的物理意义，但是如何在实际工程应用中确定材料的损伤值是一个重点。目前测定材料断面损伤的方法较多，大致可以分为微观方法与宏观方法两大类。微观方法主要是采用物理测试方法获取材料的内部细观结构，然后根据内部微观结构的缺陷来确定材料的损伤值，主要方法有超声波、红外线、紫外线探测和受力后切片电镜扫描等，其中声波发射法使用较多。相对于微观方法直接获取损伤值，另外一类宏观方法往往是先测定材料某一物理量，然后利用相关公式间接推导出材料的损伤值。相较于微观方法，宏观测定方法应用较为广泛，目前主要的方法有：

(1) 波速测定法

利用声波在无损伤材料和有损伤材料内部的传播速度不同的原理，根据波传播的速度 V_s（横波波速）、V_p（纵波波速）与弹性模量 E 的关系确定不同损伤条件下对应的弹性模量 E，进而由弹性模量 E 求出材料内部的损伤值 D。

(2) 自振频率变化法

根据结构动力学观点，材料振动频率的变化仅与其原始刚度、质量和振型有关，结构频率的变化包含了结构损伤程度和位置信息，因而可以通过测量材

料振动情况下的频率信息来识别材料内部的损伤程度，确定损伤值 D。

(3) 应变等价原理

由于损伤变量 D 很难直接测量，Lemaitre 假设应力作用在受损材料上引起的应变与实际应力作用在无损材料上引起的应变等价，进而提出应变等价原理。损伤材料和无损伤材料变形与弹性模量之间的关系可用式(8.1.3)描述

$$\varepsilon = \frac{\sigma}{\tilde{E}} = \frac{\tilde{\sigma}}{E} = \frac{\sigma}{(1-D)E} \tag{8.1.3}$$

根据应变等价原理，可以通过材料的加卸载试验，根据材料初始斜率和变形后的卸载斜率确定无损伤时的弹性模量 E 和损伤后的弹性模量 $\tilde{E}$，进而求得损伤值 D。基于应变等价原理确定材料的损伤值是目前应用最广泛的方法之一。

以上损伤的定义和概念都是基于损伤各向同性的假设，实际上绝大多数材料的损伤都是各向异性的，一方面很多材料由于内部自身非均匀结构特征造成了原生的各向异性(inherent anisotropy)，如页岩、片麻岩等；另外，即使材料内部结构较为均匀，在受力作用下也会产生不均匀变形，导致材料产生各向异性特性(induced anisotropy)，如大理岩的破坏。在这些情况下，如果仅仅用一个损伤变量 D 很难准确描述材料的变形行为，因此需要将标量损伤 D 扩展到张量形式 $\boldsymbol{D}_{ij}$ 。假设在材料内取一微元，微元内有一面，其面积为 A，法向单位矢量为 $\boldsymbol{n}$，则微元的截面的面积矢量为(如图 8.1.2)：

$$\mathbf{A} = A\boldsymbol{n} = A_i\boldsymbol{e}_i, i=1,2,3 \tag{8.1.4}$$

式中：$\boldsymbol{e}_i$ 为直角坐标系的单位矢量；A_i 为面积在三个坐标平面内的投影面积。

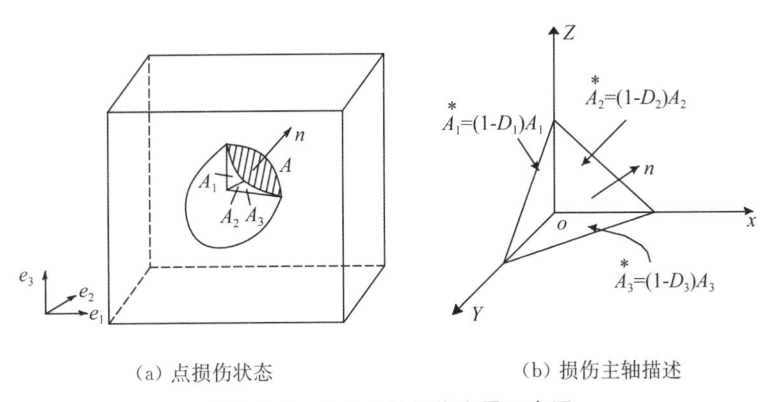

(a) 点损伤状态　　(b) 损伤主轴描述

图 8.1.2　各向异性损伤张量示意图

当材料损伤后，微元体上法线为 $\tilde{n}$ 的面积矢量为

$$\tilde{\boldsymbol{A}} = \tilde{A}\tilde{n} = (1 - D_i)A_i e_i \tag{8.1.5}$$

式中：D_i 为 A_i 面法线方向的损伤变量，$i = 1,2,3$。

假设微元体的柯西应力张量为 $\boldsymbol{\sigma}$ ，根据损伤材料和无损伤材料内力相等的原则，若损伤后的有效应力张量为 $\tilde{\boldsymbol{\sigma}}_{ij}$ ，有效面积为 A_i^* ，未损伤时的应力为 σ_{ij} ，材料初始面积为 A_i ，则有

$$\boldsymbol{\sigma}_{ij}\delta_{ik}A_k = \tilde{\boldsymbol{\sigma}}_{ij}\delta_{ik}A_k^* \tag{8.1.6}$$

根据式(8.1.6)，柯西应力张量和有效应力张量可以建立转换矩阵

$$\tilde{\boldsymbol{\sigma}}_{ij} = \boldsymbol{\Psi}_{ijkl}\sigma_{kl} \tag{8.1.7}$$

式中：四阶损伤有效应力转换张量为 $\boldsymbol{\Psi}_{ijkl} = (\delta_{ik}\delta_{jl} - D_k\delta_{jl})^{-1}$。

当损伤为各向异性即 $D_i \neq D_j$ 时，上述公式中计算得到的损伤有效应力张量具有不对称性，即

$$\tilde{\boldsymbol{\sigma}}_{ij} \neq \tilde{\boldsymbol{\sigma}}_{ji}\ ,\ i \neq j \tag{8.1.8}$$

虽然根据有效应力张量的特性，$\tilde{\boldsymbol{\sigma}}_{ij}$ 是不对称的，但是按总面积计算的应力张量 $\boldsymbol{\sigma}_{ij}$ 是对称的，为了消除损伤有效应力的不对称性给计算带来的麻烦，很多研究者对损伤有效应力进行对称化处理，此处采用如下处理方式，即

$$\tilde{\boldsymbol{\sigma}} = \frac{1}{2}\left[\boldsymbol{\sigma}(I - D)^{-1} + (I - D)^{-1}\boldsymbol{\sigma}\right] \tag{8.1.9}$$

则四阶损伤有效应力转换矩阵可以表达为

$$\boldsymbol{\Psi}_{ijkl} = \frac{\left[(\delta_{ik}\delta_{jl} - D_k\delta_{jl})^{-1} + (\delta_{jl}\delta_{ik} - D_l\delta_{ik})^{-1}\right]}{2} \tag{8.1.10}$$

采用上述公式对应力 $\boldsymbol{\sigma}_{ij}$ 进行转换后，计算得到损伤有效应力张量 $\boldsymbol{\sigma}_{ij}^*$ 具有对称性，从而便于开展数值计算。下面结合损伤有效应力的推导过程，研究材料发生各向异性损伤状况下的本构关系矩阵。

根据应变等价原理，材料损伤后的有效应力和未损伤时的应力具有以下关系

$$\boldsymbol{\sigma}^* = \left[\sigma_{11}^*, \sigma_{22}^*, \sigma_{33}^*, \sigma_{32}^*, \sigma_{23}^*, \sigma_{13}^*, \sigma_{31}^*, \sigma_{12}^*, \sigma_{21}^*\right]^{\mathrm{T}} \tag{8.1.11}$$

$$\boldsymbol{\sigma}=[\sigma_{11},\sigma_{22},\sigma_{33},\sigma_{32},\sigma_{13},\sigma_{12}]^{\mathrm{T}} \tag{8.1.12}$$

$$\boldsymbol{\sigma}^{*}=\boldsymbol{\phi}\boldsymbol{\sigma} \tag{8.1.13}$$

式中：

$$\boldsymbol{\phi}=\begin{bmatrix} \frac{1}{1-D_1} & 0 & 0 & 0 & 0 & 0 \\ 0 & \frac{1}{1-D_2} & 0 & 0 & 0 & 0 \\ 0 & 0 & \frac{1}{1-D_3} & 0 & 0 & 0 \\ 0 & 0 & 0 & \frac{1}{1-D_3} & 0 & 0 \\ 0 & 0 & 0 & \frac{1}{1-D_2} & 0 & 0 \\ 0 & 0 & 0 & 0 & \frac{1}{1-D_1} & 0 \\ 0 & 0 & 0 & 0 & \frac{1}{1-D_3} & 0 \\ 0 & 0 & 0 & 0 & 0 & \frac{1}{1-D_2} \\ 0 & 0 & 0 & 0 & 0 & \frac{1}{1-D_1} \end{bmatrix}$$

为求得各向异性损伤情况下的材料弹性损伤矩阵，利用损伤应力弹性余能和未损伤体的状态余能相等的条件，可得

$$\pi_e(\boldsymbol{\sigma},\boldsymbol{D})=\pi_e(\boldsymbol{\sigma}^{*},\boldsymbol{D}_e) \tag{8.1.14}$$

即

$$\frac{1}{2}\boldsymbol{\sigma}\boldsymbol{D}^{-1}\boldsymbol{\sigma}=\frac{1}{2}\boldsymbol{\sigma}^{*}\boldsymbol{D}_e^{-1}\boldsymbol{\sigma}^{*} \tag{8.1.15}$$

式中：$\boldsymbol{D}_e$ 为未损伤体的刚度矩阵；$\boldsymbol{D}$ 为材料发生损伤后的刚度矩阵。

结合应力、应变与弹性余能之间的关系，可得

$$\varepsilon=\frac{\partial\pi_e(\boldsymbol{\sigma},\boldsymbol{D})}{\partial\boldsymbol{\sigma}}=\boldsymbol{D}_e^{*-1}\boldsymbol{\sigma} \tag{8.1.16}$$

进一步可得损伤材料的柔度矩阵为

$$\boldsymbol{C}_e^* = \boldsymbol{\phi} \boldsymbol{D}_e^{-1} \boldsymbol{\phi}^{\mathrm{T}} \tag{8.1.17}$$

对式(8.1.17)进行展开,可得正交各向异性损伤下的柔度矩阵为

$$\boldsymbol{C}_e^* = \begin{bmatrix} \frac{1}{E_1^*} & -\frac{v_{21}^*}{E_1^*} & -\frac{v_{31}^*}{E_1^*} & 0 & 0 & 0 \\ -\frac{v_{12}^*}{E_1^*} & \frac{1}{E_2^*} & -\frac{v_{32}^*}{E_1^*} & 0 & 0 & 0 \\ -\frac{v_{13}^*}{E_1^*} & -\frac{v_{23}^*}{E_1^*} & \frac{1}{E_3^*} & 0 & 0 & 0 \\ 0 & 0 & 0 & \frac{1}{G_{32}^*} & 0 & 0 \\ 0 & 0 & 0 & 0 & \frac{1}{G_{13}^*} & 0 \\ 0 & 0 & 0 & 0 & 0 & \frac{1}{G_{12}^*} \end{bmatrix} \tag{8.1.18}$$

式中:$\boldsymbol{E}_i^* = (1-\boldsymbol{D}_i)^2 \boldsymbol{E}_i$;$v_{ij}^* = \frac{1-\boldsymbol{D}_i}{1-\boldsymbol{D}_j}\boldsymbol{v}_{ij}$;$\boldsymbol{G}_{ij}^* = \frac{2(1-\boldsymbol{D}_i)^2(1-\boldsymbol{D}_j)^2}{(1-\boldsymbol{D}_i)^2+(1-\boldsymbol{D}_j)^2}\boldsymbol{G}_{ij}$

对 $\boldsymbol{C}_e^*$ 求逆,可得考虑张量损伤作用的刚度矩阵为

$$\boldsymbol{D}^* = \begin{bmatrix} d_{11}^* & d_{12}^* & d_{13}^* & 0 & 0 & 0 \\ d_{21}^* & d_{22}^* & d_{23}^* & 0 & 0 & 0 \\ d_{31}^* & d_{32}^* & d_{33}^* & 0 & 0 & 0 \\ 0 & 0 & 0 & G_{23}^* & 0 & 0 \\ 0 & 0 & 0 & 0 & G_{13}^* & 0 \\ 0 & 0 & 0 & 0 & 0 & G_{12}^* \end{bmatrix} \tag{8.1.19}$$

式中:

$$\boldsymbol{d}_{ii}^* = \frac{\boldsymbol{E}_i^*(1-\boldsymbol{v}_{jk}^*\boldsymbol{v}_{kj}^*)}{\Delta}, i \neq j, j \neq k$$

$$\boldsymbol{d}_{ij}^* = \frac{\boldsymbol{E}_i^*(\boldsymbol{v}_{ji}^*+\boldsymbol{v}_{ki}^*\boldsymbol{v}_{jk}^*)}{\Delta}, i \neq j, j \neq k, k \neq i$$

$$\Delta = 1 - v_{12}^* v_{21}^* - v_{32}^* v_{23}^* - v_{13}^* v_{31}^* - 2v_{21}^* v_{32}^* v_{13}^*$$

在后续本构计算中需要损伤张量对损伤值的全微分展开，根据式(8.1.19)中将每一项记为全微分的形式如下

$$
\begin{aligned}
&\Delta d_{11}=-2(1-D_1)\Delta D_1E_1(1-v_{23}v_{32})\\
&\Delta d_{12}=[-(1-D_2)\Delta D_1-(1-D_1)\Delta D_2]E_1(v_{21}+v_{31}v_{23})\\
&\Delta d_{13}=[-(1-D_3)\Delta D_1-(1-D_1)\Delta D_3]E_1(v_{31}+v_{21}v_{32})\\
&\Delta d_{22}=-2(1-D_2)\Delta D_2E_1(1-v_{13}v_{31})\\
&\Delta d_{23}=[-(1-D_3)\Delta D_2-(1-D_2)\Delta D_3]E_2(v_{32}+v_{12}v_{31})\\
&\Delta d_{33}=-2(1-D_3)E_3(1-v_{12}v_{21})\\
&\Delta g_{12}=-\frac{4(1-D_2)^4(1-D_1)}{[(1-D_1)^2+(1-D_2)^2]^2}\Delta D_1-\frac{4(1-D_1)^4(1-D_2)}{[(1-D_1)^2+(1-D_2)^2]^2}\Delta D_2\\
&\Delta g_{13}=-\frac{4(1-D_3)^4(1-D_1)}{[(1-D_1)^2+(1-D_3)^2]^2}\Delta D_1-\frac{4(1-D_1)^4(1-D_3)}{[(1-D_1)^2+(1-D_3)^2]^2}\Delta D_3\\
&\Delta g_{23}=-\frac{4(1-D_3)^4(1-D_2)}{[(1-D_2)^2+(1-D_3)^2]^2}\Delta D_2-\frac{4(1-D_2)^4(1-D_3)}{[(1-D_2)^2+(1-D_3)^2]^2}\Delta D_3
\end{aligned}
\tag{8.1.20}
$$

以上部分完整推导了各向异性损伤作用下有效应力张量和对应的刚度矩阵。以上推导建立在主损伤坐标系内。当损伤柱状和材料主轴空间重合时，直接可以利用上述公式，否则，需要进行坐标变换转换到整体坐标系中。对于白鹤滩柱状节理岩体可以视为横观各向同性材料，其基本参数满足以下规律 $E_1=E_2$，$v_{13}=v_{23}$。

8.1.2 损伤时效演化

材料的流变行为是影响其长期稳定性的重要因素。模拟材料的流变性能有多种方法，其中考虑损伤演化来解释材料的流变机理是一种很好的处理方式。该方法假定材料的损伤发生不是一次完成的，而是一个渐变的过程，Pietruszczak 等[2]基于时效损伤变量对材料参数的弱化，建立相应的流变准则已经较为成功地模拟了岩石材料的流变特性。该方法定义时效损伤变量 $\omega(t)$ 是关于时间 t 和塑性应变 $\varepsilon_{ij}^{p}(t)$ 的函数

$$
\omega(t)=\omega(\varepsilon_{ij}^{p}(t),t) \tag{8.1.21}
$$

为了反映岩体材料破坏过程中应变历史对流变特性的影响，定义微观结构

达到稳定状态时的时效损伤值 $\bar{\omega}$ ，$\bar{\omega}$ 的取值与塑性应变历史有关。当时间 $t \to \infty$ 时，时效损伤变量 $\omega(t)$ 趋向于达到稳定状态的时效损伤值 $\bar{\omega}$ 。当 $\omega < \bar{\omega}$ 时，材料内部微结构系统尚未达到平衡，岩体损伤值将持续向着平衡状态（$\omega = \bar{\omega}$）演化，从而在宏观层面上表现出流变变形特征。微观结构演化速度在动力学意义上可以用系统偏离其平衡状态的距离，即（$\bar{\omega} - \omega$）来表示。因此，时效损伤演化可以用以下线性形式来描述

$$\dot{\omega} = \gamma(\overline{\omega} - \omega) \tag{8.1.22}$$

式中：γ 为与材料性质相关的流变参数。

取初始条件 $\omega(0) = \omega_0$，且 $\omega \in [0, \bar{\omega}]$ ，对上述损伤演化微分方程进行 Laplace 变换可得

$$L(\omega) = L(\gamma e^{-rt}) L(\bar{\omega}) \tag{8.1.23}$$

对式(8.1.23)运用卷积理论计算可以得到损伤变量的积分表达式

$$\omega = \int_0^t \bar{\omega} \gamma e^{-\gamma(t-\tau)} \mathrm{d}\tau \tag{8.1.24}$$

对上述积分方程进行分步积分，可得以下公式

$$\omega = \bar{\omega}(t) - \int_0^t \frac{\partial \bar{\omega}(\tau)}{\partial \tau} e^{-r(1-\tau)} \mathrm{d}\tau \tag{8.1.25}$$

可见上述公式确定的时效损伤量 ω 与损伤稳定 $\bar{\omega}$ 及其对时间的导数的历史有关，可以反映时效损伤变量与材料变形历史的相关性。

根据传统计算非线性问题的分步加载，可得损伤稳定变量 $\bar{\omega}(t)$ 是与加载过程相关的一系列离散数据，在计算时效损伤量 ω 时，需要根据加载方式将积分区域离散为若干小区间，然后对每一个小区间运用矩形或者梯形公式，并将每个区域的面积求和即可得到对应时刻的损伤值。以积分区间 $[0, t_k]$ 为例，经历加载步 k 以及时间步长序列 $dt_i (i = 1, 2 \cdots, k)$ ，可得

$$\omega_k = \gamma \sum_{i=1}^{k} \left(\frac{\bar{\omega}_{i-1} + \bar{\omega}_i}{2}\right) e^{-\gamma\left(t_k - \sum_{j=1}^{i} dt_j + \frac{1}{2} dt_i\right)} dt_i \tag{8.1.26}$$

可见，采用该方法计算 ω_k 在编写相应程序时需要存储大量的离散值，降低了计算效率。为了解决该问题，朱其志等[3]提出了非线性和线性显示积分算

法,求解思路如下:

对运用卷积理论计算得到的公式进行变换

$$\omega_k e^{\gamma t_k} = \gamma \int_0^{t_k} \tilde{\omega}(\tau) e^{\gamma\tau} d\tau \tag{8.1.27}$$

同理

$$\omega_{k-1} e^{\gamma(t_k - dt_k)} = \gamma \int_0^{t_k - dt_k} \tilde{\omega}(\tau) e^{\gamma\tau} d\tau \tag{8.1.28}$$

对两者作差可得

$$\omega_k e^{\gamma t_k} - \omega_{k-1} e^{\gamma(t_k - dt_k)} = \gamma \int_0^{t_k} \tilde{\omega}(\tau) e^{\gamma\tau} d\tau - \gamma \int_0^{t_k - dt_k} \tilde{\omega}(\tau) e^{\gamma\tau} d\tau \tag{8.1.29}$$

简化后可得非线性显示积分公式

$$\omega_k = \omega_{k-1} e^{-r dt_k} + \gamma \left(\frac{\tilde{\omega}_k + \tilde{\omega}_{k-1}}{2} \right) e^{-\frac{1}{2}\gamma dt_k} dt_k \tag{8.1.30}$$

将非线性显示积分公式进行 Taylor 展开,并略去高阶项,可得线性化公式

$$\omega_k = \omega_{k-1} + \dot{\omega}_k dt_k \tag{8.1.31}$$

非线性显示积分公式与逐步累加的矩形积分公式有着相同的精度,而线性显示积分公式省略了高阶展开项,精度略低于非线性显示积分公式。

事实上,从时效损伤的演化方程初始定义出发,得到了更简单和高效的数值求解格式。由于损伤的演化速度可用系统偏离平衡状态的距离来表示,因此式(8.1.31)展开可得

$$\frac{\omega_k - \omega_{k-1}}{dt_k} = \gamma \left(\frac{\tilde{\omega}_k + \tilde{\omega}_{k-1}}{2} - \frac{\omega_k + \omega_{k-1}}{2} \right) \tag{8.1.32}$$

进一步化简可得

$$\omega_k = \frac{2 - \gamma dt_k}{2 + \gamma dt_k} \omega_{k-1} + \frac{\gamma dt_k}{2 + \gamma dt_k} (\tilde{\omega}_k + \tilde{\omega}_{k-1}) \tag{8.1.33}$$

与目前所有提出的积分公式相比,上述积分公式最具简洁性,同时具有较高的精度,便于数值实现。

8.2 各向异性渗流流变损伤模型

8.2.1 基于微结构张量各向异性屈服准则

微结构张量(Fabric Tensor)自提出以来便被用于模拟材料的各向异性特性。大量的研究成果表明微结构张量是用来描述这类空间分布函数(orientation distribution functions,简称 ODF)的有效手段。Stephen Cowin 采用微结构张量建立了各向异性弹性张量的数学表达[4],Kanatani 等[5]系统研究了参数的方向分布与微结构张量的关系。以一组二维颗粒材料的接触为例,其接触力分布如图 8.2.1(a)所示,为了描述其空间分布特征,根据 Kanatani 等[5]的研究,可以建立微结构张量与方向分布函数的表达式为

$$f(n)=\frac{1}{4\pi}[D+D_{ij}n_in_j+D_{ijkl}n_in_jn_kn_l+\cdots] \tag{8.2.1}$$

式中:$\boldsymbol{D}_{i_1\cdots i_n}$ 即为微结构张量,其表达式为

$$\boldsymbol{D}_{i_1\cdots i_n}=\frac{2n+1}{2^n}\binom{2n}{n}N_{i_1\cdots i_n} \tag{8.2.2}$$

$$N_{i_1\cdots i_n}=\langle n_{i_1}n_{i_2}\cdots n_{i_n}\rangle \tag{8.2.3}$$

式中:运算符号 $\langle\rangle$ 表示样本平均值,即 $\langle n_in_j\rangle=\sum_{a=1}^{N}n_i^{(a)}n_j^{(a)}/N$ 。

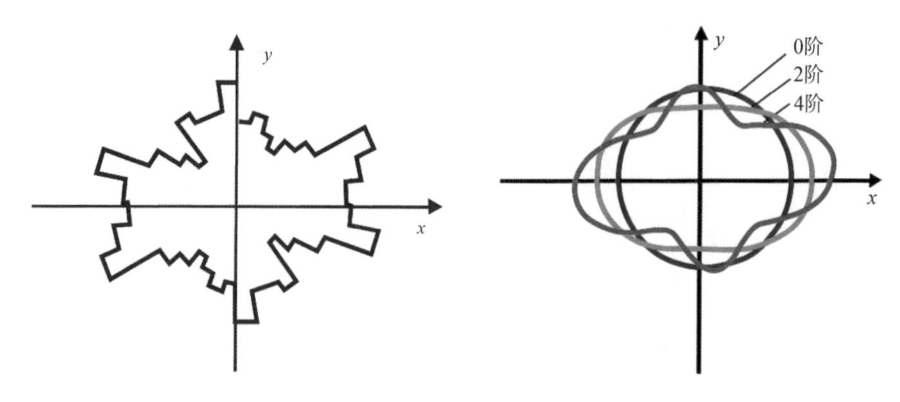

(a) 空间分布函数　　(b) 微结构张量表示

图 8.2.1　空间分布函数(ODF)与微结构张量

对于常见的与空间角度相关的分布函数均可以通过上述方法通过拟合确定其微结构张量。以图 8.2.1(a)所示的描述岩体节理分布的玫瑰花图为例，这是一个典型的离散的空间分布量。采用张量形式对空间分布函数加以拟合(如图 8.2.1(b))，得到表述该分布函数的 0 阶、2 阶和 4 阶张量的形式可以表达为

$$f \sim \frac{1}{2\pi} \tag{8.2.4}$$

$$f \sim \frac{1}{2\pi}[1.242x^2 + 0.04262xy + 0.7579y^2] \tag{8.2.5}$$

$$f \sim \frac{1}{2\pi}[1.447x^4 + 0.5308x^3y + 0.7692x^2y^2 - 0.4456xy^3 + 0.9631y^4] \tag{8.2.6}$$

此外，微结构张量也可以与傅里叶级数等价，上述空间分布函数的微结构张量的傅里叶级数形式为

$$f(\theta) = \frac{1}{2\pi} \tag{8.2.7}$$

$$f(\theta) = \frac{1}{2\pi}[1 + 0.2421\cos(2\theta) + 0.0213\sin(2\theta)] \tag{8.2.8}$$

$$f(\theta) = \frac{1}{2\pi}[1 + 0.2421\cos(2\theta) + 0.0213\sin(2\theta) + 0.2052\cos(4\theta) + 0.1221\sin(4\theta)] \tag{8.2.9}$$

Pietruszczak 等[1]通过在应力不变量空间中引入微结构张量，将各向同性准则拓展到各向异性，该方法避免了传统极限面法的复杂求解过程，建立了仅内含标量值及其空间函数的屈服准则，模型中表示各向异性参数的每个标量是由应力和微结构张量的混合变量共同构成的，这使得岩土材料物理几何特性和加载方向可以作为一组变量出现。结合二阶微结构张量(为了获取更高的精度，可以表述为更高阶)，同时建立了各向异性屈服准则及其主要参数确定过程，通过理论推导证明了该方法的本构模型与极限面法的屈服计算是等价的。基于图 8.2.2 的基本原理简单阐述了基于微结构张量的各向异性屈服准则的建立过程。

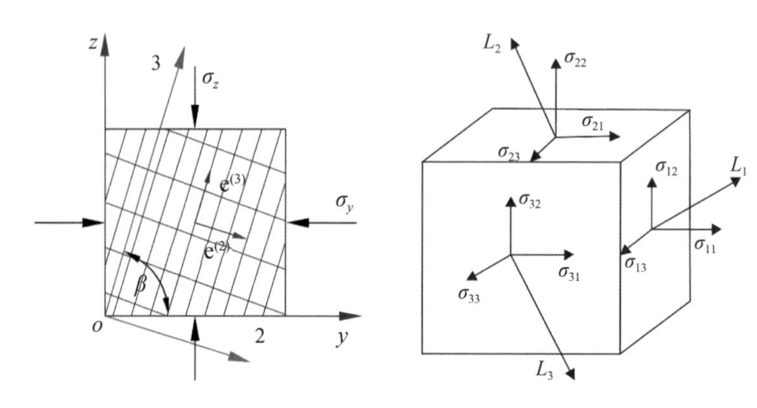

(a) 柱状节理岩体加载示意图　　(b) 加载向量与材料微结构张量主轴

图 8.2.2　各向异性张量表示图

定义微结构张量 a 及其基于主轴的表达式

$$
\begin{aligned}
\boldsymbol{a}_{ij} &= a_1 e_i^{(1)} e_i^{(1)} + a_2 e_i^{(2)} e_i^{(2)} + a_3 e_i^{(3)} e_i^{(3)} = a_1 m_{ij}^{(1)} + a_2 m_{ij}^{(2)} + a_3 m_{ij}^{(3)} \\
&= a_0 \delta_{ij} + (a_1 - a_0) m_{ij}^{(1)} + (a_2 - a_0) m_{ij}^{(2)} + (a_2 - a_0) m_{ij}^{(3)}
\end{aligned}
\tag{8.2.10}
$$

考虑微结构张量的破坏准则一般形式为

$$
\begin{aligned}
\boldsymbol{F} &= \boldsymbol{F}(\sigma, \boldsymbol{a}) = F(\boldsymbol{Q}\sigma\boldsymbol{Q}^T, \boldsymbol{Q}a\boldsymbol{Q}^T) \\
&= \boldsymbol{F}[\mathrm{tr}\sigma, \mathrm{tr}\sigma^2, \mathrm{tr}\sigma^3, \mathrm{tr}a, \mathrm{tr}a^2, \mathrm{tr}a^3, \mathrm{tr}(\sigma a), \mathrm{tr}(\sigma^2 a), \mathrm{tr}(\sigma a^a), \mathrm{tr}(\sigma^2 a^2)]
\end{aligned}
\tag{8.2.11}
$$

式中:$\boldsymbol{Q}$ 为空间旋转矩阵,满足 $|Q|=1$, $Q^{-1}=Q^{\mathrm{T}}$ 。

定义应力张量 $\boldsymbol{\sigma}_{ij}$ (二阶张量)向三个材料主轴的投影向量 $\boldsymbol{L}_{i,k}$ ($i=1,2,3\cdots$)及其模长为

$$
\begin{cases}
L_1 = (\sigma_{11}^2 + \sigma_{12}^2 + \sigma_{13}^2)^{1/2} \\
L_2 = (\sigma_{21}^2 + \sigma_{22}^2 + \sigma_{23}^2)^{1/2} \\
L_3 = (\sigma_{31}^2 + \sigma_{32}^2 + \sigma_{33}^2)^{1/2}
\end{cases}
\tag{8.2.12}
$$

引入广义加载向量 $\boldsymbol{L}_i$

$$
\boldsymbol{L}_i = L_1 e_i^{(1)} + L_2 e_i^{(2)} + L_3 e_i^{(3)} \tag{8.2.13}
$$

最终确定材料主轴方向上广义加载向量的单位方向向量为

$$l_i = \frac{L_1}{|\boldsymbol{L}_i|} e_i^{(1)} + \frac{L_2}{|\boldsymbol{L}_i|} e_i^{(2)} + \frac{L_3}{|\boldsymbol{L}_i|} e_i^{(3)} = l_1 e_i^{(1)} + l_2 e_i^{(2)} + l_3 e_i^{(3)} \tag{8.2.14}$$

式中：$(|\boldsymbol{L}_i|)^2 = \mathrm{tr}(\boldsymbol{\sigma}^2)$。

描述材料空间分布各向异性的微结构张量对在广义加载方向的投影标量表达为

$$\begin{aligned} \eta &= a_1 \frac{{L_1}^2}{\mathrm{tr}(\sigma^2)} + a_2 \frac{{L_2}^2}{\mathrm{tr}(\sigma^2)} + a_3 \frac{{L_3}^2}{\mathrm{tr}(\sigma^2)} \\ &= a_0 + (a_1 - a_0) l_1^2 + (a_2 - a_0) l_2^2 + (a_3 - a_1) l_3^2 \end{aligned} \tag{8.2.15}$$

式(8.2.15)可以通过简化，最终写为

$$\eta = \eta_0 (1 + \Omega_{ij} l_i l_j) = \eta_0 (1 + \Omega_1 l_1^2 + \Omega_2 l_2^2 + \Omega_3 l_3^2) \tag{8.2.16}$$

式中：$\eta_0 = a_0 = \frac{(a_1 + a_2 + a_3)}{3}$，$\Omega_1 = \frac{(a_1 - a_0)}{a_0}$，$\Omega_2 = \frac{(a_2 - a_0)}{a_0}$，$\Omega_3 = \frac{(a_3 - a_0)}{a_0}$。

考虑微结构张量与空间广义加载方向之间的关系，将微结构张量引入屈服函数中，可得到考虑力学特性空间分布的屈服面。以 Mohr-Coulomb 屈服准则为例，通过引入表征材料行为空间分布的微结构张量建立各向异性屈服准则。基于微结构张量在广义加载方向的投影，同时考虑微结构张量的破坏准则一般形式，将常见 Mohr-Coulomb 屈服准则扩展为各向异性的情况

$$f = \tau - \sigma\eta - c \tag{8.2.17}$$

$$f = \sigma_{II} - \beta\eta g(\theta)(\sigma_I + C) \tag{8.2.18}$$

式中：σ_I 表示第一应力不变量；σ_{II} 表示第二应力不变量；$\beta = \beta(\varepsilon^p)$ 表示塑性硬化/软化函数；C 为常数满足 $C = c\cot(\theta)$；θ 为 Lode 角；$g(\theta)$ 为 Lode 角影响函数。

虽然上述屈服函数的表达式与基于极限面的形式的表达式有很大的差异，但是通过引入基于标量的微结构张量投影，可以得到与极限面法相同的屈服面，Pietruszczak 等[1]也通过理论和实例验证了两者的相关性。考虑到柱状节理岩体力学行为的复杂性，采用式(8.2.18)所示的塑性硬化屈服准则来模拟节

理岩体的屈服特性。

虽然 Pietruszczak 等[1]给出了考虑微结构张量的各向异性材料微结构张量表达,但都是基于二维的情况进行的研究。考虑到柱状节理岩体材料强度的空间各向异性分布特征,假定材料空间各向异性可以用二阶微结构张量表示,结合上述基本理论推导了三维空间各向异性屈服准则。假定材料空间分布为二阶张量形式,从微结构张量对在广义加载方向的投影标量表达式可以发现

$$\Omega_1+\Omega_2+\Omega_3=0\ ,\ l_1^2+l_2^2+l_3^2=1 \tag{8.2.19}$$

当材料为各向同性时,可得

$$\Omega_1=\Omega_2 \tag{8.2.20}$$

不妨定义空间加载方向为

$$l_3^2=\cos^2\alpha \tag{8.2.21}$$

则上述微结构张量函数可以表达为

$$\begin{aligned}\eta&=\eta_0[1+\Omega_1 l_1^2+\Omega_1 l_2^2-2\Omega_1]\\&=\eta_0[1+\Omega_1(l_1^2+l_2^2-2l_3^2)]\\&=\eta_0[1+\Omega_1(1-3l_3^2)]\end{aligned} \tag{8.2.22}$$

最终可以化简为

$$\eta=\eta'[1+b(1-3\cos^2\alpha)] \tag{8.2.23}$$

8.2.2 渗流压力对各向异性岩体影响

水在裂隙岩体中的流动是一个典型的渗流应力耦合问题(如图 8.2.3),流体压力直接影响材料变形,材料的变形同时也会影响流体压力[6]。裂隙岩体的应力渗流耦合主要表现在三个方面。

(1) 裂隙水压力对岩体强度和变形影响:直接影响裂隙的法向变形,将岩体视为多孔介质,有效应力可以简化为

$$\sigma'=\sigma+\alpha p_p \tag{8.2.24}$$

有效应力系数 α 一般取值范围 $0.5<\alpha<1.0$。当裂隙面较为粗糙时有效应力系数较小,反之当裂隙表面较为光滑时有效应力系数较大。裂隙水压力同

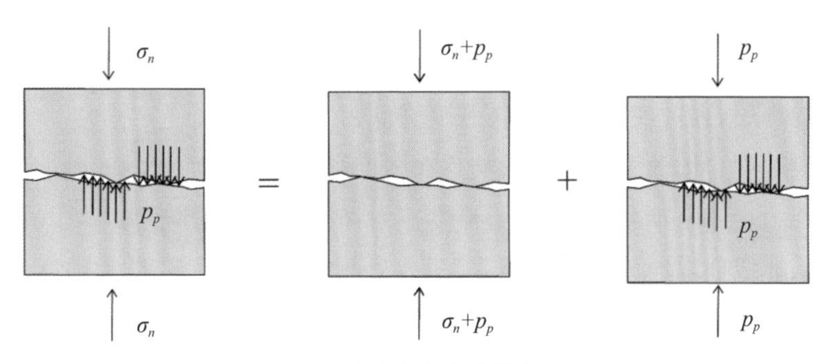

图 8.2.3　裂隙应力渗流耦合示意图

时也会影响裂隙岩体的强度通过有效应力法则。拉伸和剪切破坏屈服准则都是基于有效应力而不是总应力。

(2) 岩体裂隙变形对渗透率的影响:节理空隙 u_m 可以被定义为不同裂隙面之间的平均距离,水力隙宽 u_h 用来计算岩石裂隙的流速。推导了水力隙宽和材料变形之间的函数关系

$$u_h = fu_m = u_{h0} + f\Delta u_m \tag{8.2.25}$$

未知变量 Δu_{h0} 和 f 可以通过实验线性拟合得到。结合式(8.2.25)可以发现随着裂隙隙宽减小,裂隙流速变小,宏观渗透系数变小,反之随着隙宽增加,裂隙流速变大,宏观渗透系数变大。

(3) 渗透率的改变对孔隙水压力的影响:岩体的变形会导致渗透率的变化,渗透率的变化会进一步影响孔压场。

渗透压力对节理岩体的长期变形有着很大的影响,例如坝基柱状节理岩体在大坝完建蓄水后常年处于水下;此外还受到水库调度的影响,因此在节理岩体本构模型中需要考虑渗透压力的作用。渗透压力对节理岩体的影响主要表现在三个方面:强度、变形和流变特性。

变形方面,水压力直接改变了节理面的法向变形,另外,在水压力作用下,水和节理面内部物质产生化学作用,使岩体的变形模量一定程度降低。因此工程实践中需要采用试验来确定节理岩体饱水的饱水参数和天然参数。

强度方面,由于节理岩体参数主要受节理面控制,因此主要从岩体节理角度分两个方面加以论述。一方面,在水压力作用下,节理面内部填充物会与水发生相互作用,产生溶解、氧化等一系列化学变化,降低节理面的强度。另一方

面，从节理岩体屈服函数的表达式来看，其内部包括球应力和偏应力两个部分。当节理岩体受水压力作用时，屈服函数中球应力变小，偏应力不变，类似于降低了围压的作用，因此使得节理岩体强度降低。

水对节理岩体流变特性的影响是在强度和变形两个因素的基础上产生的，主要表现为岩体长期强度的降低，流变速率和流变变形的增大。由于流变本构模型是从非线性瞬时模型扩展而来，只要处理好水对瞬时变形和强度的影响，同时考虑水对损伤时效演化的影响，即可建立水对节理岩体流变特性的影响。

渗透压力对节理岩体弹性模量、强度参数和流变速率的影响均需要通过复杂的试验来展开研究，这里仅考虑水压力对节理岩体有效应力的影响（影响变形），同时在屈服函数中考虑水压力对第一应力不变量的影响（影响强度），最终建立新的屈服函数和流动准则为

$$f=\sqrt{3J_2}h(\theta)-(1-\omega)\beta\eta_f[-(I_1/3+ap)+C] \tag{8.2.26}$$

$$g=\sqrt{3J_2}+\zeta\eta_f h(\theta)[(I_1/3+ap)-C]\ln(\frac{(I_1/3+ap)-C}{I_0})=0 \tag{8.2.27}$$

式中：a 表示节理岩体有效应力系数；p 表示节理岩体中孔隙水压力。

本节在各向异性流变损伤模型的基础上，通过修改屈服函数和塑性流动准则，建立节理岩体各向异性渗流流变损伤本构模型。

8.2.3 柱状节理渗流流变损伤模型

对于考虑时效损伤的应力与变形的关系可以采用考虑损伤的柔度张量表述为如下形式

$$\boldsymbol{\sigma}_{ij}=\boldsymbol{C}_{ijkl}(\omega_i)\varepsilon_{kl}^e \tag{8.2.28}$$

式中：ε_{kl}^e 为应变的弹性部分；$\boldsymbol{C}_{ijkl}(\omega_i)$ 为考虑各向异性损伤弱化的四阶柔度张量。

材料的应变可以分为弹性应变和塑性应变，满足以下公式

$$\varepsilon_{ij}=\varepsilon_{ij}^e+\varepsilon_{ij}^p \tag{8.2.29}$$

对式(8.2.28)进行全微分运算可得应力的增量形式为

$$\mathrm{d}\boldsymbol{\sigma}_{ij}=\frac{\partial \boldsymbol{C}_{ijkl}(\omega_i)}{\partial \omega_i}\varepsilon_{kl}^{e}\mathrm{d}\omega_i+\boldsymbol{C}_{ijkl}(\omega_i)(\mathrm{d}\varepsilon_{kl}-\mathrm{d}\varepsilon_{kl}^{p}) \tag{8.2.30}$$

为了确定塑性应变，根据经典的弹塑性理论，结合塑性一致条件和塑性流动准则，可以计算应变增量下对应的塑性应变增量。对于不考虑流变情况，损伤变量可以用塑性硬化函数来表示，因此对于屈服函数可以根据塑性一致条件满足如下公式

$$\mathrm{d}f=\frac{\partial f}{\partial \boldsymbol{\sigma}_{ij}}\mathrm{d}\boldsymbol{\sigma}_{ij}+\frac{\partial f}{\partial \beta}\frac{\partial \beta}{\partial \gamma_p}\mathrm{d}\gamma_p=0 \tag{8.2.31}$$

式中：屈服函数对应力张量的导数可以表示为

$$\frac{\partial f}{\partial \boldsymbol{\sigma}_{ij}}=\frac{\partial f}{\partial I_1}\frac{\partial I_1}{\partial \boldsymbol{\sigma}_{ij}}+\frac{\partial f}{\partial J_2}\frac{\partial J_2}{\partial \boldsymbol{\sigma}_{ij}}+\frac{\partial f}{\partial \theta}\frac{\partial \theta}{\partial \boldsymbol{\sigma}_{ij}}+\frac{\partial f}{\partial \eta_f}\frac{\partial \eta_f}{\partial \boldsymbol{\sigma}_{ij}} \tag{8.2.32}$$

式中：

$$\frac{\partial I_1}{\partial \boldsymbol{\sigma}_{ij}}=\delta_{ij}\ ,\ \frac{\partial J_2}{\partial \boldsymbol{\sigma}_{ij}}=s_{ij}\ ,\ \frac{\partial \theta}{\partial \boldsymbol{\sigma}_{ij}}=\frac{\sqrt{3}}{2(\sqrt{J_2})^3\cos 3\theta}\left(\frac{3J_3}{2J_2}s_{ij}-s_{ik}s_{kj}+\frac{2}{3}J_2\delta_{ij}\right) \tag{8.2.33}$$

表征各向异性特征的微结构张量在式(8.2.32)中最后一项，根据屈服函数表达式

$$\frac{\partial f}{\partial \eta_f}=-(1-\omega)\beta(-I_1/3+C) \tag{8.2.34}$$

其中，

$$\frac{\partial \eta_f}{\partial \boldsymbol{\sigma}_{ij}}=\frac{\partial \eta_f}{\partial \xi}\frac{\partial \xi}{\partial \boldsymbol{\sigma}_{ij}}\ ,\ \xi=\Omega_{ij}l_il_j=\frac{\Omega_{ik}\boldsymbol{\sigma}_{ij}\boldsymbol{\sigma}_{kj}}{\sigma_{pq}\sigma_{pq}} \tag{8.2.35}$$

将 ξ 代入微结构张量中，可得微结构张量对应力张量进行求导的结果为

$$\frac{\partial \eta_f}{\partial \sigma_{ij}}=2\eta_0\frac{\Omega_{ki}\boldsymbol{\sigma}_{kj}\boldsymbol{\sigma}_{pq}\boldsymbol{\sigma}_{pq}-\Omega_{pk}\boldsymbol{\sigma}_{pq}\boldsymbol{\sigma}_{kq}\boldsymbol{\sigma}_{ij}}{(\boldsymbol{\sigma}_{mn}\boldsymbol{\sigma}_{mn})^2} \tag{8.2.36}$$

材料发生的塑性应变增量可以根据塑性流动准则确定，可得

$$\mathrm{d}\varepsilon_{ij}^{p}=\mathrm{d}\lambda\frac{\partial g}{\partial \boldsymbol{\sigma}_{ij}} \tag{8.2.37}$$

式中:塑性势函数对应力张量的导数为

$$\frac{\partial g}{\partial \boldsymbol{\sigma}_{ij}}=\frac{\partial g}{\partial J_2}\frac{\partial J_2}{\partial \boldsymbol{\sigma}_{ij}}+\frac{\partial g}{\partial I_1}\frac{\partial I_1}{\partial \boldsymbol{\sigma}_{ij}}+\frac{\partial g}{\partial \eta_f}\frac{\partial \eta_f}{\partial \boldsymbol{\sigma}_{ij}} \tag{8.2.38}$$

其中的每一项均可通过类似于屈服函数的求导方式确定,将式(8.2.37)代入式(8.2.31)可得

$$\mathrm{d}\lambda=\frac{1}{H}\frac{\partial f}{\partial \boldsymbol{\sigma}_{ij}}\mathrm{d}\boldsymbol{\sigma}_{ij},\ H=-\frac{\partial f}{\partial \beta}\frac{\partial \beta}{\partial \gamma_p}\frac{\partial \gamma_p}{\partial \varepsilon_{ij}^p}\frac{\partial g}{\partial \boldsymbol{\sigma}_{ij}} \tag{8.2.39}$$

根据塑性流动准则,等效塑性应变可以表示为

$$\mathrm{d}\gamma_p=\mathrm{d}\lambda\sqrt{\frac{2}{3}dev\left(\frac{\partial g}{\partial \boldsymbol{\sigma}_{ij}}\right)\left(\frac{\partial g}{\partial \boldsymbol{\sigma}_{ij}}\right)} \tag{8.2.40}$$

将式(8.2.30)代入式(8.2.31),然后将式(8.2.37)中的 $\mathrm{d}\varepsilon_{ij}^p$ 和式(8.2.40)中的 $\mathrm{d}\gamma_p$ 代入屈服函数塑性一致条件,可得

$$\mathrm{d}\lambda=\frac{1}{H}\left[\frac{\partial f}{\partial \boldsymbol{\sigma}_{ij}}\frac{\partial \boldsymbol{C}_{ijkl}(\omega_r)}{\partial \omega_i}\varepsilon_{kl}^e\mathrm{d}\omega_r+\frac{\partial f}{\partial \boldsymbol{\sigma}_{ij}}\boldsymbol{C}_{ijkl}(\omega_r)\mathrm{d}\varepsilon_{kl}\right] \tag{8.2.41}$$

式中:塑性硬化模量 H 可表示为

$$H=\frac{\partial f}{\partial \boldsymbol{\sigma}_{ij}}\boldsymbol{C}_{ijkl}(\omega_r)\frac{\partial g}{\partial \sigma_{ij}}-\frac{\partial f}{\partial \beta}\frac{\partial \beta}{\partial \gamma_p}\sqrt{\frac{2}{3}dev\left(\frac{\partial g}{\partial \boldsymbol{\sigma}_{ij}}\right)\left(\frac{\partial g}{\partial \boldsymbol{\sigma}_{ij}}\right)} \tag{8.2.42}$$

将上述确定的 $\mathrm{d}\lambda$ 代入式(8.2.30),可以确定给定应变增量 $\mathrm{d}\varepsilon_{ij}$ 步下对应的应力增量 $\mathrm{d}\boldsymbol{\sigma}_{ij}$ 为

$$\mathrm{d}\boldsymbol{\sigma}_{ij}=\boldsymbol{C}_{ijkl}^{epd}\mathrm{d}\varepsilon_{kl}+\boldsymbol{\Psi}_{ij}\mathrm{d}\omega_r \tag{8.2.43}$$

$$\boldsymbol{C}_{ijkl}^{epd}=\boldsymbol{C}_{ijkl}(\omega_i)-\frac{1}{H}\boldsymbol{C}_{ijpq}(\omega_i)\frac{\partial f}{\partial \boldsymbol{\sigma}_{pq}}\frac{\partial g}{\partial \boldsymbol{\sigma}_{mn}}\boldsymbol{C}_{mnkl}(\omega_r) \tag{8.2.44}$$

$$\boldsymbol{\Psi}_{ij}=\frac{\partial \boldsymbol{C}_{ijkl}(\omega_r)}{\partial \omega_r}\varepsilon_{kl}^e-\frac{1}{H}\boldsymbol{C}_{ijpq}(\omega_r)\frac{\partial f}{\partial \sigma_{pq}}\frac{\partial g}{\partial \sigma_{mn}}\frac{\partial \boldsymbol{C}_{mnkl}(\omega_r)}{\partial \omega_r}\varepsilon_{kl}^e-\frac{1}{H}\boldsymbol{C}_{ijkl}(\omega_r)\frac{\partial g}{\partial \boldsymbol{\sigma}_{ij}}\frac{\partial f}{\partial \omega} \tag{8.2.45}$$

根据式(8.2.43)给出的本构模型的增量形式,可以对任一应变增量计算出相应的应力增量,同时确定相应的塑性应变及硬化和损伤变量。因此,该本构模型的增量形式可以较为容易地写入数值模拟程序中,应用于实际工程分析。

8.3 二次开发与实例分析

8.3.1 自定义本构开发

上述章节系统阐述了考虑各向异性损伤的弹塑性模型和流变模型及其相应的增量积分本构格式。结合本构积分绘制二次开发流程如图 8.3.1 所示。

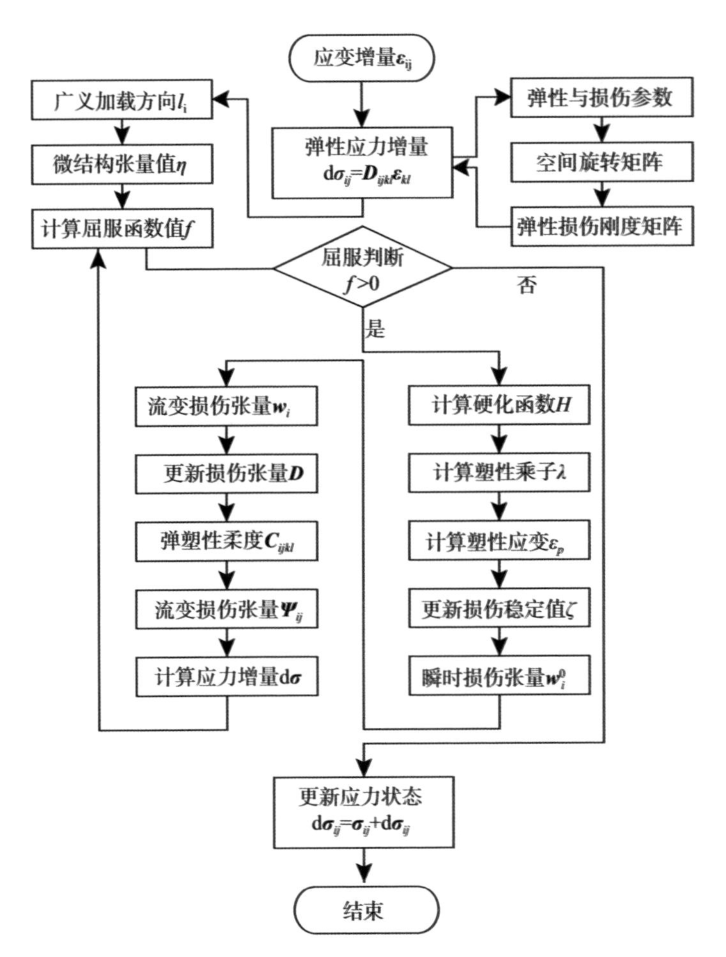

图 8.3.1 柱状节理岩体本构数值计算流程

在工程研究中拟采用 FLAC3D 程序作为模拟工具。作为一款专业的岩土工程分析软件，FLAC3D 具有较高的开放性，可以较为方便地进行二次开发，将新的本构模型以自定义本构的形式嵌入到 FLAC3D 中。本章结合 FLAC3D 提供的自定义本构开发框架,采用 Visual Studio 2010 进行本构开发,编译为动态链接库格式的文件。由于 FLAC3D 采用显含时间的拉格朗日差分的求解方法,故 FLAC3D 在每一计算步需要对所有的单元执行以下操作:

(1) 结合高斯积分点位置和权重根据单元节点速度计算整个单元的应变率;

(2) 由前一个时步单元应力状态和当前时步应变率,结合本构关系获得新的单元应力;

(3) 由新确定的单元应力和外力,根据牛顿第二运动定律求得节点的新的速率和位移。

实际上编写本构模型就是由应变率产生新的应力的过程,即由前一计算时间步的应力、总应变增量通过具体的本构方程得到新应力的过程,本质上与 ABAQUS、ANSYS 等软件本构开发思路一致。该模型的理论推导,在基于常见数值计算分析软件本构计算步骤上,实现了柱状节理岩体各向异性流变损伤本构模型的数值计算流程。考虑到 FLAC3D 本构开发实际,提出的考虑各向异性损伤影响的横观各向同性本构模型具有弹塑性和流变特性两个版本。对于研究瞬时力学特性需要采用瞬时损伤版本,对于长期安全性研究需要采用渗流流变损伤版本。每一个版本包含参数如表 8.3.1 所示。

表 8.3.1 自定义本构模型参数及其说明

编号	参数名称	参数说明	瞬时模型	流变模型
1	E1	各向同性面的弹性模量 E_1	●	●
2	E3	垂直于各向同性面的弹性模量 E_3	●	●
3	G13	垂直于各向同性面的剪切模量 G_{13}	●	●
4	Nu12	各向同性面材料泊松比 υ_{12}	●	●
5	Nu13	各向同性面变形引起垂直方向变形比 υ_{13}	●	●
6	Dd	应变主轴向量所构成平面的倾向方位角 dd	●	●
7	Dip	应变主轴向量所构成平面的倾角 dip	●	●
8	Pp	孔隙水压力 p	○	●
9	Aa	岩体有效应力系数 a	○	●
10	Coh0	基本黏聚力 c_0	●	●

续表

编号	参数名称	参数说明	瞬时模型	流变模型
11	Phi0	基本摩擦角 φ_0	●	●
12	Eta0	初始屈服面参数 η_0	●	●
13	A1	微结构张量参数 a_1	●	●
14	Zeta	塑性流动控制参数 ζ	●	●
15	B	硬化控制参数 B	●	●
16	Ap0	初始硬化函数 a_p^0	●	●
17	Omega	瞬时损伤函数 ω_c	●	●
18	Gamma	流变演化函数 γ	○	●

注：●表示变量在该模型中存在，○表示在该模型中不存在。

8.3.2 数值算例

为了较合理地确定岩体的基本力学参数，选取前述章节分析中柱体倾角为75°的节理岩体单轴瞬时和流变试验结果来作为目标值。采用基于单纯形法的最优化方法来确定岩体节理的相关参数。最优化单纯形方法作为成熟的优化方法，已经内嵌于很多成熟的数值分析程序中，如 Python 的 Scipy 和 Matlab 的 fminsearch 函数中。最优化单纯形方法寻找最优化点主要通过反射（reflection）、扩展（expasion）、压缩（contraction）和收缩（shrink）来获取，基于单一积分点方法确定模型参数，最终确定的岩体基本力学参数如表 8.3.2 所示。

表 8.3.2　柱状节理岩体基本力学参数表

编号	参数	数值
1	E_1(GPa)	14.57
2	E_3(GPa)	25.31
3	G_{13}(GPa)	9.56
4	υ_{12}	0.25
5	υ_{13}	0.14
6	c_0(MPa)	0.72
7	φ_0(GPa)	35.2
8	ζ	−0.023

续表

编号	参数	数值
9	η_0	2.66
10	a_1	0.021
11	B	0.018
12	a_p^0	0.12
13	ω_c	0.89
14	γ	0.86

基于二次开发的模型和数值均匀化标定的参数，以图 8.3.2(a)所示的岩体圆柱样为例，从瞬时和渗流流变损伤两个角度研究了柱状节理岩体的物理力学特性。圆柱样尺寸与室内三轴试验一致，圆柱直径为 50 mm，柱体的高度为 100 mm，模型网格数量为 18 000 个，为四块 1/4 棱柱拼接而成。瞬时试验的边界条件如图 8.3.2(b)所示，流变试验的边界条件如图 8.3.2(c)所示。

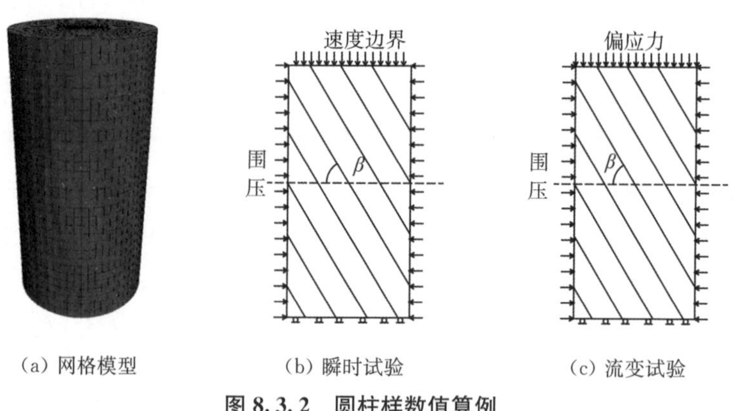

(a) 网格模型　(b) 瞬时试验　(c) 流变试验

图 8.3.2　圆柱样数值算例

流变试验采用分级加载的形式，每一级荷载增量为 5 MPa，每一级荷载的持续时间为 240 h。为了考虑水压力对节理岩体流变特性的影响，考虑有效应力系数为 1、水压力为 1 MPa 的渗流流变力学特性作为对比，最终计算结果如图 8.3.3 所示。节理岩体 Z 方向的位移云图如图 8.3.4(a)所示，损伤云图如图 8.3.4(b)，数值模拟结果与试验破坏模式(图 8.3.4(c))一致。由此可见，提出的柱状节理岩体各向异性损伤力学模型可以较好地模拟柱状节理岩体的力学行为。

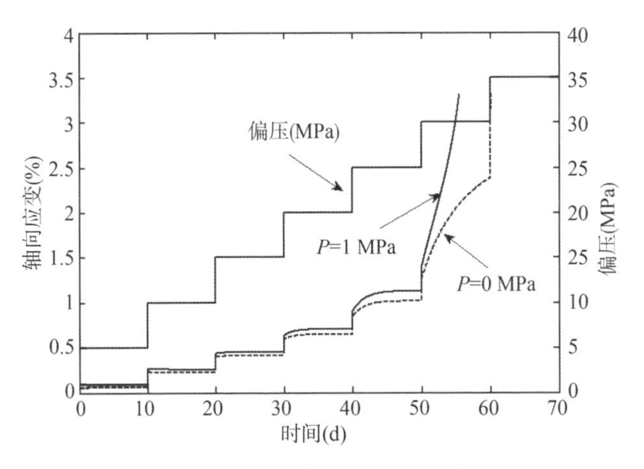

图 8.3.3　不同水压力作用下岩石的流变曲线

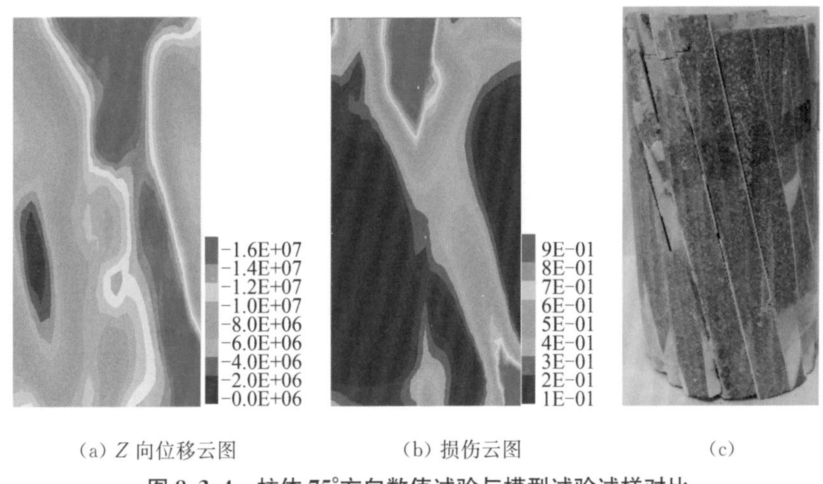

(a) Z 向位移云图　　(b) 损伤云图　　(c)

图 8.3.4　柱体 75°方向数值试验与模型试验试样对比

8.4　小　结

本章主要研究可以反映柱状节理岩体物理力学特性的各向异性渗流流变损伤模型。在各向异性瞬时损伤模型的基础上，将损伤扩展为瞬时损伤和时效损伤，并定义时效损伤的演化规则，从而建立各向异性流变损伤模型。在此基础上，在屈服函数中考虑渗流的影响，建立起各向异性渗流流变本构模型，并结合本构模型的数值积分格式进行二次开发，进行实例分析。主要研究成果如下：

(1) 基于微结构张量和各向异性损伤理论建立各向异性非线性瞬时模型，引入时效损伤演化和渗透压力对屈服函数的影响，建立各向异性渗流流变损伤力学模型。各向异性渗流流变损伤模型具有 18 个参数，瞬时非线性各向异性损伤模型包含 15 个变量，参数可通过试验研究成果直接确定，或根据周期性边界数值实验结果进行标定。

(2) 基于 FLAC3D 软件开展了自定义本构模型的二次开发和算例分析。瞬时数值分析表明，该模型可以体现柱状节理岩体的空间各向异性特性及变形破坏过程中的损伤演化规律。流变数值分析表明渗流压力对柱状节理岩体长期变形有很大的影响，可以加速流变速率，降低长期强度。

参考文献

[1] PIETRUSZCZAK S, MROZ Z. On failure criteria for anisotropic cohesive-frictional materials[J]. International Journal for Numerical and Analytical Methods in Geomechanics, 2001, 25(5): 509-24.

[2] PIETRUSZCZAK S, LYDZBA D, SHAO JF. Modelling of inherent anisotropy in sedimentary rocks[J]. International Journal of Solids and Structures, 2002, 39(3): 637-48.

[3] 朱其志，赵伦洋，刘海旭，等. Shao-Zhu-Su 岩石流变模型的快速显式积分算法及比较研究[J]. 岩石力学与工程学报，2016，35(2)：242-249.

[4] COWIN S C. The relationship between the elasticity tensor and the fabric tensor[J]. Mechanics of Materials, 1985, 4(2): 137-147.

[5] KANATANI K I. Characterization of structural anisotropy by fabric tensors and their statistical test[J]. Soils and Foundations, 1983, 23(4): 171-177.

[6] ITASCA CONSULTING GROUP INC. Fast Lagrangian analysis of continua in 3-Dimensions, version 3.0, Users manual[Z]. Itasca, Minnesota. 2000.

第9章

白鹤滩高拱坝坝基渗流应力耦合三维数值模拟

9.1 三维模型建立与计算方案

9.1.1 三维数值模型

基于白鹤滩高拱坝坝基地质条件，对高拱坝坝基工程地质模型进行网格剖分，建立数值计算分析的有限差分模型。依据白鹤滩水电站工程地质资料，主要考虑高水头作用范围的断层 F_{16}(F_{14})、F_{17}，层间错动带 C_{3-1}、C_3，及 $P_2\beta_3^3$ 柱状节理层中发育的 LS_{331}(RS_{331})，及柱状节理岩体分布，以及坝基岩体、结构面的水力特性和水文地质结构。这些关键地质构造如图 9.1.1 所示。

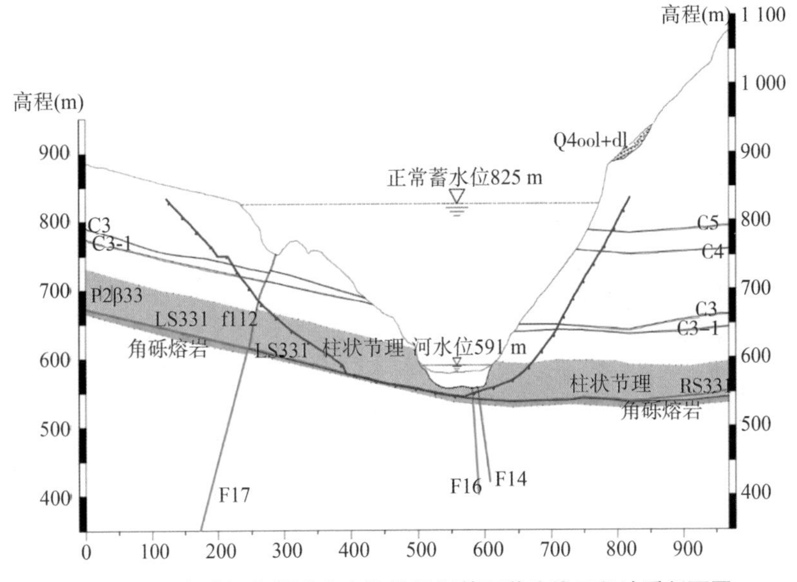

图 9.1.1 金沙江白鹤滩水电站拱坝坝基下游边线工程地质剖面图

地层：微新岩体($P_2\beta_3^2$)、角砾熔岩、柱状节理岩体($P_2\beta_3^3$)、$P_2\beta_3^4$、$P_2\beta_4$、$P_2\beta_5$。

断层：断层 F_{16}、断层 F_{14}、断层 F_{17}。

错动带：C_4、C_{2-1}、C_3、C_5、LS_{331}。

高拱坝坝基地质模型的建模范围：X 轴(正东方向，横河向)范围 1 620 m，Y 轴(正北方向，顺河向)范围 1 465 m，Z 轴(竖直向上)范围 1 317 m(高程：−23 m～1 296 m)。地质力学模型如图 9.1.2 所示。图 9.1.3 中所示为主要结构面和拱坝的相对位置。

图 9.1.2 白鹤滩高拱坝—坝基地质力学模型

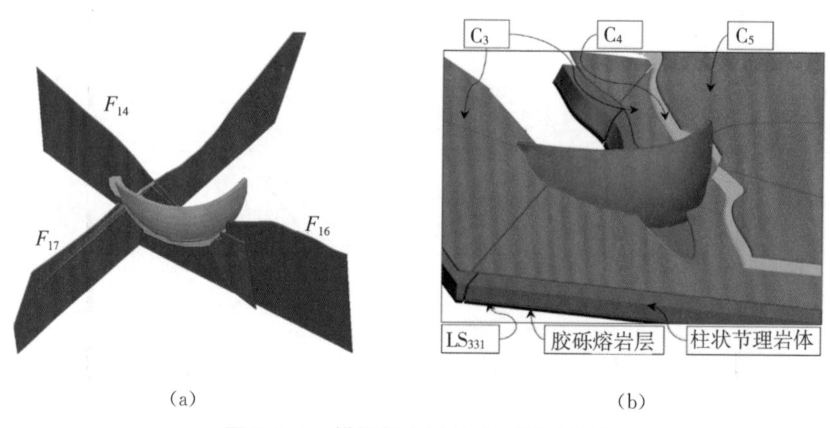

(a) (b)

图 9.1.3 拱坝与主要结构面相对位置

金沙江白鹤滩水电站高拱坝坝基工程三维网格模型如图 9.1.4 所示。单元数目为 1 247 938,节点数为 227 599,其中坝体的单元数目为 126 511,节点数为 28 126。在三维网格划分时,对需要重点关注的部位如拱坝、坝基建基面、拱坝与结构面相连接处、柱状节理玄武岩体等部位,进行了精细化处理,网格的平均边长约为 1.0 m。

图 9.1.4　金沙江白鹤滩水电站拱坝坝基工程三维网格模型

9.1.2　边界条件与荷载条件

在高拱坝-坝基数值计算模型的5个平面边界上，均设置相应平面法向位移固定的位移边界条件。库岸边坡和大坝自由面为自由变形边界。依据实测地应力测试资料，采用多元回归反演了坝址区的初始地应力场。

正常蓄水位工况：正常蓄水位+相应尾水位+自重+泥沙压力+温升荷载。

主要荷载如下：

坝体材料为坝体混凝土(C40)：容重为24 kN/m^3，弹性模量为24 GPa，泊松比为0.17。

水压力：水容重取9.8 kN/m^3。坝前淤沙浮容重为5.0 kN/m^3，内摩擦角0°。

上游正常蓄水位825.00 m(相应下游水位601.00 m)，上游校核洪水位831.82 m(相应下游水位634.30 m)，上游淤沙高程710.00 m(淤沙浮容重5.0 kN/m^3，内摩擦角0°)。

弹塑性计算时，库水位按照正常蓄水位825 m进行计算。在长期流变数值模拟时，按照如图9.1.5所示的库水位变化曲线进行调度，蓄水速率按照3 m/d，降水速率按照2 m/d。在流变计算时先将水位蓄至635 m，然后按照图9.1.5所示水位变化开展高水头作用下各向同性与各向异性长期流变数值计算。

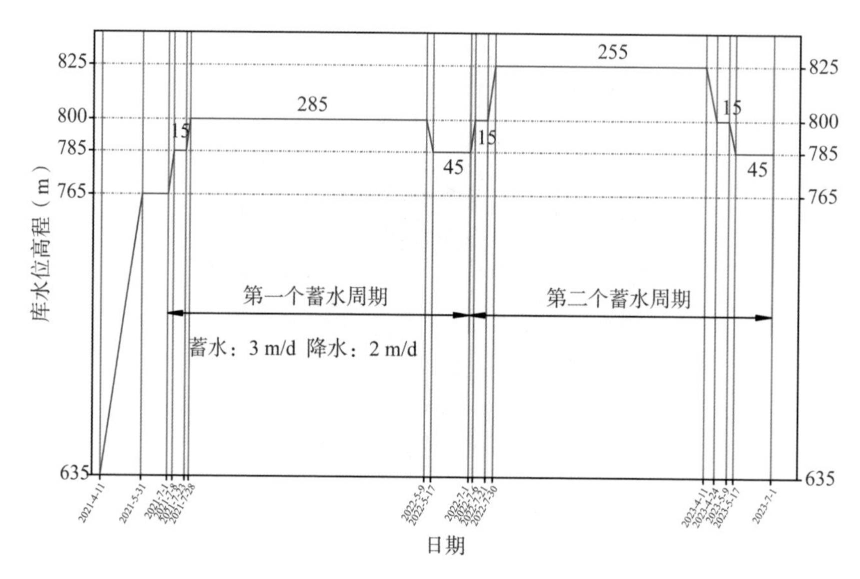

图 9.1.5 库水位时程图

将柱状节理岩体视为各向同性岩体时，所有地层均采用 Mohr-Coulomb 模型，各地层的物理力学参数如表 9.1.1 和表 9.1.2 所示；将柱状节理岩体视为各向异性岩体时，其他地层仍采用 Mohr-Coulomb 模型，柱状节理岩体的力学参数如表 9.1.3 所示。长期流变计算所需参数的确定比弹塑性参数更为复杂，由于现场无法开展大量的原位流变力学试验，同时工程现场岩体含有大量节理裂隙等原生缺陷，与室内流变试验尺度相差较大，因此不能直接使用室内试验所得的流变力学参数。在三维数值计算时，以室内流变力学试验为依据，结合现场岩体基本力学特性，并与工程同类岩石的流变力学参数进行类比，综合确定合理的岩体流变力学参数如表 9.1.4 所示。表 9.1.5 为根据白鹤滩水电站坝基区域主要岩体和结构面确定的渗透系数。

表 9.1.1 白鹤滩坝基岩体物理力学参数

岩层分类	密度（kg/m^3）	变形模量（GPa）	泊松比	黏聚力（MPa）	摩擦角（°）
左岸柱状节理顶面以上	2 600	10.24	0.24	1.07	48.0
右岸 C_4 层面以上	2 700	11.00	0.23	1.10	47.7
右岸 C_4 层面～柱状节理顶面	2 700	13.20	0.23	1.37	51.8
柱状节理岩层	2 700	10.00	0.25	0.90	47.7

续表

岩层分类	密度(kg/m^3)	变形模量(GPa)	泊松比	黏聚力(MPa)	摩擦角(°)
角砾熔岩岩层	2 600	9.00	0.24	1.08	47.2
微新岩岩层	2 850	22.00	0.22	2.10	57.2

表 9.1.2　白鹤滩坝基主要结构面力学参数

岩层分类		厚度(m)	变形模量(GPa)	黏聚力(MPa)	摩擦系数	摩擦角(°)
层内错动带	1 区	3	2.00	0.30	0.70	35.0
	2 区					
	3 区	20	0.20	0.10	0.45	24.2
层间错动带	1 区	25	0.10	0.10	0.39	21.3
	2 区	25	0.10	0.05	0.37	20.3
断层	弱风化上段	60	0.04	0.04	0.28	15.6
	弱风化下段	15	0.10	0.05	0.38	20.8
	微新岩体	10	0.30	0.20	0.56	29.2

表 9.1.3　白鹤滩坝基柱状节理岩体各向异性等效力学参数

变形模量(GPa)		变形模量(GPa)		泊松比		黏聚力(MPa)		摩擦系数		抗拉强度(MPa)	
E_x,E_y	E_z	G_{yz},G_{xz}	G_{xy}	ν_{xz},ν_{yz}	ν_{xy}	C_1,C_2	C_3	f_1,f_2	f_3	T_1、T_2	T_3
13.90	6.97	2.66	5.35	0.14	0.3	0.78	1.15	0.68	1.0	0.4	0.85

表 9.1.4　岩体流变计算参数取值

岩层分类	K(GPa)	G_1(GPa)	G_2(GPa)	η_1(GPa·d)	η_2(GPa·d)	η_3(GPa·d)	η_4(GPa·d)
左岸柱状节理顶面以上	6.6	4.1	82.6	1.02×10^5	256	246	140
右岸 C_4 层面以上	6.8	4.5	89.4	1.10×10^5	275	262	161
右岸 C_4 层面～柱状节理顶面	8.2	5.4	107.0	1.32×10^5	330	342	232
柱状节理岩层	6.7	4.0	80.0	1.00×10^5	250	239	133
角砾熔岩岩层	5.8	3.6	72.6	9.00×10^4	225	212	108
微新岩岩层	13.1	9.0	180.0	2.20×10^5	550	629	645

表 9.1.5　岩体和结构面渗透系数主值取值

岩体(结构面)分类	主渗透系数 K_h (cm/s)	主渗透系数 K_V (cm/s)
DEFAULT	1.0×10^{-6}	1.0×10^{-6}
微新岩岩层	1.0×10^{-6}	1.0×10^{-6}
角砾熔岩岩层	5.0×10^{-6}	2.0×10^{-6}
柱状节理岩层	1.55×10^{-5}	4.2×10^{-6}
右岸 C_4 层面～柱状节理顶面	3.92×10^{-5}	1.0×10^{-5}
右岸 C_4 层面以上	4.71×10^{-5}	1.2×10^{-5}
左岸柱状节理顶面以上	3.92×10^{-5}	1.0×10^{-5}
C_3	2.0×10^{-3}	2.0×10^{-4}
C_{3-1}	2.0×10^{-3}	2.0×10^{-4}
C_4	1.5×10^{-3}	1.5×10^{-4}
C_5	2.0×10^{-3}	2.0×10^{-4}
LS_{331}、RS_{331}	7.5×10^{-5}	2.5×10^{-5}
F_{14}	3.0×10^{-3}	3.0×10^{-4}
F_{16}、F_{17}	5.0×10^{-3}	5.0×10^{-4}
河床及两岸微风化岩体	1.0×10^{-5}	1.0×10^{-5}

9.2　坝址区初始地应力场与渗流场

在进行三维结构数值计算时为了能够更准确地评价高坝坝基工程稳定性，需要对模型的初始地应力场进行反演，得到初始地应力场的方向和大小。根据中国电建集团华东勘测设计研究院有限公司提供的地应力实测成果和工程地质资料，采用多元线性回归方法进行反演分析，主要考虑自重应力、构造应力和河谷下切作用。结合实测资料和反演结果分析可得(图 9.2.1)：

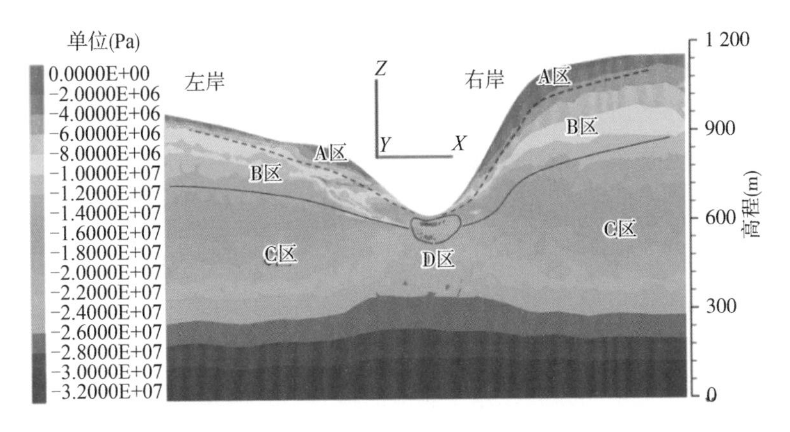

(a) 沿坝基横切面大主应力

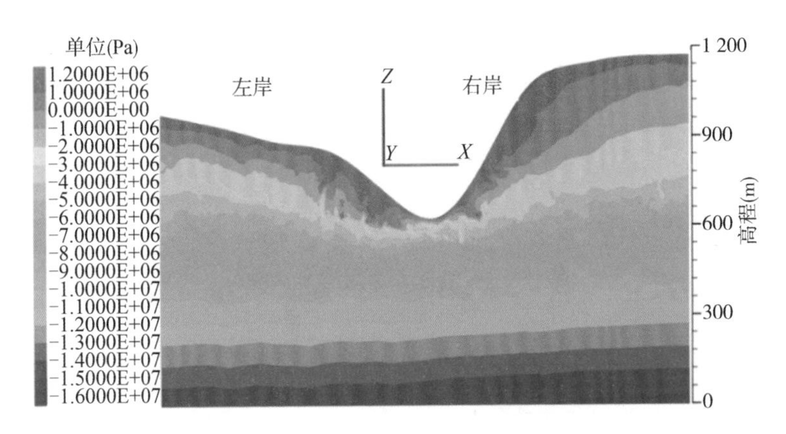

(b) 沿坝基横切面小主应力

图 9.2.1　白鹤滩水电站坝址区域地应力反演结果

(1) 除自重应力外,坝址区初始地应力场还受断裂构造、地表剥蚀、河流下切形成的地形因素影响,左岸大水平主应力方向主要为 NW 向和 NNW 向,右岸大水平主应力方向主要为 SN 向和 NNE 向。

(2) 坝址区域岸坡竖向主应力随着高程的增大而减小,在横河方向上最大主应力从岸坡向山体内部呈逐渐增大趋势。对比左右岸山体的大小主应力可以发现,同一高程距岸坡相同距离的左岸大主应力较右岸小 1～2 MPa。在高程 650 m、距离岸坡 150 m 左右岸的大主应力分别约为 11 MPa 和 13 MPa。

(3) 坝址区域左右岸最小主应力的方向在岸坡表面发生变化,最小主应力的大小总体上随高程增高而降低,在同一高程水平上,最小主应力的大小随水平埋深的增大而增加，在岸坡表面大多为零，局部地形突变部位出现大小不一的拉应力，其值范围为 0～0.8 MPa。

(4) 在河谷下切过程中，山体中的应力在岸坡表面会不断的释放，受自重应力和构造应力影响，河谷区域的应力通常可分为四个应力区：应力释放区、应力过渡区域、原岩应力区和应力集中区域。白鹤滩坝址区域河谷也属于深切不对称 V 形河谷，反演得到的地应力特征也符合四个应力分区，如 9.2.1(a)所示。坝址区河床部位出现明显的应力集中，最大主应力集中在 10～24 MPa。

(5) 地形地貌和地质条件的不对称使得白鹤滩水电站坝址区两岸山体的地应力状态存在一定的差异。左岸测点的地应力测值普遍低于右岸，主要是由于左岸山体埋深小；同时，左岸受到河谷下切和结构面的影响，在结构面附近应力得到释放并出现应力集中现象。

根据白鹤滩水电站渗流场专题研究报告，结合坝址区域防渗和排水措施，对坝基渗流场进行计算，图 9.2.2 为白鹤滩水电站上游水位 825 m、下游水位 610 m 工况下的渗流场分布。从拱冠梁剖面渗流场分布可以看出，经过坝基防渗帷幕和排水孔口时，拱坝前后的孔压明显降低。

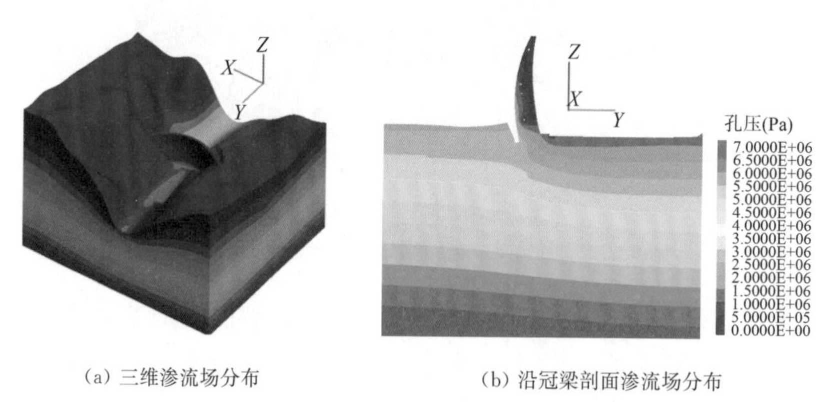

(a) 三维渗流场分布　　(b) 沿冠梁剖面渗流场分布

图 9.2.2　白鹤滩水电站渗流场分布(上游水位 825 m)

9.3　渗流应力耦合弹塑性计算成果分析

9.3.1　拱坝坝体及剖面位移分析

拱坝上游面的位移等值线分布如图 9.3.1 所示。将柱状节理岩体视为各向异性材料时，拱坝在水压力作用下，上游面与下游面最大合位移均为140.0 mm，合位移最大值分布于坝体偏左岸高程约800 m的位置，沿着左右岸拱肩部位及坝底部位逐渐减小，位移等值线轮廓呈偏向右岸弧形分布，以此扩散递降至右岸坝肩处至扩大基础底部。采用各向异性模型计算得到的拱坝上下游面最大合位移较各向同性弹塑性计算增大了约6.0 mm。

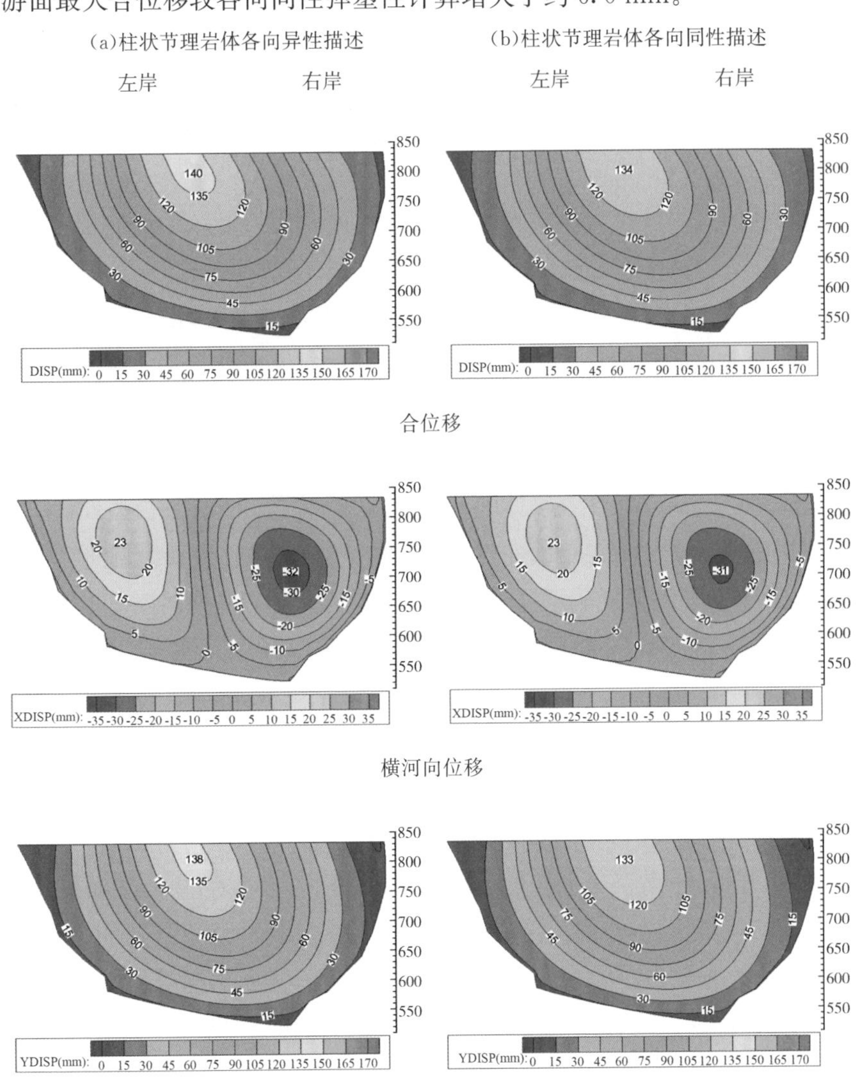

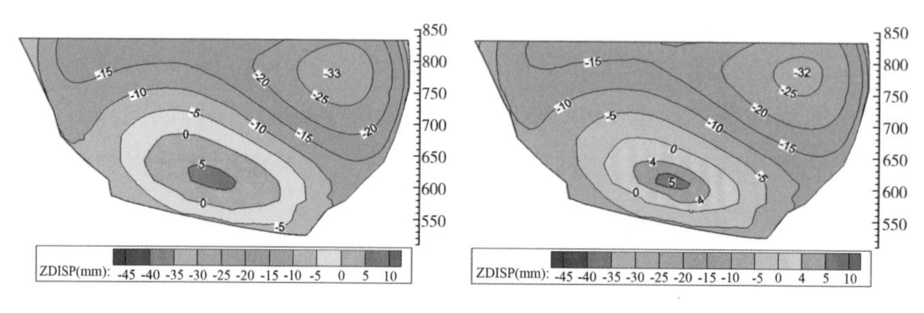

铅直向位移

图 9.3.1 弹塑性计算——拱坝上游面位移等值线云图

将柱状节理岩体视为各向同性材料时，横河向最大位移发生在拱冠梁左右两侧坝体上，上游面最大横河向位移分别为 23.0/32.0 mm，下游面为 16.0/10.0 mm，横河向位移方向由坝顶中部分别指向左岸、右岸山体。坝体上游面与下游面最大顺河向位移均为 139.0 mm，与拱坝最大合位移出现位置一致，位移等值线云图分布规律与合位移分布规律不尽相同。拱坝坝体上游面铅直向位移最大值为 33.0 mm，发生在坝体右岸侧靠近坝顶部位处，下游面铅直位移最大值为 34.0 mm，发生在坝体中下部。采用各向异性弹塑性模型计算结果表明，拱坝坝体上下游面和各剖面的横河向位移、顺河向位移以及铅直向位移的分布规律与各向同性计算结果不尽相同，各位移的最大值较各向同性弹塑性模型计算增大了 1.0～5.0 mm，相同位移量值的范围也以各向异性弹塑性计算结果较大。

考虑渗流应力耦合及弹塑性条件将柱状节理岩体视为各向同性材料和各向异性材料，拱坝坝体上游面位移等值线图分别如图 9.3.2 所示。拱坝在高水头渗流应力耦合作用下，各向同性弹塑性模型计算时，拱坝上游面最大合位移约为 143.0 mm，下游面最大合位移约为 145.0 mm，位移的最大值分布在坝体顶部中间偏左岸位置，合位移等值线轮廓呈偏向右岸的弧形分布，并以此扩散递降至左右岸坝肩及扩大基础底部。相比各向同性弹塑性模型的计算结果，采用各向异性弹塑性模型时，拱坝上下游面最大合位移分别增大了约 7.0 mm 和 8.0 mm。

由于拱坝的结构特性，横河向位移在右岸断层处表现为不连续性及不对称性。采用各向同性弹塑性模型计算时，以拱冠梁为分界线，拱坝上游面最大横河向位移分别约为 24.0 mm 和 33.0 mm，下游面的最大值约为 12.0 mm 和

22.0 mm，横河向位移方向由坝顶中部分别指向左岸、右岸山体。上、下游面最大顺河向位移分别为 143.0 mm 和 145.0 mm，拱坝顺河向位移与合位移等值线分布规律大致相同，最大值发生位置基本相同。坝体上游面的铅直向位移最大值出现在坝体中部，最大值约 13.0 mm，下游面的铅直位移最大值出现在坝体中下部，最大值约 23.0 mm。柱状节理岩体采用各向异性弹塑性模型时，拱坝上下游面最大横河向位移较各向同性计算结果分别增大了约 3.0 mm 和 2.0 mm，最大顺河向位移分别增大了约 7.0 mm 和 8.0 mm，最大铅直位移变化量分别为－1.0 mm 和 4.0 mm。

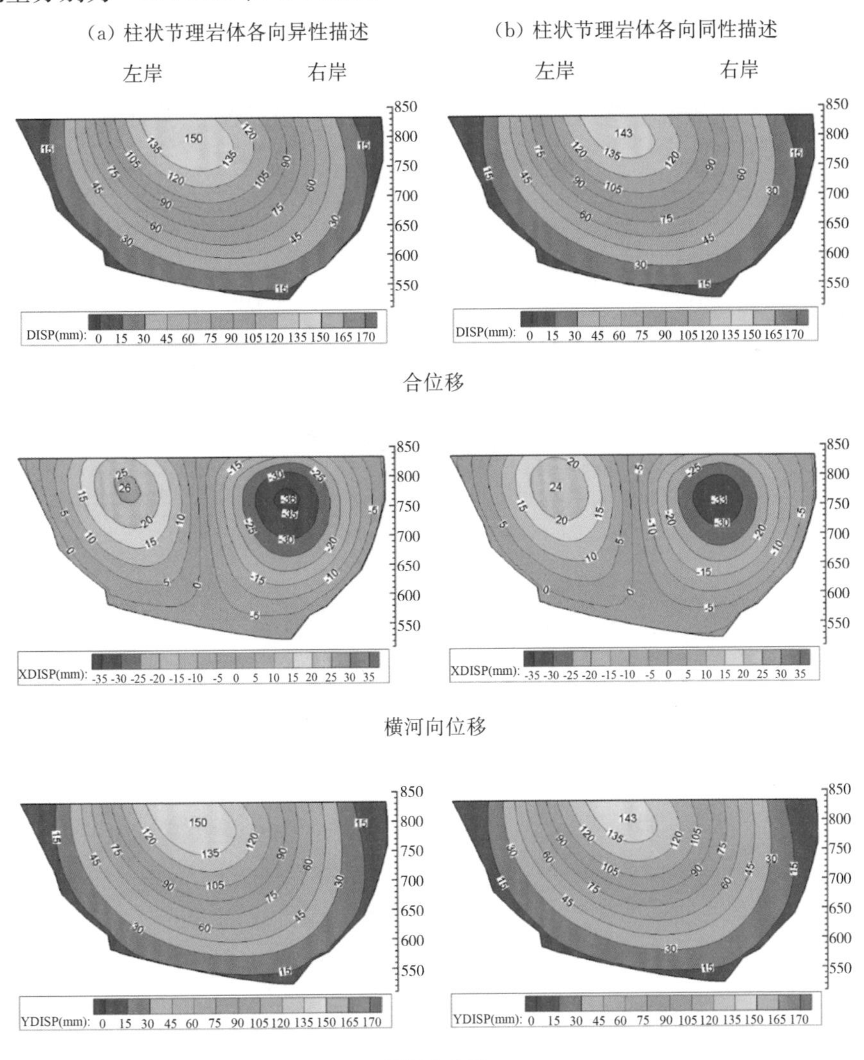

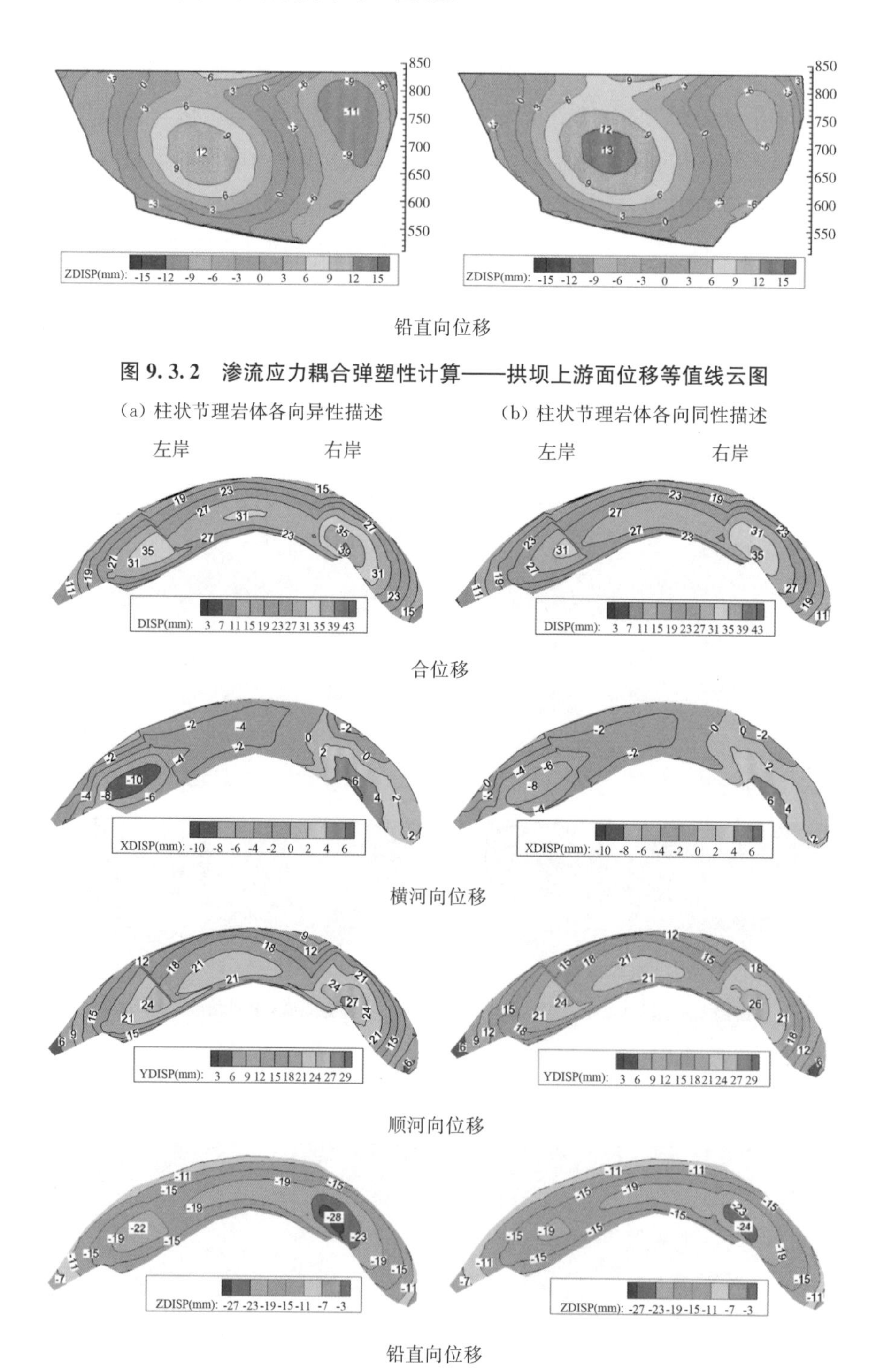

图 9.3.2 渗流应力耦合弹塑性计算——拱坝上游面位移等值线云图

图 9.3.3 弹塑性计算——扩大基础底面位移等值线云图

扩大基础底面位移等值线分布情况如图 9.3.3。扩大基础底面合位移最大值出现在左右岸中部靠下游面，量值为 35.0～39.0 mm，最大值为 39.0 mm，位移向左右拱端逐渐降低。采用各向异性弹塑性模型计算出的扩大基础底面最大合位移较各向同性弹塑性模型计算大了约 4.0 mm，位移大于 31.0 mm 的范围有明显增大。扩大基础底面横河向位移最大值出现在左右岸拱端靠下游面，为 10.0/6.0 mm，较各向同性弹塑性计算增大了 2.0 mm。顺河向位移最大值出现在左右岸柱状节理岩体连接位置，量值为 21.0～27.0 mm，最大值较各向同性计算增大了约 1.0 mm，位移大于 21.0 mm 的范围也有明显增大。铅直向位移最大值同样发生在扩大基础面柱状节理岩体连接位置，量值为 19.0～28.0 mm，较各向同性弹塑性计算时大了约 4.0 mm，位移大于 19.0 mm 的范围明显增大。

渗流应力耦合计算条件下扩大基础底面位移等值线云图如图 9.3.4 所示。当柱状节理采用各向同性弹塑性模型计算时，扩大基础底面合位移的最大值出现在靠近左右拱端下游面处，量值为 24.0～27.0 mm，扩大基础底面合位移一般在 18.0～24.0 mm，位移向左右拱端逐渐减小。当柱状节理采用各向异性弹塑性模型时，扩大基础底面最大合位移较各向同性结果增大了约 6.0 mm，位移大于 24.0 mm 的范围明显增大。当柱状节理采用各向同性弹塑性模型计算时，扩大基础底面左右岸拱端横河向最大位移为 10.0 mm 和 4.0 mm；顺河向最大位移出现在左右岸柱状节理岩体连接位置，量值为 18.0～21.0 mm；铅直向位移最大值出现在扩大基础面柱状节理岩体连接位置，最大值约为 15.0 mm。相比各向同性弹塑性模型的计算结果，各向异性计算得到扩大基础底面位移变化量为 1.0 mm 和－1.0 mm；顺河向最大位移增加约 6.0 mm，位移大于 15.0 mm 的范围有明显增大；铅直向最大位移增加约 6.0 mm，位移大于 15.0 mm 的范围也有明显增大。

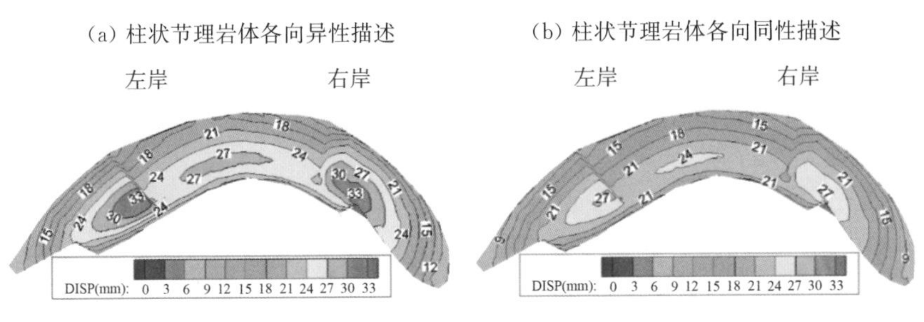

合位移

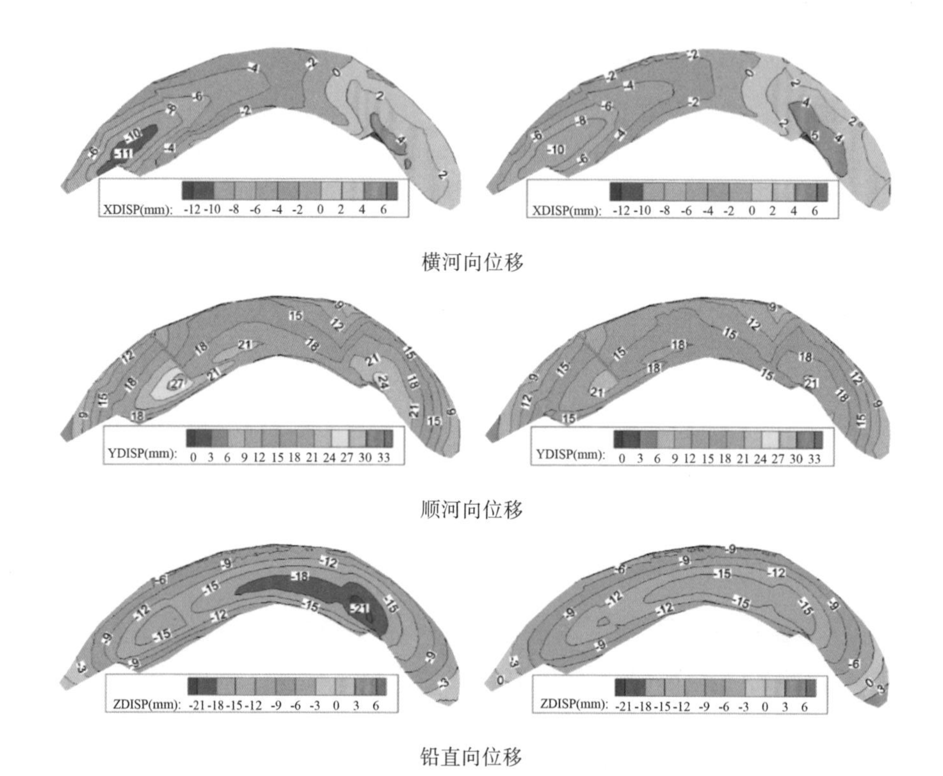

横河向位移

顺河向位移

铅直向位移

图 9.3.4 渗流应力耦合弹塑性计算——扩大基础底面位移等值线云图

9.3.2 拱坝坝体及剖面应力分析

未考虑渗流应力耦合计算条件下，拱坝上游面大小主应力分布如图 9.3.5。坝体上游面基本处于受压状态，局部位置出现主拉应力，最大值为 0.5 MPa，主要分布于上游面靠坝底部位，较大值为－3.0 MPa，分布于坝体底部偏右岸。主压应力最大值约为－8.0 MPa，位于坝体上游面中部，应力向周边逐渐减小。

(a) 柱状节理岩体各向异性描述　　(b) 柱状节理岩体各向同性描述

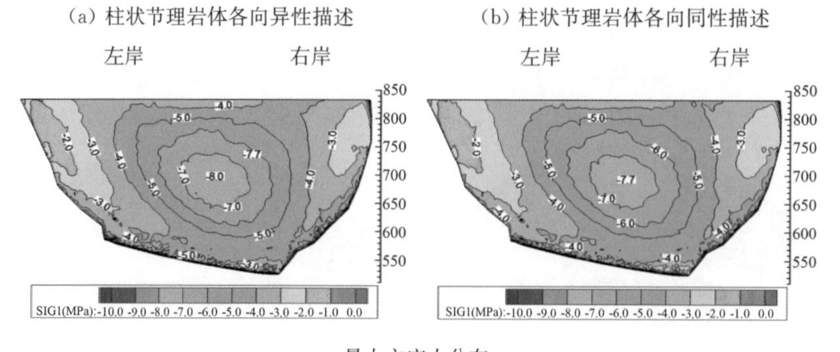

最大主应力分布

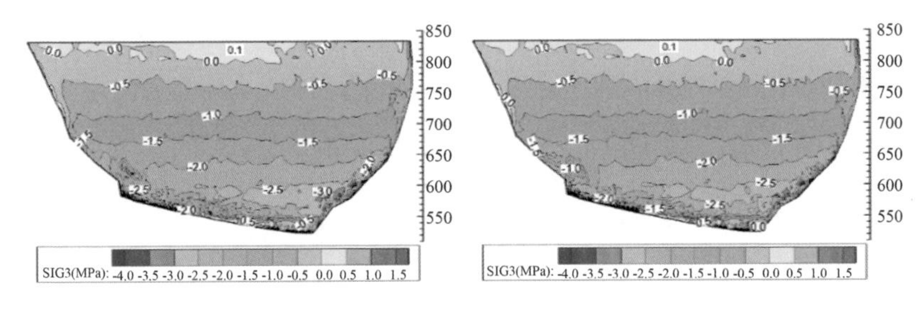

最小主应力分布

图 9.3.5　弹塑性计算——拱坝上游面应力分布图

渗流应力耦合弹塑性计算拱坝上游面的应力分布如图 9.3.6。当柱状节理采用各向同性弹塑性模型计算时，上游面主压应力最大值约为－11.5 MPa，位于坝体上游面中部，应力向周边逐渐减小；主拉应力最大值约为 0.5 MPa，位于上游面顶部，最小值约为－3.0 MPa，分布于坝体底部偏右岸及坝体中下部。

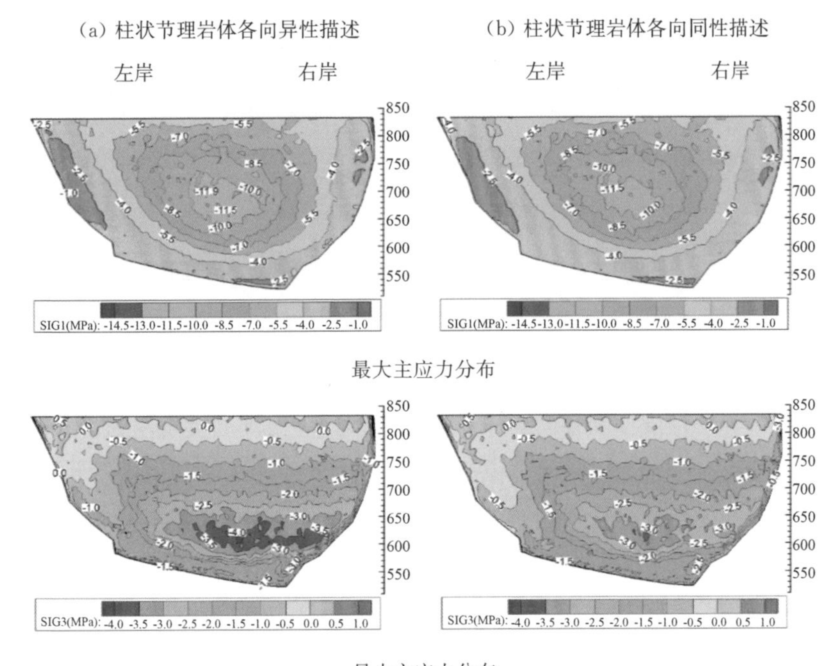

最小主应力分布

图 9.3.6　渗流应力耦合弹塑性计算——拱坝上游面应力分布图

图 9.3.7 所示为不考虑渗流应力耦合计算条件下拱坝下游面大小主应力云图。下游面主拉应力大部分接近 0 应力区，最大值为 0.6 MPa，分布于坝体中上部，同时在坝体与坝基岩体相交处产生了较大的压应力区。下游面主压应

力最大值为－18.0 MPa，位于拱坝下游侧与建基面连接处。总体上，正常蓄水位工况下，柱状节理玄武岩岩体各向异性特性对拱坝以及坝基岩体应力分布规律影响较小，两种计算条件下的大小主应力分布规律不尽相同。

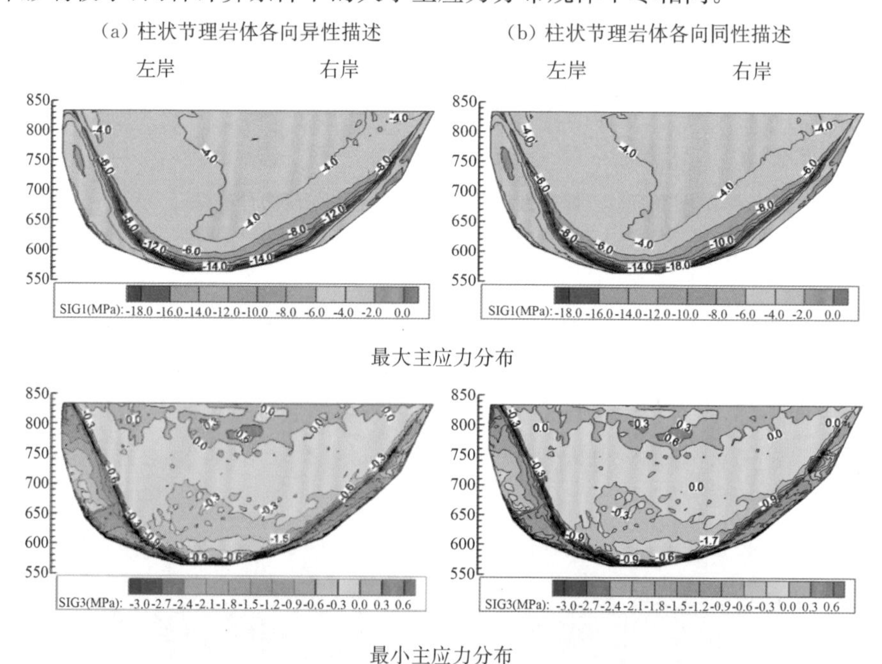

图 9.3.7 弹塑性计算——拱坝下游面应力分布图

渗流应力耦合弹塑性计算拱坝上游面的应力分布如图 9.3.8。主压应力最大值约为－20.0 MPa，位于坝体与坝基岩体相交处，表现出较大的应力集中。采用各向同性弹塑性模型和各向异性弹塑性模型计算得到的拱坝应力分布规律和大小基本相同。因此在正常蓄水位工况下，坝体上游面基本处于受压状态，柱状节理玄武岩岩体各向异性特性对拱坝的应力大小及分布规律影响较小。

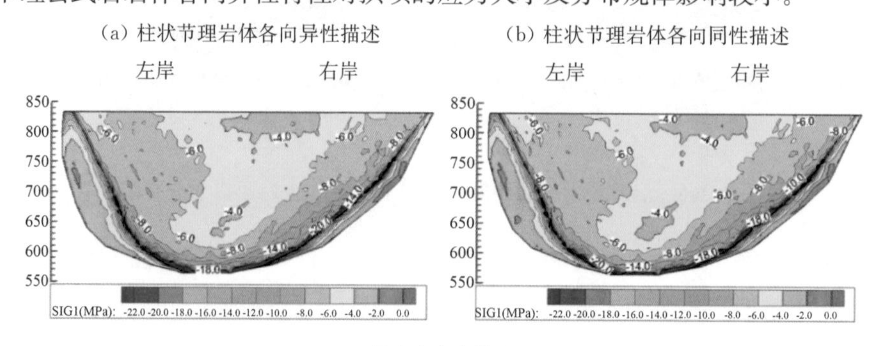

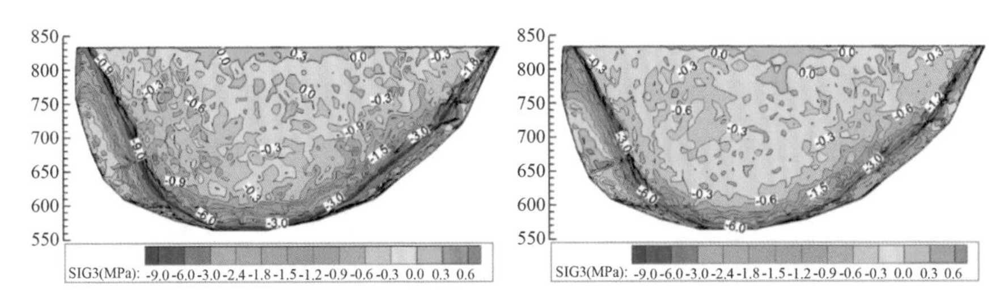

最小主应力分布

图 9.3.8　渗流应力耦合弹塑性计算——拱坝下游面应力分布图

扩大基础底面大小主应力等值线分布情况如图 9.3.9。采用各向异性弹塑性模型计算，扩大基础底面基本处于受压状态，局部位置出现拉应力，最大主拉应力为 0.8 MPa，主要分布在扩大基础底面下游侧。最大主压应力为 −8.0 MPa，分布于扩大基础底面中部，在扩大基础底面下游侧靠右岸局部位置出现 −14.0 MPa 的压应力集中区。采用各向异性弹塑性计算得到的扩大基础底面应力值较各向同性弹塑性计算变化不大。

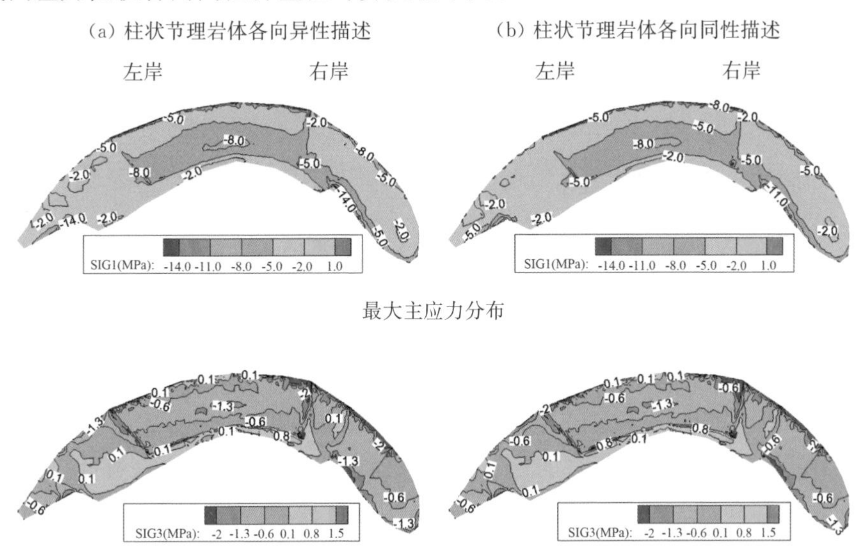

最小主应力分布

图 9.3.9　弹塑性计算——扩大基础底面应力分布图

面的应力分布如图 9.3.10。由于基础底面地质构造复杂，扩大基础底面局部出现明显的应力集中，且应力扩散具有不连续性，变化幅度为 −2.0～−16.0 MPa。当柱状节理采用各向同性弹塑性模型计算时，最大主压应力约

−16.0 MPa，分布于扩大基础底面两侧靠近下游面处；最大主拉应力约 0.4 MPa，分布于扩大基础底面靠近上游面处。当柱状节理采用各向异性弹塑性模型时，扩大基础底面的主拉应力较各向同性增加约 0.4 MPa，主压应力变化相对较小。

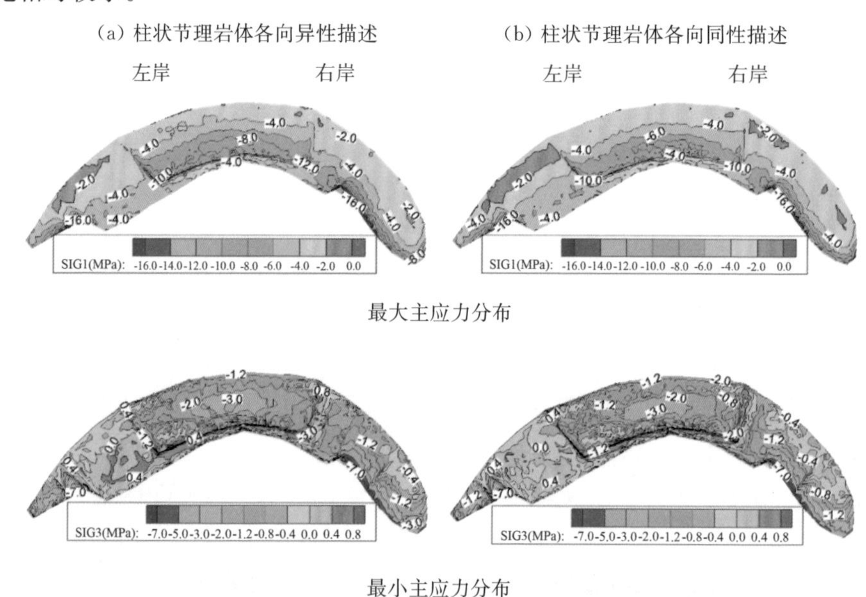

图 9.3.10　渗流应力耦合弹塑性计算——扩大基础底面应力分布图

9.3.3　拱坝及坝基岩体位移与应力统计对比分析

将坝基柱状节理岩体分别视为各向同性和各向异性材料进行了弹塑性和渗流应力耦合弹塑性数值计算，统计了拱坝及坝基岩体的位移应力等。表 9.3.1 和表 9.3.2 所示为拱坝上下游面弹塑性计算和渗流应力耦合弹塑性计算位移统计表。计算结果表明，考虑坝基柱状节理岩体各向异性特征后，拱坝最大合位移和最大顺河向位移增加约 6～8 mm，最大合位移的位置出现在拱坝中部 800 m 高程处，拱坝同一位置位移增幅在 5%～10%。

表 9.3.3 为拱坝上、下游面弹塑性、渗流应力耦合弹塑性计算位移统计值，计算结果表明，弹塑性计算时，考虑渗流应力耦合作用较未考虑渗流应力耦合时位移增加相对明显，位移增大 10～15 mm，拱坝同一位置位移增幅在 7%～13%。受渗流应力耦合和扬压力等作用，考虑与未考虑渗流应力耦合计算的拱坝铅直位移分布规律不尽相同，最大值的出现位置也不同。

表 9.3.1　拱坝上、下游面弹塑性计算位移统计　（单位：mm）

最大位移		各向同性	各向异性	增量
合位移	上游面	134	140	6
	下游面	134	140	6
横河向位移	上游面	23/31	23/32	0/1
	下游面	16/10	16/10	0
顺河向位移	上游面	133	138	5
	下游面	133	138	5
铅直向位移	上游面	5/32	5/33	0/1
	下游面	32	34	2

表 9.3.2　拱坝上、下游面渗流应力耦合弹塑性计算位移统计　（单位：mm）

最大位移		各向同性	各向异性	增量
合位移	上游面	143	150	7
	下游面	145	153	8
横河向位移	上游面	24/33	26/36	2/3
	下游面	22/12	24/12	2/0
顺河向位移	上游面	143	150	7
	下游面	145	153	8
铅直向位移	上游面	13/6	12/11	−1/5
	下游面	23	27	4

表 9.3.3　拱坝上、下游面弹塑性、渗流应力耦合弹塑性计算位移统计

（单位：mm）

最大位移		弹塑性	渗流应力耦合弹塑性	增量
合位移	上游面	140	150	10
	下游面	140	153	13
横河向位移	上游面	23/32	26/36	3/4
	下游面	16/10	24/12	8/2
顺河向位移	上游面	138	150	12
	下游面	138	153	15
铅直向位移	上游面	5/33	12/11	7/−22
	下游面	34	27	−7

表 9.3.4 和表 9.3.5 为扩大基础底部弹塑性计算和渗流应力耦合弹塑性

计算位移统计值。计算结果表明，考虑坝基柱状节理岩体各向异性特征后，扩大基础底部各项位移值增加约 0～6 mm，最大位置一般出现在扩大基础与柱状节理岩体连接处。

扩大基础底部与坝基连接，因此可以将扩大基础底部位移视为坝基岩体位移，弹塑性各向异性计算条件下坝基最大位移 39 mm，最大位置出现在右岸坝基底部柱状节理岩体出露位置，较各向同性计算增加约 4 mm。在坝基左岸柱状节理岩体出露位置最大位移达 35 mm。渗流应力耦合弹性计算条件下，坝基岩体位移分布规律与不考虑渗流应力耦合作用时大致相同，不考虑耦合时坝基位移以铅直向位移为主，在考虑耦合作用时坝基位移在扬压力作用下有所减小。

表 9.3.4 扩大基础底部弹塑性计算位移统计 （单位：mm）

位移值		各向同性	各向异性	增量
合位移	一般	31～35	31～39	0～4
	最大	35	39	4
横河向位移	一般	0～8	2～10	0～2
	最大	8	10	2
顺河向位移	一般	12～24	15～27	0～3
	最大	26	27	1
铅直向位移	一般	11～19	15～23	0～4
	最大	24	28	4

表 9.3.5 扩大基础底部渗流应力耦合弹塑性位移统计 （单位：mm）

位移值		各向同性	各向异性	增量
合位移	一般	18～24	21～27	0～3
	最大	27	33	6
横河向位移	一般	2～6	2～8	0～2
	最大	10	11	1
顺河向位移	一般	18～21	15～21	−3～0
	最大	21	27	6
铅直向位移	一般	9～15	12～21	0～6
	最大	15	21	6

在考虑渗流应力耦合和不考虑耦合 4 种计算条件下，拱坝上游面、下游面应力统计如表 9.3.6。柱状节理岩体各向异性特性主要影响拱坝及坝基岩体

的位移，而对于坝体和坝基岩体应力分布影响较小；在考虑渗流应力耦合作用下，各向同性和各向异性计算条件下拱坝大主应力较未考虑渗流应力耦合明显增加，大主应力增加 2.0～3.9 MPa。拱坝上游面大主应力最大值出现在拱坝高程 650～700 m 之间，下游面大主应力较大值出现在坝趾位置，坝趾受压部位最大值约 20 MPa。拱坝小主应力最大值为 0.5 MPa，在拱坝高程 800 m 以上部位和坝踵局部位置出现拉应力区域。

表 9.3.6 拱坝上游面、下游面应力统计 （单位：mm）

最大位移		弹塑性			渗流应力耦合弹塑性		
		各向同性	各向异性	增量	各向同性	各向异性	增量
大主应力	上游面	7.7	8.0	0.3	11.5	11.9	0.4
	下游面	18.0	18.0	0.0	20.0	20.0	0.0
小主应力	上游面	0.5	0.5	0.0	0.5	0.5	0.0
	下游面	0.6	0.6	0.0	0.0	0.3	0.3

9.4 渗流应力耦合流变计算成果分析

9.4.1 拱坝坝体及剖面位移分析

采用各向异性和各向同性流变模型计算得到的拱坝上游面的位移等值线分布情况如图 9.4.1。采用各向异性流变模型计算，坝基岩体流变作用下，拱坝上游面最大合位移为 158.0 mm，最大值分布于坝体顶部中间偏左岸位置，合位移向左右岸拱肩部位及坝底逐渐减小。位移等值线轮廓呈偏向右岸弧形分布，以此扩散递降至右岸坝肩处及扩大基础底部。各向异性流变计算得到的最大合位移较各向同性计算增大了约 11.0 mm。

采用各向异性流变计算时，横河向最大位移发生在拱冠梁左右两侧坝体，上游面最大横河向位移分别为 23.0 mm、45.0 mm。顺河向位移最大合位移等值线分布规律相似，上游面最大顺河向位移为 159.0 mm，坝体上游面铅直向位移最大值为 23.0 mm，发生在坝体两端靠近坝顶部位处。采用各向异性弹塑性计算出的拱坝上游面横河向位移、顺河向位移最大值较各向同性弹塑性计算时位移变化量分别增大 2.0 mm 和 13.0 mm，铅直向位移最大值减小了 10.0 mm。

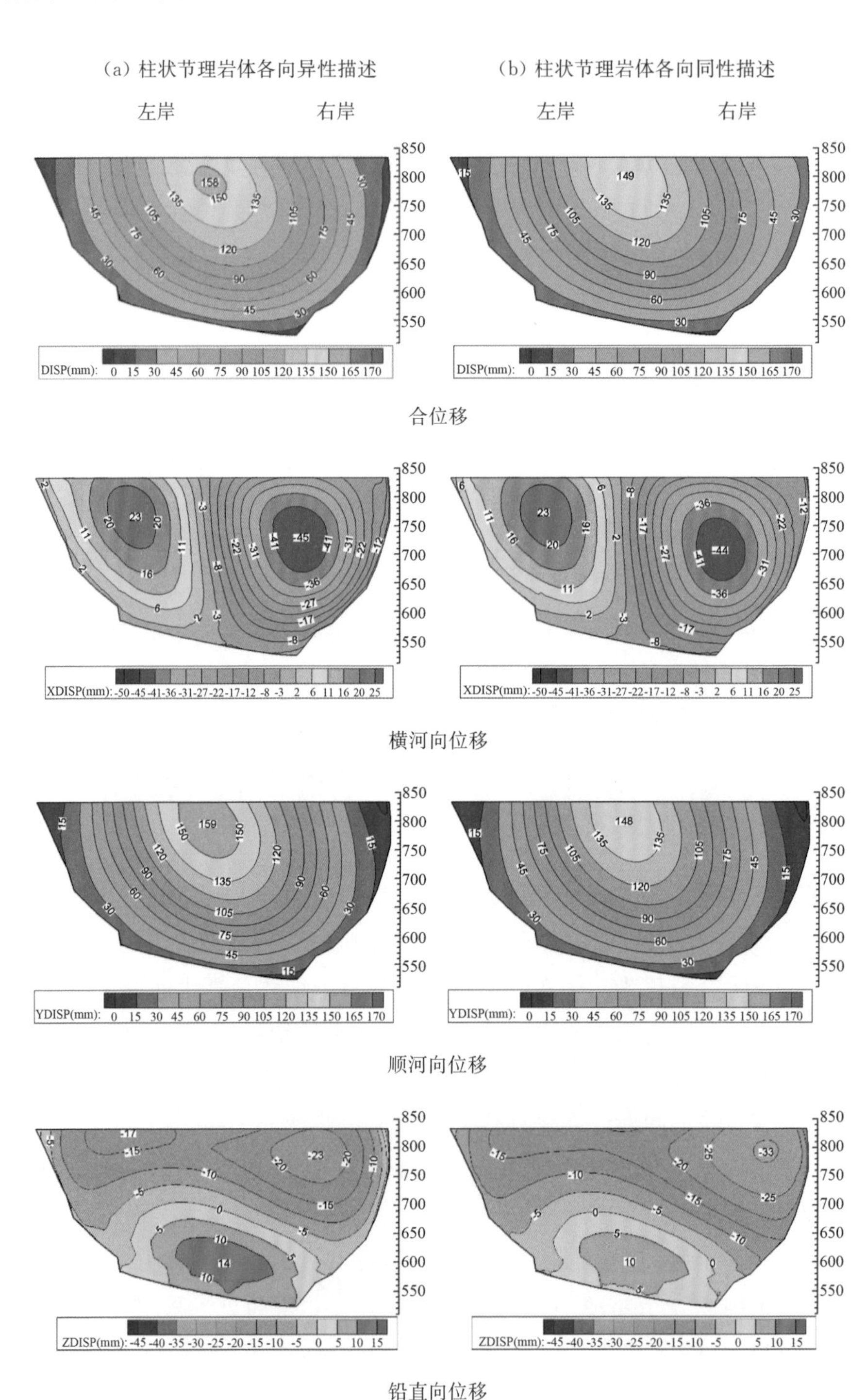

图 9.4.1 流变计算——拱坝上游面位移等值线云图

渗流应力耦合流变计算—拱坝上游面位移等值线云图如图 9.4.2。在坝基岩体流变作用下，柱状节理岩体采用各向同性模型计算时，拱坝上游面最大合位移约为 157.0 mm，下游面最大合位移约为 160.0 mm，位移的总体分布规律与弹塑性计算结果大致相同。相比各向同性模型的计算结果，采用各向异性模型时拱坝上下游面最大合位移分别增大了约 12.0 mm 和 10.0 mm。上游面横河向位移以拱冠梁为分界线，较大值分布在拱坝左右两侧，位移分别为 32.0 mm 和 52.0 mm，下游面的最大横河向位移为 15.0 mm 和 37.0 mm，横河向位移方向由坝顶中部分别指向左岸、右岸山体；上游面最大顺河向位移为 155.0 mm，下游面最大顺河向位移为 161.0 mm，与拱坝最大合位移出现位置一致，等值线分布规律与合位移相似；坝体上游面的铅直向位移最大值为 22.0 mm，出现在坝体上部，下游面的铅直位移最大值为 36.0 mm，出现在坝体中下部。柱状节理岩体采用各向异性模型计算时，拱坝上下游面最大横河向位移变化范围为 0～2 mm，最大顺河向位移分别增大了约 9 mm，最大铅直位移变化了－6.0 mm。

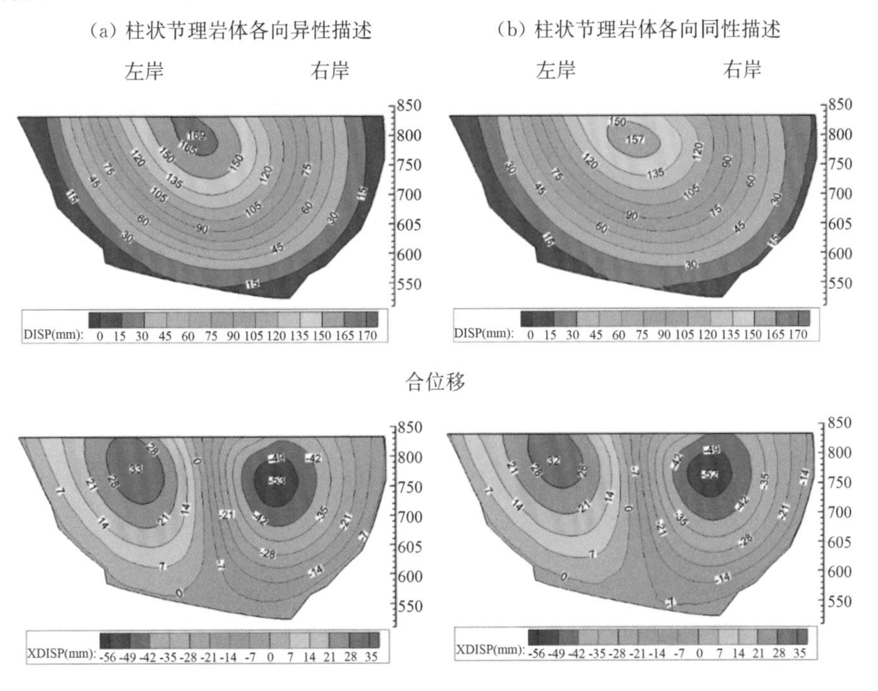

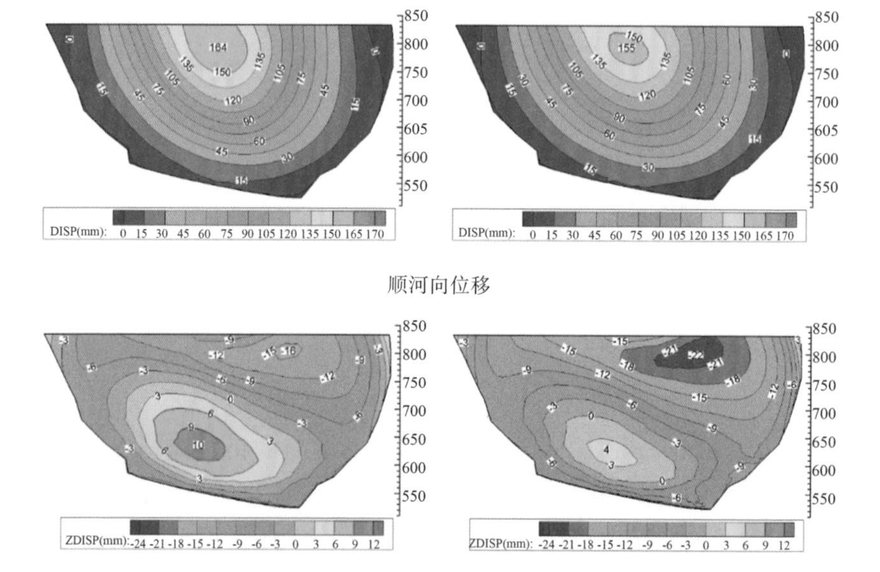

顺河向位移

铅直向位移

图 9.4.2 渗流应力耦合流变计算——拱坝上游面位移等值线云图

扩大基础底面位移等值线云图如图 9.4.3。扩大基础底面合位移最大值出现在左右岸柱状节理岩体出露位置，量值为 35.0～40.0 mm，扩大基础底面合位移范围一般在 23.0～35.0 mm，合位移向左右拱端逐渐降低。最大合位移较各向同性流变计算时量值略有增加但范围变化不大。相比于各向同性流变计算结果，扩大基础底面横河向位移云图分布规律变化较大，各向异性计算最大值在左岸中部，最大值为 10 mm，各向同性计算时最大值在右岸上游侧，最大值为 18 mm。顺河向位移同样出现在左右岸扩大基础面与坝基柱状节理岩体连接位置，位移较大值范围为 32.0～35.0 mm，较各向同性计算位移略有增大。各向异性流变计算时，铅直向位移最大值发生在扩大基础面与柱状节理岩体连接位置，最大量值为 19.0～22.0 mm，较各向同性流变计算时位移分布规律发生一定变化。

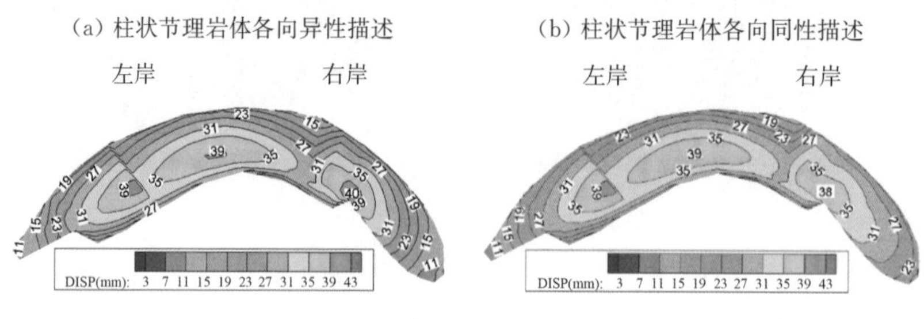

合位移

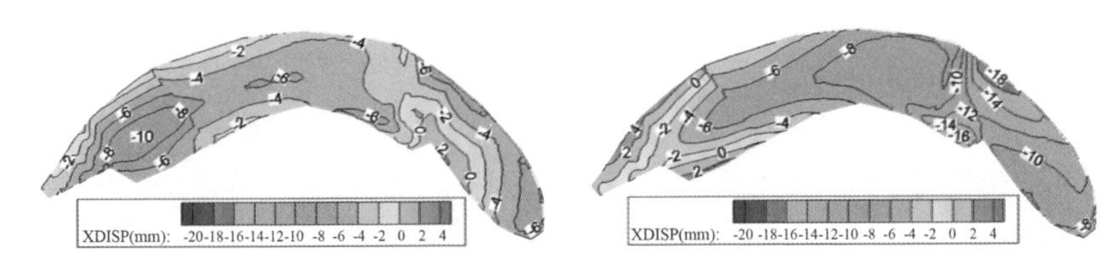

横河向位移

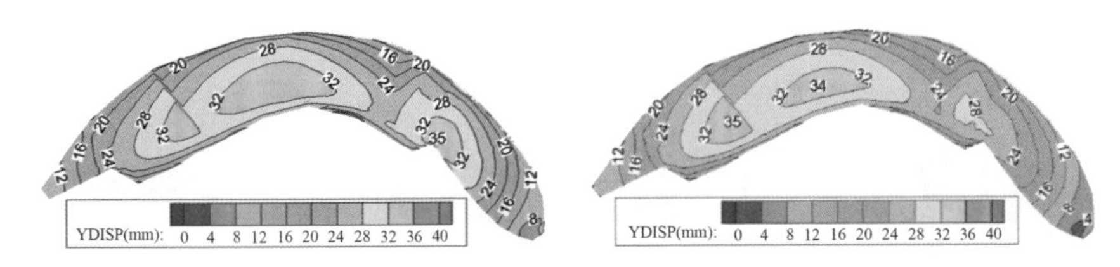

顺河向位移

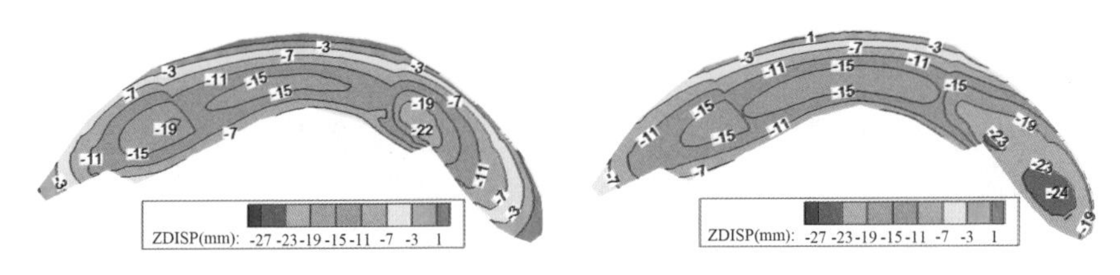

铅直向位移

图 9.4.3 流变计算——扩大基础底面位移等值线云图

渗流应力耦合流变计算条件下扩大基础底面位移等值线分布情况如图 9.4.4。由于结构面和柱状节理岩体的存在,扩大基础底面局部位置位移明显大于其他部位。采用各向同性模型计算时,柱状节理岩体部位的位移值为 24.0～27.0 mm,扩大基础底面合位移范围为 21.0～24.0 mm。相比各向同性模型的计算结果,当柱状节理采用各向异性模型时,扩大基础底面最大合位移减小了约 6.0 mm,位移大于 21.0 mm 的范围也有明显减小。

采用各向同性渗流应力耦合流变模型计算时,扩大基础底面左右岸拱端横河向最大位移为 10.0 mm 和 4.0 mm;顺河向和铅直向较大位移出现在扩大基础面柱状节理岩体连接位置,位移值分别为 12.0～15.0 mm 和 15.0～21.0 mm。与各向同性模型计算结果相比,采用各向异性模型计算时扩大基础底面位移变化量在 1.0～3.0 mm。

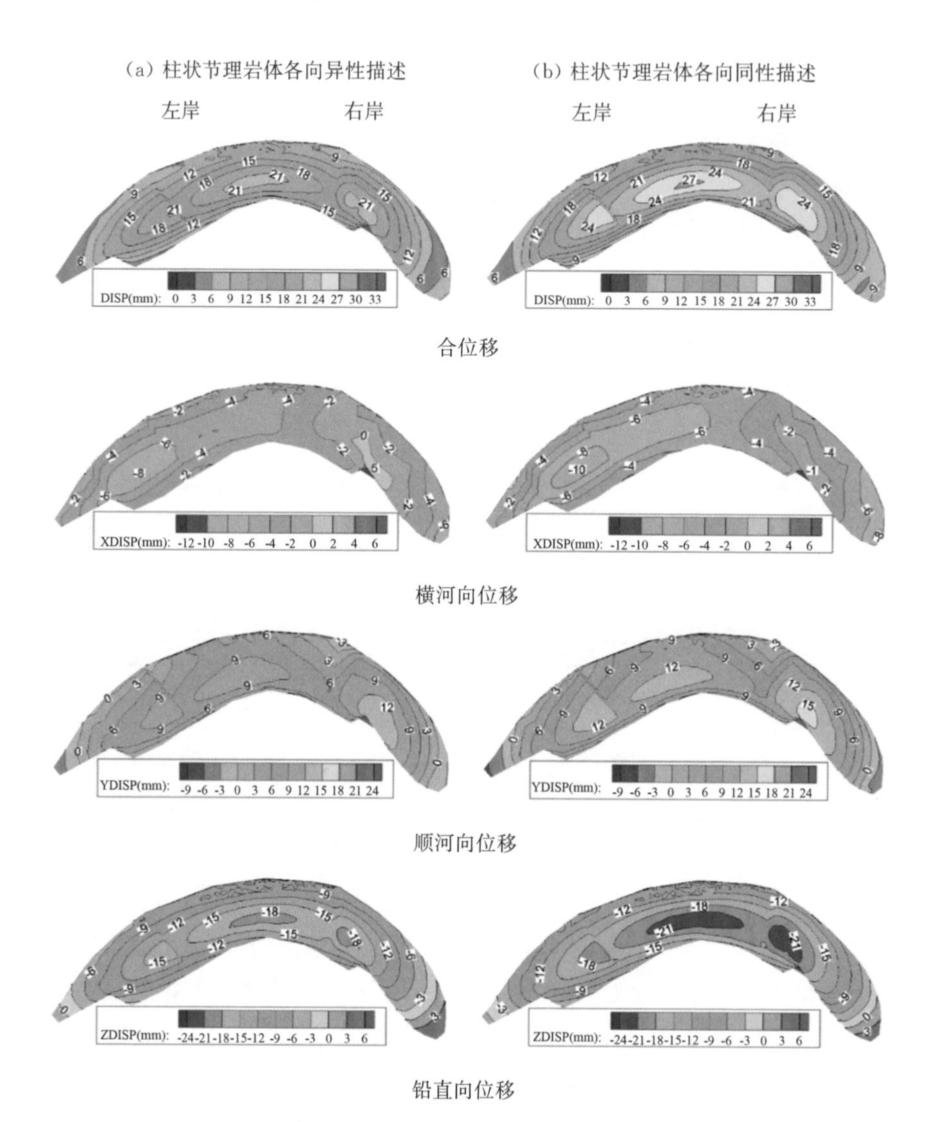

图 9.4.4 渗流应力耦合流变计算——扩大基础底面位移等值线云图

9.4.2 拱坝坝体及剖面应力分析

拱坝上下游面的应力等值线分布情况如图 9.4.5 和图 9.4.6 所示。坝体的上游面基本处于受压状态,但局部区域出现了拉应力区,其应力值为 0.1 MPa。在坝体与坝基岩体相交的位置,存在拉应力的集中区,其中最大主拉应力达到 0.5 MPa,而主拉应力的最小值为−2.5 MPa,这一区域分布在坝体底部偏右岸的位置。

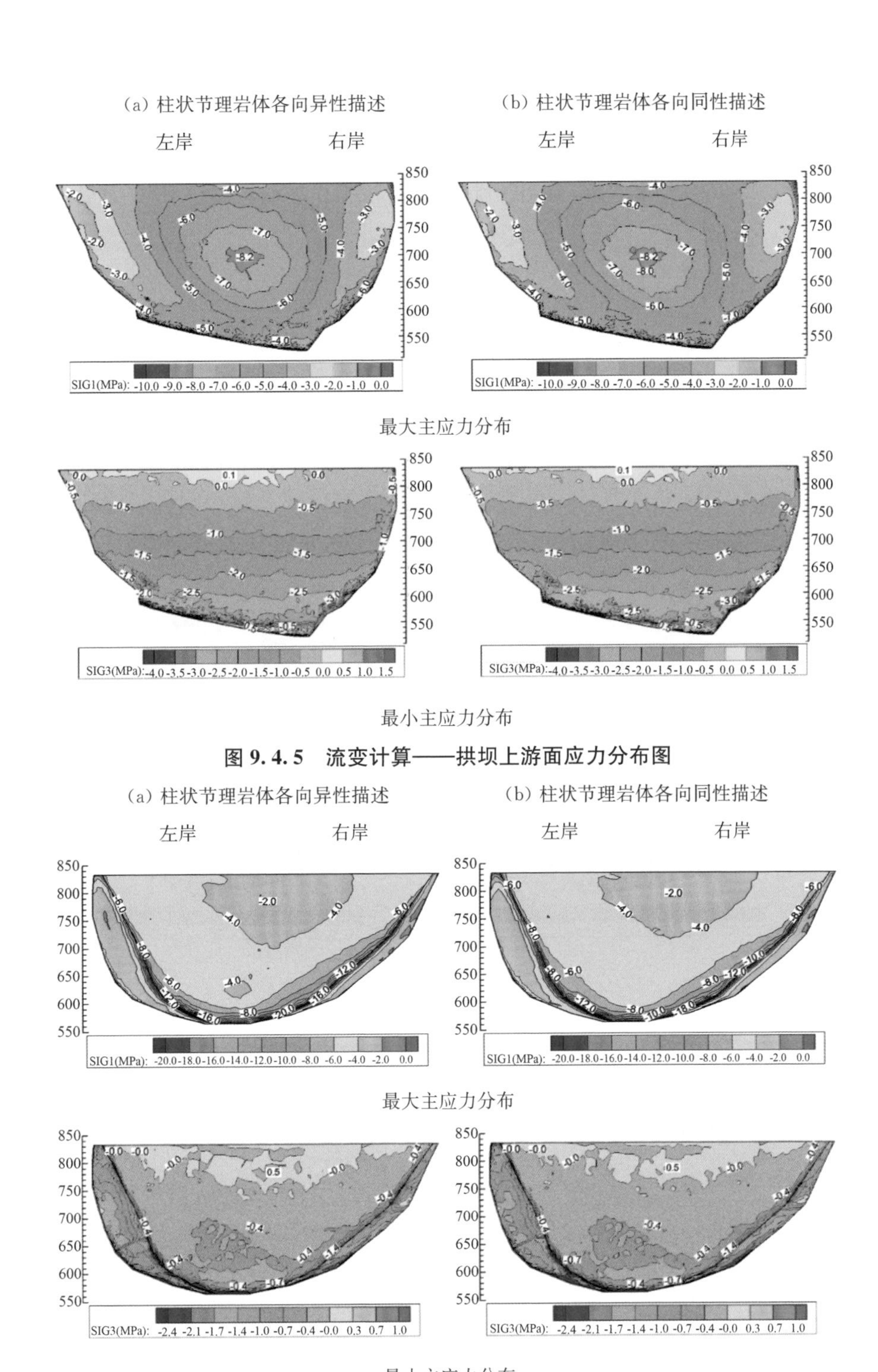

图 9.4.5　流变计算——拱坝上游面应力分布图

图 9.4.6　流变计算——拱坝下游面应力分布图

上游面的主压应力最大值为－8.2 MPa，位于坝体上游面的中部，而这个应力值向周边逐渐减小。在下游面，主拉应力大部分接近于0应力，最大值为0.5 MPa，分布在坝体中部，相对上游面略微较小。下游面的主压应力最大值为－20.00 MPa，位于下游面坝底中心建基面处。

总体来说，在正常蓄水位工况下，考虑柱状节理岩体的各向异性介质与各向同性相比较，两种计算条件下得到的拱坝主应力分布规律基本一致，其量值差异较小。

在渗流应力耦合流变计算条件下，拱坝上下游面的应力分布如图9.4.7和图9.4.8所示。当采用各向同性弹塑性模型计算时，上游面的主压应力最大值约为－12.0 MPa，位于坝体上游面的中部，而应力值逐渐减小向周边传播。主拉应力最大值约为0.5 MPa，分布在坝体左右坝肩处，而最小值约为－3.0 MPa，分布在坝体底部偏右岸位置。

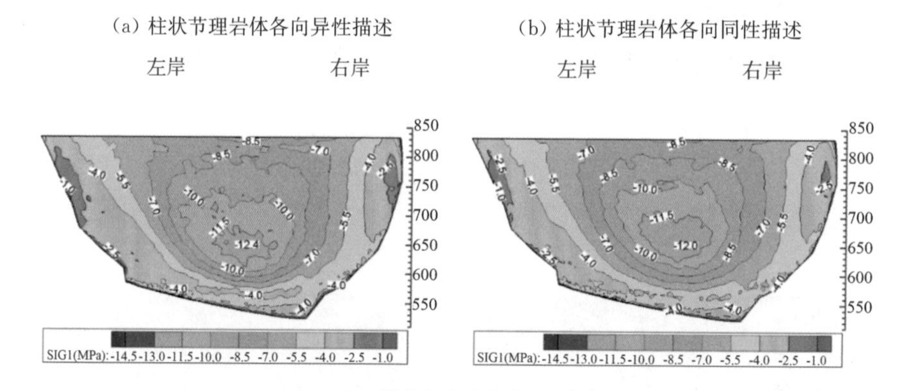

最大主应力分布

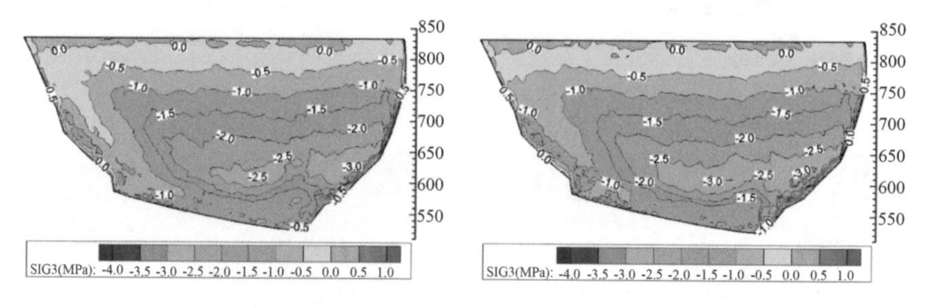

最小主应力分布

图9.4.7 渗流应力耦合流变计算——拱坝上游面应力分布图

(a) 柱状节理岩体各向异性描述　　　　　　(b) 柱状节理岩体各向同性描述

左岸　　　　右岸　　　　　　左岸　　　　右岸

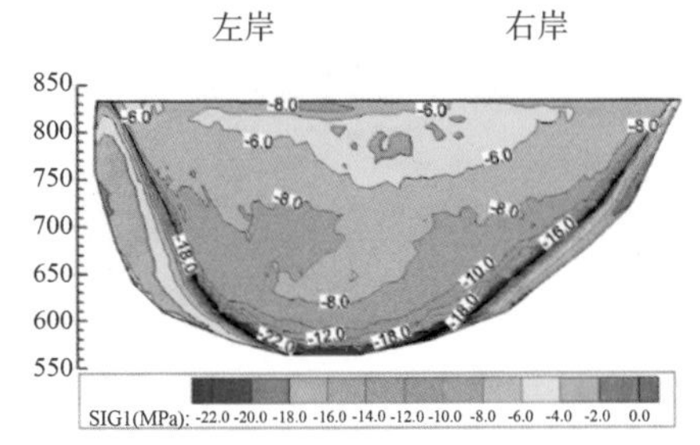

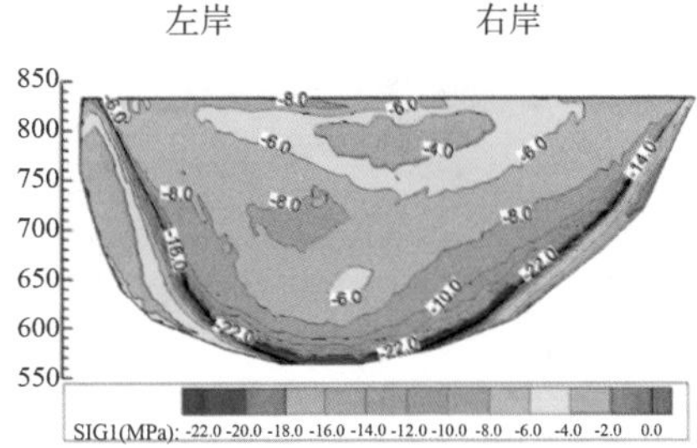

最大主应力分布

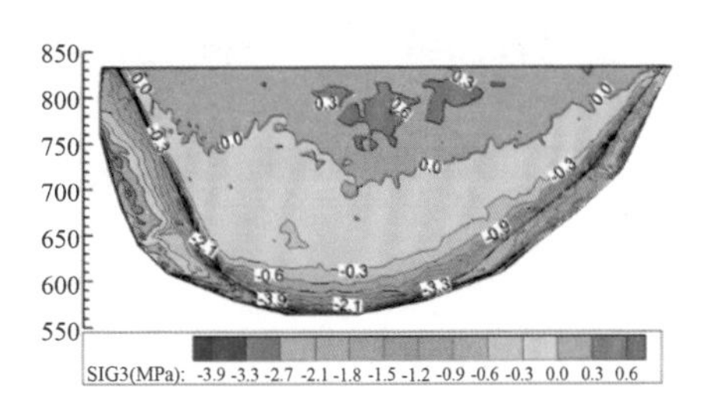

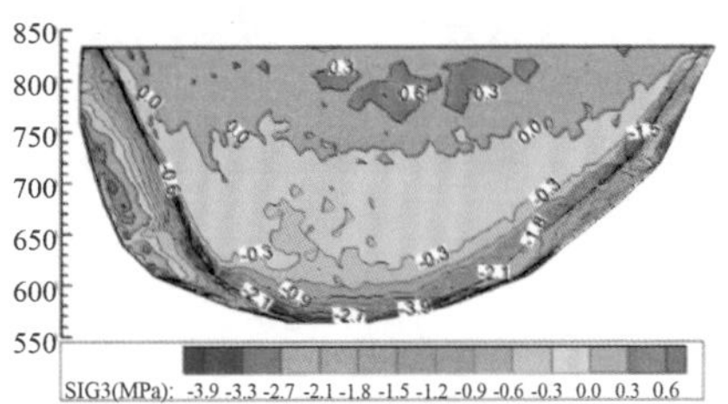

最小主应力分布

图 9.4.8　渗流应力耦合流变计算——拱坝下游面应力分布图

在下游面，最大主拉应力约为 0.6 MPa，分布在坝体中上部。与坝体和基础相交的位置出现了压应力区，主压应力最大值约为－22.0 MPa，位于坝体与坝基岩体相交的地方，呈现出较大的应力集中现象。

比较各向同性弹塑性模型和各向异性弹塑性模型的计算结果可以看出，在正常蓄水位工况下，无论是采用哪种模型，拱坝的应力分布规律和大小基本相似。总体来说，柱状节理的各向同性弹塑性模型或各向异性弹塑性模型对大坝应力分布规律和量值的影响较小。

在长期流变计算条件下，扩大基础底面的应力等值线分布情况如图 9.4.9 所示。扩大基础底面基本上处于受压状态，但在某些局部位置出现了主拉应力。最大主拉应力范围在 0.4～0.8 MPa 之间，分布于扩大基础底面的上游和下游两侧。最大主压应力达到－15.0 MPa，分布在扩大基础底面的下游右侧。

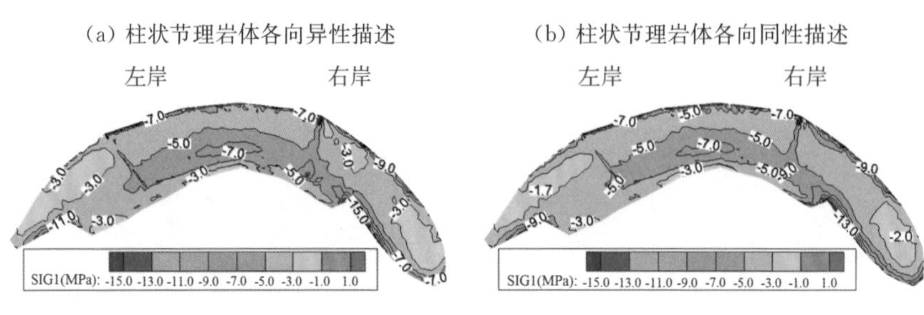

最大主应力分布

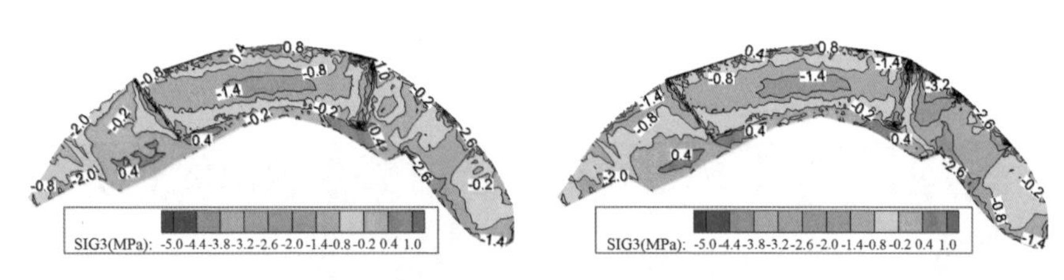

最小主应力分布

图 9.4.9 流变计算——扩大基础底面应力分布图

采用各向异性流变计算所得的扩大基础底面应力值略高于各向同性流变计算结果，而拉应力变化不大。结果表明，在长期流变计算条件下，扩大基础底面仍然受到压力，但在某些地方可能会出现主拉应力。各向异性流变计算略微增加了主压应力值，但对拉应力的影响不大。

在渗流应力耦合流变计算条件下，拱坝扩大基础底面的应力分布如图 9.4.10 所示。由于基础底面的地质构造复杂，导致扩大基础底面的局部出现一定程度的应力集中现象，等值线云图分布呈现出不连续性，应力变化幅度在 −2.0 到 −16.0 MPa 之间。当采用各向同性弹塑性模型进行计算时，最大主压应力约为 −16.0 MPa，分布于扩大基础底面的两侧，靠近下游面的位置。最大主拉应力约为 0.8 MPa。在采用各向异性弹塑性模型进行计算时，扩大基础底面的主拉应力约 0.4 MPa，而主压应力基本保持不变。

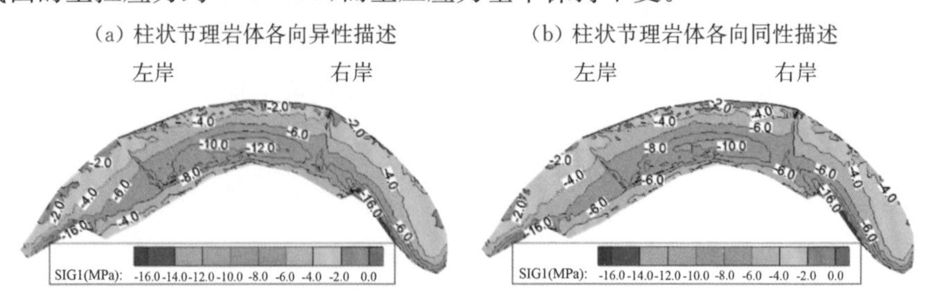

最大主应力分布

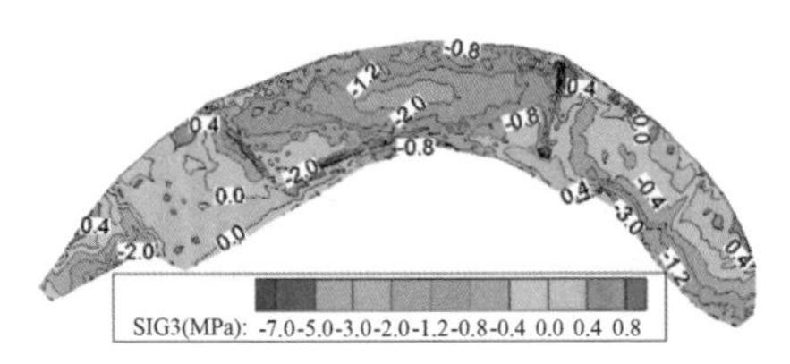

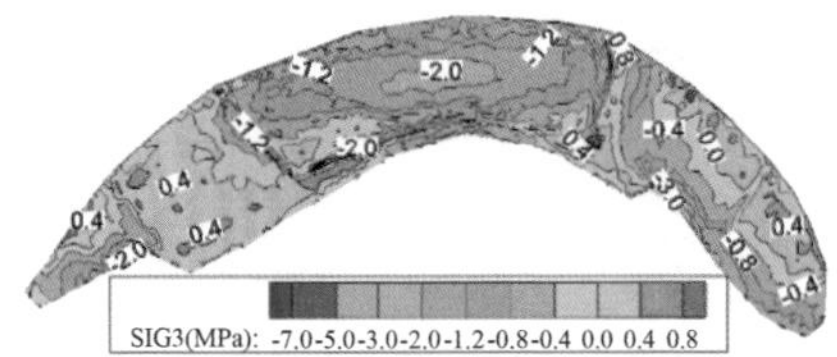

最小主应力分布

图 9.4.10　渗流应力耦合流变计算——扩大基础底面应力分布图

9.4.3　位移位力统计对比分析

表 9.4.1 和表 9.4.2 中的数据展示了对拱坝及坝基岩体进行长期流变和渗流应力耦合长期流变数值计算时的位移统计结果。计算结果表明，在考虑坝基柱状节理岩体各向异性特征后，拱坝的最大合位移和最大顺河向位移分别增加了约 9～12 mm。最大合位移的发生位置位于拱坝中部，位于 780 m 高程处，而在拱坝的不同位置，位移增幅在 6%～9%之间。

表 9.4.3 显示了拱坝上下游面的各向异性长期流变和各向异性渗流应力耦合长期流变计算的位移统计值。在长期流变计算中，考虑渗流应力耦合作用相较于未考虑渗流应力耦合时，位移呈现增加趋势。拱坝同一位置的位移增幅在 5%～8%之间，拱坝的合位移和顺河向位移增加了 5～11 mm。考虑渗流应力耦合和扬压力等作用的计算结果与弹塑性计算结果相似。在考虑渗流应力耦合的长期流变计算中，拱坝的铅直位移分布规律与未考虑渗流应力耦合时存在一定差异，位移云图及最大值出现的位置也不完全相同。

表 9.4.1　拱坝上、下游面长期流变计算位移统计　　(单位:mm)

最大位移		各向同性	各向异性	增量
合位移	上游面	149	158	9
	下游面	149	160	11
横河向位移	上游面	23/44	23/45	0/1
	下游面	28/9	30/10	2/1
顺河向位移	上游面	148	159	11
	下游面	148	161	13
铅直向位移	上游面	10/33	14/23	4/－10
	下游面	29	30	1

表 9.4.2 拱坝上、下游面渗流应力耦合长期流变计算位移统计 （单位：mm）

最大位移		各向同性	各向异性	增量
合位移	上游面	157	169	12
	下游面	160	170	10
横河向位移	上游面	32/52	33/53	1/1
	下游面	37/15	35/15	−2/0
顺河向位移	上游面	155	164	9
	下游面	161	170	9
铅直向位移	上游面	4/22	10/16	6/−6
	下游面	36	33	−3

表 9.4.3 拱坝上、下游面长期流变、渗流应力耦合流变计算位移统计（单位：mm）

最大位移		长期流变	渗流应力耦合流变	增量
合位移	上游面	158	169	11
	下游面	160	170	10
横河向位移	上游面	23/45	33/53	10/8
	下游面	30/10	35/15	5/5
顺河向位移	上游面	159	164	5
	下游面	161	170	9
铅直向位移	上游面	14/23	10/16	−4/−7
	下游面	30	33	−3

表 9.4.4 为拱坝上、下游面各向异性弹塑性、各向异性渗流应力耦合长期流变计算位移统计值，考虑渗流应力耦合和长期流变共同作用时，拱坝坝体的位移增加明显，位移增加量一般为 6～17 mm，拱坝同一位置位移增幅在 9%～13%。

表 9.4.4 拱坝上、下游面渗流应力耦合弹塑性、长期流变计算位移统计

（单位：mm）

最大位移		渗流应力耦合弹塑性	渗流应力耦合流变	增量
合位移	上游面	150	169	19
	下游面	153	170	17
横河向位移	上游面	26/36	33/53	7/17
	下游面	24/12	35/15	11/3

续表

最大位移		渗流应力耦合弹塑性	渗流应力耦合流变	增量
顺河向位移	上游面	150	164	14
	下游面	153	170	17
铅直向位移	上游面	12/11	10/16	−2/5
	下游面	27	33	6

表 9.4.5 和表 9.4.6 所示为扩大基础底部长期流变计算和渗流应力耦合长期流变计算位移统计表。计算结果表明，在考虑坝基柱状节理岩体各向异性特征后，扩大基础底部各项位移值变化幅度较小。柱状节理岩体各向异性特性在长期流变计算过程中对扩大基础底部及坝基位移影响相对较小。

各向异性长期流变计算条件下坝基最大位移 40 mm，出现在右岸坝基底部柱状节理岩体出露位置，较各向同性计算略有增加，在坝基左岸柱状节理岩体出露位置最大位移达 39 mm。与弹塑性数值计算结果相比较，扩大基础底面及坝基岩体位移变化相对较小。渗流应力耦合计算条件下，在渗流场应力场两场耦合作用下，坝基岩体位移分布规律与不考虑渗流应力耦合作用时大致相同。不考虑耦合时坝基位移以铅直向位移为主，在考虑耦合作用时坝基位移分布规律有所不同。

表 9.4.5　扩大基础底部长期流变计算位移统计　(单位:mm)

位移值		各向同性	各向异性	增量
合位移	一般	19～31	19～35	0～4
	最大	39	40	1
横河向位移	一般	4～12	4～8	−4～0
	最大	18	10	−8
顺河向位移	一般	12～32	12～32	0
	最大	34	35	1
铅直向位移	一般	11～19	11～15	−4～0
	最大	24	22	−2

表 9.4.6　扩大基础底部渗流应力耦合长期流变位移统计　(单位:mm)

位移值		各向同性	各向异性	增量
合位移	一般	21～24	18～21	−3～0
	最大	27	21	−6

续表

位移值		各向同性	各向异性	增量
横河向位移	一般	6～8	4～6	−2～0
	最大	10	8	−2
顺河向位移	一般	12～15	9～12	−3～0
	最大	15	12	−3
铅直向位移	一般	12～18	9～15	−3～0
	最大	21	18	−3

在考虑渗流应力耦合和不考虑耦合长期流变计算条件下，拱坝上游面和下游面应力统计如表 9.4.7 所示。在长期流变计算的过程中，柱状节理岩体的各向异性特性对拱坝坝体和坝基岩体的应力分布影响较小。在考虑渗流应力耦合的各向同性和各向异性长期流变计算条件下，拱坝的大主应力相对于未考虑渗流应力耦合时明显增加，增加范围在 2.0～4.2 MPa 之间。在拱坝上游面，大主应力的最大值出现在拱坝高程 650 m 上下的位置；而在下游面，大主应力的最大值出现在坝趾位置，即高程 650 m 以下，坝趾受压部位的最大值约为 22.0 MPa。在拱坝高程 800 m 以上的部位以及坝踵的局部位置，出现了拉应力区域，其中最大值约为 0.6 MPa。

表 9.4.7　拱坝上游面、下游面长期流变计算应力统计　（单位：MPa）

应力值		长期流变			渗流应力耦合长期流变		
		各向同性	各向异性	增量	各向同性	各向异性	增量
大主应力	上游面	8.2	8.2	0.0	12.0	12.4	0.4
	下游面	18.0	20.0	2.0	22.0	22.0	0.0
小主应力	上游面	0.5	0.5	0.0	0.5	0.5	0.0
	下游面	0.5	0.5	0.0	0.6	0.6	0.0

9.5　坝体及坝基特征点流变位移关系

为了研究流变计算过程中水位变化对拱坝和坝基岩体的影响，分别选取位于坝体和坝基共 35 个典型特征点进行统计分析。所选取的特征点位置分布如图 9.5.1 和图 9.5.2 所示。特征点对应具体坐标如表 9.5.1。

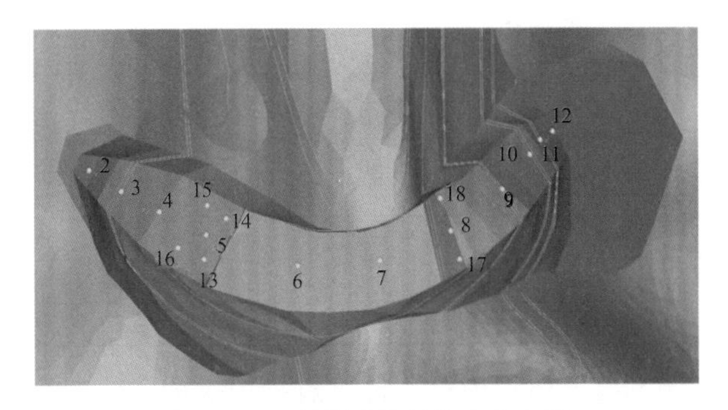

图 9.5.1　坝基岩体特征点分布图

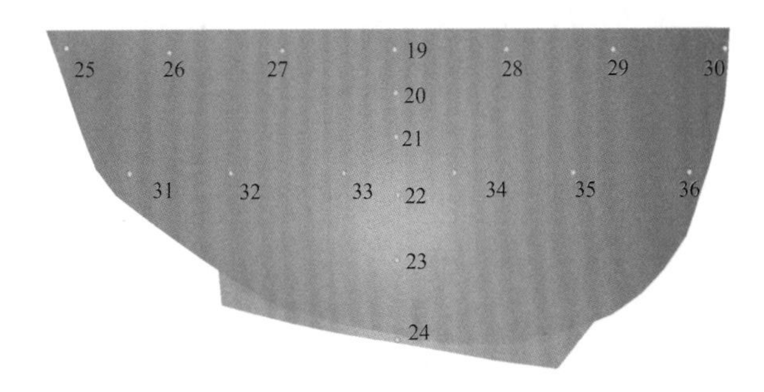

图 9.5.2　拱坝坝体特征点分布图

表 9.5.1　拱坝坝基特征点坐标

特征点编号	坐标(单位:m)			特征点编号	坐标(单位:m)		
	x	y	z		x	y	z
2	470.5	797.8	813.1	19	810.6	645.3	815.1
3	516.9	768.6	741.2	20	811.5	630.2	775.5
4	570.8	740.7	685.6	21	811.7	619.3	735.3
5	637.0	708.8	635.1	22	813.2	611.8	681.6
6	765.8	666.1	559.7	23	812.2	612.3	622.1
7	880.4	672.3	537.7	24	812.6	624.1	548.8
8	979.8	713.4	566.1	25	599.4	697.1	813.1
9	1052.5	770.3	641.7	26	501.1	758.0	817.5
10	1091.5	817.9	742.3	27	705.7	657.4	814.4
11	1106.4	838.7	787.0	28	915.3	662.8	815.2
12	1124.1	850.0	834.0	29	1015.7	716.8	814.6
13	633.7	675.2	625.6	30	1121.2	828.9	815.3
14	665.5	731.1	626.6	31	561.4	700.0	702.0
15	638.6	749.0	648.6	32	656.8	648.1	702.0

续表

特征点编号	坐标(单位:m)			特征点编号	坐标(单位:m)		
	x	y	z		x	y	z
16	597.1	691.2	650.7	33	762.6	617.7	702.0
17	992.3	674.5	560.7	34	866.0	617.4	702.0
18	965.3	757.9	576.0	35	978.0	657.8	702.0
				36	1087.8	750.4	702.0

图 9.5.3～图 9.5.7 所示为流变计算过程中拱坝特征点及坝基岩体特征点位移随水位变化时程曲线。

对位于拱坝坝体的特征点而言，流变计算过程中，将柱状节理视为各向异性较各向同性其位移值均有增大；在拱冠梁位置处，除坝顶处的位移之外，随着拱坝高程的增加，特征点的位移也随之增加，在 800 m 高程附近达到最大。在拱坝 825 m 和 740 m 高程的特征点位移变化规律为：在拱坝中心部位拱冠梁位置最大，沿着 815 m 和 740 m 高程向左右两岸逐渐减小。

对于坝基岩体而言，流变计算过程中，坝基岩体变形较坝体本身变形较小。流变计算过程中，由于受长期流变作用、岩体参数等因素的影响，坝基岩体不同部位特征点各向同性计算结果与各向异性计算结果不尽相同，同时可以看出在 800 m 和 825 m 恒定水位流变过程中，坝基岩体位移随时间推移略有增加，增长速率很小。图 9.5.7 所示为左右岸坝基柱状节理岩体上各特征点流变计算过程中位移随时间、水位变化图，通过流变计算结果可以看出，左岸柱状节理岩体特征点位移总体大于右岸，各向异性变形略大于各向同性计算结果。

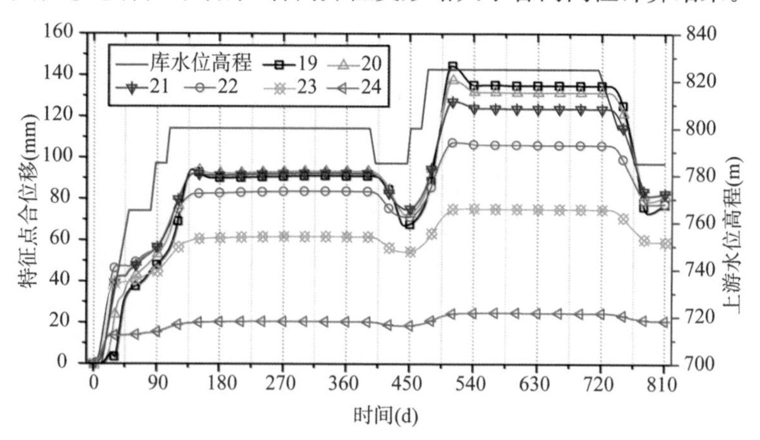

(a) 各向异性

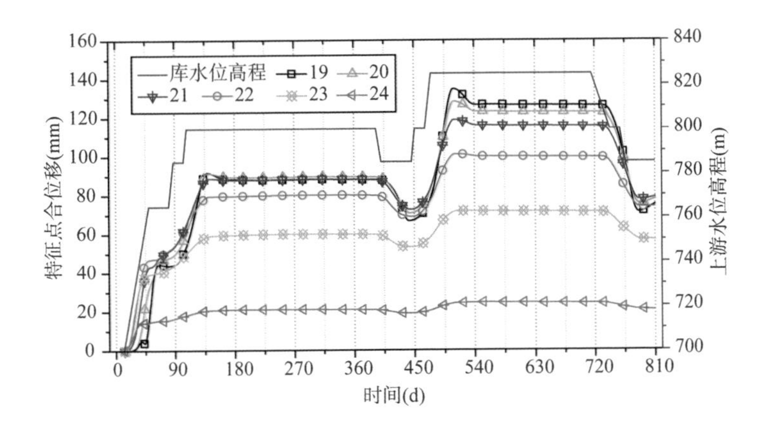

（b）各向同性

图 9.5.3　流变计算——拱坝拱冠梁特征点位移随时间、水位变化图

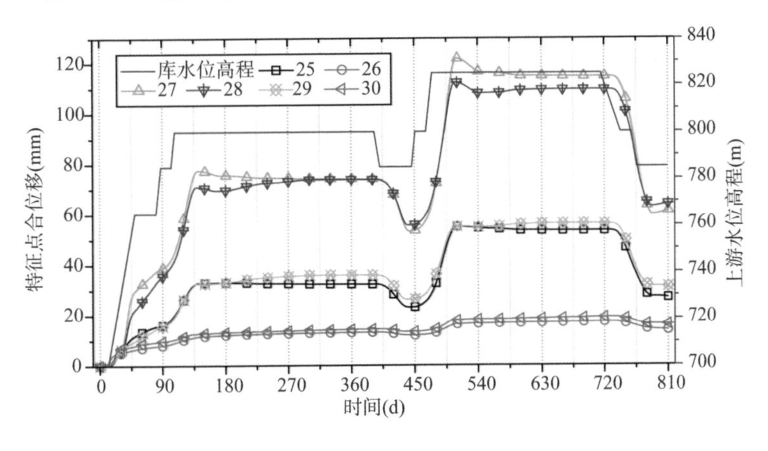

（a）各向异性

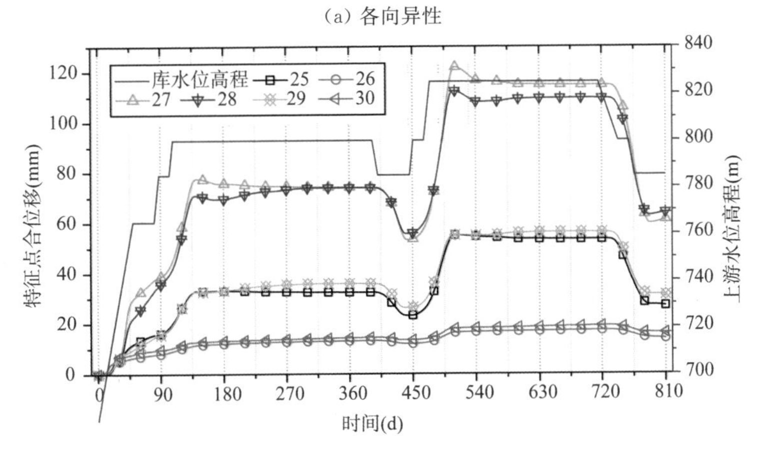

（b）各向同性

图 9.5.4　流变计算——拱坝 815 m 高程特征点位移随时间、水位变化图

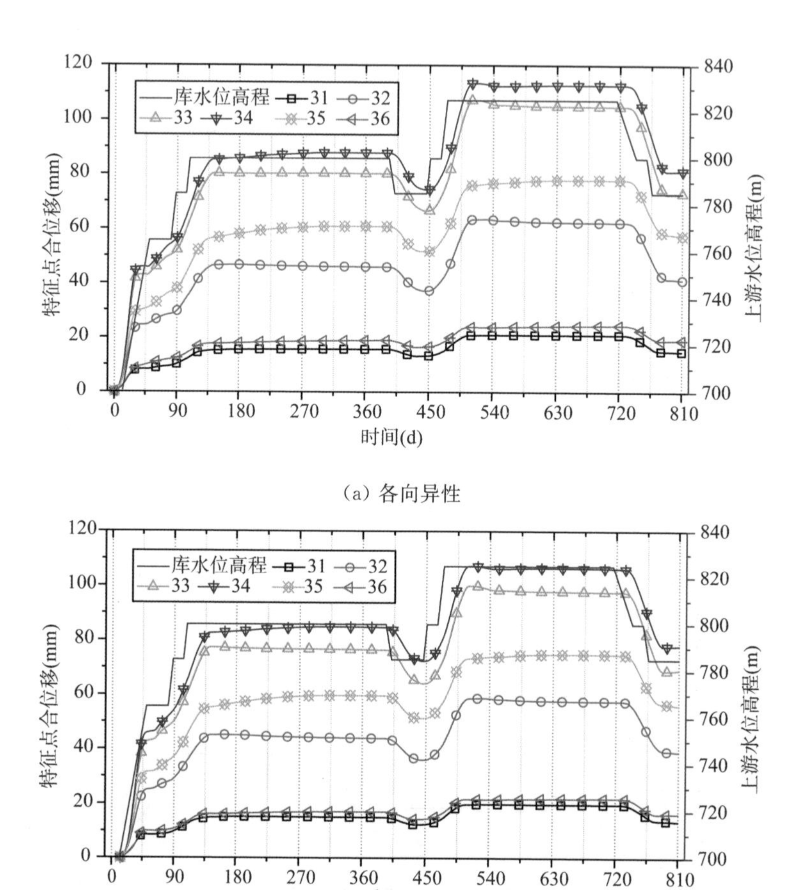

(a) 各向异性

(b) 各向同性

图 9.5.5 流变计算——拱坝 740 m 高程特征点位移随时间、水位变化图

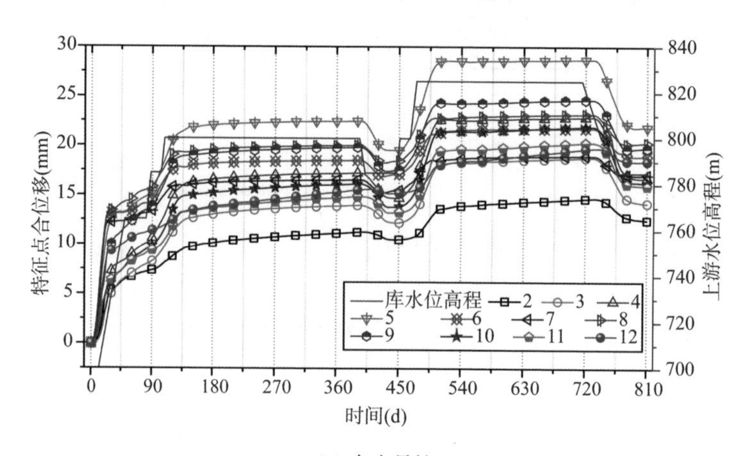

(a) 各向异性

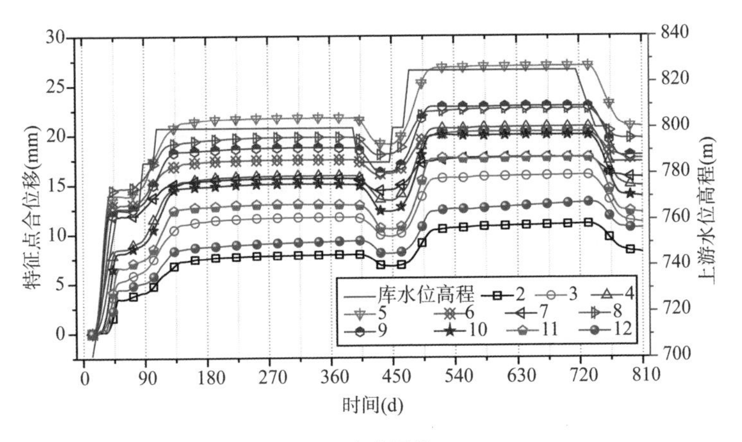

(b) 各向同性

图 9.5.6　流变计算——坝基岩体特征点位移随时间、水位变化图

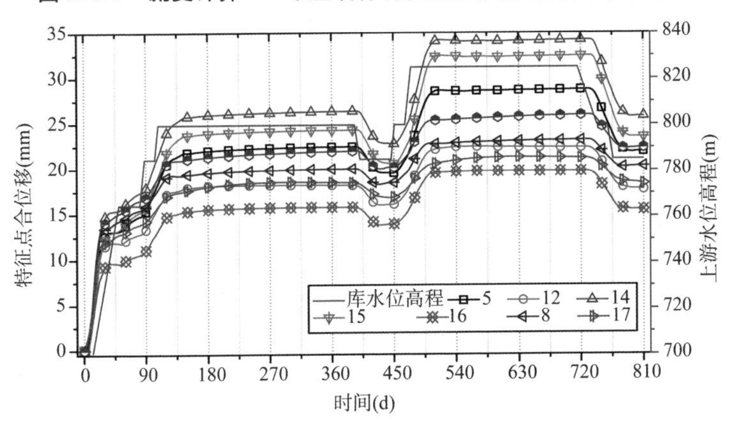

(a) 各向异性

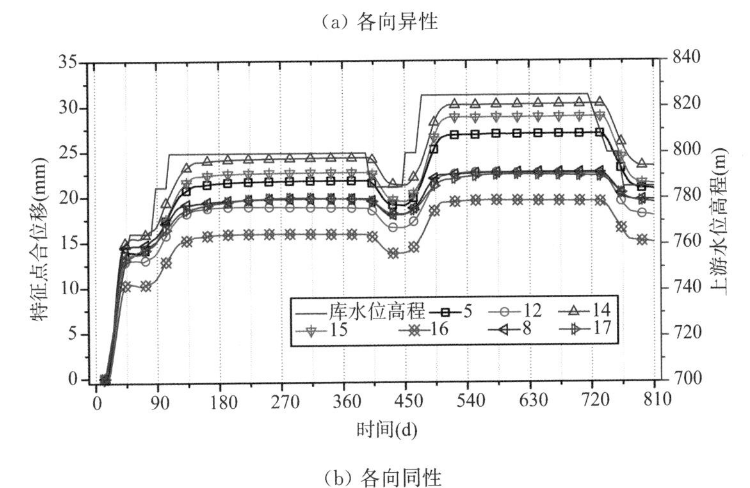

(b) 各向同性

图 9.5.7　流变计算——坝基柱状节理岩体特征点位移随时间、水位变化图

图 9.5.8～图 9.5.12 所示为渗流应力耦合流变计算过程中拱坝特征点及坝基岩体特征点随水位变化时程曲线。对于拱坝坝体上的特征点而言，流变计算过程中，在拱坝上游面拱冠梁位置上，随着拱坝高程的增加特征点的位移呈增加趋势，特征点 19 的高程为 815 m，渗流应力耦合各向异性流变计算位移值约为 163 mm，较各向同性大 8 mm。在拱坝 815 m 和 740 m 高程处的特征点位移变化规律为：在拱冠梁附近部位其位移达到最大值，沿着同一高程向左右两岸呈逐渐减小的规律。从图 9.5.8～图 9.5.10 可以看出，拱坝坝体上各特征位移在 800 m 和 825 m 水位高程进行流变计算，其位移随时间的推移没有发生明显的增大。

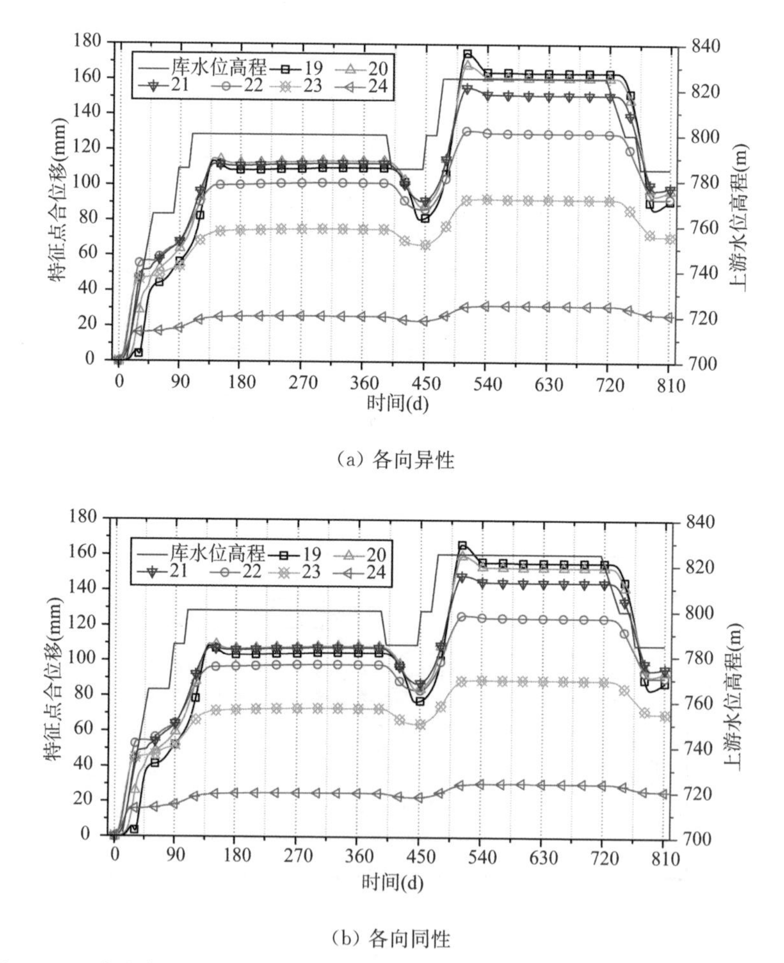

(a) 各向异性

(b) 各向同性

图 9.5.8 渗流应力耦合流变计算——拱坝拱冠梁特征点位移随时间、水位变化图

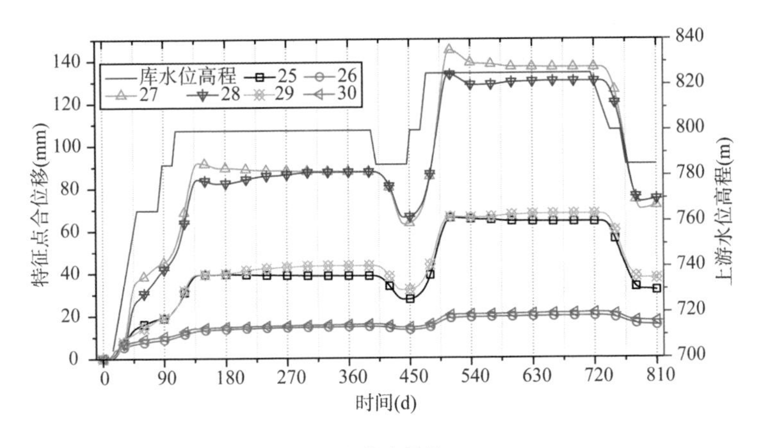

(a) 各向异性

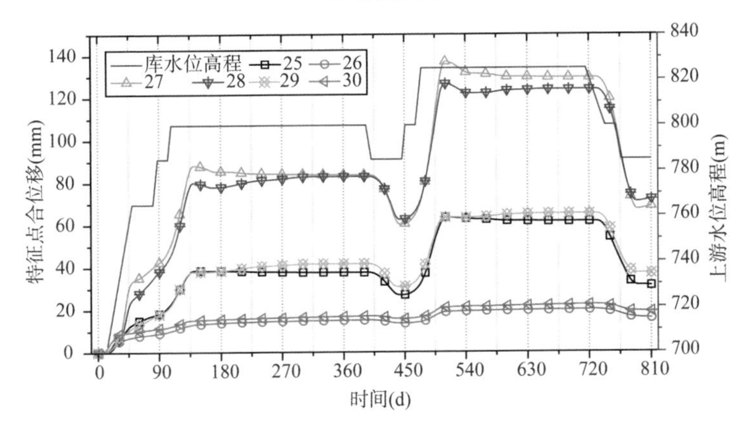

(b) 各向同性

图 9.5.9　渗流应力耦合流变计算——拱坝 815 m 高程特征点位移随时间、水位变化图

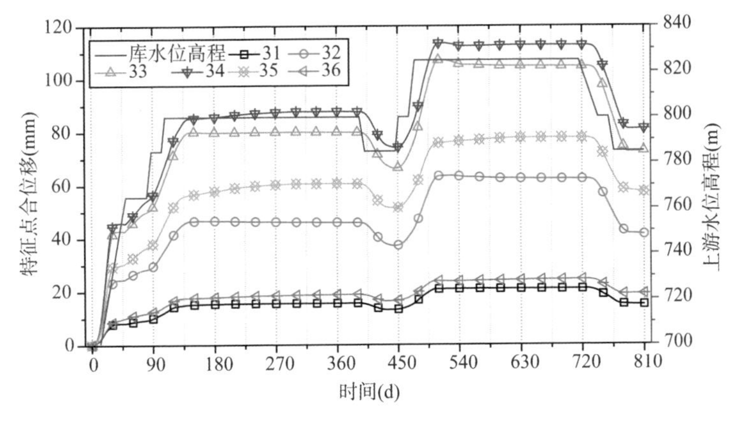

(a) 各向异性

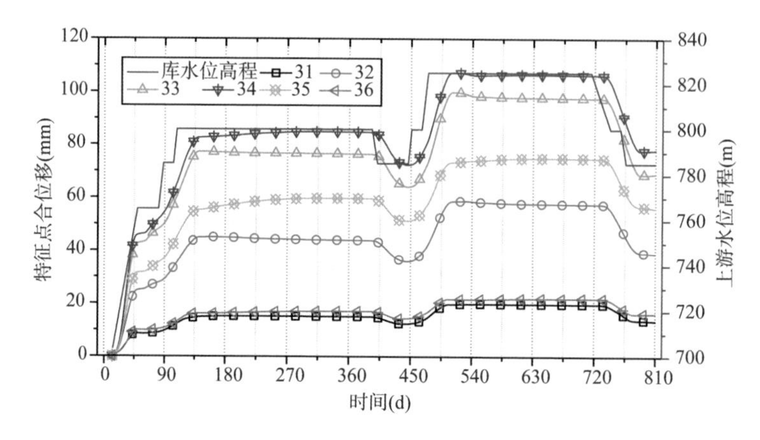

(b) 各向同性

图 9.5.10 渗流应力耦合流变计算——拱坝 740 m 高程特征点位移随时间、水位变化图

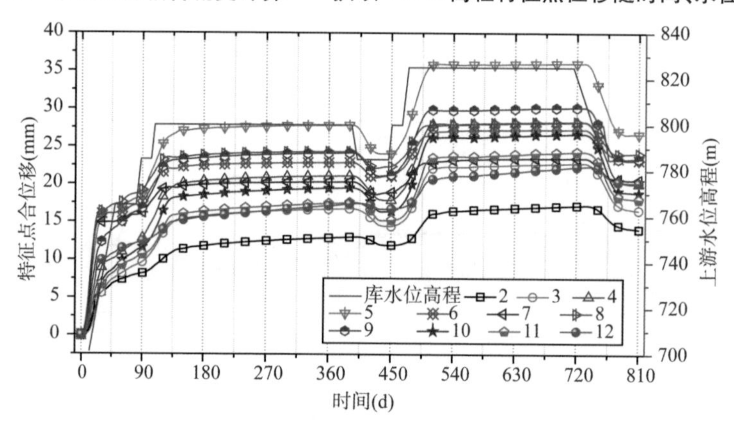

(a) 各向异性

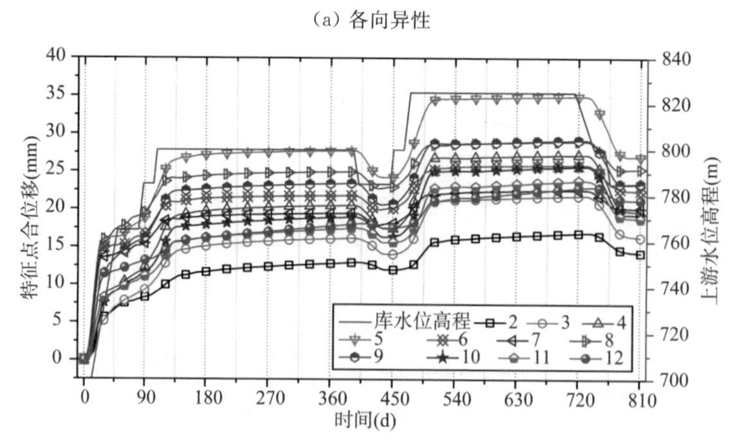

(b) 各向同性

图 9.5.11 渗流应力耦合流变计算——坝基岩体特征点位移随时间、水位变化图

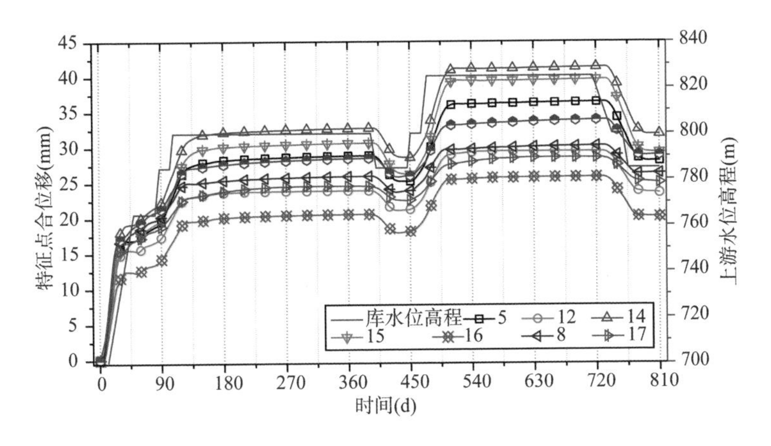

(a) 各向异性

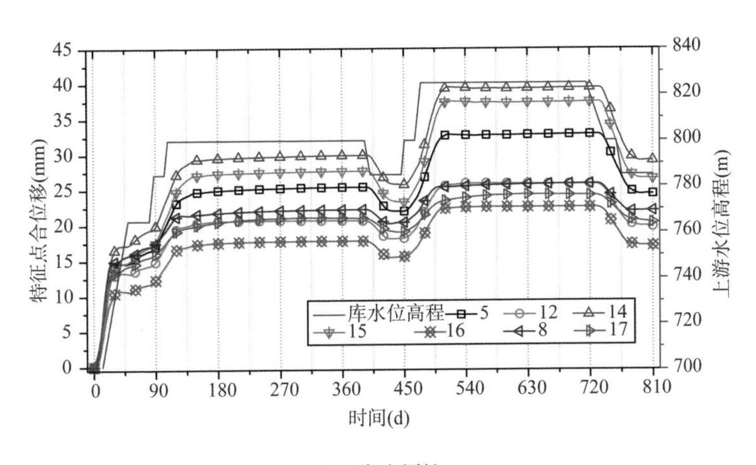

(b) 各向同性

图 9.5.12　渗流应力耦合流变计算——坝基柱状节理岩体特征点位移随时间、水位变化图

在渗流应力耦合流变计算过程中，坝基岩体受时间、渗流作用和坝基岩体力学参数等因素的影响，不同部位特征点各向同性计算结果与各向异性计算结果不尽相同。与不考虑渗流应力耦合计算条件相同，采用各向异性模型计算时得到的特征点位移较各向同性偏大；在库水位为 800 m 和 825 m 进行渗流应力耦合流变计算，特征点位移未随时间的推移产生明显的流变作用。从左右岸坝基柱状节理岩体上特征点位移随库水位变化时程图可看出，左岸坝基柱状节理岩体位移略大于右岸。

9.6 小 结

基于白鹤滩高拱坝-坝基工程地质力学和数值模型，将坝基柱状节理岩体分别视为各向同性和各向异性材料，开展了考虑与未考虑高水头渗流应力耦合作用的弹塑性和流变数值计算，比较柱状节理岩体各向异性特性和渗流应力耦合对拱坝坝体和坝基变形及应力特征的影响。

(1) 坝基柱状节理岩体的各向异性特征对拱坝的变形产生了相对明显的影响，而对坝基岩体整体变形的影响较小。在考虑坝基柱状节理岩体各向异性特征的情况下，拱坝的最大合位移和最大顺河向位移明显增加，增幅最高可达 8%。

(2) 在考虑渗流应力耦合作用后，弹塑性计算显示，拱坝的最大合位移发生在拱坝中部 800 m 高程处，最大位移增加约 8 mm。在同一位置，拱坝的位移增幅在 5%～10%。长期流变计算结果显示，在考虑渗流应力耦合作用后，拱坝的最大合位移增加约 12 mm，最大合位移的位置出现在拱坝中部780 m 高程处。

(3) 在考虑渗流应力耦合作用的情况下，在长期流变计算条件下，拱坝坝体的位移明显增加，相对于弹塑性计算，增加范围在 6～17 mm。拱坝同一位置的位移增幅在 9%～13%。

(4) 柱状节理岩体的各向异性特性主要影响拱坝坝体的位移，而对坝体和坝基岩体的应力分布影响较小。在不同的计算条件下，大小主应力的分布规律大致相同。

(5) 渗流应力耦合作用和时间效应对拱坝坝体和坝基岩体的位移影响较为明显。在考虑渗流应力耦合的长期流变计算条件下，拱坝的大主应力明显增加，增幅为 2.0～4.2 MPa，下游面的大主应力最大值出现在高程 650 m 以下的坝趾处，最大值约为 22.0 MPa。主拉应力分布在拱坝上游面的 800 m 高程以上的局部位置、坝踵的局部位置，以及左岸坝肩的 720～760 m 高程和右岸坝肩的 600～750 m 高程，但最大主拉应力都小于 1.0 MPa。

(6) 在考虑渗流应力耦合和不考虑耦合的计算条件下，沿层间错动带剖面的位移和应力等值线云图分布规律大致相同，位移不会发生明显的突变，位移值范围在 10～30 mm。在渗流应力耦合作用下，拱坝坝体的两端受到层间错动带的影响，在靠下游面的两端都出现了不同程度的压应力集中区域，最大压应力可达 13.0 MPa。在错动带上游一侧与拱坝连接处，出现不同程度的主拉应力区，但主拉应力一般小于 0.5 MPa。

(7) 在蓄水长期流变的四种计算条件下，拱坝坝体及坝基岩体各特征点位移变化总体规律保持一致；各特征点位移变化规律与库水位升降保持一致，但位移的变化滞后于库水位变化，不同部位滞后时间不一，滞后时间为 10～30 d。

(8) 在库水位蓄水至 800 m 和 825 m 高程后，经历长期流变过程，拱坝坝体位移基本保持不变；坝基岩体位移随时间推移略有增加，但总体增长速率相对较小。

第10章

白鹤滩高拱坝坝基岩体工程长期安全性评价

在开展了岩石力学试验和本构模型研究，以及考虑渗流应力耦合和未考虑渗流应力耦合拱坝坝基工程的三维数值分析研究的基础上，本章开展了高水头作用下高拱坝坝基岩体长期安全性评价。建立了基于水压力超载作用下拱坝坝基岩体损伤的长期安全评价方法，综合拱坝坝基岩体渗流应力耦合流变计算结果和不同水压力超载作用下长期渗流应力耦合流变数值计算结果，对白鹤滩水电站长期运行过程中拱坝坝基岩石工程长期稳定性和安全性进行分析评价，为白鹤滩水电工程的设计施工运行提供参考。

10.1 高拱坝坝基工程长期安全评价方法

研究和确保大坝的安全性和稳定性对于整个水电站的长期安全运行至关重要。基于高水头条件下的渗流应力耦合长期流变分析，依据混凝土拱坝设计规范中对拱坝整体安全性的要求，建立了一套适用于水压力超载情况下的拱坝坝基岩体损伤的长期安全评估准则。采用了渗流应力耦合各向异性流变损伤本构模型，以正常蓄水位工况为代表性工况进行拱坝水压力超载作用下的长期流变计算，以评估拱坝坝基的整体安全性。

水压力超载法是逐渐增加拱坝水压力的方法，旨在研究拱坝坝基岩体从局部屈服到整体逐渐破坏的过程。通常有两种主要方法：超水容重法和超水位法。在超水容重法中，水压力分布呈三角形荷载分布，而在超水位法中，水压力分布呈梯形荷载分布。在超水容重法中，我们仅考虑拱坝上游面受到的水压力作用，将其视为超载处理，而不考虑其他荷载的超载效应。

10.1.1 点安全系数评价方法

点安全系数或局部抗剪安全系数考虑滑动面上的实际应力分布和基岩与上部结构相对变形对抗滑稳定的影响，适用于有限元分析。从理论上说，只要整个滑动面上每个点(或局部)$K \geqslant 1$，则整个滑动面是稳定的。但实际计算中往往出现个别点的破坏，由于拱座作为超静定结构对应力有一定的调整作用，可忽略不计，当出现整片破坏区时，可定义出破坏面。点安全系数公式一般形式为：

$$K_p = \frac{\sigma f' + C'}{\tau} \tag{10.1.1}$$

由于空间应力为二阶张量，因此点安全系数具有空间矢量性，对于工程来说，需找出不利剪切面上的抗剪安全系数。这里从空间线弹性力学公式及破坏屈服准则上推导点安全系数公式。

由空间线弹性力学公式可知

$$\sigma_n = l^2\sigma_1 + m^2\sigma_2 + n^2\sigma_3 \tag{10.1.2}$$

$$\tau_n = \sqrt{l^2{\sigma_1}^2 + m^2{\sigma_2}^2 + n^2{\sigma_3}^2 - {\sigma_n}^2} \tag{10.1.3}$$

将式(10.1.2)和式(10.1.3)代入式(10.1.1)，可得

$$K_p = \frac{(l^2\sigma_1 + m^2\sigma_2 + n^2\sigma_3)f' + C'}{\sqrt{l^2{\sigma_1}^2 + m^2{\sigma_2}^2 + n^2{\sigma_3}^2 - (l^2\sigma_1 + m^2\sigma_2 + n^2\sigma_3)^2}}, (l^2 = 1 - m^2 - n^2) \tag{10.1.4}$$

式中：σ_1 和 σ_3 分别为单元的最大和最小主应力(以压为正)；C 为单元黏聚力；l、m、n 为剪切面外法线对于应力主方向的方向余弦。

式(10.1.4)为二元函数，自变量为 m、n，令安全系数对其求极值，可得到最小安全系数：

$$(K_p)_{\min} = \frac{2\sqrt{(f'\sigma_1 + C')(f'\sigma_3 + C')}}{\sigma_1 - \sigma_3}, \left(m = 0, n = \pm\sqrt{\frac{f'\sigma_1 + C'}{f'(\sigma_1 + \sigma_3) + 2C'}}\right) \tag{10.1.5}$$

以上推导了线弹性空间应力状态下点安全度公式，但实际上岩体并不是完全都处于线弹性状态，因此需根据计算所采用的强度屈服准则来推导岩体的点安全系数。这里采用工程中普遍应用的带抗拉摩尔库伦本构关系，判定岩体中任意一点的应力状态与强度包络线的距离(图 10.1.1)，可分为强度储备型(SB)和最小距离型(CB)。其中投影型更符合强度储备的思想，即将强度包络线向下平移(对应储备安全裕度)。

强度储备型点安全度

$$K_p = \frac{|FS|}{|BF|} = \frac{|FS|}{|AB|\cos\varphi} = \frac{[(\sigma_1 + \sigma_3) - (\sigma_1 - \sigma_3)\sin\varphi]\tan\varphi + 2C}{(\sigma_1 - \sigma_3)\cos\varphi} \tag{10.1.6}$$

最小距离型点安全度

$$F_S=\frac{|AC|}{|AB|}=\frac{|AE|\cos\varphi}{|AB|}=\frac{[2C+(\sigma_1+\sigma_3)\tan\varphi]\cos\varphi}{\sigma_1-\sigma_3} \quad (10.1.7)$$

式中：φ 为内摩擦角。

由于岩体中一点的应力状态不完全是受压，因此当一点受拉时，应改用抗拉屈服准则判定。

$$K_t=\frac{tension}{\sigma_3}\ (\sigma_3\leqslant 0,\text{为拉应力}) \quad (10.1.8)$$

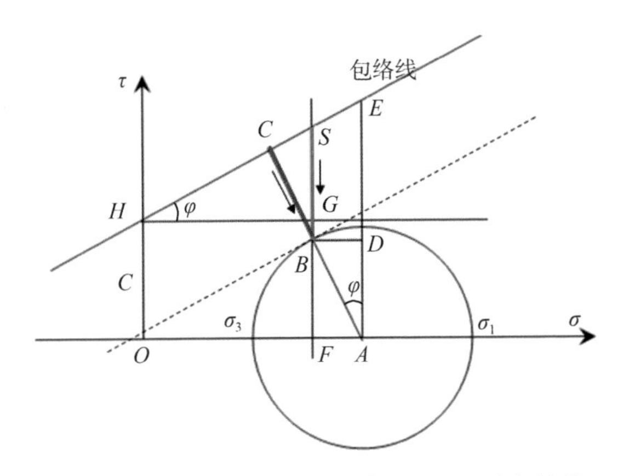

图 10.1.1　空间应力状态及摩尔库伦强度包络线

关于点安全系数的标准，规范上未指明具体的评判标准，只能在各工程中相互比较，借助于拱坝坝体点安全系数在不同超载作用下的分布，可以观察拱坝长期运行过程低安全系数的部位。

10.1.2　基于损伤的工程长期安全性评价方法

《混凝土拱坝设计规范》(SL 282—2003)中说明在采用水压力超载计算方法评价拱坝坝基整体安全时，随着水压超载系数 λ(水的计算重度和实际重度之比)的增大，拱坝坝基整体系统变形逐渐增大，从坝踵开裂到局部屈服再到整体变形失稳。规定如下：在 λ_1 倍水压力超载作用下坝踵出现局部开裂，$\lambda_1\geqslant 1.5$；在 λ_2 倍水压力超载作用下，拱坝部分出现屈服塑性区，拱坝坝基进入非线性工作状态，$\lambda_2\geqslant 3.0$；在 λ_3 倍水压力超载作用下，拱坝坝基岩体屈服区发展贯穿，拱坝坝体丧失承载能力，$\lambda_3\geqslant 4.0$。

在水压力超载计算时，为了更直观地观察拱坝和坝基岩体随着水压力超载作用逐渐增大过程的屈服演化过程，引入损伤的概念用来评判在水压力超载作用下拱坝坝基岩体屈服演化过程。借助《水工建筑物岩石基础开挖工程施工技术规范》(DL/T 5389—2007)中对于岩体质量评估的相关规定，采用波速的变化系数($\eta=1-V_p/V_{p0}$)划分岩体是否受到影响。当$\eta\leqslant 10\%$时，无影响或影响甚微；当$10\%<\eta\leqslant 15\%$时，影响轻微；当$\eta>15\%$时，有影响或岩体质量差。根据上述规定，通过公式$D=2\eta-\eta^2$计算得到满足上述划分准则的拱坝坝基岩体损伤量的取值区间，其损伤分区标准划分为：

(1) 当$D\leqslant 0.19$时，可认为拱坝坝基岩体无损伤或损伤程度较轻；

(2) 当$0.19<D\leqslant 0.28$时，可认为拱坝坝基岩体发生弱损伤；

(3) 当$0.28<D\leqslant 0.50$时，认为拱坝坝基岩体损伤程度较为明显；

(4) 当$D>0.5$时，认为拱坝坝基岩体发生强损伤。

为了评价拱坝坝基岩体在长期运行过程中的整体安全性，采用水压力超载系数法进行三维数值计算时，以正常蓄水位工况为例进行各向异性和各向同性长期渗流应力耦合流变损伤计算，综合不同超载系数荷载作用下拱坝点安全系数、拱坝坝基岩体损伤区的分布规律和拱坝坝基岩体特征点的位移，评判水电站长期运行过程中拱坝坝基岩体的整体安全性。

10.2 高拱坝水压力超载安全度分析

开展正常蓄水位工况不同超载系数下拱坝坝基岩体长期渗流应力耦合流变计算，分析不同超载系数下拱坝坝体整体安全度。选取超载系数为1.0、2.0、2.5、3.0、3.5和4.0时拱坝坝体、坝基岩体的点安全系数进行分析，点安全系数分布特征如图10.2.1～图10.2.4所示。

(1) 拱坝上游面：图10.2.1为不同超载系数下拱坝上游面点安全系数分布图。超载系数为1.0时，即未进行超载时，拱坝上游面点安全系数基本大于2.0，在坝底点安全系数达到8.0以上。当超载系数增加到2.0时，拱坝上游面点安全系数开始下降，但整体上大于1.1，拱坝上游面坝底处出现点安全系数小于1.0的区域。当超载系数增加到2.5～3.0时，点安全系数小于1.0的轮廓逐渐增大。当超载系数增加到3.5～4.0时，点安全系数继续下降，并且在左右岸坝肩位置出现点安全系数小于1.0的区域，并且在拱坝底部位置点安全系数小于1.0的区域逐渐连通。整体表现为在拱坝上游面坝体中下部和靠近右岸部位点安全系数较高，最小点安全系数分布于拱坝左右坝肩位置、坝底部位与坝基连接处。

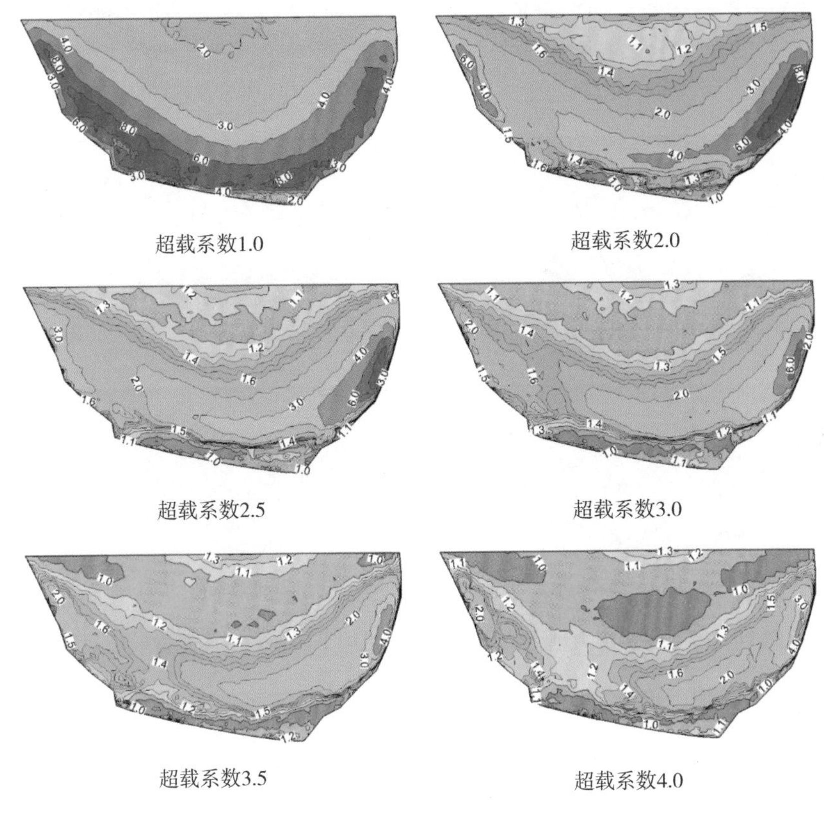

图 10.2.1　渗流应力耦合流变计算——拱坝上游面点安全系数等值线图

(2) 拱坝下游面：不同超载系数下，拱坝下游面点安全系数分布如图 10.2.2。超载系数为 1.0 时，下游面大部分区域点安全系数大于 2.0，右岸下部出现局部点安全系数在 1.6。当超载系数为 2.0 时，拱坝下游面坝底靠近左岸和拱坝中部靠左位置出现点安全系数小于 1.0 的区域，表示坝体下游面开始破坏。当超载系数继续增加到 2.5～4.0 时，点安全系数继续降低，点安全系数小于 1.0 的轮廓逐渐增大，当超载系数为 3.5 时，拱坝靠近右岸点安全系数小于 1.0 的区域与左岸连通，拱坝的安全性逐渐降低。由拱坝下游面点安全系数分布图可知，拱坝坝基岩体点安全系数小于 1.0 的范围较大，相同超载系数下，拱坝下游面安全度低于拱坝上游面。

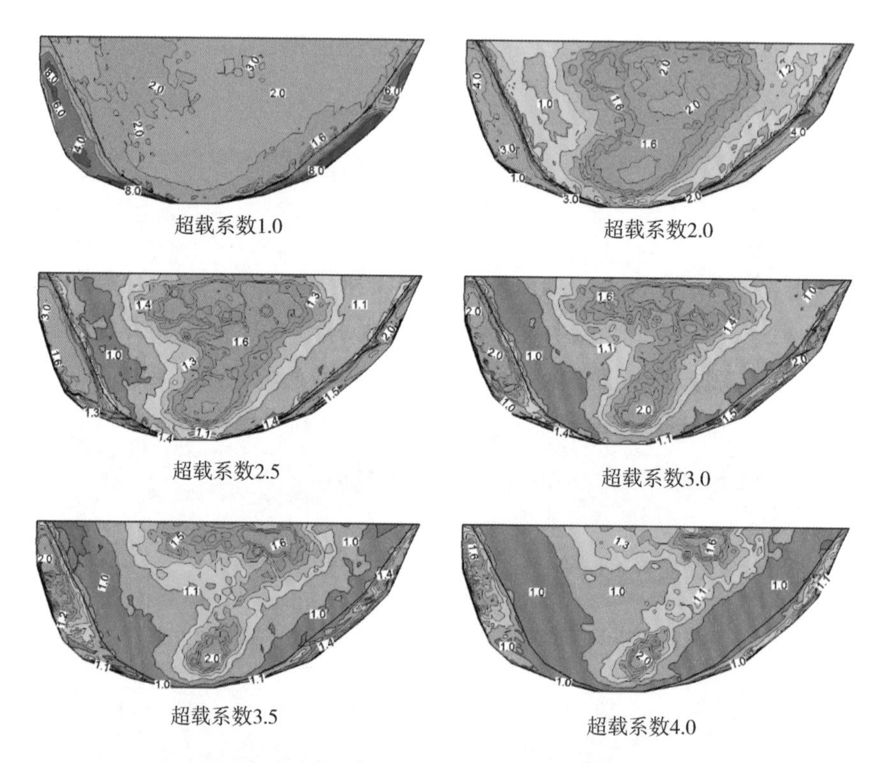

图 10.2.2 渗流应力耦合流变计算——拱坝下游面点安全系数等值线图

(3) 扩大基础底面:坝体上下游面不能直观观察拱坝基础底面的点安全系数分布情况,而扩大基础底面作为基础结构其超载安全直接影响到拱坝整体安全性。不同超载系数下,扩大基础底面点安全系数分布如图 10.2.3。超载系数为 1.0 时,扩大基础底面点安全系数基本上均大于 2.0,靠近下游局部位置在 1.3～1.6 范围,同样表明拱坝下游面安全度较上游面低。超载系数 2.0～2.5 时,局部出现安全系数小于 1.0 的范围,主要分布于扩大基础底面上下两端。超载系数为 3.0～4.0 时,随超载系数的增大,扩大基础底面点安全系数在 1.0～1.3 的范围逐渐增大,并且点安全系数小于 1.0 的范围逐渐连通,扩大基础底面失去整体作用,局部出现失稳破坏区。

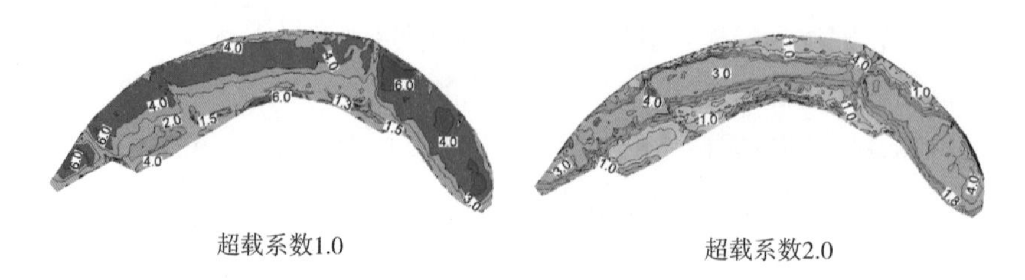

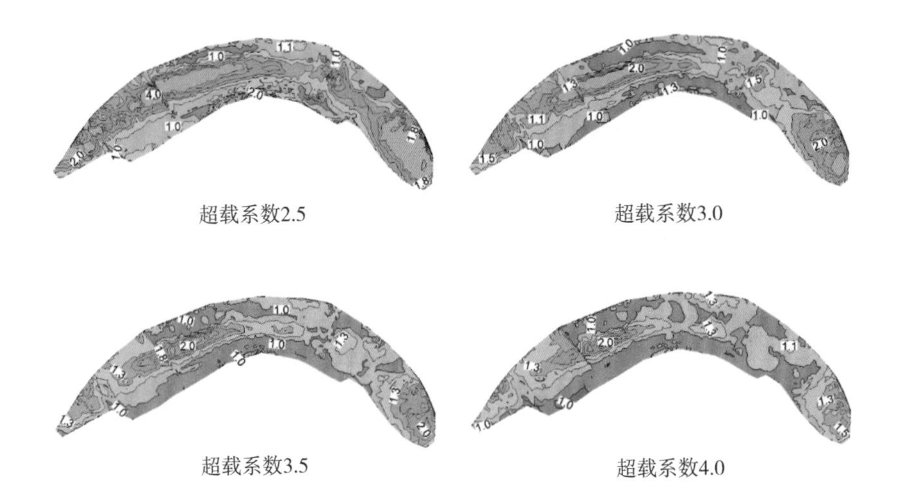

图 10.2.3　渗流应力耦合流变计算——拱坝扩大基础底面点安全系数等值线图

（4）拱坝拱冠梁剖面：不同超载系数下，拱坝拱冠梁剖面点安全系数分布如图 10.2.4。超载系数为 1.0 时，拱冠梁点安全系数基本大于 2.0，在坝踵位置点安全系数达到 6.0 以上。当超载系数增加到 2.0～2.5 时，拱冠梁点安全系数开始下降，但基本大于 1.2，在拱冠梁上游面靠近上部出现点安全系数 1.1 的区域，坝踵位置出现点安全系数小于 1.0 的破坏区域。当超载系数增加到 3.0～4.0 时，随超载系数的增大，点安全系数继续降低，点安全系数小于 1.1 的范围也逐渐增加，坝踵和坝趾位置点安全系数小于 1.0 的区域也逐渐连通。从拱坝拱冠梁剖面点安全系数分布图可以看出，超载作用下坝址和坝踵部位最先出现破坏点。

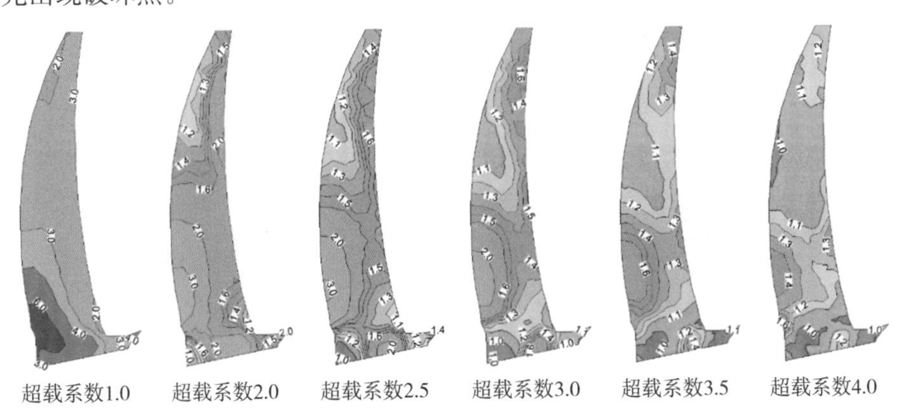

图 10.2.4　渗流应力耦合流变计算——拱坝拱冠梁点安全系数等值线图

10.3 超载作用下拱坝坝基岩体损伤特性

开展正常蓄水位工况在不同超载系数下的拱坝长期渗流应力耦合流变损伤计算,分析不同超载系数下拱坝上游面、下游面、扩大基础底面、拱坝拱冠梁剖面和坝基岩体的损伤演化规律。选取超载系数为1.0、2.0、2.5、3.0、3.5和4.0时拱坝坝体及坝基岩体的损伤演化规律。

(1) 拱坝上游面:图10.3.1所示为不同超载系数下渗流应力耦合流变损伤计算—拱坝上游面损伤分布云图。当超载系数为1.0时,即未进行超载时,拱坝上游面未见损伤区。当超载系数达到2.0时,拱坝上游面靠近坝踵处出现小范围损伤区,损伤量小于0.28。当超载系数达到2.5时,拱坝上游面中部区域

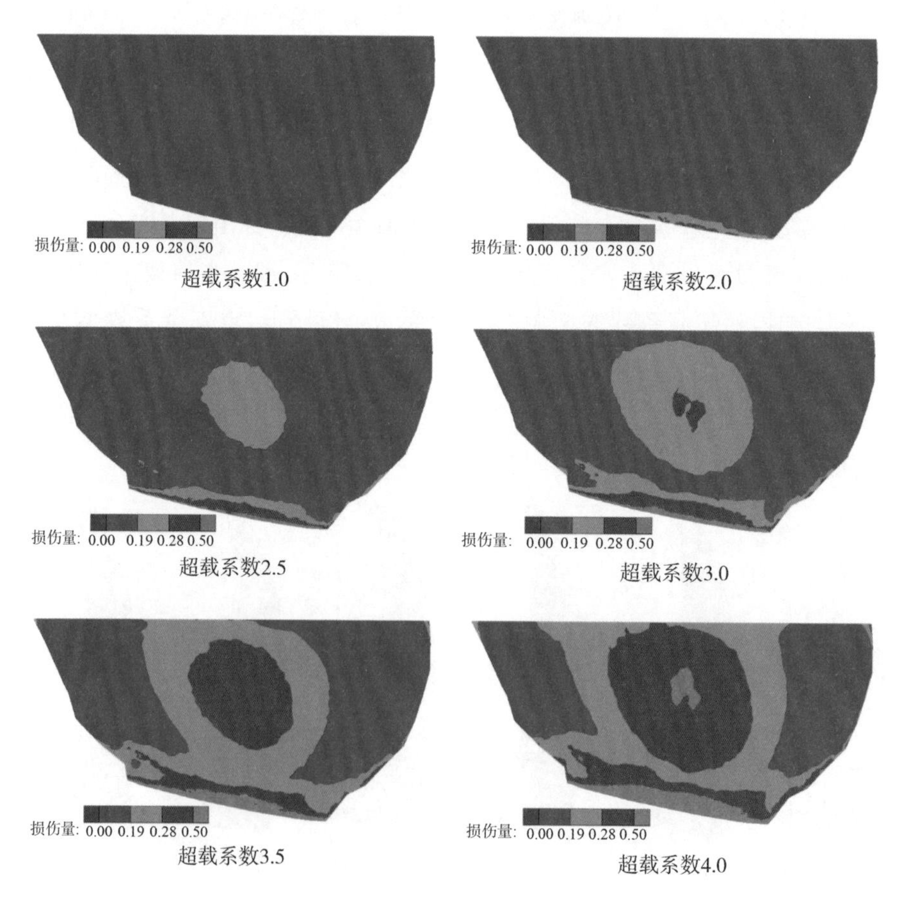

图10.3.1 渗流应力耦合流变损伤计算——拱坝上游面损伤分布云图

出现一定范围损伤量介于 0.19 和 0.28 之间的损伤区，靠近坝踵局部位置出现损伤量大于 0.50 的损伤区。当超载系数达到 3.0 时，拱坝上游面的损伤区持续发展，损伤不断加深，中部区域出现损伤量介于 0.28 和 0.50 之间的损伤区。当超载系数达到 3.5 时，拱坝上游面中部区域和靠近坝踵处的损伤区范围持续增大，损伤不断加深，中部区域损伤量介于 0.19 和 0.28 之间的损伤区贯穿拱坝上游面。当超载系数达到 4.0 时，拱坝上游出现损伤量大于 0.50 的损伤范围，损伤量在 0.28～0.50 的损伤区延伸至坝顶处，靠近坝踵处损伤量超过 0.50 的损伤区范围进一步增加。

(2) 拱坝下游面：超载系数为 1.0、2.0、2.5、3.0、3.5 和 4.0 时拱坝下游面的损伤区演化规律如图 10.3.2。当超载系数达到 2.0 时，拱坝下游面沿建基面处出现弧状损伤区，损伤量主要介于 0.19 和 0.28 之间。当超载系数达到 2.5 时，拱坝下游面的损伤持续加深，范围不断扩大，但相比超载系数为 2.0 时变化较小。当超载系数达到 3.0 时，弧状损伤区范围明显增大，损伤量介于 0.19 和 0.28 之间的损伤区贯穿整个坝体，损伤量介于 0.28 和 0.50 之间的损伤区在弧状损伤区中发展。当超载系数达到 3.5 时，损伤量介于 0.19 和 0.28 之间的损伤区从拱坝下游面靠近右岸处向左岸延伸，靠近坝趾处出现损伤量超过 0.50 的损伤区。当超载系数达到 4.0 时，损伤量介于 0.19 和 0.28 之间的损伤区贯穿整个拱坝下游面，损伤量介于 0.28 和 0.50 之间的弧状损伤区贯穿整个拱坝下游面，中部区域出现损伤量介于 0.28 和 0.50 之间的损伤区，损伤量超过 0.50 的损伤区在弧状损伤区中发展。

(3) 扩大基础底面：超载系数为 1.0、2.0、2.5、3.0、3.5 和 4.0 时拱坝扩大基础底面的损伤区分布特征如图 10.3.3。当超载系数为 1.0 时扩大基础底面未见损伤区。当超载系数达到 2.0 时，扩大基础底面靠近坝踵处出现损伤量小于 0.28 的损伤区，其范围较小。当超载系数达到 2.5 时，扩大基础底面靠近坝踵处(拱坝下游侧)的损伤持续发展，左右岸靠近下游面附近出现小范围的损伤区。当超载系数达到 3.0 时，扩大基础底面的损伤区持续发展，靠近坝踵处的损伤不断加深，出现较大范围损伤量介于 0.28 和 0.50 之间的损伤区。当超载系数增大到 3.5 时损伤区进一步扩展，损伤范围逐渐扩大。当超载系数达 4.0 时，扩大基础底面的损伤区持续发展，损伤不断加深，但相比超载系数为 3.5 时变化较小。

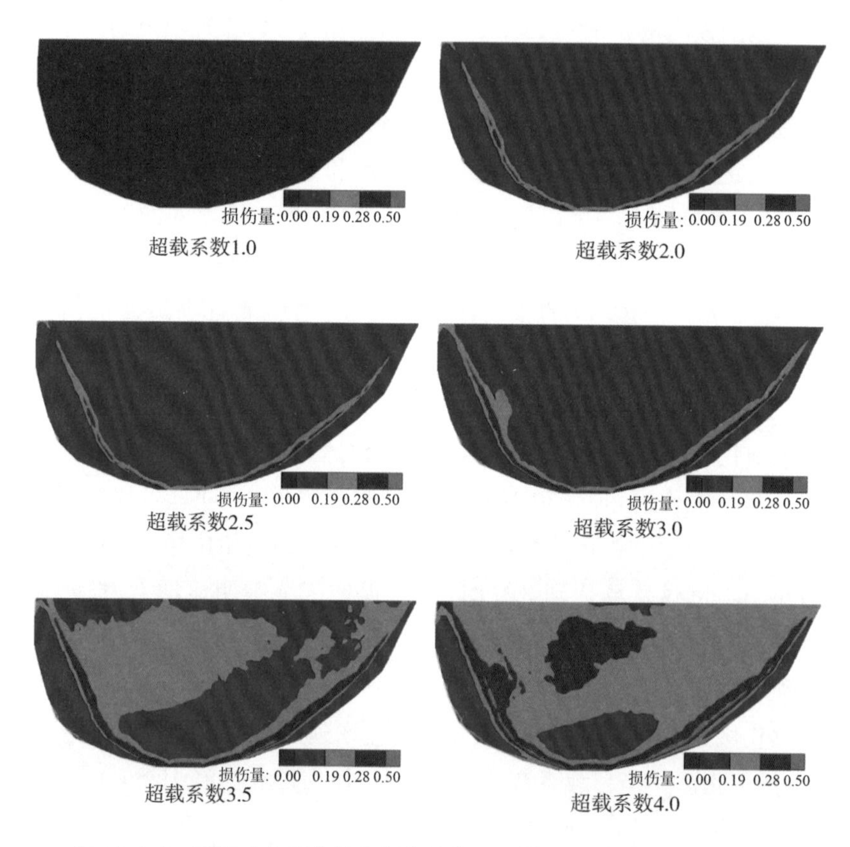

图 10.3.2 渗流应力耦合流变损伤计算——拱坝下游面损伤分布云图

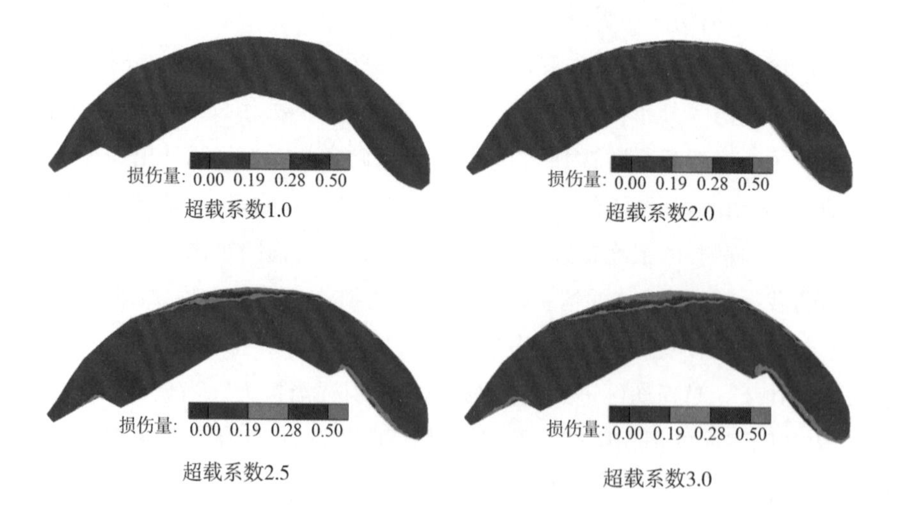

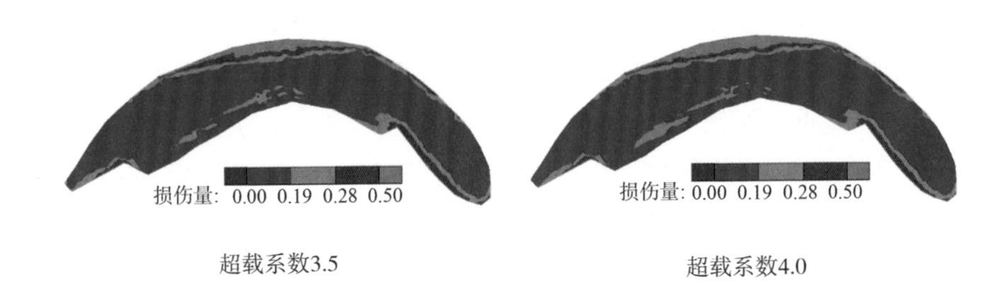

图 10.3.3 渗流应力耦合流变损伤计算——扩大基础底面损伤分布云图

(4) 拱坝拱冠梁剖面:超载系数为 1.0、2.0、2.5、3.0、3.5 和 4.0 时拱坝拱冠梁剖面的损伤区演化特征如图 10.3.4。当超载系数为 1.0 时拱冠梁剖面未见损伤区。当超载系数达到 2.0 时,拱坝拱冠梁剖面底部靠近坝踵处局部位置发生损伤量介于 0.19 和 0.28 的损伤区。当超载系数达到 2.5 时,拱坝拱冠梁剖面靠近坝踵处的损伤持续加深,拱冠梁剖面中部靠近上游面处以及坝趾处出现小范围损伤量介于 0.19 和 0.28 之间的损伤区。当超载系数达到 3.0 时,拱坝拱冠梁剖面的损伤范围不断扩大,在拱坝坝踵处出现损伤量超过 0.50 的损伤区。当超载系数达 3.5 时,拱坝拱冠梁剖面中部靠近上游面处出现较大范围损伤量介于 0.28 和 0.50 之间的损伤区,损伤量介于 0.19 和 0.28 之间的损伤区在拱冠梁剖面中部和底部贯穿整个拱坝。当超载系数达 4.0 时,拱冠梁剖面的损伤持续增加,范围不断扩大。

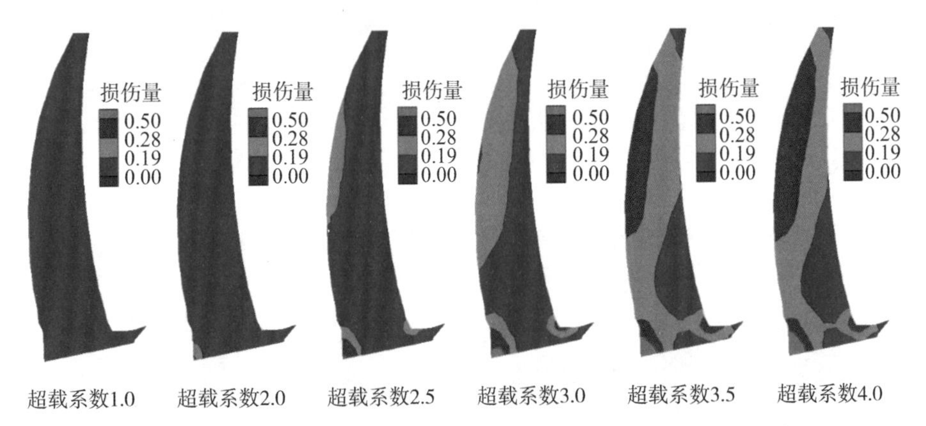

图 10.3.4 渗流应力耦合流变损伤计算——拱坝拱冠梁剖面损伤分布云图

(5) 坝基岩体:超载系数为 1.0、2.0、2.5、3.0、3.5 和 4.0 时坝基岩体的损伤区演化特征如图 10.3.5。当超载系数为 1.0 时坝基岩体未见明显损伤区。

当超载系数达到 2.0 时，坝基岩体靠近上游侧出现小范围损伤区，主要是位于上游侧的坝基岩体。当超载系数达到 2.5 时，坝基岩体的损伤区范围不断扩展，坝基岩体靠近上游侧出现了一定范围损伤量大于 0.50 的损伤区，靠下游侧坝基岩体与扩大基础的连接处出现损伤量介于 0.19 和 0.28 之间的损伤区。当超载系数达到 3.0 时，坝基中心岩体的损伤持续发生，范围不断扩大，坝基中心出现损伤量介于 0.19 和 0.28 之间的损伤区贯穿坝基岩体。当超载系数达到 3.5 时，坝基岩体损伤量介于 0.19 和 0.28 之间，贯通范围不断由坝基中心向左右两岸扩展，范围不断增大，坝基岩体靠近下游侧出现损伤量介于 0.28 和 0.50 之间的损伤区，损伤区基本覆盖靠近上下游侧的坝基岩体。当超载系数达到 4.0 时，坝基岩体的损伤区范围进一步扩大。

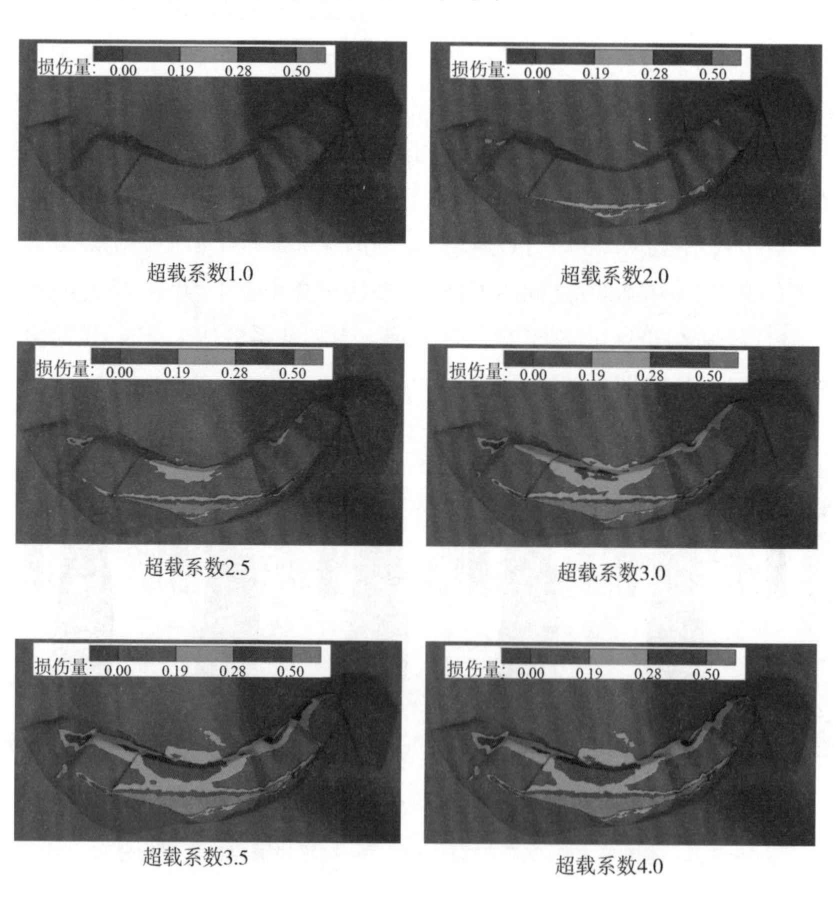

图 10.3.5 渗流应力耦合流变损伤计算——坝基岩体损伤分布云图

10.4 白鹤滩水电站高拱坝超载位移

本节对不同超载作用各向同性和各向异性计算条件下的高拱坝位移进行分析，分别选取了高拱坝上游面拱冠梁剖面和左右岸拱端不同高程的合位移、横河向位移和顺河向位移值进行分析，分析不同超载作用下拱坝不同位置的位移变化规律，同时对比分析各向同性和各向异性计算条件下位移差异性。

白鹤滩水电站高拱坝拱冠梁在不同超载系数下的合位移、横河向位移和顺河向位移随高程的变化情况如图 10.4.1、图 10.4.2、图 10.4.3 所示。

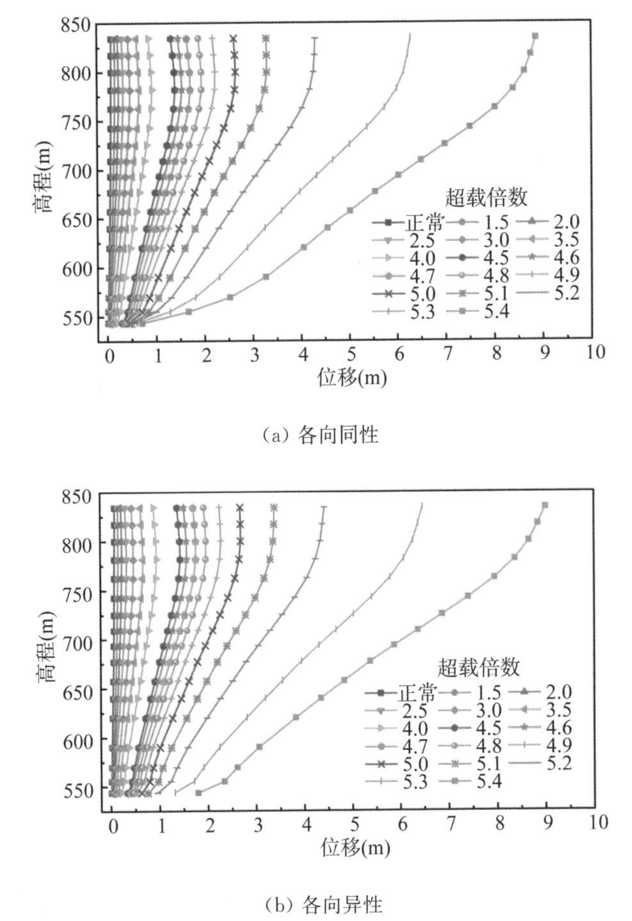

(a) 各向同性

(b) 各向异性

图 10.4.1 坝体上游面拱冠梁合位移随超载系数的变化曲线

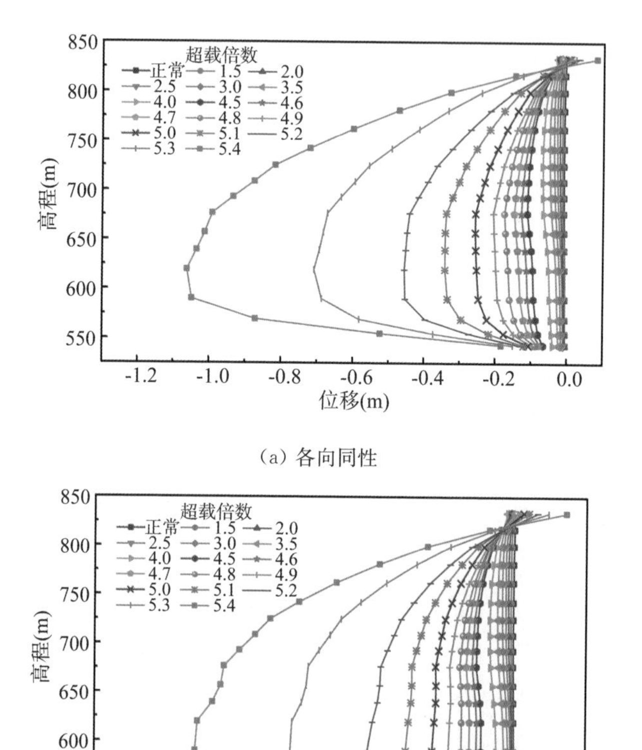

(a) 各向同性

(b) 各向异性

图 10.4.2 坝体上游面拱冠梁横河向位移随超载系数的变化曲线

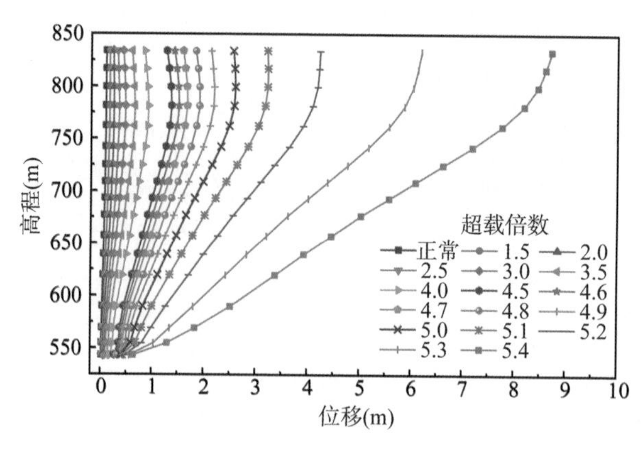

(a) 各向同性

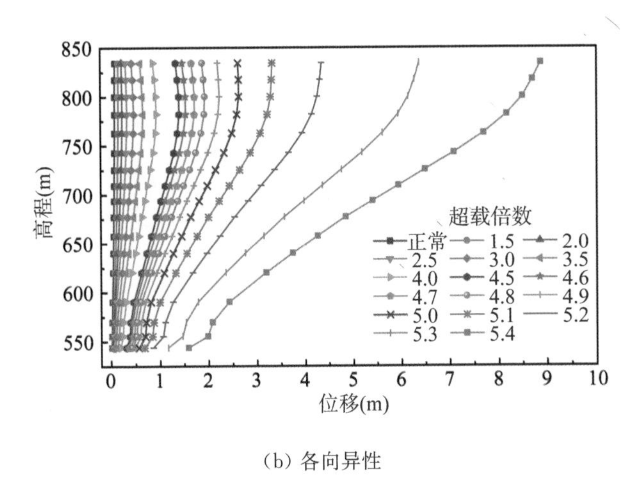

(b) 各向异性

图 10.4.3 坝体上游面拱冠梁顺河向位移随超载系数的变化曲线

从拱冠梁的合位移图可以看出:合位移表现出随超载系数的增加而增加,随高程的增加而增加的趋势。当超载系数在 1.0～4.0 时,拱冠梁的合位移随超载系数的增加平缓增加;当超载系数超过 4.0 时,合位移随超载系数的增加显著增大,并且超载系数越大变化越明显。当高程在 550～775 m 时,合位移随高程的增加线性增加,当高程在 775～850 m 时,合位移的变化量较小。

横河向位移表现出随超载系数的增加而增加,位移较大值出现的位置在拱坝高程为 575～700 m 的范围。当超载系数在 1.0～4.0 时,横河向位移变化相对较小;当超载系数超过 4.0 时,随着超载系数的增加横河向位移显著增大。当高程在 550～625 m 时,横河向位移随高程的增加而增加;当高程在 625～850 m 时,位移量基本随高程的增加而减小;当高程大于 820 m 且超载系数超过 5.0 时,横河向位移出现反向增加的情况。

拱冠梁的顺河向位移随高程和超载系数的变化情况与拱冠梁合位移的情况基本相同,且大小相近。说明拱冠梁的位移主要为顺河向位移,横河向位移所占比例较小。各向异性和各向同性计算条件下,拱坝拱冠梁剖面不同高程的位移随超载系数变化规律大致相同,在位移值上,各向异性计算结果略大于各向同性计算结果。

超载作用下,高拱坝坝体左岸拱端拱轴线合位移、横河向位移和顺河向位移随超载系数的变化曲线如图 10.4.4～图 10.4.6 所示。从图中可以看出不同水压力超载作用下，各向同性与各向异性两种计算条件下，左岸拱端合位移、横河向位移和顺河向位移的分布规律基本保持一致，但量值大小存在一定差异；左岸坝基高程 600～675 m 为柱状节理岩体出露，可各向异性计算条件下左拱端位移在这一高程处的位移明显大于各向同性。超载系数小于 3.5 时，左岸拱端合位移随超载系数的增加呈近似线性增长，随着超载系数的增加，位移增幅由线性增长转变为非线性增长。

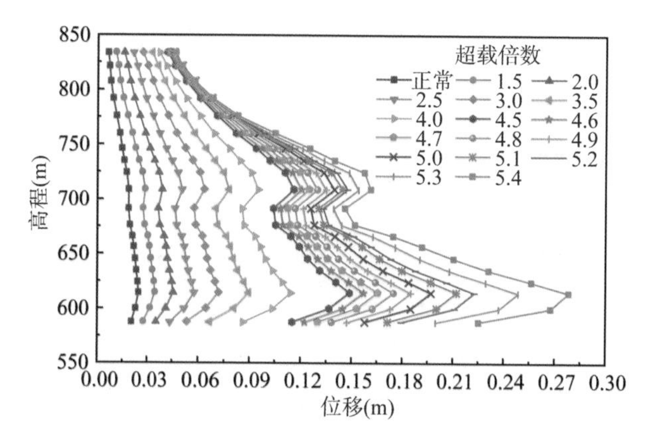

(a) 各向同性

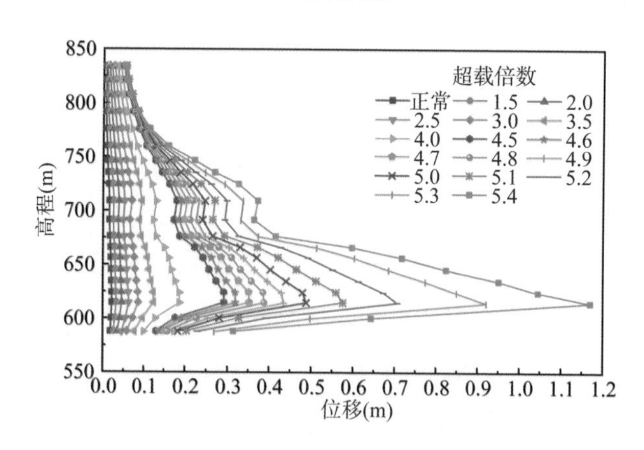

(b) 各向异性

图 10.4.4 坝体左岸拱端拱轴线合位移随超载系数的变化曲线

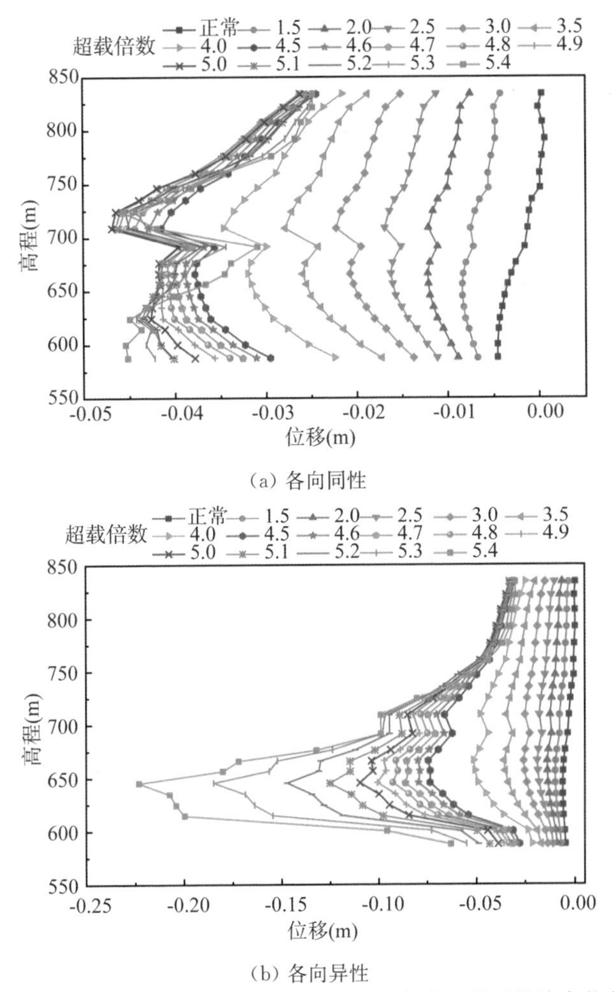

(a) 各向同性

(b) 各向异性

图 10.4.5　坝体左岸拱端拱轴线横河向位移随超载系数的变化曲线

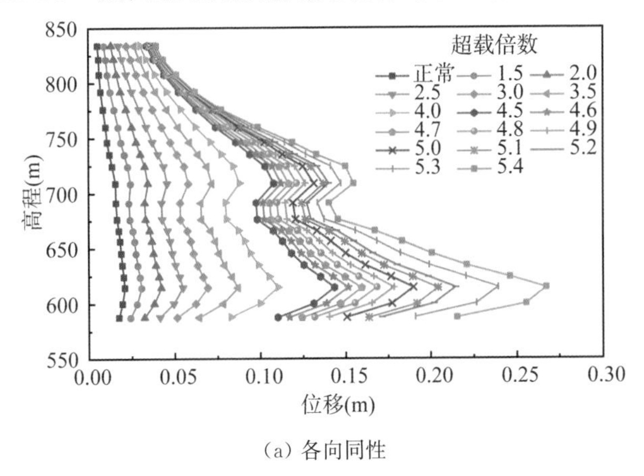

(a) 各向同性

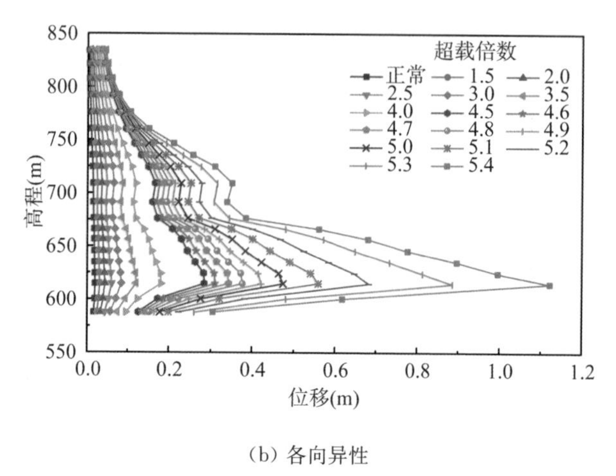

(b) 各向异性

图 10.4.6 坝体左岸拱端拱轴线顺河向位移随超载系数的变化曲线

从横河向位移和顺河向位移可以看出，在 620 m 高程附近的位移增幅最大，且为位移的最大值处，表明 620 m 高程附近为变形幅度最大的区域，分析可知，620 m 高程处为柱状节理岩体，当超载系数大于 4.0 时，超载的水压力使得节理较为发育的柱状节理岩层发生更大变形，导致拱坝左拱端位移增加，在各向异性计算条件下表现得更为显著。同时也可以看出在拱坝与层间错动带接触部位附近的位移亦会出现一定程度突变现象。

超载作用下，高拱坝坝体右岸拱端轴线合位移、横河向位移、顺河向位移随超载系数的变化曲线如图 10.4.7、图 10.4.8、图 10.4.9 所示。从图中可以看出不同水压力超载作用下，在各向同性与各向异性两种计算条件下，拱坝右岸拱端合位移、横河向位移和顺河向位移的分布规律大致相同，量值大小存在一定差异。两种计算条件下右岸拱端的位移变化量相对于左岸拱端皆明显偏小，主要由于右岸柱状节理岩体分布高程较低，同时扩大基础范围也大于左岸。在同一水压力超载作用下合位移和顺河向位移在 610 m 高程附近达到最大，为变形幅度最大区域，在 680 m 高程附近也出现位移明显增加，超载水压力作用引起柱状节理岩体及层间错动带部位出现位移增大的现象，同样在各向异性计算条件下表现更为明显。拱坝右拱端横河向位移 600 m 高程附近发生偏转，表现为 600 m 高程以下位移表现为向河谷方向，600 m 高程以上位移为向右岸岩体发生变形。

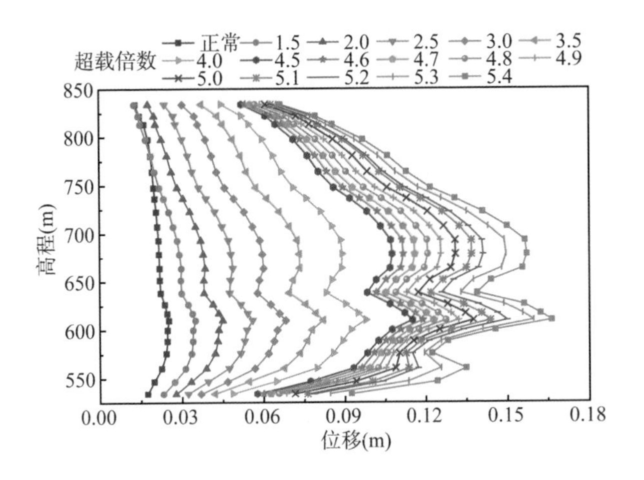

(a) 各向同性

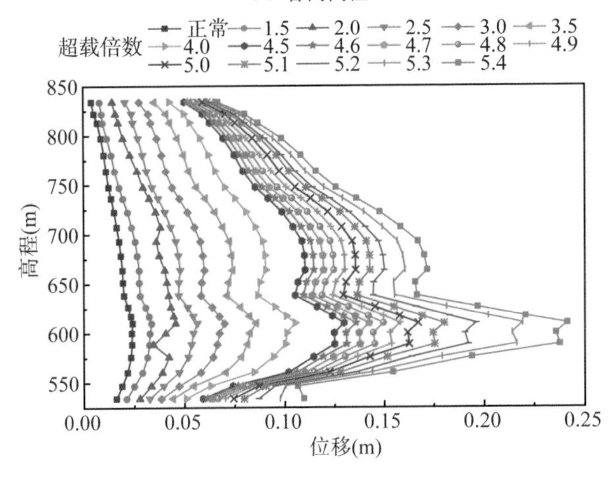

(b) 各向异性

图 10.4.7　坝体右岸拱端拱轴线合位移随超载系数的变化曲线

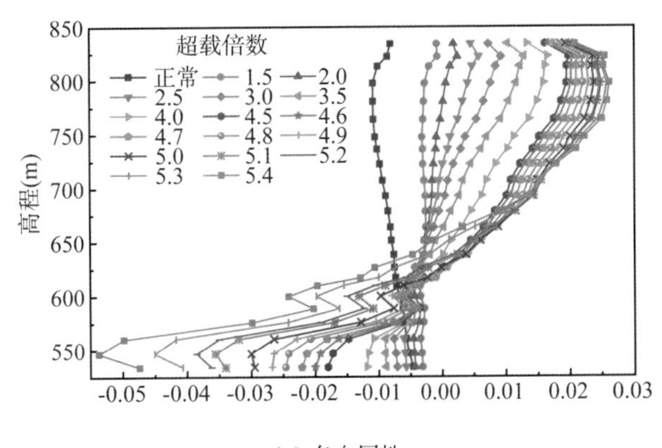

(a) 各向同性

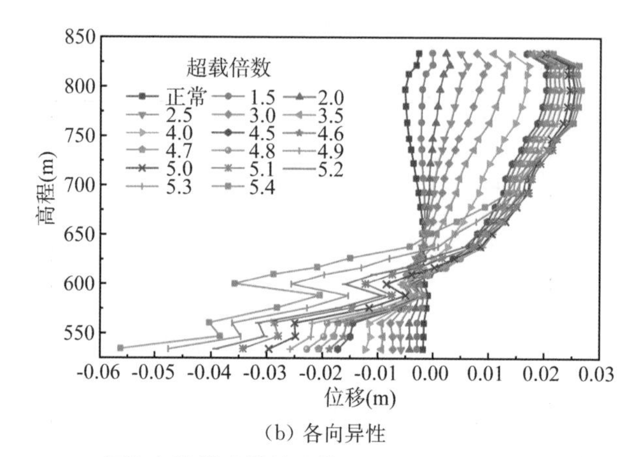

(b) 各向异性

图 10.4.8 坝体右岸拱端拱轴线横河向位移随超载系数的变化曲线

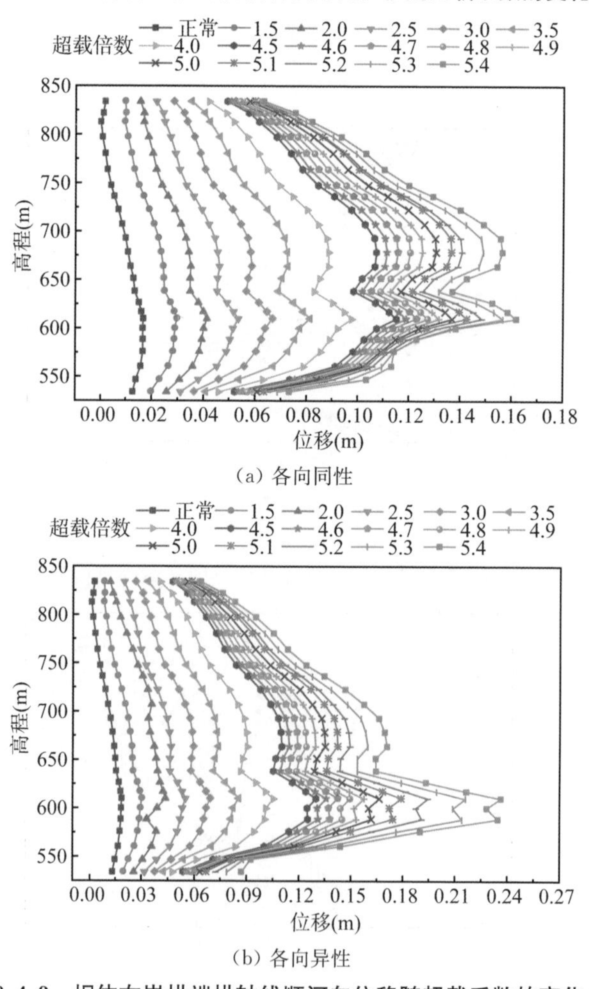

(a) 各向同性

(b) 各向异性

图 10.4.9 坝体右岸拱端拱轴线顺河向位移随超载系数的变化曲线

10.5 白鹤滩水电站高拱坝坝基工程长期安全性

拱坝坝基是一个整体结构，在水库蓄水长期运行过程中坝体位移的突变现象可表征结构的工作性态变化，在位移突变处拱坝将开始丧失正常使用的安全性和承载能力。基于水压力超载位移曲线，可分析判别白鹤滩高拱坝坝基工程在渗流应力耦合长期运行过程中的安全性。在拱冠梁坝体上游面设置不同高程的特征点(图 10.5.1)，记录正常蓄水位工况下每级超载系数对应的高程点顺河向位移，分析各级超载系数下位移值曲线的变化规律，综合水压力超载作用下拱坝坝基岩体的损伤区分布规律，对白鹤滩水电站高拱坝坝基岩体长期安全性进行分析。

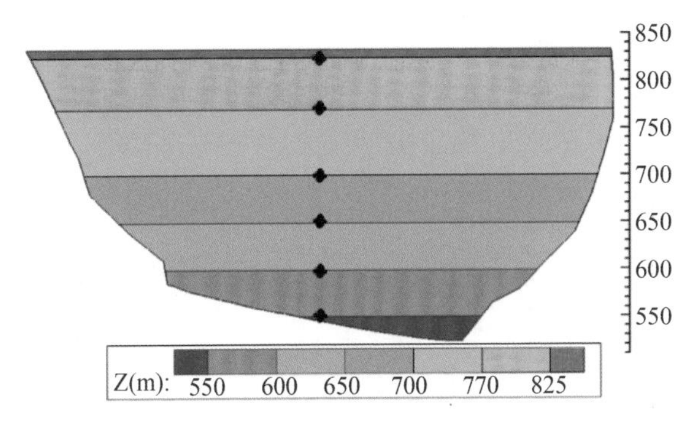

图 10.5.1 拱坝上游面位移特征点布置

在渗流应力耦合流变损伤计算条件下，当超载系数 λ 为 1.0～2.0 时，拱坝坝体上游面底部、左右岸拱端处开始出现零星损伤区，坝基岩体只在断层及错动带附近出现损伤区，此时拱坝坝基及坝基岩体整体安全度较好；当 λ 为 2.0～3.0 时，损伤区由坝体底部开始向坝体中部和上部发展，但上下游尚未连通；λ 为 3.0～3.5 时，拱坝上游面出现较大范围的损伤区，坝基底部岩体损伤区局部出现上下游连通现象，认为此时的超载系数 λ 对应规范中的 λ_2 值，即 $\lambda_2=3.5$。

当超载系数为 3.5 时，拱坝坝体不同高程特征点的顺河向位移由缓慢增长阶段进入快速增长阶段，是各曲线形式翘曲的开始，此时拱坝坝体各点均产生了较大的变形，认为拱坝是开始破坏的临界状态。从图 10.5.2 和图 10.5.3 也可以看出，在两种计算条件下，超载系数在 1.0～3.5 之间，拱坝上游面特征点顺河向位移随超载系数的增加呈线性增长,各向异性计算条件下位移值较各向同性位移值略大。

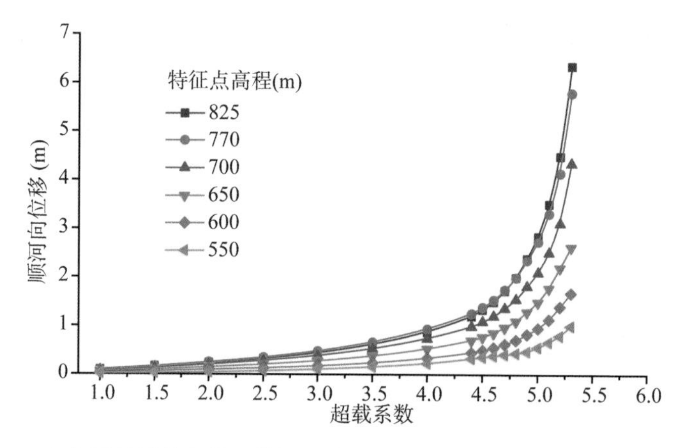

图 10.5.2 各向同性计算条件下拱坝上游面特征点顺河向位移与超载系数关系曲线

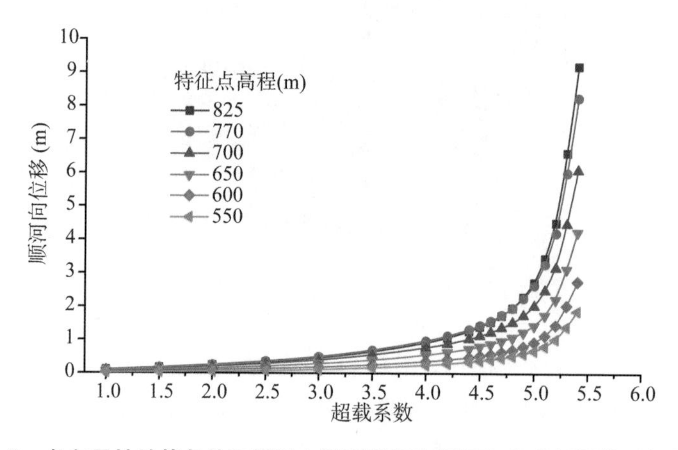

图 10.5.3 各向异性计算条件下拱坝上游面特征点顺河向位移与超载系数关系曲线

水压力超载系数 λ 由 3.5 增至 5.4 的过程中,坝体损伤区开展急剧增加,扩大基础底面和坝基岩体的损伤区向上下游和两岸坝肩进一步扩展。当超载系数为 5.4 时,两种计算条件下拱坝坝体及坝基岩体损伤区分布特征如图 10.5.4 和图 10.5.5,可以看出在坝体及坝基岩体出现大面积损伤区,拱坝底面和坝基岩体的损伤区向上下游和两岸坝肩进一步扩展。对比发现,在相同超载系数下,各向异性计算条件下损伤区的范围大于各向同性计算。当 $\lambda=5.5$ 时,拱坝坝体、坝基岩体损伤区大面积扩展,此时计算不收敛,拱坝已经丧失整体性。此时的超载系数对应规范中的 λ_3 值，即 $\lambda_3=5.5$。

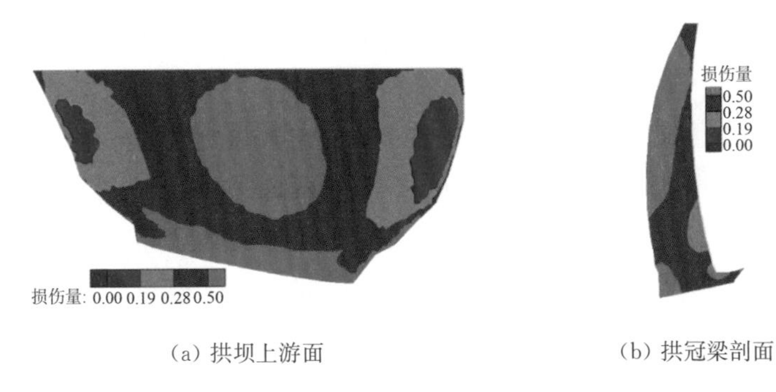

（a）拱坝上游面　　（b）拱冠梁剖面

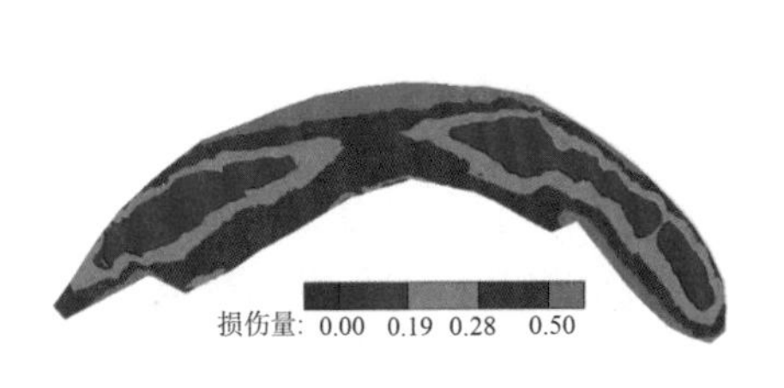

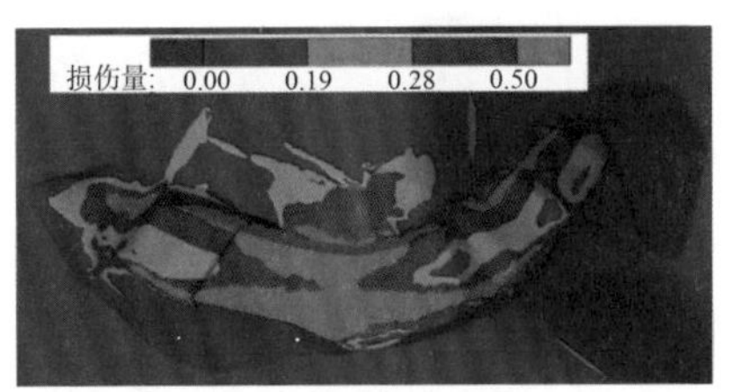

（c）扩大基础底面　　（d）坝基岩体

图 10.5.4　超载系数 5.4 作用下拱坝坝基岩体损伤区分布特征(各向同性)

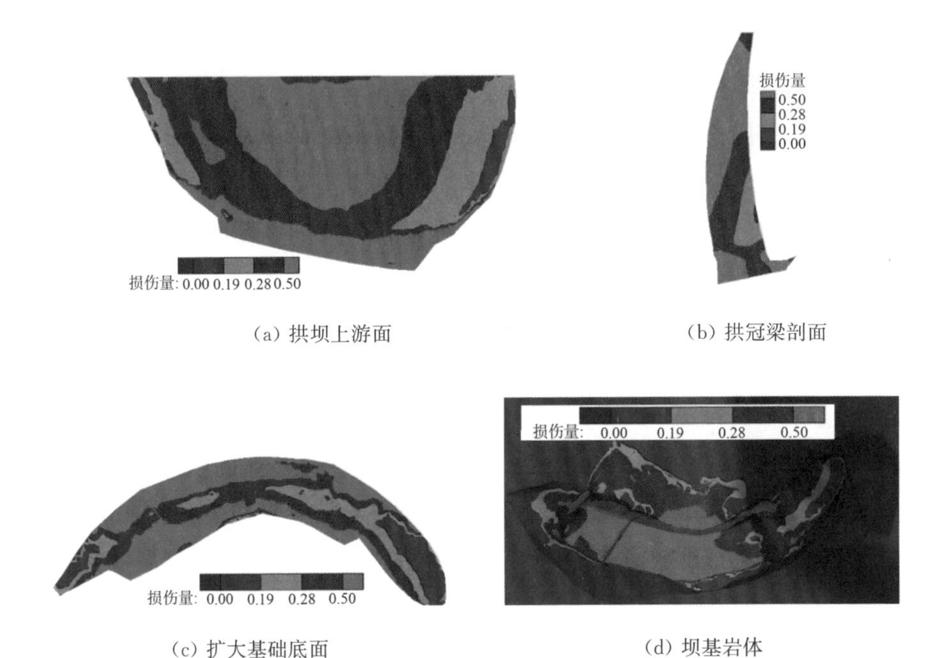

（a）拱坝上游面　　（b）拱冠梁剖面

（c）扩大基础底面　　（d）坝基岩体

图 10.5.5　超载系数 5.4 作用下拱坝坝基岩体损伤区分布特征(各向异性)

根据中华人民共和国水利行业标准《混凝土拱坝设计规范》(SL 282—2003)的规定，当采用三维非线性数值分析方法研究拱坝坝基岩体整体稳定性和安全性时，对于1、2级拱坝，需采用降强法或超载系数法分析拱坝坝基岩体的整体稳定性。根据三维非线性数值计算得到白鹤滩拱坝坝基岩体在长期运行过程中的超载系数分别为$\lambda_2=3.5$和$\lambda_3=5.5$，满足规范中要求的超载系数λ_2一般不小于3.0，λ_3一般不小于4.0，以此评价白鹤滩水电站双曲拱坝坝基岩体工程在长期运行过程中整体安全性能较好，其长期安全性满足工程要求。

10.6 小 结

采用超载水容重法，结合点安全系数评价方法和建立的基于损伤的长期安全评价方法，在正常蓄水位工况下，开展了不同超载系数下高拱坝坝基岩石工程渗流应力耦合流变数值计算，研究分析了不同超载系数下拱坝坝体的安全度、拱坝坝体的超载位移以及不同超载作用下拱坝坝体和坝基岩体的损伤演化规律。

超载系数为1.0时，即未进行超载时拱坝坝体点安全系数基本大于2.0，拱坝及坝基岩体均未出现明显损伤区；随着超载系数的不断增大，拱坝坝体安全系数逐渐降低，拱坝坝体和坝基岩体的损伤区不断扩展，拱坝的超载位移由线性增长逐渐转化为非线性增长。

超载系数达到3.0时，坝体安全系数在1.0的范围逐渐增大，在扩大基础底面局部位置出现上下游贯通，同时由坝基岩体的损伤区可以看出，拱坝上游面出现较大范围的损伤区，坝基底部岩体损伤区局部出现上下游连通现象，损伤量为0.19～0.28的范围出现上下游贯通。认为此时的超载系数λ对应规范中的λ_2值，即$\lambda_2=3.5$。

水压力超载系数λ由3.5增至5.4的过程中，拱坝坝体的点安全系数继续下降，扩大基础底面位置点安全系数小于1.0的区域逐渐连通，坝体损伤区开展急剧增加，扩大基础底面和坝基岩体的损伤区向上下游和两岸坝肩进一步扩展。当$\lambda=5.5$时，拱坝及坝基岩体损伤区范围大面积扩展，此时计算不再收敛，拱坝已经丧失整体性，无法继续工作。超载系数对应规范中的λ_3值，即$\lambda_3=5.5$。

综合电力行业标准《混凝土拱坝设计规范》(DL/T 5346—2006)和水利部《混凝土拱坝设计规范》(SL 282—2003)的规定,认为拱坝超载系数 λ_2 一般不小于 3.0,λ_3 一般不小于 4.0,以此评价白鹤滩水电站双曲拱坝坝基岩体在高水头渗流应力耦合长期运行过程中整体安全性能较好,其长期运行安全可以满足工程要求。工程运行中应适时开展安全监测及安全评估,以确保工程的安全可靠运行。